SPACE MICROBIOLOGY
BASIC RESEARCH AND APPLICATION

空间微生物学
基础与应用研究

主编 刘长庭 常 德

北京大学医学出版社

SPACE MICROBIOLOGY
BASIC RESEARCH AND APPLICATION

空间微生物学
基础与应用研究

主　编　刘长庭　常　德

编　委（以姓名笔画为序）

王俊锋　王雅娟　刘长庭　苏龙翔
李　佳　李天志　杨　军　杨　宇
余　昳　沈羡龙　张学林　周　宏
保鹏涛　袁　明　徐　稠　高龙成
郭　军　郭英华　黄　兵　常　德
韩延平　谢　琼　潘　磊

北京大学医学出版社

KONGJIAN WEISHENGWUXUE JICHU YU YINGYONG YANJIU

图书在版编目（CIP）数据

空间微生物学基础与应用研究/刘长庭，常德主编．—北京：北京大学医学出版社，2016.7

ISBN 978-7-5659-1409-6

Ⅰ．①空… Ⅱ．①刘…②常… Ⅲ．①环境微生物学—研究 Ⅳ．①X172

中国版本图书馆CIP数据核字（2016）第134658号

空间微生物学基础与应用研究

主　　编：刘长庭　常　德

出版发行：北京大学医学出版社

地　　址：（100191）北京市海淀区学院路38号　北京大学医学部院内

电　　话：发行部010-82802230；图书邮购010-82802495

网　　址：http://www.pumpress.com.cn

E - mail：booksale@bjmu.edu.cn

印　　刷：北京佳信达欣艺术印刷有限公司

经　　销：新华书店

责任编辑：高　瑾　武翔靓　　**责任校对**：金彤文　　**责任印制**：李　啸

开　　本：889mm×1194mm　1/16　　**印张**：18.5　**字数**：455千字

版　　次：2016年7月第1版　2016年7月第1次印刷

书　　号：ISBN 978-7-5659-1409-6

定　　价：128.00元

序　一

载人航天是人类认识宇宙、拓展生存空间和开发太空资源的伟大实践。中国载人航天计划于1992年正式启动，近期目标是将航天员送入太空，远期则包括建立永久空间站以及月球探索。载人航天技术是科技高度整合的一个领域，集成了包括工程控制、信息技术、推进、能源、材料和生命保障等多学科的最新成果。自20世纪60年代起，全球多个国家积极开展了大量的航天活动，而由载人航天衍生的许多技术成果都已渗透和应用到人类日常生活和工作之中。

空间生物医学是近年来新出现的一门学科，该学科的出现与载人航天密切相关，和空间技术相伴而生并互相推动，主要研究空间环境因素相关的生物医学问题。刘长庭教授作为“973”计划首席科学家，长期从事信息技术科学中的空间技术科学与生命科学的生物医学相交叉的新兴学科——空间生物医学研究，在空间生物医学领域，特别是失重的生物学效应、空间环境对微生物的影响及其应用研究方面做了全面系统的研究。

看到刘长庭教授及其团队编写的《空间微生物学基础与应用研究》专著出版，我非常高兴。这部专著体现出中国载人航天工程不但推动了我国空间科学技术的进步，而且促进了我国其他学科领域的发展。该书是国内空间微生物学领域的首部专著，介绍了刘长庭教授团队多年的研究成果，供后来进入该领域的学者学习和参考。作为空间医学微生物学科的创始人和奠基人，刘长庭教授不仅开辟了该学术领域，还在该领域开创性地完成了重要工作，获得了一系列的研究成果，培养了一支具有国际竞争力的空间微生物学研究团队，为我国空间生物医学的发展做出了巨大贡献。这也使我国空间医学微生物研究进入世界先进行列。

最后，祝贺这本专著的出版，也期待刘长庭教授团队取得越来越多的成果！

中国工程院院士

沈荣骏

序　二

1992 年 9 月 21 日，中共中央政治局常委会议同意中央专委会《关于开展我国载人飞船工程研制的请示》，正式批准实施我国载人航天工程，工程代号“921”，明确我国载人航天“三步走”发展战略。第一步，发射载人飞船，建成初步配套的试验性载人飞船工程体系，开展空间应用实验；第二步，突破载人飞船和空间飞行器的交会对接技术，发射空间实验室，解决有一定规模的短期有人照料的空间应用问题；第三步，建造空间站，解决有较大规模的长期有人照料的空间应用问题。

载人航天工程是国家综合实力的重要标志，体现了当今世界航天技术最复杂、最先进、整合程度最高的水平，对国家安全、利益拓展具有至关重要的作用，其最终目标是利用太空资源服务于人类。遥感空间生命科学和医学基本问题，是载人航天的重要领域之一，近年来一直是生命科学研究的热点和前沿。

刘长庭教授自 1997 年以来长期从事空间生物医学研究，在国内系统研究机体失重机制并首次提出了应对失重环境条件的药物防护策略，获得了多项创新性、实用性成果；承担并完成中国载人航天办公室赋予的针对空间微生物的多项研究任务；建立了空间微生物安全评估系统，为保障航天员的健康提供重要保障；提出了感染性疾病的防护策略，为治疗地面难治性感染疾病与药物研发奠定了基础；揭示了微生物腐蚀机制，为保障航天器安全运行、研制航天员正常工作所必需的生保系统提供了技术支撑。《空间微生物学基础与应用研究》一书，汇集了刘长庭教授及其团队在空间微生物学方面的多年研究成果。我衷心地祝贺这本书的问世。该书从空间环境对微生物的影响和作用入手，介绍了空间环境对病原微生物致病的影响及防护策略、微生物腐蚀航天材料、空间微生物制药等成果，是该领域的第一部专业著作。再次感谢本书的作者们，随着我国载人航天的发展，我期待并相信他们会不断推出新的研究成果。

中央军委装备发展部载人航天工程办公室主任

序 三

微生物是地球上数量最大的生物类群，在生物圈和地球物质循环中发挥着重要的作用。在自然界，微生物参与元素循环、推动物质转化，从而影响我们的生存环境。微生物与人类关系密切，人体表面及体内的正常微生物菌群有益于人类健康，但也有很多微生物能够引起人类疾病。由各种病原微生物引起的感染性疾病是人类最为常见和多发的疾病。

空间微生物学是随着航天技术的进步而出现的一门新兴学科。微生物体积小、培养条件简单，相对于高等生物在空间特殊环境下更易变异。空间环境诱变微生物，在一定程度上丰富了微生物的菌种资源；研究微生物对空间环境的响应，有利于微生物科学技术的发展。

我国航天事业的蓬勃发展为空间微生物研究带来了新的机遇。空间环境有助于发现一些地面条件下难以观测到的现象。国内外载人航天器在轨经验研究初步结果表明，空间环境中微重力、极度温差和粒子辐射等因素可诱导微生物的生物学性状发生改变。病原菌致病力和耐药性发生变化，可能会威胁航天员健康，腐蚀威胁平台设备安全。我国将于 2022 年左右建成空间站，因此，积极开展空间微生物研究，符合我国的战略需求。

《空间微生物学基础与应用研究》一书，是我国空间微生物学科领域的首部专著。目前，国内外在该领域的研究资料有限。该书从现有已发表的相关研究出发，全面系统地介绍了空间病原微生物、空间腐蚀微生物和空间制药微生物等，并对未来该学科的发展方向进行了展望。随着我国载人航天事业的发展，该书的正式出版，必将掀起空间微生物的研究高潮。

中国工程院院士

郑静晨

序　四

随着科技发展和社会需求增加，空间环境和资源正在逐渐被开发和利用，空间科学和技术是目前公认的高科技之一。空间技术和生物学研究相结合，诞生了空间生物学这一崭新学科。地球环境中，种类繁多的微生物无处不在。在航天飞行过程中，微生物在密闭的飞行舱中同样是无法被忽视的。本书率先系统地概括了空间微生物学的发展现状，翔实地介绍了目前空间微生物研究的几大热点问题——空间病原微生物学、空间腐蚀微生物学、空间制药微生物学以及空间微生物诱变育种等，对今后的研究探索起到很好的启示作用。

在航天过程中，微生物在空间环境中的毒力和致病性可能会发生改变，这是长期载人航天面临的一个重大安全性问题，严重威胁航天员的生命健康和航天器的长期运行安全。本书总结了国内外对常见病原微生物的代表性研究，并结合编者自己团队的研究结果，对多种病原微生物在空间环境下的变异及对航天员的影响提出了系统的学说、理论，具有前瞻性。自人类利用航天飞行器探索太空以来，空间材料的微生物腐蚀问题一直极大地困扰着科学家。本书详述了飞行器在太空飞行中携带的各类微生物的腐蚀特性及机制，并针对腐蚀微生物的防护及综合控制，提出了系统的方法和策略，对今后科研工作者来说有很大的参考价值和指导意义。

本书的编写填补了国内对于空间微生物学研究论著的空白，并与国际接轨，相信可以大大地推动我国空间微生物学的研究。

中国科学院院士

序　五

随着航天技术的进步，人类航天活动日趋增加。空间环境作为区别于地球的人类活动的新环境，失重、辐射、极端温差等因素给航天员的生活带来了极大的挑战。微生物存在于地球的各个角落，也会随着航天活动的开展进入太空。由于航天器的密闭性，微生物对航天员健康的威胁、对航天设备的腐蚀都是各国航天科研领域面临的重大挑战。近年来，太空环境逐渐成为各国争相争夺的战略资源，保障我国航天活动的开展刻不容缓。我国空间生物医学的兴起主要依托近年来航天技术的飞速进步。在空间生物医学领域，对空间环境中微生物的充分研究开辟了空间生物医学领域的新兴学科分支——空间微生物学。目前，西方一些国家积极开展空间微生物学的相关研究，而我国在这方面的系统研究尚处于起步阶段。刘长庭教授带领团队利用我国自主研发的空间生物搭载研究平台，在空间微生物领域进行了深入系统的研究。本书的主要内容基于上述研究成果以及国内外在此学科领域的最新进展，是目前国内空间微生物学领域的首部专著。

21 世纪，空间生物学领域已由起步进入飞跃式发展阶段，我国建立的空间站将取代目前的国际空间站成为人类唯一的空间研究平台，为空间微生物的研究提供更先进、更高效的技术支持。未来，依托我国航天事业的蓬勃发展，我国在空间微生物领域必将取得更多更好的研究成果，引领国际先进水平。

军事医学科学院微生物流行病研究所教授

前　言

空间环境具有地面环境中所不具备的一些特殊环境因素，包括微重力、高真空、极度温差、弱磁场和粒子辐射等，可诱导微生物产生基因突变，进而影响微生物的生物学性状和功能。载人航天是人类认识宇宙、拓展生存空间和开发太空资源的伟大实践，是现代科学技术革命的重要领域之一，它的发展对人类的社会生产、生活产生了深远影响。载人航天工程的实施也为微生物科学技术的发展提供了一条新途径，并促进了一门新的空间生物学分支学科——空间微生物学的诞生。

据世界卫生组织（WHO）统计数据，2000—2012年全球人类前十大死亡病因中，有五种为感染相关性疾病，即下呼吸道感染、获得性免疫缺陷综合征（艾滋病）、结核病、慢性阻塞性肺疾病和感染性腹泻。近年来，高致病性和多重耐药性病原菌不断涌现，对人类健康造成了极大的威胁，亟待人们研究其高致病性和耐药性产生机制，从而为发掘感染防治新策略和治疗新手段奠定基础。空间微生物学研究将大大促进病原菌致病与耐药机制探索，为重要感染性疾病的预防、控制和治疗新策略的发现提供机遇，具有广阔的临床转化前景。

国外载人航天器在轨经验和国内地面研究的初步结果表明，微生物会严重威胁航天员健康和平台设备安全。空间微生物学研究能够深化对航天器微生物风险的认识，探索更加有效的载人航天器微生物综合控制措施，为载人航天器的研制和运营提供技术支撑。

近年来，我国的空间生命科学在制药领域迈出了一大步，特别是生物制药领域。空间微生物制药是将代谢物可用于制药工艺的微生物送入太空，利用太空特殊的环境诱变作用，提高某些基因的突变频率，并在其返回地面后进行培育、筛选，最终获得生产性能优良微生物菌种的育种新技术。空间微生物学研究为生物药物的部分品种开发注入强有力的市场竞争力，对于降低产品价格、减轻国民消费成本、保障人类健康，具有重要的经济和社会意义。

本团队是由解放军总医院牵头，整合了包括中国航天员科研训练中心、中国人民解放军军事医学科学院、北京航空航天大学、中国科学院等在内的国内20余家研究机构和企业的优质资源，在空间微生物学领域做了大量研究，特别是率先开展了空间医学微生物学研究。针对空间环境微生物防护，系统研究了空间环境对微生物的作用及机制，提出了空间微生物分子效应学说，开创了空间医学微生物防护应用的新领域：①发现空间环境下病原微生物遗传变异规律，提出了空间微生物毒力突变致病理论。通过“神舟”系列飞船搭载，筛选鉴定出118株空间环境变异菌株，包括形态学、生物膜形成能力、毒力、耐药性和生化代谢发生变化的致病菌，在国内外首次发现空间诱变的肺炎克雷伯菌出现罕见的溶血现象。初步研究揭示了空间环境对病原菌的作用效应和分子机制，特别是致病性和耐药性的变化和产生机制，为空间和地面上难治性感染的前瞻性研究、预防和治疗提供了新思路和新靶点。②开创生物工程菌空间制药研究，提出空间微生物代谢通路改变相关的制药理论，为空间生物制药奠定理论基础。获得空间环境诱变后较高表达的重组人干扰素α1b工程制药菌株，其产量提高3倍；发现搭载能制药的产酶溶杆菌产量较地面对照增加3.5倍。该研究有利于拓展我国空间生物制药，为空间生物制药工程奠定了理论基础。③揭示空间环境下微生物腐蚀机制，提出空间微生物的腐蚀理论与洗消新材料技术理论，建立空间站材料表面的微生物控制体系，为防控空间站设备的微生物腐蚀奠定基础，有望延长航天器及空间站在轨时间。④首次自主研发了病原微生物样品飞船搭载系统，成功应用于“神舟”系列飞船的搭载研究，得到了中国载人航天办公室的高度评价并被推广应用，有力保障了我国空间搭载和未来空间站的空间生物医学研究进程。

本团队于 1997 年在国内开展空间生物医学研究；2006 年召开国内首届空间生物医学研究与应用研讨会；2007 年成立中国宇航学会空间生物学专业委员会（2009 年与中国宇航学会航天医学工程专业委员会合并为中国宇航学会航天医学工程与空间生物学专业委员会）；2012 年在北京香山召开面向后续载人航天任务的航天医学工程与空间生物学专题研讨会，有 5 名院士及数名本领域专家做了大会报告；2008 年在国内首次出版《空间生命科学研究与探索》专著，成立了解放军总医院空间生物医学实验室；建立了首支空间微生物研究团队；完成了中国载人航天办公室赋予我们的对空间微生物的研究任务。在本领域先后承担和完成医学重大工程项目、“973”计划等 40 余项国家和省部课题；在空间微生物学领域共发表论文 80 余篇，其中科学引文索引（SCI）收录论文 40 余篇；以 LCT（Liu Chang Ting）命名微生物变异物种 25 株，其全基因组序列已被美国国家生物技术信息中心（NCBI）数据库收录；在该领域获国家发明专利 23 项，实用新型及外观设计专利 7 项。建立了世界唯一的空间微生物数据中心（网址 http//：www. spacemicrobe. org），供世界研究空间微生物的工作人员参考和应用。本团队对国内空间微生物学的发展做出了重要贡献，使我国空间微生物学研究水平进入国际先进行列；促进了世界空间微生物学的研究。

最后，由于水平和时间有限，本书在内容和编排上难免有不足和错误之处，敬希读者批评指正，以便再版时修改和完善。

中国人民解放军总医院南楼呼吸科教授

刘长庭

目录

第一篇　绪　　论

第二篇　空间病原微生物学

第三篇　空间腐蚀微生物学

第四篇　空间制药微生物学

第五篇　展　　望

第一篇

绪　论

第一章　空间环境简介

离地球表面 100km 以外的环境称为空间环境，包括了空间辐射、极端温度、高真空、微磁场及航天器内特有的微重力等环境因素，航天器内的空间环境是除陆地、海洋和大气以外人类生存的第四种环境。空间环境与人类生活的地表环境相比更加复杂，其中充满着各种形态的物质，包括粒子（中性气体、电离气体、等离子体和各种能量的带电粒子）和场（引力场、电场、磁场和各种波长的电磁辐射），以及流星体和空间碎片等，深空中还有小行星、行星及彗星等大型“粒子”，它们对载人航天器的设计和材料选择提出了很高的要求。目前，载人航天技术的发展使得人类空间活动主要在地球近地轨道，因此有必要了解近地轨道空间环境的特点。

一、近地轨道空间环境

（一）大气环境

包围在地球周围的空气，通常称为大气。这是航空器唯一的飞行活动环境，同时也是火箭、导弹和航天器的重要飞行环境。地球大气是地球上一切生物生存的必要条件，它对航空航天和生物机体都有重要影响。

1. 地球大气的形成

地球大气的分布范围极为广泛，其底界为地面，但没有明显的上界，不存在与星际气体截然分开的界线。鉴于大气结构的复杂性，可以把大气看成是由若干个具有不同特点的同心层所组成的。例如，以温度的垂直分布可将大气划分为对流层、平流层、中间层、热层和外层五个层次。

地球大气层气体的形成主要受两种力的作用：将它约束在地球上的地球引力和使气体扩散的太阳热辐射。由于这两种力相对的稳定与平衡，使大气层呈现出清晰的密度和压力垂直分布。海平面上的大气密度标准（pe）为 $1225kg/m^3$，由于地球引力的变化，随着距地高度的增加大气密度逐渐降低。载人航天器通常运行于 300～400km 高度，其大气密度只有地面大气密度的千亿分之一。同时，随着大气高度的增加，气压逐渐降低。大气压的大小决定了真空程度，据此将真空分为五种：粗真空（大气压高于 1.33×10^3Pa），低真空（$1.33\times10^3\sim1.33\times10^{-1}$Pa），高真空（$1.33\times10^{-1}\sim1.33\times10^{-6}$Pa），超高真空（$1.33\times10^{-6}\sim1.33\times10^{-12}$Pa），极高真空（低于 1.33×10^{-12}Pa）。载人航天器运行高度处于“超高真空”中，大气压为地面的千亿分之一。

载人航天中，从地球大气层到空间的过渡区里，有三点对人体防护和航天器设计有特殊的意义：①在大约 20km 的高空，低压且缺氧，这里是人体的生理耐受极限；②在大约 80km 以上高空，会遇到冯·卡曼线，这里是空气动力学的最低有效高度，由此高度再向上，则要通过喷射气流控制航天器的方向；③在 180～200km 以上高空，空气阻力接近于零，大气的力学作用已基本消失。高层大气环境是受太阳活动控制的，当太阳活动剧烈时，高层大气的温度和密度也随之发生剧烈变化；在太阳活动高年和低年时，高层大气的密度有很大差异。高度越高差异也越大，在 200km 高度上可相差 3～4 倍，500km 高度上相差 20～30 倍，1000km 高度上相差可以达到 100 倍。

当某一范围内气体压强（或密度）小于某一特定数值时就产生了所谓的“真空”。航天器运行的轨道越高，其真空度也越高。大气层边缘被定义为空气分子碰撞极罕见的区域，它在距地球表面约 700km 处。超出这个水平就是外大气圈，即空气粒子自由运动的区域，在那里空气逐渐变稀薄，直至变成真正的真空。这时气体分子的热传导可以忽略，只有辐射换热。但是，即使在那里，气体粒子密度也有约 $1\sim10/cm^3$。

2. 大气的组成

大气是一种混合气体，主要是由氮、氧、二氧化碳、氢和微量的稀有气体组成。在 90km 高度的范围内，空气组成的百分比基本保持不变，可以粗略地认为大气是由 79％的氮气和 21％的氧气组成。在 20～50km 高度，由于太阳紫外线辐射，大气中臭氧含量丰富，又称为臭氧层；在 100km 以上高度，由于受到粒子辐射和太阳电磁辐射作用，大气各成分开始扩散分离，氧分子开始部分地解离成氧原子。从 100～200km，氮分子的密度从 $10^{13}/cm^3$ 下降至 $10^9/cm^3$；氧分子从 $10^{13}/cm^3$ 下降至 $10^8/cm^3$；氧原子从 $10^{11}/cm^3$ 下降至 $10^9/cm^3$；氮原子的数量不超过氮分子的 2％～5％；一氧化氮的密度为 $6\times10^6/cm^3$。在这一区间内，大气各成分的密度还随着太阳的活动、季节、纬度等而变化，变化率可达 7～10 倍。在 300km 以下高度，大气的主要成分是氧原子、氮分子和氧分子。

（二）温度环境

地球表面及大气层的温度主要依赖吸收太阳辐射能量而形成的。由于纬度和地形高度的差异，地球表面温度有很大的不同，最低温度达－87℃，最高 60℃，平均温度为 21℃。大气层的温度与离地面的高度有关：离地面 10～20km，逐渐下降至－70～－60℃；离地面 40～50km，由于大气层中臭氧吸收太阳光中的紫外线，使温度上升到－50～－40℃；离地面 50km 以上，下降到－95℃；从 100km 以上到 300km，其间所有的紫外线均被大气吸收，温度又迅速升高，到 400km 以上温度可达到 1000℃以上。但在这一高度上，空气已极度稀薄，传热方式主要依靠辐射，而通常以分子传导和对流方式的热交换已不起作用。“冷黑”环境是航天器在飞行轨道中经历的主要环境之一。太空的“冷”是由于宇宙空间的能量密度约为 $10^{-5}W/m^2$ 而产生的，只相当于 3K（－270℃）的黑体辐射能量密度；太空的“黑”是由于当航天器进入地球本影区时，本身的热辐射全部被太空吸收，没有二次反射，即航天器没有同空间其他星球进行热交换的可能，所以太空可以被视为理想的黑体。冷黑环境除影响航天器的温度外，还会影响航天器部分材料的性能，使其老化、脆化，进而使有伸缩活动的部位出现故障。

（三）引力场

引力场是普遍作用于所有物体间相互吸引的宇宙力，又称为万有引力。它无处不在地影响着宇宙万物，大至恒星、银河系及整个宇宙的形成结构与演化，小到飞行中的航天器，都无法将它阻断和增减。所有的行星和恒星都具有引力场，只是场强有所不同，随着天体间距离的增大，场强下降。地球引力圈向外扩展的距离约为地球半径的 1000 倍，随着距离增加逐渐融合到其他天体的引力场中。

人类飞离地球进入宇宙空间之所以困难重重，其根本原因在于地球表面的万物都处于地球的引力场中，每时每刻都受着地球引力的束缚，要想飞离地球必须克服这种束缚。

根据牛顿的万有引力学说，任何物体之间都存在着相互作用的引力（F），它们的关系为：$F=G\times m_1\times m_2/d^2$。式中，$m_1$ 和 m_2 分别为两个物体的质量，d 为两物体质心之间的距离，G 为万有引力常数。从式中可以看出，引力的大小与两个物体质量的乘积成正比，而与两个物体质心距离的平方成反比。地球的质量和半径是一定的。地球表面的万物有大有小，质量和密度也不同，它们与地球之间的相互引力也就千差万别。为了更方便地表述地球的引力，采用牛顿著名的力学演化公式 $F=mg$ 来表示，其中 g 的数值约为 $9.81m/s^2$，它可以方便地表示地球与它表面上任何一个物体（不管它的质量大小）之间的引力关系。

地球上的物体要飞离地球，必须克服地球对它的引力。克服这种引力最直接最简单的办法是对物体施加一个大于 mg 并与其方向相反的外力。但是这种方法有一个致命的缺点，就是这个外力作用一旦停止，物体就又被地球的引力拉回地面。另外一种办法是沿与地面切线平行的方向施加一个外力，使物体达到一定的速度，使它沿地面弧度运行而产生一个向心加速度。这时，$a=v^2/r$，式中 a 为外力作用产生的向心加速度，v 为沿地面弧度切线方向的速度，r 为地球半径。

物体离开地面的高度与地球半径相比非常小，因而可以忽略不计。从这个式子中可以看出，如果物体达到的速度 v 恰好使向心加速度 a 等于 g，物体离心的惯性力恰好与 mg 方向相反而数值相等，物体就可以围绕地球运行，既不离开地球飞向远方，又不会被地球拉回地面。一旦该物体达到这一速度，即使外力作用停止，物体仍可按照这一速度继续绕地球飞行。如果没有其他外力阻止物体，物体就将永不停止地围绕着地球飞行。通过简单的计算就可知这个速度为 7910m/s，这个速度只能实现近地轨道飞行，只是迈向宇宙空间的第一步，所以称为第一宇宙速度；如果要挣脱地球的引力场，飞向太阳系内的其他天体，大约需要 11 180m/s 的速变，这称为第二宇宙速度；如果要摆脱太阳系的引力场而飞向其他星系，就需要大约 16 700m/s 的速度，这称为第三宇宙速度。

由于航天器的运行轨道是椭圆轨道，航天器不但要受到外界和本身某些力的干扰，而且还受到某些微重力的作用。空间轨道上航天器上的重力加速度值为 $10^{-6}\sim10^{-3}\ g$，这种环境称为微重力环境。微重力可以通过两种方式获得。由于引力将随距离的增大而减小，因此可以通过飞离地球实现微重力。然而，要使其降至地球表面重力的百万分之一，必须飞离至地球表面 637 万千米（相当于地球到月球距离的 17 倍）。除了自动化的航天飞行器，该方法是不切实际的。与之相比，自由落体运动可以实现更为实际的微重力环境。虽然飞行器、落塔、小型火箭都能建立微重力环境，但是这些方法存在一个共同问题，即在几秒或几分短暂时长的低重力后，自由落体运动一旦停止，又将重新恢复到正常的地表重力场的作用中。为了能够获得长时间的微重力，只能通过轨道航天器。即以合适的速度将其发射进入近地轨道，并在一个固定的高度保持自由落体运动。

牛顿曾设想，在一高于大气层的山峰上安置一门大炮并与地表平行射出炮弹，此时空气的摩擦力可以忽略不计。如果将弹药量加大，那么此后射出的炮弹会飞行得更远，最终炮弹会消失于地平线。以此类推，如果能量足够终将会有一枚炮弹绕地球一圈回到原点，并继续绕地运行。假设除重力外没有任何力作用于炮弹，那么该炮弹就会以此为轨道绕地球不断运动。这就是为什么航天飞行器可以留在轨道上，也即将其发射进入近地轨道并以合适的速度保持在一个固定的高度进行落体运动。例如，如果航天飞机要爬升到 320km 高的轨道，它的速度必须达到 27 740km/h 才能获得一个稳定的轨迹。在这种速度和高度的情况下，由于大气层外部的摩擦力极低，航天飞机中的落体路径与地球表面平行。换句话说，在宇宙飞船质心处生成一个离心加速度，并抵消了地球的重力加速度。此时，航天飞行器在地球周围处于一种自由落体状态，其内的物体则处于一种微重力环境中。

（四）磁场

磁场环境包括地球磁场和星际磁场，对近地轨道飞行的航天器有影响的主要是地球磁场。从地心至磁层边界空间范围的磁场为地磁场。地磁场分布近似于偶极子分布，随位置和高度的不同而变化。地球两极磁场强，赤道磁场弱，高度越高，磁场越弱。地磁场是非常弱的磁场，但却延伸到很远的空间，保护着地球上的生物和人类免受宇宙辐射的侵害。地磁场主要来源于地球内部，来自外层空间的成分还不到1%。

地磁场包括基本磁场和变化磁场两个部分，它们在成因上完全不同。基本磁场是地磁场的主要部分，起源于地球内部，比较稳定，变化非常缓慢。它可分为偶极子磁场、非偶极子磁场和地磁异常几个组成部分。偶极子磁场是地磁场的基本成分，其强度约占地磁场总强度的90%，起源于地核磁流体发电机过程和地壳中的磁性岩石，它有稳定的空间结构和缓慢的长期变化。非偶极子磁场主要分布在亚洲东部、非洲西部、南大西洋和南印度洋等几个地域，平均强度约占地磁场的10%，场源在地球内部何处目前还有争议。地磁异常又分为区域异常和局部异常，是由地壳内具有磁性的岩石和矿体等形成的。变化磁场起源于磁层、电离层的各种电流体系、粒子流和等离子体流及其地球内部的感应电流。变化磁场的强度虽然只有地磁场的百分之几，但这部分磁场随时间变化大，对航天器的工作状态有直接的影响。

太阳风磁场对地球磁场施加作用，好像要把地球磁场从地球上吹走似的。尽管这样，地球磁场仍有效地阻止了太阳风的长驱直入。在地球磁场的阻止下，太阳风绕过地球磁场，继续向前运动，于是形成了一个被太阳风包围的、彗星状的地球磁场区域，这就是磁层，其边界为磁层顶。在向阳面，磁层顶距地球约有十余个地球半径。在背阳面，磁层有一个很长的柱形尾巴，称为磁尾。磁层是地球控制的最外层区域，它直接与太阳风、行星际磁场接触。太阳和行星际磁场的扰动及变化首先影响磁层，导致磁扰，严重时将产生磁暴、磁层亚暴等。这一变化的扰动还将耦合给电离层和高层大气，如发生电离层暴等。磁层是航天器的主要活动区域，因此它与航天事业有着极为密切的关系。

（五）空间辐射

地球外层空间的辐射环境包括电磁辐射和电离辐射，它们是威胁载人航天安全的重要物理因素之一。与物质的作用能力弱，对人体的伤害较小；与物质的作用能力强，能直接或间接地电离或激发物质，损伤物体材料和生物细胞，对载人航天的影响较大。

1. 电磁辐射

地球周围空间的电磁波主要来自太阳。太阳表面发出强烈的电磁辐射，频谱极宽，按波长由长至短划分为：无线电波、微波、红外辐射、可见光、紫外射线、X射线和能量极高的γ射线。其中，紫外射线、X射线的能量高、流量大，可以使地球高层大气温度增高，大气密度上升，同时使大气的分子、原子电离而形成电离层；其强度变化也很大，太阳爆发时的强度可达到平静时的数百倍，是近地空间和地球高层大气扰动的根源之一。

2. 电离辐射

电离辐射包括各种带电粒子、中子及X、γ射线。电离辐射源包括天然辐射环境（银河宇宙辐射、地磁捕获辐射、太阳活动辐射）和人工辐射环境（高空核爆炸、飞行器上的核装置等）。地磁捕获辐射和太阳活动辐射是决定载人航天时间安排和轨道的重要因素，每次飞行前必须预测它们的辐射强度。同时，它们可以使细胞里的原子和分子电离，造成细胞的死亡，影响航天员的健康。

（1）银河宇宙辐射　银河宇宙辐射是载人航天必然遇到的辐射源之一，它来自银河系，可能起源于超新星爆炸，是被星际间磁场加速而到达地球空间的高能带电粒子流。银河宇宙线是来源于太阳系以外银河系的通量很低但能量很高的带电粒子流[1]，它的主要成分是质子（约占83%）、α粒子（约占13%）、重离子（1%）、电子和介子（3%）。其中各种重离子能量在10^2～10^{12} MeV之间，电子能量在0.5～100GeV之间，强度约为几个粒子/（$cm^2\cdot s$）。由于银河宇宙线粒子能量甚高，贯穿能力极强，故难以防护。应引起特别注意的是银河宇宙线的高能重离子，虽然它们的通量比质子低得多，剂量也很小，但其电离辐射能力强，沿粒子径迹会发生很大的能量沉积（高线性能量传递），从而可对生物细胞造成损伤或使微电子器件发生误动作（异常翻转或锁定）。同时，它可与屏蔽材料中的原子发生核作用而产生次级粒子，如次级中子和质子。在一定条件下，屏蔽不但不能降低辐射的剂量，反而随着屏蔽材料的加厚，因次级粒子的贡献致使剂量增加。

银河宇宙线的强度与太阳活动高低成反比：太阳活动最高年，宇宙线强度降低；太阳活动最低年，强度增加。一般变化范围是 2～4.5 粒子/(cm^2・s)。银河宇宙线的高能粒子，虽然能量很高，但通量较低。由于其通量很低，一般不会造成显著的短期效应，但长期暴露在银河宇宙线中，会增加不育和癌症的风险。在近地载人轨道上，地磁场屏蔽了大部分的银河宇宙线，其剂量贡献主要集中在极区附近，轨道越高，倾角越大，影响越大。比如国际空间站的飞行高度距离地面 400km，倾角 51.6°，银河宇宙线对它造成的辐射剂量占辐射总剂量的一半以上。而“神舟”飞船轨道的高度和倾角都比较低，银河宇宙线的剂量贡献只占辐射总剂量的 30%。

在远离地球的外层空间，银河宇宙线的空间分布基本上是各向同性的。但是，当银河宇宙线进入地磁作用范围时，由于受到地磁场强烈的偏转，它将显示出空间分布的不均匀性和各向异性，即地磁效应。例如，高纬度处银河宇宙线强度大于低纬度处（纬度效应）。尽管如此，仍可认为银河宇宙线在近地空间的空间分布近似整个空间。

（2）地磁捕获辐射（范艾伦带）　地球磁场捕获了大量的高能带电粒子，形成大约 6～7 个地球半径的粒子辐射区域，称为地球辐射带。辐射带分为靠近地球的内辐射带和距地球远的外辐射带，主要由高能电子与高能质子构成，内外带之间是一个低辐射强度区域。

内辐射带是距地球最近的捕获带电粒子区域，主要由高能质子和高能电子组成；质子能量在 4～50MeV 之间，电子能量在 0.5MeV 左右。内带在赤道上空约 600～10 000km，南北纬度边界约为 45°。它有两个强辐射区域，一个位于 3600km 高度，另一个位于 7000～8000km 高度。内辐射带有两个异常区，它们是南大西洋上空（西经 40°）的负磁异常区和我国上空（东经 100°）的正磁异常区。在负磁异常区内辐射带下边界下降到 200km 左右，在正磁异常区内辐射带下边界上升至 1500km 左右。南大西洋负磁异常区的地磁捕获辐射是低地球轨道飞行的重要辐射环境，载人航天器短时（10～20min）通过内辐射带，航天员所受剂量不超过几十毫戈瑞（Gy）。由于航天器的舱壁起到了很好的屏蔽作用，航天员基本上不会受到辐射的影响。但航天员出舱活动时，应尽可能避开南大西洋异常区，以降低自身受到的辐射剂量。

外辐射带主要由高能电子组成，其空间范围延伸很广，分布于赤道上空（1～6）$\times10^4$km 高度范围内的广大空间，中心位置为（2～2.5）$\times$ 10^4km 高度，纬度边界为 55°～70°。外带下边界降至 300km 高度。外辐射带受太阳活动的影响很大，磁扰时，外带粒子的强度和位置都有显著变化。外带电子的能量是内带的 10 倍左右，由于低能电子的贯穿能力较差，可以充分地被航天器的舱壁屏蔽，对航天员和设备的影响不大。

（3）太阳活动辐射　太阳色球层有时发生局部区域的短暂增亮现象，称为太阳耀斑。此外，太阳活动还包括太阳质子事件（SPE）和日冕物质抛射（CME），其中，太阳质子事件对载人航天轨道的影响较大。小的太阳质子事件持续数小时，大的太阳质子事件可持续数天。

太阳高能质子到达地球附近后的地磁效应十分明显，其分布空间为磁纬 50°以上的高纬度区域和赤道几千千米以上的高度。观测表明大于 2MeV 的太阳质子就能全部进入同步轨道高度。可以看出，太阳宇宙线的空间分布恰好与辐射带粒子相反。

太阳爆发时，其强度可达 10^5 粒子/(cm^2·s)。这种太阳突然发射高能带电粒子的现象，称为太阳质子事件。根据资料统计，较大的太阳质子事件在太阳活动高年可达十多次，而低年仅为几次，甚至更少。太阳宇宙线具有较高的能量，而且强度又相当大，因此，它对空间飞行危害较大。太阳质子事件发射的带电粒子绝大多数是质子，每次事件的质子能谱及通量各不相同。能量大于 0.5GeV 的称为相对论粒子，能量小于 0.5GeV 的称为非相对论粒子。太阳粒子事件发生后，可观测到粒子强度迅速增加，达到峰值以后缓慢地衰减。有时短时间内相继发生几次太阳爆发，当这系列太阳爆发伴有星际间磁场冲击波时，常常发生异常大的太阳粒子事件。一般来说，发生很大太阳质子事件的概率并不大。

（六）陨星和微陨星体

1. 陨星

在太阳系的广袤空间中，存在着由彗星或流星崩解成碎片或整块的陨星。它们有的进入地球大气层未被烧毁而坠落到地面，有的落到地面的残骸被称为“陨石”。“陨石”按它们的组成可分为：石陨星、铁陨星和石铁陨星，并分别占总数的 61%、35%和 4%。因为飞行器与陨星相撞的概率很小，故对航天不构成威胁，但研究这些陨星对于太阳系的形成和演化以及生命起源均有着重要的科学价值。

2. 微流星体

微流星体是太阳系中自然存在的天体，几乎所有的微流星体都源自彗星和小行星。其中，保持母体轨道并形成较高通量的微流星体叫做雨流，没有明显分布特征的随机流则称为偶发粒子。微流星体在太阳系轨道上运动具有较高的速度，一般在 3～90km/s 之间；其数量随质量的增加而迅速减小，但质量没有明显的分界；一般认为其形状为球体，密度为 0.5～2.0g/cm^3。在太空中，特别是在地球的附近，普遍存在着微流星体。这些微粒对太空风化过程起主要作用。当它们撞击月球或者没有大气层的天体（水星或小行星等）表面时，会造成这些天体表面的熔解与蒸发，导致模糊、变暗等光学变化。

微流星体对太空探测有着重大威胁。它们相对于地球轨道上的飞行器，其速度大约为每秒数千米，抵抗微流星体的撞击是航天器和航天服设计所面临的重要难题。微流星体虽然体积很小，但数量多时仍会对太空船造成难以估量的伤害，高速撞击会对太空船的外壳造成类似喷砂的效果，长期暴露会危害到太空船各系统的性能。

（七）空间碎片

空间碎片是指分布在地球轨道上并已丧失功能的空间物体。按其大小可以分为三类：①大空间碎片，是指 10cm 以上的空间碎片；②小空间碎片，是指 1cm 以下的空间碎片；③中等碎片，大小介于大、小空间碎片之间，其数量比大空间碎片多，航天器躲避困难，是十分危险的碎片。

人类空间活动 50 余年，产生的空间碎片数以亿计，其主要来源是：①运载火箭和航天器产生的碎片；②航天器表面材料的脱落；③火箭和航天器爆炸、碰撞过程中产生的碎片；④航天员遗落在太空的物品。这些垃圾的总重量已经达到 5500kg，仅直径超过 10cm 的物体就有 9000 块之多，小于 10cm 的则不计其数。其中碎片最密集的区域为低地球轨道（LEO）。这些太空垃圾，昼夜不停地飘浮在地球轨道上，时刻威胁着航天员的生命和航天器的寿命。而且，随着航天事业的发展，它们的队伍会越来越“壮大”。据预测，在未来的几年内，还将有几百个甚至上千个小卫星升空。同时，完成使命的、越来越大的空间站也是太空垃圾的制造者。据推测截至 2010 年，太空垃圾至少达到 10 000kg，约苹果大小的碎片就会有 7500kg。在距地球较近的空间里，如此多的太空垃圾在游荡着，它们有可能与航天器相撞，也可能彼此相撞。如果这些垃圾相互撞击，爆炸的碎片还可能击中其他垃圾，以致达到无法控制的地步，碎片总数将会成倍增加。

二、空间环境与航天

航天器在太空运行时，遇到的真空、太阳电磁辐射、高能粒子辐射、等离子体、微流星体、行星大气和磁场等空间环境，均会对航天器的正常运行、人的健康和安全等产生显著影响，主要表现在以下几方面。

（一）影响航天器的飞行轨道和姿态

近地空间环境影响航天器飞行轨道和姿态的主要因素如下。

1. 高层大气

高层大气的阻力是造成航天器轨道衰变、姿态变化、寿命减少的主要原因。大气对航天器作用力的大小与大气密度成正比。在高轨道上运动的航天器，遇到的大气稀薄，阻尼小、轨道寿命较长，低轨道上运行的航天器则相反。例如，轨道高度 800km 以上的航天器，寿命在几十年以上；200km 左右高度的航天器寿命只有几天到几十天[2]。

太阳活动对高层大气密度有明显影响，高度越高，受太阳活动的影响越大，对航天器的运行轨道、姿态和寿命的影响也越大。以圆形轨道为例，一个轨道高度为 300km 的卫星，如果质量面积比为 $100kg/m^2$，在太阳活动强度较高时（例如太阳黑子数为 200），其寿命约为 10 天；在太阳活动强度较低时（例如太阳黑子数为 6），卫星的寿命约为 50 天，是前者的 5 倍。

2. 太阳光压

太阳射线辐照在航天器表面时，对航天器产生作用力，这就是太阳光压，它能够严重影响航天器的姿态和自旋速率。决定太阳光压效应的因素包括：①航天器结构表面的光学特性；②航天器相对于太阳的位置（地球公转位置）；③太阳辐照压力中心相对于航天器质心的位置和航天器受照面积；④太阳光子流强度、频谱及方向。

3. 天体引力

所有物体之间都存在万有引力，航天器在空间运行的轨道主要由天体的引力场决定。除了地球引力外，近地空间内可对航天器构成影响的还有太阳和月球的引力。行星大气、太阳电离辐射和等离子体对航天器的作用力远小于天体的引力，但是长期的影响不可忽略。

4. 地球的非球形

地球形状并不规则：赤道半径大于极半径；南北半球也不对称，北极略突出，南极略扁平。这种不规则性导致了地球质量的不均匀，进而影响重力加速度。加速度的不规则将对航天器轨道产生扰动作用，其中地球扁率是主要影响项。

5. 近地电磁环境

航天器在磁层中运行时与等离子体相互作用，其表面会产生充电电位：在磁层宁静时，向阳面电位可达正几伏，背阳面则为负几十伏；在磁层亚暴时，向阳面可达几百伏至几千伏的正电位，背阳面可达几千伏至几万伏的负电位。等离子体和表面充电后的航天器相互作用，会增大航天器飞行阻力，进而影响航天器的飞行姿态。

近地空间磁场环境也可影响航天器轨道姿态[3]。例如，卫星上使用一些永磁材料和感磁材料，故航天器总会有一定的磁矩。轨道上航天器的磁矩和空间磁场相互作用会产生干扰力矩，从而影响航天器的轨道姿态。在不同高度飞行，影响航天器轨道和姿态的因素不同。例如，离地面越近，大气密度的影响越大，2000km 以上的大气对航天器的影响可忽略不计；在飞行高度大于 5000km 时，航天器受日月引力的影响会大于地球非球形形状的影响。

（二）导致航天器材料受损

空间不同环境可对航天器的表面材料和内部器件产生不同程度的损伤作用[4]。

1. 高真空环境

航天器中的一些材料和器件长期处在高真空

环境中，会发生一些特殊的物理和化学变化。真空环境会加速其他环境条件对材料和器件的影响。在真空环境下，各种材料会失去内部的溶解气体和表面的吸附气体，材料产生出气现象。在材料出气、辐射损伤和其他环境效应的长期共同作用下，材料的重量会逐渐减小，即材料重损。材料的重损率与材料的性能有密切的关系，它是鉴定材料空间性能的重要指标。

同时，在空间高真空条件下，固体表面会失去所吸附的气体，固体表面相互接触时便发生不同程度的合黏现象，称为黏着。如果除去氧化膜，使表面达到原子清洁程度，在一定的压力负荷下可进一步整体黏着，即引起冷焊。这种现象可使航天器上的一些活动部件出现故障，如加速轴承磨损、电气活动触点卡住、太阳电池翼伸展困难等。

2. 低气压环境

航天器在发射过程中，往往要经历 1～1000Pa 的低气压环境。航天器入轨后，由于结构材料出气，也可使某些部件的空间维持上述气压范围，一些高压器件和电路可能发生气体放电击穿，造成功能减退或永久性损伤。

3. 原子氧

氧原子是最具活性的气体粒子之一，原子氧对航天器的影响包括如下几个方面：①造成航天器结构材料的剥蚀和老化；②损耗航天器的温控材料；③损耗太阳电池的连接件；④污染和侵蚀遥感探测器或其他光学材料。

4. “冷黑”环境

“冷黑”环境除了影响航天器的温度外，还会影响航天器部分材料的性能，使其老化、脆化，进而使有伸缩活动的部位出现故障。

5. 太阳电磁辐射

太阳电磁辐射中的可见光和红外部分主要影响航天器的温度，长期的紫外辐照会使航天器的一些表面材料受到辐射损伤，例如增加温控涂层的吸收率、降低太阳电池片的效率。另外太阳辐照作用产生的二次辐照（即地球反射）及部分地球红外辐射都是影响航天器温度的因素，紫外线、X 射线等对有机材料的光化学腐蚀效应足以改变材料的性质。

6. 宇宙高能带电粒子流

宇宙射线、地球辐射带和银河宇宙线均属于高能带电粒子流。高能带电粒子流不但对航天器的表面材料有影响，而且在航天器内部形成内辐射环境，使一些材料和器件的性能发生变化，甚至造成永久性辐射损伤。易受损伤的材料和器件有太阳电池、光学表面、有机材料半导体器件和集成电路等。高能粒子的注入还会影响其他空间环境，如使等离子层电子密度增加，对通讯、测绘和导航系统造成严重干扰。

7. 微流星体

在行星际空间和地球空间中，微流星体对航天器表面有沙蚀作用，这对光学表面和太阳电池都有一定的影响。

（三）影响航天员的健康和安全

由于航天员在太空飞行时是生活在有生命保障系统的座舱内，进行舱外活动时也穿着舱外航天服，故在近地轨道飞行时，正常情况下空间环境的一些因素对航天员影响不大。对航天员健康影响较大的是力场环境的改变和辐射[5]。

载人航天器在飞行过程中遇到的惯性力和旋转力可影响航天员的工作效率、身体健康，甚至生存。在轨道飞行中碰到的与力环境有关的问题有两种，第一种是航天器发射和载入地球大气层时受到的超重，第二种是飞行过程中的微重力[6]。通过 50 多年的载人航天实践，证明随着载人航天技术的发展，飞船发射和载入所产生的加速度负荷在逐渐降低，且均在一个健康状况良好的航天员所能耐受的极限范围之内。但是，如果航天员长期微重力飞行后，在体内生理功能下降明显的情况下，遇到返回地球或进入其他星球时的超重作用，对航天员的健康和安全可产生显著影响。虽然微重力环境没有对航天员产生致命的威胁，但对身体各主要系统的生理功能都会产生不良影响，例如出现空间运动病、运动协调功能下降、航天“贫血症”、心血管功能失调、肌肉萎缩、骨质流失、免疫功能减退等[7-8]。当航天员返回地球后需要一段时间才能适应地球的重力环境。而在长期近地轨道飞行和星际飞行时，长期处于微重力环境下，可能引起一些不可逆的反应和疾病，影响到航天员的健康，甚至生命安危[9]。

宇宙辐射线在通过活体细胞时可以将脱氧核糖核酸（DNA）分子穿透从而造成损害，导致航天员出现辐射病和癌症。在近地轨道飞行时，由于有地球上空大气层和磁场的保护，航天员所受的健康威胁不大。但是，如果航天员在舱外活动时遇到太阳质子事件，则会对航天员造成严重的辐射损伤[10]。例如，1989 年 10 月 19 日，发生太阳质子事件时，美国航天飞机正在发射“伽利略”卫星，航天员看到了高能粒子引起的闪光，不得不退回到飞船舱内，但眼睛受到严重刺激。登月飞行穿过捕获辐射带的高强度区域时，也受到宇宙辐射的持续作用，尽管由于经历的时间较短，在舱内不会形成过高的辐射剂量，但对航天员安全也有一定影响。例如，统计了 39 名飞行后出现白内障的航天员，其中 36 名是参加过“阿波罗”登月飞行任务的航天员。据报道，如果飞船在深空飞行或在磁层外进行舱外活动，大约有 1/10 的航天员将会受到致命的影响。登月和火星探险时，几乎可以遇到所有的天然辐射源。如果飞行持续时间很长（如在月球基地生活几个月），宇宙辐射对航天员安全的影响是不可忽视的。在进行火星探险时，飞向火星来回要持续 2 年以上的时间，轨道远离地球，失去了地球磁场的防护作用，银河宇宙辐射（尤其是重离子）和太阳粒子事件构成飞行的主要辐射危险源，可以使航天员出现辐射病和增加其患癌症的概率。

此外，在航天器中，自然光线的缺乏也可能会对人类产生显著影响[11]。当人白天在户外并暴露在阳光下时（已通过臭氧层过滤），可受到小量但却十分重要的中等紫外线、近紫外线和近似相等比例可见光的各种颜色。而在航天器内照明的强度低得多，无论是“日光”灯还是“冷光”灯发出的光，都存在紫外光（以及蓝色和红色）的不足以及光的颜色（黄色和绿色）过多（被视网膜感知的最佳亮度）的问题。如果光对人类的唯一作用是产生主观的亮度，那么这种人造光的光谱可能是足够的。然而现在已经越来越清楚的是，光具有许多额外的生理和行为上的效应。例如，光会直接影响身体表面的化学物质，能够激活维生素 D 的前体以及破坏循环中的光吸收化合物（黑色素）。它也可以通过眼睛和大脑间接影响神经内分泌功能和昼夜节律。最明显的是对情绪的影响。许多人表现出季节性的情绪大波动，特别是在秋季和冬季偏向抑郁，该两种季节白天的时间是相对短的。季节性情感障碍综合征是一种与松果体激素、褪黑激素分泌过多有关的疾病，但它也可以通过每天补充光照数小时来治疗。虽然尚未证明，但长期处于光线不充足的条件下（即错误的频谱、太低的强度或每天光照时间过短）似乎很可能对情绪和工作绩效产生不利影响。

参考文献

[1] 温学诗. 神秘太空. 北京：广西教育出版社，2003：9-34.

[2] 龚自正，曹燕，侯明强，等. 空间环境及其对航天器的影响与防护技术. 数学、物理学、高新技术研究进展，2008（2）：287-297.

[3] 邵永哲，杨健，李小将，等. 航天器近地空间环境效应综述. 航天器环境工程，2009，26（5）：419-423.

[4] 朱光武，李保权. 空间环境对航天器的影响及其对策研究. 上海航天，2004（4）：1-7.

[5] 顾定. 航天医学与生理学. 北京：人民军医出版社，1989：57-94.

[6] 沈羡云，刘光远. 从超重到失重. 北京：国防工业出版社，1997：1-5.

[7] 张立藩，陈信. 中国医学百科全书. 航空航天医学. 上海：上海科学技术出版社，1985：167-169.

[8] 张汝果. 航天医学工程基础. 北京：国防工业出版社，1991：26-41.

[9] 孙喜庆. 空间医学与生物学研究. 西安：第四军医大学出版社，2010.
[10] 祁章年. 载人航天的辐射防护与检测. 北京：国防工业出版社，2003：10-37.
[11] Gilles Clement. Fundamentals of space medicine. California：Microcosm Press and Springer，2011.

（沈美云　袁　明）

第二章　空间微生物学研究现状

空间生命科学是研究宇宙空间特殊环境因素（如强辐射、微重力、高真空、高温、低温等）作用下的生命现象及其规律的学科。广义地说，它包括空间生物学、空间生理学、空间医学和空间生物工程学等。它属于空间科学和生命科学的边缘学科，也是空间科学领域内最新形成的一个分支学科。微生物是一种广泛存在、适应能力强的常见环境生物；国内外一些早期的研究资料表明：各种载人以及用于货运的航天器中，存在着大量包括细菌在内的微生物。空间微生物学是空间生物学的一个重要组成部分，空间微生物学主要是研究微生物在空间环境下的生长、发育、遗传、变异与代谢等生物学效应。空间环境由多种环境因素组成，其中最主要的是辐射与微重力因素。空间诱变育种就是将航天高新技术与传统的物理、化学诱变及分子技术等相结合的新育种技术，该育种技术是利用卫星或高空气球携带和搭载微生物等生物体样品，经特殊的空间环境条件（太空辐射、微重力、高真空等）作用，使生物体的染色体发生畸变，生物体遗传物质变异。变异的样品经地面选育试验后，能快速而有效地育成生物新品种。

目前大部分空间微生物学研究的内容主要体现在空间微重力对微生物的影响等方面，而微生物空间辐射效应研究目前则主要在空间微生物育种方面。然而，由于空间微生物育种的工作比较零散，尽管国内外很多单位做过这方面的育种工作，但此研究尚不具有系统性，所以这一部分研究内容在此处不进行重点叙述和总结，而是分散在以下的各个章节进行讨论分析；同时，在“空间微生物诱变育种及空间制药研究”一章中对其机制及其应用做集中详细的讨论总结。本章讨论的空间微生物学研究现状主要内容是概述空间微重力以及地面模拟微重力对微生物的影响，主要包括微生物生长、发育、遗传、变异、代谢等方面的生物学效应；重点讨论微重力及模拟微重力对微生物染色体变异、基因及蛋白质表达的影响，对微生物致病性与生物膜形成、抗性的影响，对微生物生长、发育与次级代谢的影响等内容。

一、微生物的空间微重力效应及地面模拟微重力效应

微生物作为地球广泛存在的生命形态，具有很强的极端环境适应性。微生物在空间环境下能够存活，说明微生物能够适应航天舱内复杂的空间环境条件。在人体表面、呼吸道和肠道内寄居着大量的微生物，当人类随着航天器进入太空飞行时，各种微生物也随人体及航空器部件一同被携带进入太空。已有文献报道，在空间站和航天员乘员舱中有多种微生物被检出。空间微重力环境可诱导微生物生理生化和遗传性状等发生变异，一些原本对人体和环境无害的微生物种群也会在毒力、致病性、抗生素敏感性等方面发生改变[1-2]。

国外的研究表明，在“和平号”空间站（Mir）内水循环系统中检测出包括荧光假单胞菌在内的至少 4 种微生物，在太空生活了 4 个月的航天员的体表也检测出包括金黄色葡萄球菌在内的多种微生物。到目前为止，已经在 Mir 号和国际空间站（International Space Station，ISS）上分离得到了多种微生物[3-8]。这些微生物的存在

对航天员的健康有潜在的威胁，同时也会影响各种精密航天仪器的正常工作[9]。

以前和最近的文献报道空间微重力及地基模拟微重力影响微生物细胞的基因表达[10-16]、蛋白表达[17-20]、生长率[6,21-24]、形态分化与发育[5,25-28]、细胞毒性[11,29-32]、细胞抗性[33-35]、生物膜形成[36-38]以及次级代谢[5,39-44]等。而这些文献中研究的微生物范围主要包括细菌、放线菌、真菌和古菌四大类。主要菌种有大肠埃希菌、鼠伤寒沙门菌、铜绿假单胞菌、金黄色葡萄球菌、酿酒酵母/毕赤酵母、枯草芽胞杆菌、链霉菌、白念珠菌、肺炎链球菌、鼠疫耶尔森菌及嗜盐古菌等（表 2-1）。在这些菌株中，大部分为致病菌细菌（大肠埃希菌、鼠伤寒沙门菌、铜绿假单胞菌、金黄色葡萄球菌、肺炎链球菌、鼠疫耶尔森菌）和致病性真菌（白念珠菌），研究的重点主要集中在其细胞毒性、抗性，以及耐药性等方面。在非致病的革兰氏阳性细菌中，枯草芽胞杆菌和链霉菌研究的频率较高，枯草芽胞杆菌研究主要侧重其生长率，而链霉菌主要侧重其次级代谢。而在真菌中，主要研究的对象为酿酒酵母、毕赤酵母以及致病的白念珠菌，酿酒酵母主要侧重其出芽生长过程以及基因表达模式，毕赤酵母主要测定其重组蛋白质表达量。古菌中主要研究了嗜盐古菌的蛋白质表达和细胞抗性方面。

利用微生物开展空间微重力生物学效应的研究不但可以阐明微重力条件下微生物生存和变异的分子机制，而且对于实现空间生物环境的安全预警和早期处置、保障航天员健康、防止航天器腐蚀以及合理利用空间微重力资源造福人类，也具有重要的理论和实际意义。国内外研究均表明微重力或模拟微重力环境可以诱使微生物在形态结构、生理生化、基因及蛋白质等诸多方面发生不同程度的改变，但目前其对微生物产生效应的分子机制以及它们对人体及航空器部件的影响至今尚不十分清楚。因而，研究微重力或模拟微重力对微生物的生物学效应及其作用机制不但为阐明微生物在空间环境中的生理生化改变及其适应机制、为微生物与人类之间的相互作用等一系列科学问题提供理论依据，而且还对未来空间受控生态生保系统的建立、空间微生物安全监控以及空间微生物资源的开发利用等都具有普遍的指导意义。以下分别就微重力与模拟微重力对微生物基因与蛋白质表达、生长率、形态分化与发育、细胞毒性与抗性、生物膜形成以及次级代谢的影响展开论述。

表 2-1　文献中微重力效应研究的主要微生物类别

序号	微生物类别	研究对象与范围	文献统计
1	大肠埃希菌	基因与蛋白质表达、生长、细胞毒性与抗性、次级代谢	20
2	鼠伤寒沙门菌	基因与蛋白质表达、细胞毒性与抗性	6
3	铜绿假单胞菌	基因与蛋白质表达、细胞毒性、生物膜形成	6
4	金黄色葡萄球菌	基因与蛋白质表达、细胞毒性与抗性、生物膜形成	6
5	酿酒酵母/毕赤酵母	基因与蛋白质表达、细胞形态与发育	6/3
6	枯草芽胞杆菌	生长、次级代谢、细胞形态与发育	6
7	链霉菌（放线菌）	生长、次级代谢	5
8	白念珠菌	基因与蛋白质表达、细胞形态与发育，细胞毒性	3
9	肺炎链球菌	基因与蛋白质表达、细胞毒性	2
10	鼠疫耶尔森菌	细胞毒性	1
11	嗜盐古菌	蛋白质表达、细胞抗性	1

（一）微重力及模拟微重力对微生物染色体变异、基因及蛋白质表达的影响

2006 年 Nichols 等在当时热门的基因组学和蛋白质组学的研究基础上，提出了微重力基因组学和微重力蛋白质组学的概念。他认为包括宇航员在内的各种生物在空间飞行过程中出现许多不

利的生理变化可能是因为人体在空间微重力环境里发生了基因组水平的相关变化引起的，从而引起蛋白质组水平的相应变化。因此，利用基因组和蛋白质组学信息是研究各种生物的微重力效应的重要手段[45]。

微重力作为空间环境中最为重要和特殊的因素之一，这种环境条件是地球上所没有的。对于已经适应地球重力环境的微生物来说，改变其所处重力环境进入空间微重力环境，微生物的基因组表达模式是否会发生改变以及会发生怎样的改变是微生物环境适应性领域的研究课题。

微重力影响微生物 DNA 及染色体的变异和稳定性。Horneck 对芽胞杆菌胞子和大肠埃希菌及其 pUC19 质粒在航天搭载后的生存能力、芽胞杆菌 His 位点突变、大肠埃希菌 Lac 位点突变、DNA 链的断裂和修复系统的效率等研究后发现，胞子突变频率提高，但对质粒 DNA 无影响[46-47]。Takahashi 等分析了空间微重力环境对大肠埃希菌和酵母菌的作用效果，发现两种菌株的 DNA 均出现不同程度的突变和 SOS 效应，暗示微重力在菌株 DNA 复制或 DNA 修复过程中诱发了菌株变异及 SOS 效应的产生[48]。Fukuda 等报道，酿酒酵母经 40d 空间飞行后，部分样品核糖体蛋白 L 基因（*rpsL*）的突变率比地面对照组高 2～3 倍[49]。但有学者报道酵母菌经 152h 的失重和空间辐射后，与地面对照相比，诱导和修复 DNA 双链断裂的水平并无明显差异，认为失重不能提高酵母菌的突变频率[48,50]。Pross 等分析微重力环境对辐射的酵母 DNA 双链断裂修复的影响发现，微生物在空间条件下，兼有它的稳定性和变异性；微重力环境可能干扰 DNA 损伤修复系统的正常动作，即阻延或抑制 DNA 链断裂的修复[51]。美国空间实验室 D1 飞行中发现[52]，*E. coli* 基因重组率增加的原因是在微重力下细菌性纤毛附着时间较地面长，并通过纤毛的接合交换 DNA。Beuls 等[53]以三种不同的地基回转器［旋转壁式反应器（RWV）、三维回转器（RPM）、抗磁悬浮装置］研究了模拟微重力苏云金芽胞杆菌质粒的接合转移情况，发现模拟微重力对苏云金芽胞杆菌质粒接合转移没有促进，也没有抑制，推测像苏云金芽胞杆菌这类的革兰氏阳性菌，失重条件下的质粒转移现象的发生可能与其抗生素抗性及细胞毒性的扩散特异相关。

微重力及模拟微重力影响微生物基因组的表达。Vukanti 等对 *E. coli* K12（ATCC 29425）在模拟微重力条件下的基因表达研究后发现，430 个基因差异表达，其中上调的基因主要有：对饥饿响应的基因（*csiD*，*cspD*，*ygaF*，*gabDTP*，*ygiG*，*fliY*，*cysK*）以及在饥饿条件的重定向代谢基因（*ddpX*，*acs*，*actP*，*gdhA*）；多重压力响应的基因，如酸胁迫（*asr*，*yhiW*）、渗透压（*yehZYW*）、氧化性压力（*katE*，*btuDE*）；生物膜形成基因（*lldR*，*lamB*，*yneA*，*fadB*，*ydeY*）；卷曲菌毛生物合成基因（*csgDEF*）以及脂类生物合成基因（*yfbEFG*）。这些基因的差异表达表明大肠埃希菌在模拟微重力条件下可能受到酸、渗透压以及氧化性压力的胁迫，进而引起这些基因的差异表达[54]。Vukanti and Leff 接着对 *E. coli* K12 MG1655（ATCC 700926）在模拟微重力条件的基因表达研究后发现，细菌对模拟微重力的响应随培养基和菌株生长阶段变化而变化，压力响应基因（*csiD*，*cstA*，*katE*，*otsA*，*treA*）的过表达只发生在营养丰富的培养基的生长后期阶段（对数期），而在基本培养基上以及丰富的培养基的生长早期阶段（静止期）则没有明显差异[55]。Tucker 等通过高截面纵横比容器（HARV）回转器对菌株 *E. coli* MG1655（CGSC7740）研究后发现基本培养基生长的样品，大部分差异表达的且功能已知的基因主要是跟细胞被膜相关的，而在营养丰富的培养基中，涉及蛋白质翻译的基因对低剪切的模拟微重力较敏感[56]。Arunasri 等通过 3-D 回转器研究了 *E. coli* K12 MG1655 的模拟微重力效应发现，涉及压力适应性的基因中的 *sufE* 与 *ssrA*，膜转运蛋白基因 *ompC*，*exbB*，*actP*，*mgtA*，*cysW*，*nikB* 以及糖分解代谢基因 *ldcC*，*ptsA*，*rhaD*， *rhaS* 显著下调。另外参与 DNA 复制的基因 *srmB* 的上调以及核苷酸代谢基因 *dfp*，*pyrD*，*spoT* 的抑制表达使得模拟微重力条件的菌株生长率提高[57]。

Wilson 等通过基因芯片研究了低剪切力模拟微重力环境（LSMMG）条件下（使用 HARV）对鼠伤寒沙门菌基因表达的影响，发现其基因上有 163 个基因差异表达，功能主要涉及转录调控因子、毒性因子、脂多糖生物合成酶、铁离子利用的酶以及其他功能未知的蛋白质。而且，很多基因位于基因簇中或者在操纵子内部，其中值得注意的是铁离子吸收相关调控基因和铁利用相关的基因（*fepD*，*STM*1537，*hscB*，*feoB*，*yliG*，*sufC*，*sufS*）参与低剪切力的模拟微重力的响应过程[16]。Wilson 等通过空间飞行试验（Space Shuttle Mission STS-115）对鼠伤寒沙门菌研究后发现，转录组学分析显示有 167 个基因的转录水平发生显著改变，蛋白质组学分析显示有 73 个蛋白质表达水平发生显著改变。而这些基因可能是受一个全局性的调控因子——RNA 结合蛋白 Hfq 调控的，*hfq* 基因在地面回转器试验时下同样被证实参与了模拟微重力的响应过程[15]。

Rosado 等对金黄色葡萄球菌在低剪切力的模拟微重力环境中进行试验后发现其产生的葡萄金黄色素（Staphyloxanthin）和主要毒性因子 α 毒素（α-Toxin）的产量减少。另外，通过 DNA 基因芯片试验发现 α 毒素生物合成基因 *hla* 与 *saeR*/*saeS* 调节基因的表达下降了约 1/2[31]。

Crabbé 等利用 RWV 和 RPM 研究了条件致病菌铜绿假单胞菌的模拟微重力效应，发现一个具有调控作用的选择性 sigma 因子 AlgU 参与了响应过程。同时，藻朊酸盐（Alginate）的产量增加，AlgU 控制的调节子表达上调。另外，还发现铜绿假单胞菌中与鼠伤寒沙门菌同源且功能相同的 RNA 结合蛋白 Hfq 也参与了模拟微重力的效应过程[58]。Crabbé 在接下来的铜绿假单胞菌转录组和蛋白质组研究中还发现，在空间飞行试验中，有包括 *hfq* 在内的 167 个基因以及 28 个蛋白质差异表达，其中被诱导的还有凝集素基因 *lecA* 与 *lecB*，以及参与鼠李糖脂生物合成的鼠李糖基转移酶基因 *rhlA*。另外根据一些参与微量需氧代谢的差异基因可推测铜绿假单胞菌在空间微重力环境里可能采取了厌氧的生长模式[11]。

Allen 等利用 HARV 研究了肺炎链球菌（*Streptococcus pneumoniae* TIGR4）在低剪切力的模拟微重力等几种不同条件下的基因表达情况，其中发现差异表达的基因分别有 101 个［1×g *vs.* static（静态的）］，46 个（LSMMG *vs.* 1×g），9 个（LSMMG *vs.* static）；另外研究还发现除了低剪切力，回转器的转动也可能参与了肺炎链球菌对低剪切力模拟微重力的响应过程[10]。

酿酒酵母（*Saccharomyces cerevisiae*）作为真核微生物研究的模式生物之一，是被研究较多的一种微生物。近年来的研究发现空间微重力环境影响酿酒酵母相关基因的表达和调控。

2006 年 Purevdorj-Gage 等通过研究发现在低剪切力的模拟微重力条件下酿酒酵母中与极性建立的基因 *BUD*5、两极出芽基因 *RAX*1、*RAX*2 与 *BUD*25，以及细胞分裂相关的基因 *DSE*1、*DSE*2 与 *EGT*2 的表达发生了明显变化。同时酿酒酵母的表型和细胞极性形成相关的过程发生了相应的变化，即细胞由对照情况下的两端出芽变成了随机异常出芽方式。另外，酵母生长的延滞期缩短[59]。2007 年 Sheehan 等发现酿酒酵母基因组在 LSMMG 条件培养 5 代或 25 代后，1372 基因的表达发生了改变，其中 26％的显著表达基因与一般环境压力响应相关，而 74％的基因则可能是 LSMMG 条件特有的响应基因。这些差异主要涉及出芽、细胞极性形成以及细胞分裂过程[14]。Coleman 等利用抗磁悬浮装置提供的模拟微重力研究了酿酒酵母的生长和基因表达情况，发现压力响应基因 YIL052C，YST-2，SSA4 等发生了明显改变，其中磁场的抑制了 YIL052C 与 YST-2 的表达，而重力抑制了 SSA4 与 YIL052C 的表达[60]。Coleman 通过空间飞行试验（Space Shuttle Atlantis Mission STS-115）继续研究了这几个基因的表达情况，发现空间飞行环境诱导了 SSA4 与 YIL052C 的上调，而 YST-2 则没有明显变化，同时实验表明空间飞行环境对 SSA4 与 YIL052C 的基因表达具有选择性和特异性[61]。Liu 等通过返回式卫星研究了酿酒酵母的空间飞行响应，发现返回的样品菌株细胞壁明显增厚的现象，筛选的突变株中也发现了细胞壁增加的现象，同时细胞壁组成成分 β-葡聚糖含量增加[62]。2011 年 Van Mulders 等通过空间飞行试验研究发现生长在半固体培养基上酿酒酵母细胞（实验室菌株 1278b）在空间微重力环境下菌落圈表面积延伸的幅度减少，然而工业菌株（CMBSESA1）却没有变化。通过蛋白质组学分析，实验室菌株 1278b 涉及厌氧生长的蛋白质出现明显上调，菌落中央生长及扩张速度明显减少，芽痕分布也受到较小影响，出芽方式变得更为随机；同时干扰了其细胞出芽的编程模式[28]。Johanson 等利用 DNA 芯片技术检测了模拟失重下酿酒酵母基因表达谱的改变，结果表明，表达发生变化的基因都含有转录调节因子 Raplp 的结合位点或者压力感应元件，其中一部分表达上调的含有转录调节因子结合位点的基因与糖酵解和合成核糖体蛋白有关，这与酿酒酵母在模拟失重条件下葡萄糖利用水平提高以及核糖体蛋白表达增加的结果相一致[12]。Johanson 等利用 RWV 研究了酿酒酵母细胞悬浮培养条件下的基因表达，发现 140 个基因差异表达，同时超过 70%的基因的差异表达可能与剪切力相关，同时相当一部分基因参与酶催化过程[13]。Crabbé 等通过空间飞行试验研究了条件致病性真菌白念珠菌的空间生物学效应，基因芯片试验显示 452 个基因显著表达，进一步分析显示菌株细胞呈聚集状，细胞随机出芽频率提高。在这些差异基因中，其中有抗真菌物质及压力抗性相关的基因，同时还有转录调控因子 Cap1 以及超过 30%的 Cap1 调节子的基因，而 Cap1 参与随机出芽、细胞聚集以及氧化性压力抗性等过程的调控。白念珠菌这些差异基因的转录变化很好地解释了其表型的变化[63]。

Dornmayr-Pfaffenhuemer 等通过旋转式细胞培养系统（RCCS）研究了两株嗜盐古菌的模拟微重力效应，两株嗜盐古菌色素沉积及细胞蛋白质成分具有差异。研究发现 *Haloferax mediterranei* 对杆菌肽、红霉素、利福霉素的抗性显著增加。而 *Halococcus dombrowskii* 细胞聚集现象显著减少[64]。

另外，模拟微重力影响微生物重组蛋白质的表达。Zhang 等通过双轴回转器和三重四级杆质谱研究了 *E. coli* BL21 在模拟微重力条件下表达重组蛋白质氨基脲敏感的胺氧化酶（SSAO）的特征，发现模拟微重力条件下重组酶蛋白的表达对温度敏感。在 18℃ 培养时，模拟微重力条件下包涵体与可溶部分的 SSAO 分别增加了 83%和 116%，然而在 37℃ 培养时，SSAO 则分别降低了 38%和 49%[7]。Qi 等通过 HARV 模拟微重力研究毕赤酵母 β-*D*-葡萄糖醛酸酶重组蛋白质的表达产量，发现 β-*D*-葡萄糖醛酸酶重组蛋白质的产率较对照提高了 1.51～2.21 倍。同时该酶在细胞外的分泌也提高了。Qi 等利用 HARV 研究了 β-*D*-葡萄糖醛酸酶重组蛋白质在模拟微重力条件下毕赤酵母细胞中的表达，发现该酶的催化效率提高了 3.7 倍。Qi 等利用 HARV 研究了重组菌株毕赤酵母（*Pichia pastoris* GS115）在模拟微重力条件的生长、蛋白质表达以及转录组变化，发现毕赤酵母的生长加快，重组酶蛋白（β-*D*-葡萄糖醛酸酶）的分泌和产率提高。通过四大类别的 141 个差异基因（涉及甲醇利用、伴侣蛋白、RNA 聚合酶、蛋白质转运或分泌等）分析显示，其中的甲醇代谢（17 个）以及蛋白质转运或分泌（37 个）的基因表达显著上调，进一步解释了模拟微重力条件下重组酶蛋白增加的分泌和产率[17-19]。

（二）微重力及模拟微重力对微生物致病性与生物膜形成、抗性的影响

空间微重力对病原微生物的致病性与生物膜形成、抗性方面影响的研究也取得了较大的进展，研究的菌株主要有鼠伤寒沙门菌、大肠埃希

菌、铜绿假单胞菌、金黄色葡萄球菌、肺炎链球菌、鼠疫耶尔森菌以及白念珠菌等。其中对鼠伤寒沙门菌致病性的研究较为深入。

Nickerson 研究了地基模拟微重力对鼠伤寒沙门菌致病性的影响，发现菌株毒性增强，即对小鼠的致病性增强，同时对酸环境和巨噬细胞杀伤力的抵抗力增强。他通过试验进一步表明，模拟微重力可能是一种鼠伤寒沙门菌毒性的环境调控因子[30]。

2007 年 Wilson 等通过空间微重力环境试验（Space Shuttle Mission STS-115）研究发现其使鼠伤寒沙门菌的毒性增强，分析显示空间环境对鼠伤寒沙门菌细胞内部的调控蛋白 Hfq（RNA 结合蛋白）的周围流体产生了影响，使其对下游一些毒性相关基因表达（如生物膜形成与铁离子利用相关基因等）产生影响，从而使其对老鼠的致死率比地面对照菌株增加。同时，转录组学分析显示有 167 个基因的转录水平发生显著改变，蛋白质组学分析显示有 73 个蛋白表达水平发生显著改变。这一结果与前期通过 HARV 模拟微重力得出的实验结果一致（即毒性增强的结果），从而进一步证明空间微重力环境对毒性基因的影响和调控[15]。另外，Wilson 等研究发现参与编码鼠伤寒沙门菌Ⅲ型分泌系统（Type Ⅲ Secretion Systems，T3SSs）的毒力相关基因（*orgA*，*prgH*，*sipD*，*invI*，*invA*，*pigB*，*sseB*，*ssaL*，*ssaV*，*sseJ*）在模拟微重力环境下表达下调，而 TTSSs 与许多革兰氏阴性杆菌毒力因子的分泌相关[16]。

Wilson 等通过空间飞行试验（Space Shuttle Mission STS-123）进一步研究了两种培养基条件下（LB 肉汤培养与 M9 普通培养基）微重力对鼠伤寒沙门菌的毒性的影响，发现其增加的毒性受到培养基无机盐成分及浓度的调控，其中磷酸盐离子可以改变空间微重力条件下菌株毒性的大小，增加磷酸盐离子浓度可以阻止菌株毒性的增强，同时也可以阻止菌株对酸抗性的增强作用[32]。

Chopra 等研究发现模拟微重力条件下肠致病性大肠埃希菌（EPEC）有 74 种蛋白质表达升高，其中 18 种蛋白质表达下调，新表达的蛋白质有 62 种；通过 Northern Blot 方法分析后发现，肠产毒性大肠埃希菌（ETEC）编码不耐热肠毒素 I（Heat-Labile Enterotoxin，LT-1）的基因表达上调，LT-1 可致感染的小鼠肠腔消化液的过度分泌。此外，该研究还发现经模拟微重力作用后的肠致病性大肠埃希菌使感染的小鼠巨噬细胞中肿瘤坏死因子 α（TNF-α）的分泌增加[65]。

Tucker 等通过 HARV 对菌株 *E. coli* MG1655（CGSC7740）研究后发现，基本培养基生长的样品中大部分差异表达的且功能已知的基因主要是与细胞被膜相关的[56]。

Crabbé 等利用 RWV 和 RPM 研究了条件致病菌铜绿假单胞菌的模拟微重力效应，结果表明，在模拟微重力条件下，铜绿假单胞菌藻酸盐、弹性蛋白酶、鼠李糖脂产生增加，但绿脓菌素的产量无明显差异。此外铜绿假单胞菌在空间飞行及模拟微重力环境下可形成稳固的生物被膜，通过结晶紫染色的方法及共焦显微镜观察显示：形成的生物被膜在剧烈振动条件下仍能稳固存在。进一步研究发现在微重力环境下生物被膜的形成受剪切力的影响。在低剪切力条件下，铜绿假单胞菌 PAO1 菌株形成黏稠的细胞聚集物，而在高剪切力作用下可形成稳固的生物被膜。通过基因芯片实验进一步表明模拟微重力条件下，铜绿假单胞菌 PAO1 菌株有 134 种基因表达水平高于对照组 2 倍以上。这些表达增加的基因涉及各个水平，包括参与各种应激反应的蛋白质的合成、致病因子的表达（如基因 *algP*、*algR* 等参与藻酸盐的合成，基因 *fleN* 调节鞭毛的合成），参与各种生理代谢的物质合成以及各种调控因子的合成（如基因 *hfq* 参与 RNA 结合蛋白 Hfq 合成，*algU* 参与 RNA 聚合酶 σ 因子 AlgU 的合成）等。此外，该研究还发现调节蛋白基因 *algU* 调控铜绿假单胞菌的多种致病因子的产生。在模拟微重力条件下 *algU* 可上调藻酸盐合

成基因 *algR* 和 *algP*，促进藻酸盐合成；可以通过对铜绿假单胞菌群体感应信号系统的调节，上调高丝氨酸内酯（C4-HSL）合成，后者可促进鼠李糖脂的合成；AlgU 还可上调伴侣蛋白 Hfq 的合成，后者在弹性蛋白酶的合成及菌毛的合成中起到重要的促进作用[11,58]。

Crabbé 等利用 RWV 研究了低剪切力的模拟微重力条件对铜绿假单胞菌的行为，发现回转器中菌株聚集生长的生物膜类似于肺囊性纤维化患者的肺部黏液的情况。同时调节群感信号系统的高丝氨酸内酯（C4-HSL）的 *rhl* 基因与多糖合成位点基因（*psI*）显著上调，受到 C4-HSL 群感信号系统调控的鼠李糖脂受到诱导并且产量提高，而鼠李糖脂在铜绿假单胞菌导致肺囊性纤维化发病过程中发挥重要的作用[36]。

Kim 等通过二次空间飞行试验（Space Shuttle Atlantis Missions STS-132 and STS-135）发现空间飞行环境增加了铜绿假单胞菌活细胞的数量、生物膜的生物量和厚度。同时观察到地面没有的生物膜性状，即呈柱状与天棚状结构，并且这种现象以及生物膜生物量的增加与培养基中碳源和磷酸盐浓度无关。另外，铜绿假单胞菌鞭毛导致的运动行为参与了空间飞行过程新出现的这种形态的生物膜的形成过程[66-67]。

Aviles 等使用大鼠尾吊模型模拟微重力生物学效应，对大鼠口腔灌注铜绿假单胞菌，发现模拟微重力条件下大鼠对该致病菌的敏感性增加；使用克雷伯杆菌，采用同样的模拟微重力实验方法也得到了相似的结果[68]。

Lawal 等利用 HARV 研究模拟微重力对鼠疫耶尔森菌毒性的影响，发现其在低剪切力的模拟微重力条件下毒力相关蛋白 YopM 产量和分泌，同时 T3SS 的正常功能受到影响。另外，低剪切力的模拟微重力减弱鼠疫耶尔森菌的毒性，这与其他革兰氏阴性致病菌报道诱导提高的毒性情况相反[29]。

Crabbé 等研究空间飞行条件下致病性真菌白念珠菌的毒性变化情况，通过小鼠注射感染模型发现与地面对照相比其毒性没有明显变化[63]。而王佳平等利用回转器研究模拟微重力对白念珠菌致病性的影响，发现：回转模拟微重力导致白念珠菌生长显著加快；对小鼠的致死速度加快；诱导巨噬细胞凋亡的作用显著增强。同时，模拟微重力导致菌株细胞环腺苷酸（cAMP）的水平显著升高；外源性 cAMP 显著促进菌丝生成，增加其对小鼠的致死率；模拟微重力导致 Gβ 基因表达量显著增加，而其他与 cAMP 产生的相关基因表达量没有明显变化。可见回转器模拟微重力显著增加白念珠菌致病性，这可能是通过激活 Gβ-Gα-AC-cAMP 信号转导途径实现的[69]。

Mauclaire 等将国际空间站中分离的藤黄微球菌菌株（LT100 和 LT110）以及地面参照株分为模拟微重力处理组和 1G 对照组，结果表明经模拟微重力处理组中生长的藤黄微球菌菌株生物量均较对照组增多；同时形成的胞外聚合物（EPS）较对照组减少，而 EPS 可影响生物被膜的厚度和稳定性[70]。

Wilson 等研究发现在低剪切力的模拟微重力条件下鼠伤寒沙门菌增强的压力抗性与 RpoS（初级代谢的 sigma 因子，毒力所必需的环境压力信号调控蛋白）不相关[35]。而 Lynch 等通过 HARV 研究大肠埃希菌在模拟微重力条件下的多重压力抗性，研究结果表明大肠埃希菌增加的多重压力抗性可能依赖于 σ^s。进一步分析表明模拟微重力可能影响 σ^s 的 mRNA 及其蛋白折叠的空间结构。另外，他们的研究表明模拟微重力条件下（使用 HARV）大肠埃希菌可形成更厚更稳定的生物被膜，该研究还发现模拟微重力条件下大肠埃希菌对氯霉素、青霉素、盐（氯化钠）以及乙醇的抗性均有所增加；敲除 *rpoS* 基因（参与调控生物被膜的形成）的大肠埃希菌突变株，在模拟微重力条件下形成生物被膜密度有所下降，且对乙醇、盐的抗性也相应下降，但对抗生素的抗性却没有变化[34]。

谢琼等通过飞船搭载试验研究表明，微生物

经搭载后的耐药性遗传指标基本稳定，例如产超广谱酶的大肠埃希菌和抗甲氧西林金黄色葡萄球菌（MRSA），对头孢他啶等35种抗生素的耐药性没有变化；其他微生物样品如巨兽芽胞杆菌、蜡样芽胞杆菌、无乳链球菌等搭载后对个别药物的耐药性有所减弱，但对多数药物的耐药性不变[71]。

空间飞行实验表明，空间微重力环境下需要更高浓度的抗生素才能杀死常见的细菌，表现出对抗生素的耐药性增加的特点。NASA通过进行航天员体内微生物种群的研究表明：在前后5次太空飞行中，航天员之间的固有肠道微生物群落发生部分交换，并且部分固有微生物的抗生素耐药性增加[72]。另外也有报道航天员间肠道固有微生物的交换也增加了感染性疾病暴发的概率[3]。微生物抗性增强无疑增加了未来航天员的健康风险。

（三）微重力及模拟微重力对微生物生长、发育与次级代谢的影响

尽管微生物的空间生物学效应研究已开展了近60年，但是目前关于微重力对微生物的影响和作用机制仍不清楚。由于空间生命科学实验的高技术要求和高成本，人类对空间微重力条件下微生物表型和基因型变化的研究远远不够。目前，仅有少量的几种典型微生物的微重力效应进行过初步的研究，或者在地面模拟微重力条件下被研究过，但是在不同的地基微重力模拟器或者在不同的实验下，针对微生物的生长率获得的实验结果往往不十分一致。根据以前的国内外文献报道，关于微生物生长率的变化有的文献报道其生长率增大，有的报道生长率没有变化以及减少。同样，在微生物的次级代谢方面，有的文献报道其次级代谢产物（如抗生素的产量）增加，然而有的文献报道产量减少，另外也有报道文献产量没有变化。这种多样化的实验结果令人疑惑和混淆，也阻碍了人们对空间生物学效应的清晰认识。尽管关于微生物在空间微重力条件下的生长和代谢还没有定论，但是随着后续更多的空间生命科学实验，最终会揭示其作用的机制。

1. 微重力及模拟微重力对微生物生长的影响

目前已有实验证实微生物在航天舱内存在的情况较为普遍，同时航天员身上也会携带一些人体寄生菌株通过舱内活动会逐渐释放到航天舱内。航天舱内微生物的生长以及代谢不仅威胁着航天员的免疫系统，同时还会对航天舱内一些电子器件等造成腐蚀从而威胁航天器的使用寿命。因此，了解微生物在空间环境下的生长规律很有必要。通过对以前文献的分析，微生物对微重力或地面模拟微重力的响应主要依赖两个重要方面。第一方面是实验所采用的菌株，由于实验目的不同，采用的实验菌株也各不相同，菌株的内在特性也各不相同，有运动型和非运动型；另外，菌株生长的阶段在各个实验中也不尽相同，有生长静止期和对数期。第二方面是实验采取的条件，不同的实验采用了不同的微重力模拟器以及不同的空间飞行条件，同时，还有菌株培养的方式（如采用固体培养和液体培养）、培养基的营养浓度（如营养丰富的培养基和营养缺陷的培养）、回转器转动的速率（如高速旋转和低速旋转）差异。这些外界的实验条件通过影响培养基质的流体动力学从而造成了营养物质的分布以及代谢产物的运输的变化，最终使得微生物细胞外所处的微环境不尽相同。这些菌株内部特性以及外在环境的变化都会造成了微重力生物学效应的不同。

（1）微生物对微重力及模拟微重力的响应根据实验采用菌株不同而不同

在以前的文献报道中，微生物的生长率通过是菌株的生物量或菌株最终数量或最终细胞密度作为测定指标的。早期的研究表明，空间微重力或者地基模拟微重力条件下，大肠埃希菌（ATCC 4157）和枯草芽胞杆菌（ATCC 6051）在液体悬浮培养基中生长率提高；同时其生长延滞期缩短，而对数期生长率增加，稳定期生物量增大。然而在后期的研究中，逐步发现其他的菌株对微重力或者地基模拟微重力的响应与大肠埃

希菌和枯草芽胞杆菌不一致。同时，改变实验条件，如培养方式、培养基营养浓度等，发现其生长率也跟以前的实验结果不一样[4,6,21-22,73-75]。另外，我们发现对报道的微生物生长率来说，产生的生物学效应也不尽相同，有报道其生长率增加，也有报道其生长率减少，还有很多报道其生长率不变的情形。例如，在 Fang 等[40-43]的一系列微生物菌株研究中，通过 HARV 研究了低剪切力的模拟微重力条件下 *E. coli* ZK650 的生长率，发现细胞干重比对照增加，然而对 *Bacillus brevis* Nagano 来说，采用相同的实验条件其细胞干重没有明显变化。对两株丝状生长的链霉菌进行分析显示，*Streptomyces clavuligerus* ATCC 27064 与 *Streptomyces hygroscopicus* ATCC 29253 分别在 HARV 与 RWB 悬浮培养时最后获得的细胞干重比对照减少。

对于芽胞杆菌相同的属不同的种，其在微重力或地基模拟微重力条件下的生长率截然相反，如枯草芽胞杆菌 *Bacillus subtilis* ATCC 6051 在悬浮培养时其生长率是增加的，而短小芽胞杆菌 *Bacillus brevis* Nagano 在悬浮培养时其生长率是不变的[4,21-22,41,73]。

类似的，对于同是大肠埃希菌种但不同的株，其在微重力或地基模拟微重力条件下的生长率却不相同，如 *Escherichia coli* K12 MG1655、*Escherichia coli* K12 MC4100、*Escherichia coli* PhB405 和 *Escherichia coli* DH5α 生长率据报道是增加的，而菌株 *Escherichia coli* GC2852、*Escherichia coli* ATCC 25922、*Escherichia coli* AMS6，AMS150，AMS1 生长率据报道是不变的。对于大肠埃希菌 *Escherichia coli* ATCC 4157、*Escherichia coli* ATCC 26 来说，其生长率既有报道增加的，也有报道不变的。进一步分析显示，其生长率之所以不同是因为培养条件不一致。如 *Escherichia coli* ATCC 4157 在液体悬浮培养时其生长率是增加的，而在固体培养时其生长率是不变的。*Escherichia coli* ATCC 26 在营养丰富的培养基上其生长率是增加的，而在低营养缺乏的培养基上其生长率是不变的[4,6,21-22,34,40,73-76,80]。

除了原核微生物的生长率外，真核微生物的生长率也有报道不一致的现象。如 Van Mulders 等研究了真核模式微生物酿酒酵母在半固体培养基下的生长变化，发现酿酒酵母实验室菌株 *Saccharomyces cerevisiae* S1278b 的菌落扩张生长，尤其是菌落中央的生长呈明显的减少，然而工业菌株 *Saccharomyces cerevisiae* CMBSESA1 的菌落扩张生长却没有发生明显的变化[28]。而 Purevdorj-Gage 等发现 *Saccharomyces cerevisiae* BY4743 在液体悬浮培养时其生长率是不变的[59]。Coleman 等通过抗磁悬浮技术研究发现 *Saccharomyces cerevisiae* Msn4 与 Sfp1 缺失突变株在液体悬浮培养时的生长率是较少的[60]。上述结果表明，微生物的生长率对微重力或地基模拟微重力效应是菌株特异性或菌株依赖性的，即不同菌株对微重力或地基模拟微重力效应是不同的。

（2）微生物对微重力及模拟微重力的响应因菌株生长阶段不同而不同

微生物对微重力及地基模拟微重力的效应因菌株生长阶段不同而不同，即菌株延滞期、对数期、稳定期对微重力及地基模拟微重力的效应是不一样的。如 Kacena 等通过空间飞行试验以及地基模拟微重力实验，发现菌株大肠埃希菌生长延滞期缩短，而对数期生长率增加，稳定期生物量增大[21-22]。

Lynch 等表明大肠埃希菌增加的多重压力抗性可能依赖于 σ^s（*rpoS* 基因的产物），模拟微重力诱导增加的压力抗性仅在生长稳定期取决于 σ^s，而在对数期则不依赖 σ^s。模拟微重力条件下，对数期内的 σ^s 含量比对照低 30%，但比稳定期高 2 倍。这表明菌株生长不同时期内对胞外多重压力的抗性不同。

Vukanti 等研究了金黄色葡萄球菌和大肠埃希菌对地面低剪切力的模拟微重力的生物学响应。发现无论是在营养丰富的 LB 培养基还是在营养稀释的 LB 培养基上，金黄色葡萄球菌在稳定期的生物量都明显高于对照，而仅营养稀释的培养基上，其对数期生物量高于对照，在营养没有稀释的 LB 培养基上，对数期生物量差异则相差不大。而对于大肠埃希菌来说，无论是在营养丰富的 LB 培养基还是在基本培养基上（M9），其稳定期生物量高于对照。这表明模拟微重力条件下，细菌不同生长时期所产生的响应各不一样[81]。

可见，菌株不同生长阶段或时期对微重力及模拟微重力的效应不同，这可能与不同阶段基因的表达相关水平不同，而这些基因的表达可能对微重力及模拟微重力较为敏感。

（3）微生物对微重力及模拟微重力的响应根据菌株运动属性不同而不同

Benoit 等通过以前的文献分析显示，发现了在低剪切力的模拟微重力以及空间飞行条件下细菌悬浮培养的生长率与其细胞的运动特性是高度联系在一起的，他发现微重力及地基模拟微重力下具有运动属性的细菌在悬浮培养时的生长率增加，而对于不运动的细菌以及生长在固体或者半固体培养基的微生物的生长率却没有发生变化。鉴于这些实验分析，他建议在以后的模拟微重力实验中应关注微生物的内在属性，如运动性[82]。Baker 等的研究提供了实质性的实验证据，发现某些微生物在 RCCS 中培养时，其生长率随着菌株的运动性不同而不同。具有鞭毛的运动型细菌 *Sphingobacterium thalpophilium* 在模拟微重力条件下其生长率没有明显变化，改变细胞计数方法还是更换培养基所获得的结果是一样的。而没有鞭毛的非运动型细菌 *Ralstonia pickettii* 在营养丰富的培养基培养时发现其细胞数量增加，生长率提高，而在基本培养基上，则没有发生变化[2]。然而 Kim 等通过空间飞行试验发现铜绿假单胞菌中 PA14 的运动突变型菌株（*ΔmotABCD*）悬浮培养时其细胞密度与野生型的菌株一致，这种结果不管在营养丰富的培养基上还是营养浓度较低的培养基上都是一样的。这表明微生物细胞在微重力条件的生长率与细胞的运动性并非直接相关，可能还与其他因素相关。当然，菌株的不同也可能造成生长率对微重力的响应不同[66]。

（4）微生物对微重力及模拟微重力的响应因实验培养方式不同而不同

早期的研究表明，固体培养与液体悬浮培养下微生物的生长率对微重力的响应是不一样的。Kacena 等通过空间飞行试验以及地基模拟微重力实验发现，同样的大肠埃希菌（ATCC 4157）和枯草芽胞杆菌（ATCC 6051）在固体或者半固体培养基的生长率没有发生明显改变，仅发现其延滞期缩短，总生物量却没有明显变化。而在液体悬浮培养基中却发现其生长率提高，同时其生长延滞期缩短，而对数期生长率增加，稳定期生物量增大。这表明固体培养与液体培养方式影响微重力对微生物的生物学效应，即生长率，另外对生长时期、生长周期也产生了影响[21-22]。

（5）微生物对微重力及模拟微重力的响应因实验培养基浓度不同而不同

最近的研究表明微生物在营养丰富与低营养浓度的培养基（或基本培养基）上的生长率对微重力的响应不一样。这表明微生物对微重力或地基模拟微重力的生长响应可能是培养基依赖性的。

Baker 等通过实验发现，模拟微重力条件下，大肠埃希菌（ATCC 26）在基本培养基上（M9）的细胞数量与大小基本没有发生变化，然而在较高浓度的培养基中（稀释的营养肉汤 NB），总细胞数量较对照高，但细胞大小较对照小。这表明，模拟微重力条件下，较大的表面积与体积比可能会弥补细胞外营养缺乏的区域[76]。

Wilson 等通过地基 HARV 研究了鼠伤寒沙门菌野生菌株（χ3339）和 RpoS 突变株（χ4973）的模拟微重力生物学响应，发现它们在复合培养基下生长率没有明显变化，而在基本培养上生长率是增加的。另外，进一步的研究发现在生长在基本培养基的两株菌在模拟微重力条件下的代时都缩短了半小时[16]。

Kim 等通过空间飞行实验发现，野生型的铜绿假单胞菌 PA14 在磷酸盐浓度较低的培养基以及氧气供应量减少的情况下其生长密度增加，然而当磷酸盐或氧气供应增大时，最终的细胞密度却没有发生明显改变。这表明空间飞行条件下不同营养条件下的生长率的差异可能是因为微重力条件与细胞生长基本营养之间相互作用，即微重力条件可能改变了细胞摄取生长基本营养物质的过程，同时也可能是细胞生长基本的营养物质影响了微重力对微生物生长的作用过程[66]。

Vukanti 等研究了地面低剪切力的模拟微重力对大肠埃希菌和金黄色葡萄球菌的生物学响应。他们发现不管是在营养丰富的 LB 培养基还是营养稀释的 LB 培养基上，金黄色葡萄球菌的总的生物量都较对照增加。对于大肠埃希菌来说，其仅在营养缺乏的基本培养基上（M9）的总生物量高于对照，而在营养丰富的培养基上（LB）其总生物量则无明显差异。这表明细菌对模拟微重力条件下的生长响应与培养基的类别和浓度相关[81]。

Dijkstra 等通过抗磁悬浮试验研究了大肠埃希菌 K12 MG1655 与表皮葡萄球菌 NCTC11047 的模拟微重力效应，发现抗磁悬浮增加了其在液体培养基中的生长率，同时降低了细胞的沉降速度，进一步的研究表明增加的生长率是因为磁场作用提高了其氧气利用度[78]。

（6）微生物对微重力及模拟微重力的响应因回转器转速不同而不同

Baker 等通过 RCCS 研究了回转器不同转速对大肠埃希菌 ATCC 26 生长率的影响，发现模拟微重力条件下其总细胞数量增多的现象仅发生在回转器转速较大的情况下（30～50r/min），而在较低的转速下（小于 20r/min）其细胞数量的差异并不显著。这表明同一回转器不同的转速影响微生物的生长率，同时也进一步说明模拟微重力条件下微生物的生长率与细胞外界环境相关联[76]。

2. 微重力及模拟微重力对微生物形态分化与发育的影响

由于空间微重力学研究的对象主要集中在细菌上，而细菌是一类细胞形态和结构较为简单的微生物，多为球状和杆状，其发育分化并不是十分典型，但有些菌株的形态分化类似真菌呈丝状生长，如链霉菌。芽胞杆菌因为有芽胞形成的过程，其发育分化过程也经常被研究。而对于真核微生物来说，酿酒酵母的出芽生长及其形态也是发育生物学研究的重点。因此，微重力及地基模拟微重力条件下这些微生物的形态分化与发育经常受到关注和研究。

Mennigmann 与 Lange 通过空间飞行实验发现微重力条件影响液体悬浮培养时枯草芽胞杆菌胞子形成的数量，认为微重力可能抑制了芽胞形成的过程，但对这一机制还不清楚[27]。2004 年谢琼等通过搭载试验研究了空间环境对 13 株可能影响航天员身体健康及降解空间材料的微生物生物学特性，发现这些菌株搭载后生长加快，如链霉菌、白念珠菌、烟曲霉、巨兽芽胞杆菌、蜡样芽胞杆菌等。其中形态分化比较典型的菌株（如白念珠菌、烟曲霉等）发育分化提前，孢子丝发育及孢子的成熟较地面对照提前[71]。这说明了空间环境因素对一些微生物的形态分化和发育产生了促进作用。结构较为简单的微生物，多为球状和杆状，其发育分化并不是十分典型，但有些菌株的形态分化类似真菌呈丝状生长，如链霉菌。芽胞杆菌因为有芽胞形成的过程，其发育分化过程也经常被研究。而对于真核微生物来说，酿酒酵母的出芽生长及其形态也是发育生物学研究的重点。因此，微重力及地基模拟微重力条件下这些微生物的形态分化与发育经常受到关注和研究。

Lam 等通过空间飞行实验研究链霉菌 *Streptomyces plicatus* WC56452 的抗生素产生情况时发现空间飞行的链霉菌菌株生物量明显少于地面菌株的生物量。空间飞行搭载回来的链霉菌菌株在地面能维持其在固体培养基上胞化的能力，而地面对照菌株则失去了胞化的能力[5]。

Benoit 等通过国际空间站试验发现链霉菌 *Streptomyces plicatus* WC56452 经空间飞行后其胞化的能力相对地面对照提高了 8 倍，扫描电镜观察发现空间飞行后形成的胞子表面多有凹陷的特征，而地面对照则没有观察到这个特征。这表明空间飞行对胞子形成过程以及胞子形态产生了影响[83]。

Liu 等通过抗磁悬浮技术研究了阿维链霉菌对磁场介导的模拟微重力的生物学效应，发现阿维链霉菌在固体培养基上的形态分化及发育被抑制，并且强调是强磁场而非改变的重力抑制了该菌株的形态分化和发育过程[26]。

酿酒酵母的出芽生长一直是真核微生物的研究热点，关于微重力及地基模拟微重力条件下酿酒酵母的出芽研究得较多。多数研究表明，酿酒酵母在空间飞行或地基模拟微重力条件下其出芽变得较为随机异常，而地面重力条件下，其出芽一般为两端出芽。可见，微重力及地基模拟微重力影响酿酒酵母的极性生长。

Altenburg 等通过 HARV 研究了地基低剪切力的模拟微重力对白念珠菌的生物学响应，发现白念珠菌异常出芽外，其形态也发生了改变，即菌株出现了较多丝状生长的形式，其中菌丝细胞壁蛋白（HWP1）及一个酵母细胞特异的细胞壁蛋白（YWP1）的转录水平显著上调，而这两个基因与菌丝形态的转变密切相关，而菌丝形态的转变可能导致菌株致病性的增加[25]。

3. 微重力及模拟微重力对微生物次级代谢的影响

微生物能产生除初级代谢产物之外的次级代谢产物，如放线菌产生丰富的具有抗菌活性的多种生物活性的次级代谢产物。目前，微生物很多次级代谢产物已被开发成各种有价值的药物应用于人类医学、动物疾病、农药等领域。人类对次级代谢产物生物合成的研究多是在地面上进行的，对其是否能在空间航天器能进行发酵生产并不清楚。尽管很多文献报道了微生物的次级代谢受到微重力或地基模拟微重力的影响，但通过文献进一步分析表明，微重力或地基模拟微重力条件下微生物次级代谢产物的产量有报道提高的，但也有报道减低以及没有变化多种结果。这些多样化的结果表明微重力条件下的次级代谢产物生物合成可能是菌株依赖性，或是途径依赖性，或是条件依赖性的。这并不有利于人类对微重力条件下次级代谢产物产生机制的正确认识。

（1）微重力或地基模拟微重力条件下微生物次级代谢产物产量增加

Lam 等通过空间飞行试验研究了链霉菌（*Streptomyces plicatus* WC56452）中放线菌素 D（Actinomycin D）的产生情况，发现放线菌素 D 的生产率提高，其中在组合培养基（成分已知）上提高 296%，而在复合培养基（成分未知）上增加 577%。进一步分析表明这两种培养基上，放线菌素 D 的生产率在第 7 天与第 12 天时可能没有达到最大值。另外，抗生素生产率的增加与其在空间飞行条件下生长率较低相关。地面发酵的实验暗示较低的生长率可能会使该菌有足够的空间产生更多的次级代谢产物。鉴于所有其他主要的潜在诱导因素（培养基、温度、时间、容量）保持不变，那么空间飞行环境导致的细胞外的物质运输速率减少，从而降低了菌株的生长率[5]。在他的另外一篇研究文章中，他通过空间飞行实验研究了棕黑腐质霉菌（*Humicola fuscoatra* WC5157）在两种固体培养基下根赤壳菌素（Monorden）的产量变化，发现根赤壳菌素在两种培养基下的产量较地面对照提高。在 T8 固体培养基（营养较丰富）上，根赤壳菌素提高了 30%，在 PG 培养基（营养较贫乏）上，根赤壳菌素提高了 190%。进一步分析显示，这两种培养基下根赤壳菌素的增加并不显著，产量提高的差异可能一方面是因为这两种固体培养基组成成分的差别。根据推测，固体培养基上不同的密度和相关的代谢副产物可能改变了细胞营养物质吸收或者代谢废物排出的扩散效率，因而间接改变了微生物的生理代谢过程。T8 培养基营养丰富且密度高于营养较贫乏的 PG 培养基，使得细胞对营养物质的吸收不一样可能从而导致了两种培养基抗生素产量的差异[44]。Luo等通过返回式科学卫星研究了圈卷产色链霉菌（*Streptomyces ansochromogenus*）在空间飞行过程中尼克霉素（nikkomycins）产生的变化，发现尼克霉素的产量增加了13%～18%，其中尼克霉素X和Z组分也相应提高[84]。Xiao等通过地基模拟微重力研究了蓝藻细菌铜绿微囊藻（*Microcystis aeruginosa* PCC7806）的生物学效应，发现该藻类产生的有毒次级代谢产物微囊藻素（Microcystin）产量提高了；进一步研究表明，模拟微重力刺激了微囊藻素的分泌，同时增加的微囊藻素与该藻色素和氮代谢相关[85]。Liu等通过抗磁悬浮技术研究了磁场介导的模拟微重力对阿维链霉菌形态分化和次级代谢的影响，发现固体培养基上阿维链霉菌产生的阿维菌素（Avermectin）增加了，进一步分析显示主要是强磁场因素刺激了阿维菌素产量的提高，而不是改变的重力条件所致[26]。

（2）微重力或地基模拟微重力条件下微生物次级代谢产物产量减少

1997年，Fang等通过NASA研发的HARV进行模拟微重力实验，发现棒状链霉菌（*Streptomyces clavuligerus* ATCC 27064）在模拟微重力条件下β-内酰胺类抗生素头孢菌素（Cephalosporin）的产量受到明显的抑制[42]。2000年，Fang等继续利用旋转壁式生物反应器RWB，进行模拟微重力实验，发现吸水类群链霉菌（*Streptomyces hygroscopicus* ATCC 29253）的雷帕霉素（Rapamycin）总产量受到抑制，但细胞外的雷帕霉素产量却比地面正常重力对照组提高了，也就是说，模拟微重力条件促进了细胞雷帕霉素的外排，改变了雷帕霉素累积的空间位点[43]。在Fang等另一篇研究中，她通过HARV研究了大肠埃希菌*E. coli* ZK650肽类抗生素小菌素B17（Microcin B17）在低剪切力的模拟微重力条件下的产量变化，发现小菌素B17产量降低了，而且累积的位点发生了明显改变，在摇瓶培养时，小菌素B17主要是在细胞内，然而在HARV中悬浮培养时，小菌素B17主要分泌在细胞外的培养基中。进一步分析表明，小菌素B17累积位点从细胞内转变到细胞外主要是因为HARV产生较摇瓶中更低的剪切力因素所致[40]。这个结果的验证是通过向回转器中添加小的玻璃珠从而增加足够的剪切力导致小菌素B17累积位点从细胞外培养基中转变到细胞内，同时增加的剪切力也导致了小菌素B17的产量的提高，而向回转器添加不同浓度的乙醇作对照则没有增加小菌素B17的产量[86]。

（3）微重力或地基模拟微重力条件下微生物次级代谢产物产量不变

Fang等通过HARV进行模拟微重力实验研究了*B. brevis* Nagano中短杆菌肽S（Gramicidin S，GS）的产量变化，发现其产量没有发生改变，但是进一步的研究表明短杆菌肽S的产生过程可能受到剪切力或容器内部构造或者两者共同的影响。另外，在回转器中培养时，摇瓶中乙醇对短杆菌肽S的抑制效应并没有被观察到，因此，乙醇对短杆菌肽S的抑制效应依赖剪切力和（或）容器内部构造，而不是重力[41]。

（4）微重力或地基模拟微重力条件下微生物次级代谢产物产量先增加后减少

Gelder等通过RWV研究了耐金属贪铜菌（*Cupriavidus metallidurans* LMG 1195）在模拟微重力条件下产生聚羟基丁酸酯（PHB）的产量变化。经拉曼光谱测定发现培养24h后其产量较对照提高，同时模拟微重力诱导了碳代谢的其他一些产物变化，如乙酰辅酶A、柠檬酸、苹果酸、琥珀酸产量也发现提高。然而与对照相比的情况下，培养48h后PHB的产量相比于24h减少了，同时乙酰辅酶A、柠檬酸、苹果酸的产量较对照提高，琥珀酸产量较对照降低，进一步的分析表明PHB产量的差异也有可能是受到回转器中干扰因素产生效应的相关影响所致[87]。

Benoit等通过国际空间站试验发现链霉菌（*Streptomyces plicatus* WC56452）经空间飞行后，其放线菌素D的产量随着测定的时间点不同而不一样，在第8d和第12d时测定发现放线菌素D的产量较地面对照分别提高了15.6%与28.5%，这与之前Lam等对这株菌株放线菌素D产量的研究结果较为一致[44]。然而随后的时间点（16d～72d，每4d测一次）放线菌素D的产量均较地面对照降低。空间飞行中样品放线菌素D产量最高为312±41mg/L（第12d），地面对照样品放线菌素D产量最高为426±73mg/L（第24d）。可见，随着飞行时间的延长，微重力对微生物次级代谢产物的影响也会随之发生改变[83]。

根据这些文献来看，尽管测定的抗生素或次级代谢产物各不一样，而且产生的菌株也不尽相同，但是这些结果都表明，尽管产生的影响各不一样（促进、抑制、不变）[88]，但是空间微重力环境或者地基模拟微重力条件对微生物的次级代谢产生了一定的影响。根据我们的详细分析，微重力或地基模拟微重力条件下，微生物次级代谢的行为缺乏一定的规律性和一致性，次级代谢产物的产生具有一定的菌株依赖性、途径依赖性、培养基依赖性或条件依赖性。其实，空间微重力或地基模拟微重力条件下，微生物次级代谢的生物合成过程以及影响机制是非常复杂的，但是微重力或地基模拟微重力对次级代谢产物的生物合成的影响是间接的，而不是直接的。微生物细胞外周围的微环境可能是微重力或地基模拟微重力作用于微生物细胞的中间调节器，也就是说，微重力或地基模拟微重力可能通过改变细胞外周围的微环境来改变细胞的一系列行为。原因在于，目前来说，一方面微生物细胞内还没有发现类似于高等动植物那样的重力感受器，如植物的平衡石以及动物的耳石等；另一方面，微生物作为地球生态系统中生命进化过程最低等的一类生物，尽管微生物能适应地球内外多种极端的环境，但是已经适应地球重力环境的微生物还没有进化出能直接感受重力的细胞器或者分子，至少目前人类还未发现这类具有重力感受器功能的细胞器或者分子。

参考文献

[1] Kawamura Y, Li Y, Liu H, et al. Bacterial population in Russian space station "Mir". Microbiol Immunol, 2001 (45): 819-828.

[2] Baker PW, Leff L. The effect of simulated microgravity on bacteria from the Mir space station. Microgravity Sci Tec, 2004 (15): 35-41.

[3] Klaus DM, Howard HN. Antibiotic efficacy and microbial virulence during space flight. Trends Biotechnol, 2006 (24): 131-136.

[4] Kacena MA, Leonard PE, Todd P, et al. Low gravity and inertial effects on the growth of *Escherichia coli* and *Bacillus subtilis* in semi-solid media. Aviat Space Envir Md, 1997 (68): 1104-1108.

[5] Lam KS, Gustavson DR, Pirnik DL, et al. The effect of space flight on the production of actinomycin D by *Streptomyces plicatus*. J Ind Microbiol Biot, 2002 (29): 299-302.

[6] Brown RB, Klaus D, Todd P. Effects of space flight, clinorotation, and centrifugation on the substrate utilization efficiency of *Escherichia coli*. Microgravity Sci Tec, 2002 (13): 24-29.

[7] Zhang QM, Tokiwa M, Doi T, et al. Strong static magnetic field and the induction of mutations through elevated production of reactive oxygen species in *Escherichia colisox R*. Int J Radiat Biol, 2003 (79): 281-286.

[8] 李金国，蒋兴村，段留生. 空间条件对棘孢小单孢菌的诱变效应. 航天医学与医学程，1995，8（2）：113-116.

[9] Baker PW, Leff LG. Mir space station bacteria responses to modeled reduced gravity under starvation conditions. Adv Space Res, 2006 (38): 1152-1158.

[10] Allen CA, Galindo CL, Pandya U, et al. Transcription profiles of *Streptococcus pneumoniae* grown under different conditions of normal gravitation. Acta Astronaut, 2007 (60): 433-444.

[11] Crabbe A, Schurr MJ, Monsieurs P, et al. Transcriptional and proteomic responses of *Pseudomonas aeruginosa* PAO1 to spaceflight conditions involve Hfq regulation and reveal a role for oxygen. Appl

Environ Microb, 2011 (77): 1221-1230.

[12] Johanson K, Allen PL, Lewis F, et al. *Saccharomyces cerevisiae* gene expression changes during rotating wall vessel suspension culture. J Appl Physiol, 2002 (93): 2171-2180.

[13] Johanson K, Allen PL, Gonzalez-Villalobos RA, et al. Gene expression and survival changes in *Saccharomyces cerevisiae* during suspension culture. Biotechnol Bioeng, 2006 (93): 1050-1059.

[14] Sheehan KB, McInnerney K, Purevdorj-Gage B, et al. Yeast genomic expression patterns in response to low-shear modeled microgravity. Bmc Genomics, 2007 (8): 3.

[15] Wilson JW, Ott CM, Bentrup KHZ, et al. Space flight alters bacterial gene expression and virulence and reveals a role for global regulator Hfq. P Natl Acad Sci USA, 2007 (104): 16299-16304.

[16] Wilson JW, Ramamurthy R, Porwollik S, et al. Microarray analysis identifies *Salmonella* genes belonging to the low-shear modeled microgravity regulon. P Natl Acad Sci USA, 2002 (99): 13807-13812.

[17] Qi F, Dai DZ, Liu YL, et al. Effects of low-shear modeled microgravity on the characterization of recombinant β-D-glucuronidase expressed in *Pichia pastoris*. Appl Biochem Biotech, 2011 (163): 162-172.

[18] Qi F, Kaleem I, Lv B, et al. Enhancement of recombinant β-D-glucuronidase production under low-shear modeled microgravity in *Pichia pastoris*. J Chem Technol Biot, 2011 (86): 505-511.

[19] Qi F, Wang C, Liu YL, et al. Transcriptional profiling of protein expression related genes of *Pichia pastoris* under simulated microgravity. Plos One, 2011, 6 (11): 144.

[20] Zhang YQ, Lai CJ, Duan JY, et al. Simulated microgravity affects semicarbazide-sensitive amine oxidase expression in recombinant *Escherichia coli* by HPLC-ESI-QQQ analysis. Appl Microbiol Biotechnol, 2012 (94): 809-816.

[21] Kacena MA, Manfredi B, Todd P. Effects of space plight and mixing on bacterial growth in low volume cultures. Microgravity Sci Tec, 1999 (12): 74-77.

[22] Kacena MA, Merrell GA, Manfredi B, et al. Bacterial growth in space flight: logistic growth curve parameters for *Escherichia coli* and *Bacillus subtilis*. Appl Microbiol Biotechnol, 1999 (51): 229-234.

[23] England LS, Gorzelak M, Trevors JT. Growth and membrane polarization in *Pseudomonas aeruginosa* UG2 grown in randomized microgravity in a high aspect ratio vessel. Bba-Gen Subjects, 2003 (1624): 76-80.

[24] Lawal A, Kirtley ML, van Lier CJ, et al. The effects of modeled microgravity on growth kinetics, antibiotic susceptibility, cold growth, and the virulence potential of a *Yersinia pestisymoA*-deficient mutant and its isogenic parental strain. Astrobiology, 2013 (13): 821-832.

[25] Altenburg SD, Nielsen-Preiss SM, Hyman LE. Increased filamentous growth of *Candida albicans* in simulated microgravity. Genomics Proteomics Bioinformatics, 2008 (6): 42-50.

[26] Liu M, Gao H, Shang P, et al. Magnetic field is the dominant factor to induce the response of *Streptomyces avermitilis* in altered gravity simulated by diamagnetic levitation. Plos One, 2011, 6 (10): e24697.

[27] Mennigmann HD, Lange M. Growth and differentiation of *Bacillus subtilis* under microgravity. Naturwissenschaften, 1986 (73): 415-417.

[28] Van Mulders SE, Stassen C, Daenen L, et al. The influence of microgravity on invasive growth in *Saccharomyces cerevisiae*. Astrobiology, 2011 (11): 45-55.

[29] Lawal A, Jejelowo OA, Rosenzweig JA. The effects of low-shear mechanical stress on *Yersinia pestis* Virulence. Astrobiology, 2010 (10): 881-888.

[30] Nickerson CA, Ott CM, Mister SJ, et al. Microgravity as a novel environmental signal affecting *Salmonella enterica* serovar Typhimurium virulence. Infect Immun, 2000 (68): 3147-3152.

[31] Rosado H, Doyle M, Hinds J, et al. Low-shear modelled microgravity alters expression of virulence

determinants of *Staphylococcus aureus*. Acta Astronaut, 2010 (66): 408-413.

[32] Wilson JW, Ott CM, Quick L, et al. Media ion composition controls regulatory and virulence response of *Salmonella* in spaceflight. Plos One, 2008, 3 (12): e3923.

[33] Kacena MA, Todd P. Gentamicin: Effect on *Escherichia coli* in space. Microgravity Sci Tec, 1999 (12): 135-137.

[34] Lynch SV, Brodie EL, Matin A. Role and regulation of sigma (s) in general resistance conferred by low-shear simulated microgravity in *Escherichia coli*. J Bacteriol, 2004 (186): 8207-8212.

[35] Wilson JW, Ott CM, Ramamurthy R, et al. Low-shear modeled microgravity alters the *Salmonella enterica* serovar typhimurium stress response in an RpoS-independent manner. Appl Environ Microb, 2002 (68): 5408-5416.

[36] Crabbe A, De Boever P, Van Houdt R, et al. Use of the rotating wall vessel technology to study the effect of shear stress on growth behaviour of *Pseudomonas aeruginosa* PAO1. Environ Microbiol, 2008 (10): 2098-2110.

[37] Karouia F, Tirumalai MR, Nelman-Gonzalez MA, et al. Long-term exposure of bacterial cells to simulated microgravity. Proc Spie, 2012, 8521: 85210K-85210K-6.

[38] Lynch SV, Mukundakrishnan K, Benoit MR, et al. *Escherichia coli* biofilms formed under low-shear modeled microgravity in a ground-based system. Appl Environ Microb, 2009 (75): 886-886.

[39] Demain AL, Fang A. Secondary metabolism in simulated microgravity. Chem Rec, 2001 (1): 333-346.

[40] Fang A, Pierson DL, Koenig DW, et al. Effect of simulated microgravity and shear stress on microcin B17 production by *Escherichia coli* and on its excretion into the medium. Appl Environ Microb, 1997 (63): 4090-4092.

[41] Fang A, Pierson DL, Mishra SK, et al. Gramicidin S production by *Bacillus brevis* in simulated microgravity. Curr Microbiol, 1997 (34): 199-204.

[42] Fang A, Pierson DL, Mishra SK, et al. Secondary metabolism in simulated microgravity: beta-lactam production by *Streptomyces clavuligerus*. J Ind Microbiol Biot, 1997 (18): 22-25.

[43] Fang A, Pierson DL, Mishra SK, et al. Growth of *Streptomyces hygroscopicus* in rotating-wall bioreactor under simulated microgravity inhibits rapamycin production. Appl Microbiol Biotechnol, 2000 (54): 33-36.

[44] Lam KS, Mamber SW, Pack EJ, et al. The effects of space flight on the production of monorden by *Humicola fuscoatra* WC5157 in solid-state fermentation. Appl Microbiol Biotechnol, 1998 (49): 579-583.

[45] Nichols HL, Zhang N, Wen XJ. Proteomics and genomics of microgravity. Physiol Genomics, 2006 (26): 163-171.

[46] Horneck G, Rettberg P, Kozubek S, et al. The influence of microgravity on repair of radiation-induced DNA damage in bacteria and human fibroblasts. Radiat Res, 1997 (147): 376-384.

[47] Horneck G. Radiobiological experiments in space - a Review. Nucl Tracks Rad Meas, 1992 (20): 185-205.

[48] Takahashi A, Ohnishi K, Takahashi S, et al. The effects of microgravity on induced mutation in *Escherichia coli* and *Saccharomyces cerevisiae*. Space Life Sciences: Living Organisms, Biological Processes and the Limits of Life, 2001 (28): 555-561.

[49] Fukuda T, Fukuda K, Takahashi A, et al. Analysis of deletion mutations of the *rpsL* gene in the yeast *Saccharomyces cerevisiae* detected after long-term flight on the Russian space station Mir. Mutat Res-Gen Tox En, 2000 (470): 125-132.

[50] Pross HD, Casares A, Kiefer J. Induction and repair of DNA double-strand breaks under irradiation and microgravity. Radiat Res, 2000 (153): 521-525.

[51] Pross HD, Kiefer J. Repair of cellular radiation damage in space under microgravity conditions. Radiat Environ Bioph, 1999 (38): 133-138.

[52] Klaus D, Simske S, Todd P, et al. Investigation of

space flight effects on *Escherichia coli* and a proposed model of underlying physical mechanisms. Microbiol-Uk，1997 (143)：449-455.

[53] Beuls E，Van Houdt R，Leys N，et al. *Bacillus thuringiensis* conjugation in simulated microgravity. Astrobiology，2009 (9)：797-805.

[54] Vukanti R，Mintz E，Leff L. Changes in gene expression of *Escherichia coli* under conditions of modeled reduced gravity. Microgravity Sci Tec，2008 (20)：41-57.

[55] Vukanti R，Leff LG. Expression of multiple stress response genes by *Escherichia coli* under modeled reduced gravity. Microgravity Sci Tec，2012 (24)：267-279.

[56] Tucker DL，Ott CM，Huff S，et al. Characterization of *Escherichia coli* MG1655 grown in a low-shear modeled microgravity environment. Bmc Microbiol，2007，7 (1)：131.

[57] Arunasri K，Adil M，Charan KV，et al. Effect of simulated microgravity on *Escherichia coli* K12 MG1655 growth and gene expression. Plos One，2013，8 (3)：e57860.

[58] Crabbe A，Pycke B，Van Houdt R，et al. Response of *Pseudomonas aeruginosa* PAO1 to low shear modelled microgravity involves AlgU regulation. Environ Microbiol，2010 (12)：1545-1564.

[59] Purevdorj-Gage B，Sheehan KB，Hyman LE. Effects of low-shear modeled microgravity on cell function，gene expression，and phenotype in *Saccharomyces cerevisiae*. Appl Environ Microb，2006 (72)：4569-4575.

[60] Coleman CB，Gonzalez-Villalobos RA，Allen PL，et al. Diamagnetic levitation changes growth，cell cycle，and gene expression of *Saccharomyces cerevisiae*. Biotechnol Bioeng，2007 (98)：854-863.

[61] Coleman CB，Allen PL，Rupert M，et al. Novel Sfp1 transcriptional regulation of *Saccharomyces cerevisiae* gene expression changes during spaceflight. Astrobiology，2008 (8)：1071-1078.

[62] Liu HZ，Wang Q，Liu XY，et al. Effects of spaceflight on polysaccharides of *Saccharomyces cerevisiae* cell wall. Appl Microbiol Biotechnol，2008 (81)：543-550.

[63] Crabbé A，Nielsen-Preiss SM，Woolley CM，et al. Spaceflight enhances cell aggregation and random budding in *Candida albicans*. Plos One，2013，8 (12)：e80677-e80677.

[64] Dornmayr-Pfaffenhuemer M，Legat A，Schwimbersky K，et al. Responses of haloarchaea to simulated microgravity. Astrobiology，2011 (11)：199-205.

[65] Chopra V，Fadl AA，Sha J，et al. Alterations in the virulence potential of enteric pathogens and bacterial-host cell interactions under simulated microgravity conditions. J Toxicol Env Heal A，2006，69：1345-1370.

[66] Kim W，Tengra FK，Shong J，et al. Effect of spaceflight on *Pseudomonas aeruginosa* final cell density is modulated by nutrient and oxygen availability. Bmc Microbiol，2013，13 (1)：600-601.

[67] Kim W，Tengra FK，Young Z，et al. Spaceflight promotes biofilm formation by *Pseudomonas aeruginosa*. Plos One，2013，8 (4)：e62437.

[68] Aviles H，Belay T，Fountain K，et al. Increased susceptibility to *Pseudomonas aeruginosa* infection under hindlimb-unloading conditions. J Appl Physiol，2003 (95)：73-80.

[69] 王佳平，王静，吴元亮，等. 回转器模拟微重力对白色念珠菌致病性的影响. 航天医学与医学工程，2012 (25)：162-167.

[70] Mauclaire L，Egli M. Effect of simulated microgravity on growth and production of exopolymeric substances of Micrococcus luteus space and earth isolates. Fems Immunol Med Mic，2010 (59)：350-356.

[71] 谢琼，吴元亮，李勇枝，等. 空间环境对13株微生物生物学特性的影响. 中华医院感染学杂志，2004，14 (11)：1221-1224.

[72] Juergensmeyer MA，Juergensmeyer EA，Guikema JA. Long-term exposure to spaceflight conditions affects bacterial response to antibiotics. Microgravity Sci Tec，1999 (12)：41-47.

[73] Kacena MA，Todd P. Growth characteristics of *Escherichia coli* and *Bacillus subtilis* cultured on an agar substrate in microgravity. Microgravity Sci

Tec，1997（10）：58-62.

[74] Klaus DM，Luttges MW，Stodieck LS. Investigation of space flight effects on *Escherichia coli* growth. Applied & Environmental Microbiology，1992，58（3）：1019-1023.

[75] Klaus DM，Todd P，Schatz A. Functional weightlessness during clinorotation of cell suspensions. Life Sciences：Microgravity Research，1998（21）：1315-1318.

[76] Baker PW，Meyer ML，Leff LG. *Escherichia coli* growth under modeled reduced gravity. Microgravity Sci Tec，2004（15）：39-44.

[77] Bouloc P，D' Ari R. Escherichia coli metabolism in space. J Gen Microbiol，1991（137）：2839-2843.

[78] Dijkstra CE，Larkin OJ，Anthony P，et al. Diamagnetic levitation enhances growth of liquid bacterial cultures by increasing oxygen availability. Journal of the Royal Society Interface，2011（8）：334-344.

[79] Gasset G，Tixador R，Eche B，et al. Growth and division of *Escherichia coli* under microgravity conditions. Res Microbiol，1994（145）：111-120.

[80] Thevenet D，D' Ari R，Bouloc P. The SIGNAL experiment in BIORACK：*Escherichia coli* in microgravity. J Biotechnol，1996（47）：89-97.

[81] Vukanti R，Model MA，Leff LG. Effect of modeled reduced gravity conditions on bacterial morphology and physiology. Bmc Microbiol，2012，12（1）：1-11.

[82] Benoit MR，Klaus DM. Microgravity，bacteria，and the influence of motility. Adv Space Res，2007（39）：1225-1232.

[83] Benoit MR，Li W，Stodieck LS，et al. Microbial antibiotic production aboard the InternationalSpace Station. Appl Microbiol Biotechnol，2006（70）：403 - 411.

[84] Luo A，Gao C，Song Y，et al. Biological responses of a *Streptomyces* strain producing-nikkomycin to space flight. Space Med Med Eng，1998（11）：411-414.

[85] Xiao Y，Liu Y，Wang G，et al. Simulated microgravity alters growth and microcystin production in *Microcystis aeruginosa*（cyanophyta）. Toxicon：official journal of the International Society on Toxinology，2010（56）：1-7.

[86] Gao Q，Fang A，Pierson DL，et al. Shear stress enhances microcin B17 production in a rotating wall bioreactor，but ethanol stress does not. Appl Microbiol Biotechnol，2001（56）：384-387.

[87] De Gelder J，Vandenabeele P，De Boever P，et al. Raman spectroscopic analysis of *Cupriavidus metallidurans* LMG 1195（CH34）cultured in low-shear microgravity conditions. Microgravity Sci Tec，2009（21）：217-223.

[88] 黄兵. 模拟微重力及空间飞行对链霉菌的生物学效应研究. 北京：中国科学院大学博士学位论文，2015.

（黄　兵）

第二篇

空间病原微生物学

第三章　空间病原微生物学研究概况

一、空间微生物研究的意义

（一）由病原微生物引起的感染性疾病是人类健康的重大威胁

感染性疾病已成为公共卫生所面临的主要威胁和挑战。迄今，由各种病原微生物引起的感染性疾病是人类最为常见和多发的疾病，对人类健康和生命安全构成了严重威胁。据世界卫生组织2011年统计数据，全球人类前十大死亡原因中，有五种与感染性疾病相关，即下呼吸道感染、感染性腹泻、获得性免疫缺陷综合征（艾滋病）、结核病和慢性阻塞性肺疾病。

近年来，新的高致病性和多重耐药性病原菌不断涌现，这些病原菌致病性高，对常用一线抗生素广泛耐药，治疗难度大，对人类健康造成了极大的威胁。比如：2005年我国四川省猪链球菌2型和2011年德国大肠埃希菌O104:H4造成人群感染的暴发；2010年在印度携带新泛耐药NDM-1（新德里金属-β-内酰胺酶1）基因的“超级细菌”感染流行；2010年在我国三级医院金黄色葡萄球菌中，抗甲氧西林菌株分离率高达60%；近年来在我国对碳青霉烯类耐药的铜绿假单胞菌已成为危重症患者感染的主要病原菌，检出率高40%～50%。因此，亟待研究病原菌的高致病性和耐药性产生的机制，为发掘临床感染防治新策略奠定理论基础。

医源性感染和社区获得性感染性疾病中，由肺炎克雷伯菌、金黄色葡萄球菌、铜绿假单胞菌、不动杆菌属、大肠埃希菌、蜡状芽胞杆菌等引起的细菌性肺炎、感染性腹泻等疾病是感染性疾病中需要重点关注的。然而，目前对上述病原菌的致病性、毒力和耐药性机制等仍然不完全清晰。

下呼吸道感染性疾病是临床上的多发病、常见病，包括急性气管-支气管炎、慢性支气管炎、肺炎、支气管扩张伴感染等，大多数由微生物感染引起。随着广谱抗菌药物的广泛应用，细菌的耐药问题已成为临床的治疗难题；而且由于耐药导致继发感染所引起的住院时间延长、治疗费用增加等，已成为社会、家庭经济的严重负担。

非结核分枝杆菌广泛分布于环境中，近年来在世界各地不断出现暴发流行。在我国，非结核分枝杆菌感染率有不断升高的趋势。据1979年第一次流行病学调查（简称流调）显示，全国非结核分枝杆菌的总感染率平均为4.3%，到1990年进行的第三次流调为4.9%，2000年全国第四次流调则增至11.1%。而2010年第五次流调结果表明非结核分枝杆菌感染率超过20%，比如深圳某医院在同期292例手术中，共发现168例术后由结核分枝杆菌引起的暴发性感染。因此，非结核分枝杆菌造成的感染已经成为一个不可忽视的卫生问题。虽然非结核分枝杆菌流行趋势日渐显现，但是由于非结核分枝杆菌自身生物学特点，目前尚无特异高效的抗菌药物。而传统的药物对非结核分枝杆菌很少或没有活性，所以非结核分枝杆菌感染治疗困难、预后不佳。此外，关于非结核分枝杆菌的研究目前刚处于起步阶段，仅有的少量研究围绕对非结核分枝杆菌的分离和菌种鉴定开展，而与临床治疗密切相关的毒力和致病性的研究尚处于空白阶段。因此亟待对非结核分枝杆菌的耐药性、毒力和致病性开展系统的研究工作，从而为临床的诊断和治疗提供科学的依据。

感染性腹泻是一种古老而常见的威胁人类健康的重要传染病，主要是由病原微生物及其产物或寄生虫引起。流行于世界各地的肠道传染病也是当今全球性的重要公共卫生问题之一，其发病率仅次于上呼吸道感染。在我国，感染性腹泻的发病率居所有传染病的首位。感染性腹泻在世界大部分地区仍是重要的科学难题之一，细菌性痢疾、沙门菌感染的发病率居高不下，加之新病原体的出现，给防治工作及实验室诊断带来了新的难题和挑战。在众多的腹泻致病菌中，致泻性大肠埃希菌是导致世界发展中国家婴幼儿和发达国家旅行者腹泻的最主要病原菌之一。据统计，该类致病菌每年造成数亿人腹泻，特别是进入20世纪以来，世界多国暴发大肠埃希菌引发的感染性腹泻疫情，其中美国在1982、1984、1993年曾三次发生大肠埃希菌O157:H7的暴发性流行；日本曾在1996年暴发过一次波及9000多人的大流行；2011年席卷欧洲多国的出血性腹泻导致数千人感染，数十人死亡，其病原体也是大肠埃希菌。虽然大肠埃希菌引发的腹泻疫情非常严峻，但由于人体消化道中长期共生大肠埃希菌（大肠埃希菌），所以目前尚缺乏有效的预防措施。而对具有不同致病性的大肠埃希菌菌株进行的比较研究就成为控制其传播以及治疗大肠埃希菌感染的有效途径，不过，目前对于大肠埃希菌的致病性研究相对匮乏。

如果能对肺炎克雷伯菌、金黄色葡萄球菌、铜绿假单胞菌、大肠埃希菌、不动杆菌属、蜡状芽胞杆菌和非结核分枝杆菌等菌株致病性和耐药性相关基因有所了解，将对下呼吸道感染、感染性腹泻等感染性疾病的监测技术、暴发性传染病的流行病学调查与实验室检测具有重要的促进作用。

（二）感染性疾病的有效防控是载人航天必须解决的重要问题

在载人航天活动中，一些定植的正常细菌会随着航天员或航空部件进入太空，并在太空舱内形成微生物群区。据报道，“和平号”空间站升空的15年中，该空间站内生长了200多种细菌。一些机会性致病菌，如大肠埃希菌、肺炎克雷伯菌、金黄色葡萄球菌、铜绿假单胞菌、肠球菌等都在航天员身上或空间站中被检出。美国国家航空航天局一些研究显示肺炎链球菌等机会致病菌在模拟微重力条件下毒力增强；我们通过对“神舟八号”飞船搭载的病原菌毒力和耐药性的研究发现，空间环境导致肺炎克雷伯菌的溶血性和耐药性明显增加，大肠埃希菌等对多种抗生素的耐药性增强。还有研究发现，在没有抗生素存在的情况下，空间飞行中生长的葡萄球菌菌壁明显增厚，这种细菌形态的变化与地面上生长的耐万古霉素金黄色葡萄球菌和在多酚中生长的抗甲氧西林金黄色葡萄球菌非常相似。而载人航天飞行过程中人体多个器官生理功能都会受到影响，如空间驻留人员的免疫系统功能下降，容易受到病原菌的感染。载人航天器是一个完全密闭的空间体系，航天员所有的科研工作和日常生活均在其中进行。由于空间载荷的要求和限制，这个空间有限、高度密闭的系统在多名航天员搭载时形成一个高密度人群的内环境，一旦载人航天器中有人得了感染性疾病，传播途径被极度缩短，而病原微生物又被富集在此环境中将极易发生病原体的扩散传播，从而对所有航天员的健康造成极为严重的威胁。

此外，随着人类太空探索范围的扩大，太空微生物可能由于突变的原因对空间造成污染；太空飞船返回地球后，变异的微生物可能对地球造成新物种入侵。

（三）载人航天为我国感染性疾病防控研究和微生物科学技术的发展提供了全新的机遇

载人航天为研究感染性疾病提供了一个独有的研究微生物变异环境。空间环境具有地面环境中所不具备的一些特殊环境因素，包括微重力、高真空、极度温差、弱磁场和粒子辐射等。这些因素可诱导空间环境微生物产生基因突变，进而影响微生物的生物学性状和功能。在航天器这样无地面选择压力的高致变环境中，某些微生物的变异过程会加速，而可获得的变异类型也会更丰富。以往研究的证据表明，空间环境诱导后病原菌经过一段时间暴露于空间环境后，其侵袭力增强并伴随一些调控因子（如 Hfq）的表达发生了改变，而这一现象在地面实验中也得到了验证。目前对该基因作为新药物靶点的研究正在深入进行。同时，载人航天工程的实施也为微生物科学技术的发展提供了一条新途径，并促进了一门新的空间生物学分支领域——空间微生物学的诞生。

通过航天器搭载，我们可以全面开展空间环境下常见的重要致病微生物遗传变异的规律研究，这有利于微生物科学的发展；同时，了解并掌握高密闭、高人口密度环境下感染性疾病的预防和控制技术，为重要感染性疾病的预防、控制和治疗新策略的发现提供了前所未有的机遇。

（四）空间微生物学与系统生物学的交叉整合，促进病原菌致病与耐药机制研究，具有广阔的临床转化前景

系统生物学是近年来蓬勃发展的一种全新的生物学科。系统生物学研究生物系统组成成分的构成与相互关系的结构、动态与发生，是以系统论和实验方法、计算方法整合研究为特征的生物学。系统生物学不同于以往仅仅关心个别基因和蛋白质的分子生物学，更在于研究细胞信号转导和基因调控网路、生物系统组成之间相互关系的结构和系统功能。空间微生物学是随着航天技术的进步而出现的一门新兴学科。微生物体积小，培养条件简单，相对于高等生物更易变异，是空间生物学研究的较好材料。通过空间环境诱变微生物，在一定程度上丰富了微生物的菌种资源；结合最新的系统生物学分析，有利于微生物科学技术的发展。

空间中特殊的环境因子会影响微生物群区的生物习性，并导致表型改变和基因突变，可能使一些病原菌的致病性和耐药性发生改变。综合运用空间微生物学与系统生物学的研究方法与思路，针对“空间环境对病原菌耐药性和致病力的影响及其分子基础”和“基于空间微生物变异规律的难治性感染防控新策略探索”关键科学问题开展研究，必将能深入认识空间环境对病原菌的作用规律，可为保障航天员的在轨健康提供理论基础。另外，一些在地面条件下难以取得突破的研究在空间特殊理化环境的诱导下可以发生放大效应，开展空间环境对病原菌耐药性和致病性作用规律的研究，将会更明确更细致地认识细菌毒力进化和耐药性产生的分子机制，鉴定出更多的临床诊断和治疗靶标，可为发掘临床常见病原菌诊治策略提供新思路，具有广阔的临床转化应用前景。

目前系统生物学技术用于空间微生物学的研究在国内外鲜有报道。我们通过对神舟系列飞船搭载的几种常见病原菌进行了研究，通过基因组学、转录组学、蛋白质组学、贯穿组学研究，获得了一些有意义的结果，某些发现甚至对临床治疗耐药细菌感染有一定的指导作用。研究成果初步探索了系统生物学技术在空间微生物学中的应用，积累了多个新型学科的交叉研究的经验，为更好的系统研究空间微生物的变异规律奠定了基础。

二、国内外研究现状

随着人类不断进行太空探索，太空已成为人类活动的新领域，而空间环境十分复杂，微重力、宇宙辐射、极端温差等因素对空间驻留人员及空间站中的细菌生物学性状及致病性都会产生影响。在空间站中已检测出包括肺炎克雷伯菌、金黄色葡萄球菌、铜绿假单胞菌、大肠埃希菌、沙雷菌、蜡状芽胞杆菌和肠球菌在内的多种细菌。空间环境对微生物的作用和机制研究是迫切需要关注的前沿问题。目前，对空间微生物学领域的研究，国内外均处于起步阶段。

（一）致病性和耐药性病原菌的不断出现严重威胁人类健康

随着现代医学的发展、各种有创检查和介入治疗手段的增加，以及抗生素的广泛应用，临床病原菌的种类及耐药性都在发生变化。除了抗甲氧西林金黄色葡萄球菌（Methicillin-Resistant *Staphylococcus aureus*，MRSA）等主要感染性疾病病原菌之外，以往很少引起感染的条件致病菌（也称机会性致病菌，如大肠埃希菌、肺炎克雷伯菌和铜绿假单胞菌等革兰氏阴性的肠杆菌科细菌）所致的医院内感染近年来显著增加，并且多重耐药菌株不断涌现，这些病原菌所致的感染性疾病难以治疗并且反复发作，对全球人类健康、经济发展和社会稳定造成了极大的威胁[1-4]。

金黄色葡萄球菌（*Staphylococcus aureus*，Sau）是医院和社区获得性感染的最常见病原体之一，它可引起肺炎、局部化脓感染、心包炎等疾病，在全球范围内有很高的发病率和死亡率。金黄色葡萄球菌肠毒素的研究是世界性卫生难题，在美国由金黄色葡萄球菌肠毒素引起的食物中毒占整个细菌性食物中毒的33%，在加拿大则占45%，我国发生的此类中毒事件也很多[5-6]。随着广谱抗菌药物的广泛应用，金黄色葡萄球菌的耐药问题日益严峻，其中MRSA的耐药问题已成为各方关注的热点之一。2010年我国三级医院金黄色葡萄球菌中，抗甲氧西林菌株分离率高达60%[1,3,7]。MRSA的耐药机制主要是由耐药基因（*mecA*）编码合成一种新的青霉素结合蛋白（Penicillin Binding Protein，PBP）-2a导致，PBP-2a与内酰胺类抗生素亲和力低，从而产生耐药[8]。按美国临床和实验室标准协会（CLSI）要求，当金黄色葡萄球菌被确认为MRSA时，其对青霉素类、头孢菌素类、碳青霉烯类、头孢菌素类和含β-内酰胺酶抑制剂的抗生素均应被视为耐药。此外，携带*mecA*基因的MRSA往往同时也耐氨基糖苷类、大环内酯类、四环素类、氯霉素和林可霉素类抗菌药[9-10]。

大肠埃希菌、肺炎克雷伯菌和铜绿假单胞菌等肠杆菌科的条件致病菌在环境中广泛存在，很容易污染医疗器械而造成机会感染，是导致医院内感染的重要病原菌；它们所致的感染中以尿路感染、呼吸道感染、菌血症等最为常见，所感染患者多具有严重的基础疾病，免疫力低下。并且，近年来随着抗生素尤其是第三代头孢菌素等抗菌药物的大量使用，其中产超广谱β-内酰胺酶（Extended-Spectrum β-Lactamase，ESBL）菌株日益增多，并且在此基础上还进一步出现了多重耐药（Multidrug-Resistant，MDR）菌株，广泛耐药（Extensively Drug-Resistant，XDR）菌株和全耐药（Pandrug-Resistant，PDR）菌株[4,11-12]。2010年在肺炎克雷伯菌等肠杆菌科细菌中首先发现携带新的耐药基因NDM-1的“超级细菌”，该菌在多个地区的扩散引起了全球性恐慌[13]。这些产ESBL和（或）金属碳青霉烯酶的高度耐药菌株不仅对青霉素类、头孢菌素类抗生素耐药，还对氟喹诺酮类、氨基糖苷类、磺胺类抗生素存在严重的交叉耐药。此外，它们还可以通过接合等形式在同种或异种细菌间传播耐药基因，从而造成医院严重的交叉感染，给临床感染性疾病的治疗带来极大困难[14-15]。因此，深入探寻这些高度耐药菌株中新的耐药机制，对于临床合理制订针对耐药菌的抗感染治疗方案，以及迅速针对含新耐药基因的可能引起广泛传播的耐药菌株采取防控措施显得尤为重要。

在导致人类感染性疾病的重要病原菌中还包括蜡状芽胞杆菌和非结核分枝杆菌等。蜡状芽胞杆菌是目前最常见的食源性病原菌之一，它容易污染食品，几乎所有种类的食品（乳品、淀粉类、肉制品等）都曾被报道过由蜡状芽胞杆菌引发的食物中毒的事例。蜡状芽胞杆菌引发的食物中毒可表现为呕吐型或腹泻型。蜡状芽胞杆菌也是条件致病菌，能导致人的眼部感染，严重感染时可致心内膜炎、脑膜炎和菌血症等疾病。研究病原性蜡状芽胞杆菌的致病机制，将有助于了解其致病途径，从而完善其检测方法和诊治途径[16]。此外，近年来对于非结核分枝杆菌（NTM）的检出率也呈不断上升趋势，对NTM病的相关报道也在不断增加。但目前我们对于NTM感染和致病的确切关系尚未明了，有待深入研究[17]。

（二）空间环境对病原菌耐药性和致病性的影响及其分子基础

在载人航天活动中，一些正常定植的细菌会随着航天员或航空部件进入太空，并在太空舱内形成微生物群区。据报道，一些机会性致病菌，如大肠埃希菌、肺炎克雷伯菌、金黄色葡萄球菌、铜绿假单胞菌和肠球菌等，都在航天员身上或空间站中被检出。因此载人航天事业对航天医学与保障提出了重大挑战，国内相关机构应携起手来应对这一重大课题，并带动我国相关科技水平的全面发展。

载人航天工程中，人体多个器官生理功能都会受到影响，例如，空间驻留人员的免疫系统功能下降，因而与临床严重基础性疾病患者一样，容易受到病原菌的感染。此外，空间环境具有地面环境中所不存在的一些特殊环境因素，包括微重力、高真空、极度温差、弱磁场和粒子辐射等，这些因素可通过诱导空间环境微生物产生基因突变和调控网络的变化，进而影响微生物的生物学性状和功能。多项研究表明微重力环境可影响细菌的耐药性。通过对“礼炮7”空间站上法国航天员Chrien JL的共生菌丛中分离出的金黄色葡萄球菌和大肠埃希菌的研究发现，与地面对照菌相比，空间站来源的大肠埃希菌对多黏菌素E和卡那霉素的最低抑菌浓度显著增加（从4mg/L到16mg/L），空间站来源的金黄色葡萄球菌对苯唑西林、红霉素和氯霉素的最低抑菌浓度也有一定的增加[18]。但并非所有的细菌在微重力条件下对抗生素敏感性的变化都是一致的，有研究发现鲍曼不动杆菌在低剪切力模拟微重力的环境中对多种抗生素的最低抑菌浓度没有明显的升高[19]。

空间环境和微重力环境还可影响细菌的致病性改变。空间站上最大的微生物库是航天员呼吸道和肠内的常驻菌群，既往研究关于微重力对细菌致病性的影响多集中在沙门菌和大肠埃希菌。将暴露于模拟微重力环境的沙门菌感染小鼠，其感染后6天的生存率与对照组相比明显降低，在感染后第10天，实验组生存率仅为20%，而对照组为60%[20]。另外一项研究利用小鼠尾悬吊的方法模拟微重力状态，并将暴露于模拟微重力环境的鼠伤寒沙门菌以1×10^7CFU/ml的浓度经口灌注，第3天的死亡率由60%升至100%[21]。2006年在“亚特兰蒂斯号”航天器进行的空间实验发现，用航天器搭载的沙门菌感染小鼠，实验组与地面对照组相比，小鼠的死亡时间提前、死亡率增高，半数致死剂量（LD_{50}）降低。这一结论与既往地面模拟实验一致，为空间站加强有害微生物的监控提供了科学依据[22]。美国航空航天局2008年开展了肺炎链球菌空间研究项目(SPEGIS)，该课题组研究了模拟微重力暴露前后肺炎链球菌的毒力变化，发现微重力暴露后细菌对细胞的黏附能力增加，低剪切力模拟微重力状态（LSMMG）会引起肺炎链球菌黏附和感染呼吸道上皮细胞的能力增加，在小鼠感染模型中，微重力诱导菌株的半数致死量（LD_{50}）较野生株明显降低[23]。我们最近对搭载于“神舟八号”飞船的肺炎克雷伯菌等多种细菌进行了初步分析，发现空间环境暴露397h后，肺炎克雷伯菌发生侵袭力增强，并首次发现了罕见的溶血现象；蜡状芽胞杆菌质粒丢失等。Chopra等使用双向凝胶电泳检测方法研究模拟微重力对大肠埃希菌和鼠伤寒沙门菌蛋白表达的影响，他们通过Northern Blot方法发现暴露于模拟微重力的产毒素大肠埃希菌编码毒力因子LT-1的基因发生上调[24]。而Wilson等在细菌mRNA水平研究发现，与鼠伤寒沙门菌细菌毒力相关的基因（*orgA*，*prgH*，*sipD*，*invI*，*invA*，*pigB*，*sseB*，*ssaL*，*ssaV*，*sseJ*）在微重力环境干预后发生下调，上述基因编码沙门菌Ⅲ型分泌系统（Type Ⅲ Secretion System，T3SS），T3SS与许多革兰氏阴性杆菌毒力因子的分泌有关。显然这些基因的下调与前述微重力致细菌毒力增加的结论相矛盾，提示模拟微重力暴露后细菌毒力的增加可能是通过其他机制实现的。另外，研究人员通过4种独立的微点阵分析软件程序去除背景干扰，更真实地反映模拟微重力暴露的沙门菌基因表达情况，发现有22种基因发生变化，其中有9种出现上调，13种出现下调，表达下调的基因也包括多种转录调节和毒力基因[25]。研究还发现沙门菌中的一种作用广泛的调控蛋白Hfq（通过与sRNA和mRNA结合后来调节基因转录）在微重力所致细菌侵袭性的增加及巨噬细胞中存活能力的提高中起着重要的作用[26]。但另外一些研究的结果与上述结论不完全一致，例如：模拟微重力暴露后沙门菌T3SS系统和Hfq的表达下调，且某些参与核糖核酸代谢的毒力基因*pnp*、*vacB*的表达没有变化[27]。最近，研究人员对暴露在航天飞船中的铜绿假单胞菌进行转录组和蛋白质组学研究后也发现Hfq的表达下调，但受其调控的很多基因包括毒力相关基因如*lecA*，*lecB*和*rhlA*等的表达明显上调[28]。还有一项研究表明，从空间站分离的蜡状芽胞杆菌的毒力减弱，但基因水平转移会导致其广泛传播[29]。因此，不同的细菌在微重力条件下对抗生素的耐药性和致病性等有所不同。目前关于微重力导致细菌毒力和耐药性改变的机制仍不明确，需要对微生物空间环境变化进行全面系统的研究，从而有助于我们更好地理解空间环境对细菌的影响及分子机制。

空间环境诱导后病原菌产生的某些变化同其在地面的变化规律部分类似。例如，有研究发现，在没有抗生素存在的情况下，飞行中生长的葡萄球菌菌壁明显增厚，这种细菌形态的变化与地面上生长的耐万古霉素金黄色葡萄球菌和在多酚中生长的抗甲氧西林金黄色葡萄球菌非常相似[30]。另有证据显示，细菌暴露于空间环境后侵袭力增强并伴随一些调控因子（如Hfq）的改变，在地面得到了验证并作为新药靶点正展开进一步研究[26-28]。

因此，空间环境为探索病原菌变异与耐药性变化提供了全新的技术平台，有助于我们发现一些地面条件下难于观测到的现象，为拓展我们的研究视角和为地面尚未发现的规律进行前瞻性研究提供了新思路和新方法。以上研究还催生了一门新的空间领域：空间微生物学。该领域主要开展空间环境对微生物的作用及机制研究，有助于我们认识空间环境因素对微生物性状和遗传变异的影响，为人类探索太空及空间生物安全提供理论基础，并为制定有效的防护措施提供思路和方法。我国已启动“载人航天与探月工程”的重大专项计划，将于2022年左右建成空间站，为空间生物医学研究提供了一个千载难逢的平台。如何利用空间环境探索病原菌变异和致病规律则是空间生命科学研究中的重大课题，有效保障空间驻留人员的健康更是国家重大战略需求。

综上所述，利用地面模拟太空环境来研究空间环境对细菌的影响已取得一些成果，由于真实的空间环境很难实现，经过空间搭载的细菌资源有限，有关真实的太空环境对常见细菌影响的研究很少，尤其是关于空间环境因素诱导病原菌表型变化的分子机制研究，目前国内外尚处于起步阶段。而通过空间微生物研究促进人类感染性疾病的预防和控制更是空白。空间微生物研究将对推动我国载人航天事业的发展以及提升我国在航天领域的国家地位具有重要意义，还将为探索基于空间微生物学研究平台的抗感染新靶标及临床诊治新策略提供新的线索，从而为保障航天员健康和防治人类重大感染性疾病提供技术支撑和理论基础。

参考文献

[1] Sakoulas G，Moellering RC Jr. Increasing antibiotic resistance among methicillin-resistant Staphylococcus aureus strains. Clin Infect Dis，2008，46（5）：S360-367.

[2] Ptout JD. Multidrug resistant enterobacteriaceae：new threat of an old problem. Expert Rev Anti Infect Ther，2008，6：657-669.

[3] 刘惠容，林定忠. 临床标本耐甲氧西林金黄色葡萄球菌分布及药敏分析中国当代医药，2011，18（10），70-71.
[4] Li B，Yi Y，Wang Q，et al. Analysis of drug resistance determinants in Klebsiellapneumoniae isolates from a tertiary-care hospital in Beijing，China. PLoS One，2012，7（7）：e42280.
[5] Forster AJ，Oake N，Roth V，et al. Patient-level factors associated with methicillin-resistant Staphylococcus aureus carriage at hospital admission：A systematic review. Am J Infect Control，2013，41（3）：214-220.
[6] 李毅. 金黄色葡萄球菌及其肠毒素研究进展. 中国卫生检验杂志，2004，14（4）：392-395.
[7] Stevens AM，Hennessy TW，Baggett HC，et al. Methicillin-Resistant Staphylococcus aureus Carriage and Risk Factors for Skin Infections，Southwestern Alaska，USA. Emerg Infect Dis，2010，16（5）：797-803.
[8] Fuda C，Suvorov M，Vakulenko SB，et al. The basis for resistance to beta-lactam antibiotics by penicillin-binding protein 2a of methicillin-resistant Staphylococcus aureus. J Biol Chem，2004，279（39）：40802-40806.
[9] CLSI. Surveillance for Methicillin-Resistant Staphylococcus aureus：Principles，Practices，and Challenges；A Report. CLSI document X07-R. Wayne，PA：Clinical and Laboratory Standards Institute，2010.
[10] 刘庆中，周铁丽，郑举兴，等. 耐甲氧西林金黄色葡萄球菌氨基糖苷类、四环素类和大环内酯-林可酰胺-链阳霉素B类耐药性及机制研究. 浙江省医学检验学学术年会论文汇编，2007，528-531.
[11] Ko KS，Lee MY，Song JH，et al. Prevalence and characterization of extended-spectrum beta-lactamase-producing Enterobacteriaceae isolated in Korean hospitals. Diagn Microbiol Infect Dis，2008，61（4）：453-459.
[12] Kohlenberg A，Schwab F，Rüden H. Wide dissemination of extended-spectrum beta-lactamase（ESBL）-producing Escherichia coli and Klebsiella spp. in acute care and rehabilitation hospitals. Epidemiol Infect，2012，140（3）：528-534.
[13] Castanheira M，Deshpande LM，Mathai D，et al. Early dissemination of NDM-1-and OXA-181-producing Enterobacteriaceae in Indian hospitals：report from the SENTRY Antimicrobial Surveillance Program，2006—2007. Antimicrob Agents Chemother，2011，55（3）：1274-1278.
[14] Nordmann P，Naas T，Poirel L. Global Spread of Carbapenemase-producing Enterobacteriaceae. Emerg Infect Dis，2011，17（10）：1791-1798.
[15] Mokracka J，Koczura R，Pawlowski K，et al. Resistance patterns and integron cassette arrays of the Enterobactercloacae complex strains of human origin. Med Microbiol，2011，60（Pt 6）：737-747.
[16] 何文艳，裘娟萍，赵春田. 蜡状芽胞杆菌毒株的致病机理及检测方法. 科技通报，2012，28（1）：86-90.
[17] 钱爱东，陈菲菲，王春芳. 非结核分枝杆菌及其致病性的研究进展. 吉林农业大学学报，2012，34（6）：591-593，596.
[18] Tixador R，Richoilley G，Gasset G，et al. Study of minimal inhibitory concentration of antibiotics on bacteria cultured in vitro in space. Aviat Space Environ Med，1985，56（8）：748-751.
[19] Hensley DM. Maintenance of antimicrobial susceptibility of acinetobacter baumannii in modeled microgravity. Clin Lab Sci，2010，23（2）：84-88.
[20] Nickerson CA，Ott CM，Mister SJ，et al. Microgravity as a novel environmental signal affecting Salmonella entericaserovar Typhimurium virulence. Infect Immu，2000，68（6）：3147-3152.
[21] Rosenzweig JA，Abogunde O，Thomas K，et al. Spaceflight and modeled microgravity effects on microbial growth and virulence. Appl Microbiol Biotechnol，2010，85（4）：885-891.
[22] Wilson JW，Ott CM，Quick L，et al. Mediaion composition controls regulatory and virulence response of Salmonella in spaceflight，Plos One 2008，3（12）：e3923.
[23] Charles D. Science on the shuttle. NASA's busload of science. Science，2011，333（6038）：28-29.
[24] Chopra V，Fadl AA，Sha J，et al. Alterations in the virulence potential of enteric pathogens and bac-

terial-host cell interactions under simulated microgravity conditions. J Toxicol Environ Health A, 2006, 69 (14): 1345-1370.
[25] Wilson JW, Ramamurthy R, Porwollik S, et al. Microarray analysis identifies Salmonella genes belonging to the low-shear modeled microgravity regulon. Proc Natl Acad Sci USA, 2002, 99 (21): 13807-13812.
[26] Wilson JW, Ott CM, Höner zu Bentrup K, et al. Space flight alters bacterial gene expression and virulence and reveals a role for global regulator Hfq. PNAS, 2007, 104 (41): 16299-16304.
[27] Rosenzweig JA, Abogunde O, Thomas K, et al. Spaceflight and modeled microgravity effects on microbial growth and virulence. ApplMicrobiolBiotechnol, 2010, 85 (4): 885-891.
[28] Crabbe A, Schurr MJ, Monsieurs P, et al. Transcriptional and Proteomic Responses of Pseudomonas aeruginosa PAO1 to Spaceflight Conditions Involve Hfq Regulation and Reveal a Role for Oxygen. Appl Environ Microb, 2011, 77 (4): 1221-1230.
[29] Timmery S, Hu X, Mahillon J. Characterization of Bacilli Isolated from the Confined Environments of the Antarctic Concordia Station and the International Space Station. Astrology, 2011, 11 (4): 323-334.
[30] Tixador R, Gasset G, Moatti N, et al. Behavior of bacteria and antibiotics under space conditions. Aviat Space Environ Med, 1994, 65 (6): 551-556.

(刘长庭　谢　琼　张学林)

第四章　空间环境对肺炎克雷伯菌的影响

一、国内外相关研究情况简介

我国“神舟”系列飞船、“天宫一号”空间站等庞大航天计划的实施，为空间医学研究提供了难得的实验平台。借助太空失重、高真空、微磁场和粒子辐射等特殊的环境，利用空间飞行器的特殊平台，科学家们可以开展许多地面上无法实现的科学实验和研究活动，最终成果再惠及地面人类生产生活。

在特殊的太空环境中，细菌易发生基因突变进而表达异常蛋白质，导致生物学性状、生物学行为、细菌免疫原性的改变。2011 年 11 月 1 日我们通过“神舟八号”飞船搭载了多株细菌，通过本次空间搭载，我们首次检测了空间搭载的肺炎克雷伯菌株的基因组序列，并将论文发表在细菌学的权威杂志 *Journal of Bacteriology*。美国国家航空航天局（NASA）于 2008 年开展的肺炎链球菌空间研究项目（SPEGIS）发现细菌在太空空间环境中的毒力和致病性会发生改变，对外界环境抵抗力增强以及对抗生素的敏感性下降。空间环境导致细菌的突变可能对人类增加新的隐患，主要表现在：①致病菌在太空中的毒力和抗药性增强，对航天员的健康造成严重威胁。②随着人类太空探索范围的扩大，突变细菌会随着人类太空探索的进行对太空造成污染。③太空飞船返回地球后，突变导致毒力和抗药性增强的病菌会威胁地面人类的健康。因此开展空间环境对细菌致病力的影响及机制研究对保障航天员及地面人员的健康非常必要。此外，随着抗生素的大量应用，多重耐药、泛耐药甚至全耐药的细菌显著增多，造成抗生素抗感染效果的减弱，因此亟待探索新治疗靶点和抗感染策略。空间搭载为此研究领域提供了新的平台，研究太空环境造成细菌致病力以及耐药性的改变，为感染性疾病的治疗提供新的治疗靶点和技术手段。

空间生物医学在我国的研究目前主要集中于为驻太空航天员提供有效防护，保障航天员的身体健康。限于航天搭载机会非常稀少，国内目前还未对临床致病菌进行太空滞留试验。我国“神舟八号”飞船的升空为我国空间生物医学的研究带来了巨大的契机。“神舟八号”飞船在轨运行 397h，全程运行 1100 万千米，成为中国迄今在太空飞行时间最久、飞行距离最长的飞船。因此，利用“神舟八号”飞船搭载细菌研究空间环境对细菌的影响，其条件为真实的太空环境，能客观地反映太空环境对细菌的影响。2011 年 11 月解放军总医院刘长庭主任带领的课题组借助“神舟八号”飞船，搭载肺炎克雷伯菌进入太空，为探索太空环境对微生物的影响、利用太空环境为人类服务踏出了重要的一步。

航天器中的空间环境则以微重力为主，另有部分辐射和磁场，是航天员生活的主要环境。其中细菌的存在难于避免，包括航天员体内携带的细菌和飞行舱内的细菌[1]。据报道，“和平号”空间站升空 15 年来，空间站上共生长了 250 多种细菌[2]。最新的研究表明，一些细菌在空间环境下可能出现生理生化和遗传性状变异，使一些原本对人体无害的种群，在毒力和耐药性等方面发生改变而具有潜在致病力[3-5]。目前，国外对于一些常见病原菌（如肺炎链球菌、沙门菌和铜绿假单胞菌）的研究相对较多。NASA 在 2008 年开展的 SPEGIS 中发现，模拟低剪切力微重力状态（LSMMG）会增加肺炎链球菌黏附和感染呼吸道上皮细胞的能力；在小鼠感染模型中，微重力诱导菌株的半数致死浓度（LD_{50}）较野生株明显降低[6]。基因分析显示，LSMMG 可引起肺炎链球菌一些基因表达水平的改变，却并不包括编码主要致病因子的基因，以致难以解释肺炎链球菌空间环境里毒力改变的机制[7]。此外，对铜绿假单胞菌、沙门菌和大肠埃希菌的模拟微重力研究也显示出了毒力和基因转录方面的改变。但不同课题组报道的研究结果不尽一致，具体分子机制仍未能明确[8-10]。

肺炎克雷伯菌（*Klebsiella pneumoniae*，Kp）是一种机会致病菌，在地面条件下，肺炎克雷伯菌对不同环境适应力较强，常存在于人上呼吸道和肠道；在人体免疫力下降时，该菌可移行至肺、尿路或血液等部位，引起感染。近年来，随着广谱抗生素的滥用，携带有超广谱内酰胺酶（如 NDM-1、Kpc 酶）的肺炎克雷伯菌在世界范围内流行，给临床医生带来极大的挑战。克雷伯菌肺炎预后差，即使给予抗生素治疗，死亡率仍高达 20%～54%[11-12]。目前肺炎克雷伯菌的地面研究面临瓶颈期，亟须寻找新的治疗靶点。肺炎克雷伯菌也曾在美国航天员身上或空间站中被检出[13]。对进入太空的肺炎克雷伯菌进行空间致病力和耐药性变化及其机制的研究有利于找到新的治疗靶点。

二、空间环境对肺炎克雷伯菌的影响最新研究进展

（一）空间环境对肺炎克雷伯菌的生物学特性的影响

已经有研究表明空间环境可以导致细菌形态结构的变化。1982 年前苏联和法国联合载人飞行进行了“Cytos 2”实验，该实验搭载了金黄色葡萄球菌、大肠埃希菌和铜绿假单胞菌，在电镜下观察发现金黄色葡萄球菌的细胞膜发生了明显的增厚。Youvan 等在扫描电镜下观察经过空间极端温度暴露下的芽胞杆菌 ATCC 27380 的胞子形态发生了改变。研究表明空间环境对肺炎克雷伯菌的形态没有影响，飞行菌株的镜下形态呈革兰氏染色阴性，菌体短杆状单个排列，无芽胞（如图 4-1）。

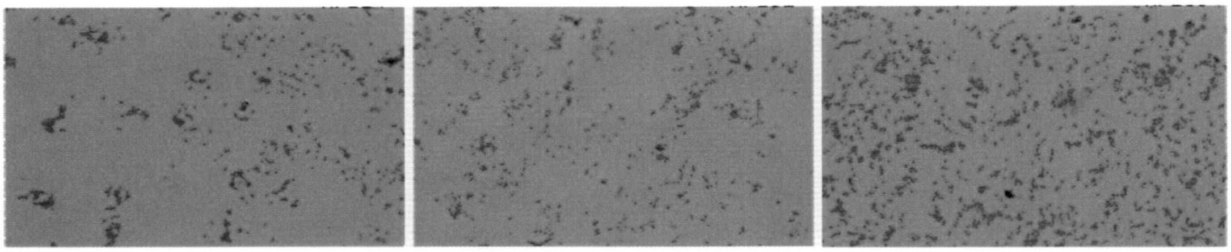

图 4-1 空间环境对肺炎克雷伯菌的形态的影响

抗生素耐药性的改变是监测病原菌的重要指标之一，经抗生素耐药实验证实，经过空间飞行后肺炎克雷伯菌（LCT-KP289）对头孢唑林、头孢他啶和复方新诺明的耐药性增强（如图 4-2）。

研究证实肺炎克雷伯菌经过空间飞行后 LCT-KP182 的溶血性可以发生明显的改变（如图 4-3）。肺炎克雷伯菌没有溶血特性，经过空间飞行后可以出现明显的溶血现象。这一现象提示经过空间飞行后肺炎克雷伯菌的毒力发生了明显的变化，这种变化对航天员的健康可能具有潜在的危害。

细菌不断改变自身以适应空间环境的变化。在太空中，可观察到微生物的生长曲线的滞后期缩短，生长和繁殖率会增加，特别是有可能增加

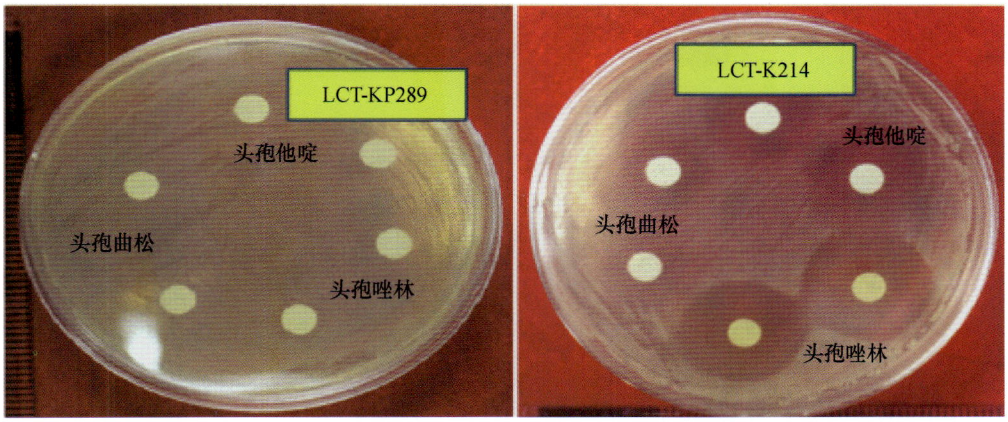

图 4-2 经过空间飞行后肺炎克雷伯菌（LCT-KP289）对头孢唑林、头孢他啶的耐药性增强

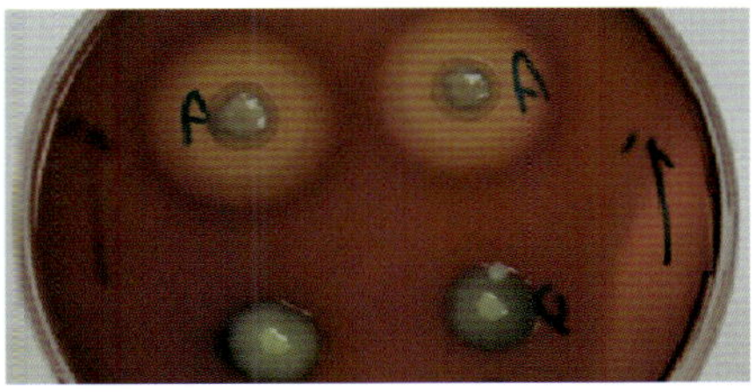

图 4-3 空间飞行后肺炎克雷伯菌出现了溶血现象（上为空间飞行株，下为地面对照株）

次生代谢产物。许多研究表明空间飞行能够缩短停滞期、加快生长速率、延长对数生长期、提高菌群密度等。Fang 等发现，模拟微重力能够显著抑制链霉菌的β-内酰胺类抗生素的产生，这可能是磷酸盐和 *L*-赖氨酸相关的刺激作用造成的。目前的研究未发现经过空间飞行后肺炎克雷伯菌的生长曲线具有明显的变化。但 Biolog 实验证明了肺炎克雷伯菌经过空间诱变后的代谢谱变化。与地面的对照组相比，所有的空间细菌葡萄糖代谢、氨基酸代谢和一些抗生素相关的次级代谢产物出现了显著的变化，空间飞行的肺炎克雷伯菌 LCT-KP289 失去了对 *D*-甘露糖和 N-甘露糖胺丙酮酸的利用能力。我们的研究发现，经过空间飞行后肺炎克雷伯菌 LCT-KP182 和 LCT-KP289 的生长曲线并未发生明显的变化，但是与地面对照组相比空间搭载株的生化代谢谱发生了明显的改变。

对于这些变化的机制，我们拟通过基因组测序、转录组测序和蛋白质组测序的技术手段来揭示。

（二）空间环境对肺炎克雷伯菌基因组的影响

有研究表明长时间暴露在环境空间中的细菌会发生细菌 DNA 损伤，同时空间环境可以使细菌基因发生突变和缺失。Timmery 等研究表明基因转移有助于芽胞杆菌的传播或毒力的改变。研究提示空间环境会导致肺炎克雷伯菌出现单核苷酸多态性（SNP）位点的改变，如：UUWGL000650 假定氧化还原酶和 UUWGL002473 假定磷酸酶存在非同义单核苷酸改变、UUWGL000333 尿卟啉原三甲基、UUWGL000452 周质蛋白的正常调节子存在非同义单核苷酸改变。这些 SNP 所具有的生物学作用可能与细菌的生物学代谢功能相关，但凭目前的研究成果还不能明晰。

Beuls 等研究发现细菌质粒的变化，可以模拟微重力导致毒力和耐药性的变化。也有研究发现，空间飞行后的肺炎克雷伯菌株中组装出了一个质粒，测序覆盖深度是地面对照株的两倍。理论上讲这一测序覆盖深度的不同可能会导致相关的生物学功能不同，但是具体机制目前尚不能解释。

我们对空间飞行后的肺炎克雷伯菌和地面对照株进行全基因组测序后发现，空间飞行的肺炎克雷伯菌与地面对照株相比较没有基因组结构上大的差异。但是空间飞行株细胞内的质粒 C3485 拷贝数与地面对照株相比存在明显差异（图4-4）。

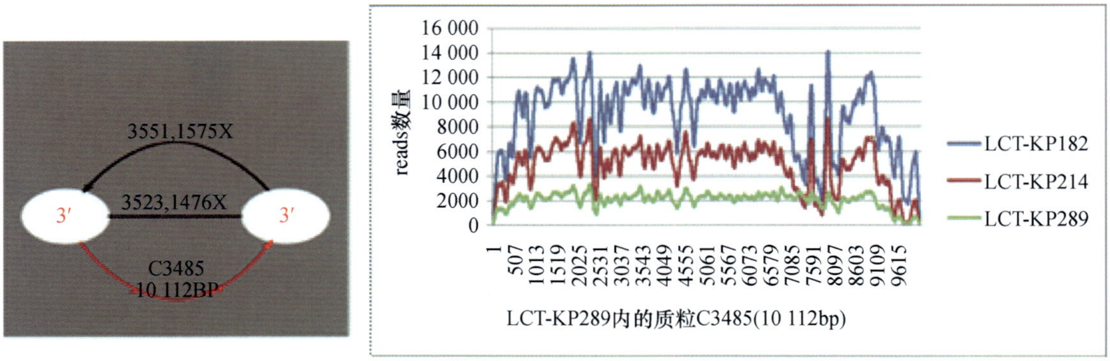

图 4-4 空间飞行后的肺炎克雷伯菌质粒 C3485 拷贝数变化

通过全基因组测序分析发现，上述对复方新诺明产生耐药性突变的肺炎克雷伯菌，其编码二氢叶酸合成酶的基因 *sulI* 的拷贝数量由空间搭载前的一个增加至两个，在这种情况下磺胺甲噁唑不能对肺炎克雷伯菌的二氢叶酸合成酶产生抑制作用，进而出现了耐药性增加的变异。基因 *sulI* 还与该菌的 I 类整合子有关，而 *sulI* 基因所在的整合子包含了 *emrE*、*ant* 等基因（见图 4-5），这也是空间飞行后的肺炎克雷伯菌对妥布霉素、链霉素、庆大霉素等抗生素耐药性增加的原因。通过全基因组测序我们能够深入分析肺炎克雷伯菌相关表型变化的分子机制，这一技术手段也广泛应用于我们对其他菌株的研究中。

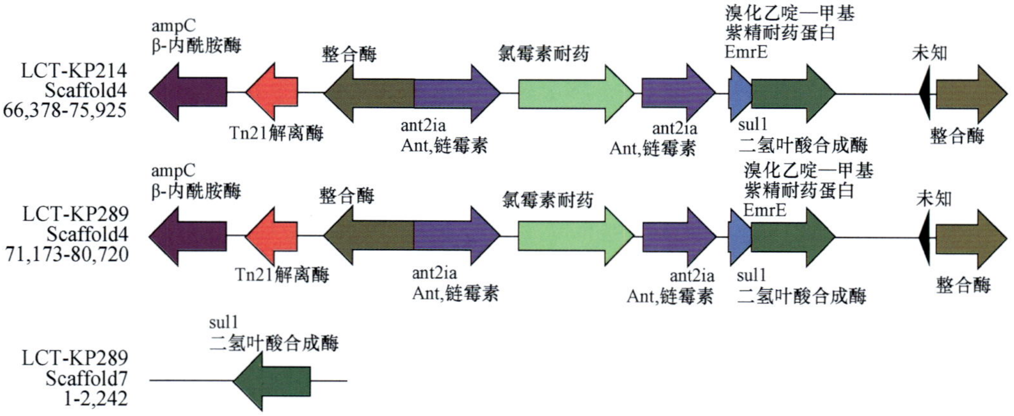

图 4-5 *sulI* 基因及附近核酸结构

（三）空间环境对肺炎克雷伯菌转录组的影响

转录组是从 RNA 水平研究基因表达的情况。转录组即一个活细胞所能转录出来的所有 RNA 的总和，是研究细胞表型和功能的一个重要手段。研究表明，将空间飞行肺炎克雷伯菌与地面对照比较，在基因的表达水平方面存在差别。空间飞行后的肺炎克雷伯菌有 436 个基因表达上调，2027 个基因表达下调（图 4-6）。

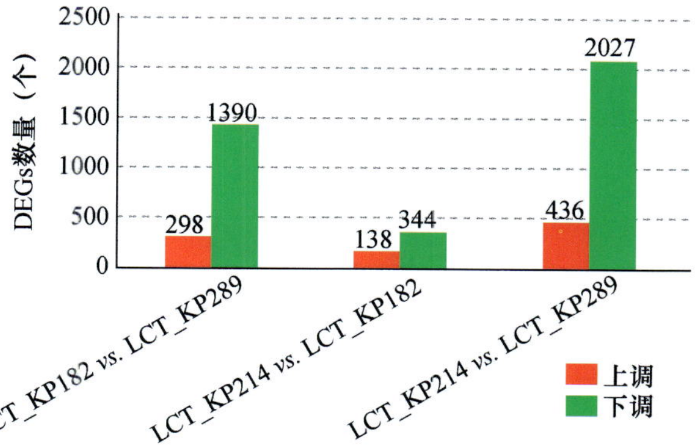

图 4-6 空间飞行后肺炎克雷伯菌基因表达的变化

DEGs，差异表达基因

空间环境对肺炎克雷伯菌转录组的影响研究发现，细胞组分、细胞学功能和生物学过程富集结果均提示空间环境影响了碳水化合物的运输。碳水化合物转运系统对于细菌的生存十分重要，该系统传输碳水化合物，与随之而来的磷酸化对细菌的功能保持具有重要作用。细菌对环境的适应性变化也受碳水化合物运输系统的调节。除了与地面对照组比较碳水化合物运输系统变化显著之外，空间飞行细菌之间也有多方面的不同，提示了空间环境对细菌诱变作用的不定向性。

（四）空间环境对肺炎克雷伯菌蛋白质组的影响

1996 年 Wilkins 和 Williams 创立了“蛋白质组”（proteome）的概念。蛋白质组学是以细胞内全部蛋白质的存在及其活动方式为研究对象。随着质谱技术的发展，定量蛋白质组学成为了当前蛋白质研究的前沿学科。目前常用的定量蛋白质组学研究技术有荧光差异凝胶电泳（DIGE）、同位素亲和标记（ICAT）、同位素标记相对和绝对定量（iTRAQ）等。

在既往的空间微生物搭载实验中，也有很多研究团队利用蛋白质组学技术对搭载返回后的细菌进行实验研究。Chopra 等利用双向凝胶电泳检测方法，发现经模拟微重力暴露后的鼠伤寒沙门菌有 35 种蛋白质表达增多，33 种蛋白质表达下调，新表达的蛋白质有 57 种；通过 4 种独立的微点阵分析软件程序去除背景干扰，更真实地反映模拟微重力暴露的沙门菌基因表达情况。对经过空间飞行的深红螺菌 S1H 蛋白质组学研究发现，低剂量的电离辐射可诱导相应蛋白质发生改变。芽孢杆菌孢子在实际空间进行长时间飞行后蛋白质组学分析结果表明超氧化物歧化酶发生了最明显改变。由此可见，蛋白质组学技术为解释相关的生物学现象提供了一个很好的实验平台。

通过蛋白质谱技术对空间飞行的克雷伯菌株进行研究，共鉴定到 1778 种蛋白质，经过对比分析发现，空间飞行后的肺炎克雷伯菌较地面对照相比有数十种蛋白质上调和下调。通过 COG 功能分析、GO 功能分析和 pathway 功能分析三个层次提示这些蛋白质与细菌的代谢相关，可见无论基因组、转录组如何变化，反映到最终蛋白表达水平均与细菌的代谢相关。聚类分析提示 4 种与代谢相关的蛋白在空间飞行菌株中均有下调表达，他们分别是二氯酚靛酚（DCPIP）氧化还原酶 β 亚基、二氢硫乙酰基转移酶、异柠檬酸脱氢酶、异柠檬酸裂解酶。这些酶的生物学活性均与细菌的代谢有关系。这也解释了表型实验生化谱检测 Biolog 上一些代谢的相应变化的原因。

（五）贯穿组学分析空间环境因素对肺炎克雷伯菌的影响

目前，利用基因组、转录组、蛋白质组学的技术方法对生物学问题进行研究日趋成熟。如何将单个组学的数据联合起来，从系统生物学的角度阐述一个生物学问题越来越受到研究者的重视。从基因组、转录组和蛋白组整体贯穿研究发现肺炎克雷伯菌的 *ytfG* 基因有可能受空间环境因素的影响在三个层次上发生了改变。

ytfG 基因能编码醌氧化还原酶，该酶是在代谢过程中所涉及的酶之一，其参与了 α-酮戊二酸氧化还原过程，而此过程是三羧酸循环的重要的一步，提示空间环境可能通过调节此基因的表达，影响了肺炎克雷伯菌的有氧代谢

过程。

总之，研究已经证实空间环境可以导致肺炎克雷伯菌生物学特性以及基因和蛋白的表达发生改变。目前对肺炎克雷伯菌的影响研究尚在起步阶段，还有很多未知问题需要进一步研究。

参考文献

[1] Horneck G, Klaus DM, Mancinelli RL. Space microbiology. Microbiol Mol Biol Rev, 2010, 74 (1): 121-156.

[2] Rosenzweig JA, Abogunde O, Thomas K, et al. Spaceflight and modeled microgravity effects on microbial growth and virulence. Appl Microbiol Biotechnol, 2010, 85 (4): 885-891.

[3] Charles D. Science on the shuttle. NASA' s busload of science. Science, 2011, 333 (6038): 28-29.

[4] Nickerson CA, Ott CM, Mister SJ, et al. Microgravity as a novel environmental signal affecting Salmonella enterica serovar Typhimurium virulence. Infect Immu, 2000, 68: 3147-3152.

[5] Wilson JW, Ott CM, Honer zu Bentrup K, et al. Space flight alters bacterial gene expression and virulence and reveals a role for global regulator Hfq. PNAS, 2007, 104: 16299-16304.

[6] Allen CA. The effects of low-shear modeled microgravity on Streptococcus pneumoniae and adherent-invasive Escherichia coli. PhD Disertation. The University of Texas Medical Branch, 2007, 7: 40-52.

[7] Allen CA, Galindo CL, Pandya U, et al. Transcription profiles of Streptococcus pneumoniae grown under different conditions of normal gravitation. Acta Astronautica, 2007, 6: 433-444.

[8] Lynch SV, Mukundakrishnan K, Benoit MR, et al. Escherichia coli biofilms formed under low-shear modeled microgravity in a ground-based system. Appl Environ Microbiol, 2006, 72 (12): 7701-7710.

[9] Crabbe A, Pycke B, Van Houdt R, et al. Response of Pseudomonas aeruginosa PAO1 to low shear modelled microgravity involves AlgU regulation. Environ Microbiol, 2010, 12 (6): 1545-1564.

[10] McLean RJ, Cassanto JM, Barnes MB, et al. Bacterial biofilm formation under microgravity conditions. FEMS Microbiol Lett, 2001, 195 (2): 115-119.

[11] Lin WH, Wang MC, Tseng CC, et al. Clinical and microbiological characteristics of Klebsiella pneumoniae isolates causing community-acquired urinary tract infections. Infection, 2010, 38 (6): 459-464.

[12] Piednoir E, Thibon P, Borderan GC, et al. Long-term clinical and economic benefits associated with the management of a nosocomial outbreak resulting from extended-spectrum beta-lactamase-producing Klebsiella pneumoniae. Crit Care Med, 2011, 39 (12): 2672-2677.

[13] Klaus DM, Howard HN. Antibiotic efficacy and microbial virulence during space flight. Trends Biotechnol, 2006, 24 (3): 131-136.

（郭英华　李　佳）

第五章　空间环境对携带 NDM-1 的肺炎克雷伯菌的影响

第一节　NDM-1 与细菌耐药

2009 年《柳叶刀传染病》杂志报道的一篇关于新型耐药菌的文章，引起各国学者和临床医生的广泛关注，同时，也将“超级细菌”这个名词带入了大众视线。所谓的“超级细菌”是指携带有新德里金属-β-内酰胺酶-1（New Delhi Metallo-β-Lactamase 1，NDM-1）的致病菌，最初发现于大肠埃希菌和肺炎克雷伯菌。携带有 NDM-1 的细菌几乎对所有抗生素（头孢类，氨基糖苷类，喹诺酮类等）耐药，包括抗生素的最后防线——碳青霉烯类抗生素。而部分细菌仅对多黏菌素类抗生素敏感，增加了对此类病原菌感染治疗的难度。另外，自首次报道之后，40 多个国家和地区均发现携带 NDM-1 基因的病原菌，如何应对成为全球性的公共卫生问题。

一、产 NDM-1 耐药菌的流行现状

产 NDM 耐药菌首先于 2009 年报道，一位瑞典籍印度人在印度旅行期间因臀部感染在当地接受治疗后回到瑞典，在接受尿路感染治疗时，从其尿液中分离出一种对亚胺培南、厄他培南等碳青霉烯类抗生素耐药的肺炎克雷伯菌[1]。造成这株肺炎克雷伯菌耐药的原因是其携带有一种特殊的金属-β-内酰胺酶。因为这位患者主要在印度新德里接受治疗，所以学者将这种新型金属-β-内酰胺酶命名为新德里金属-β-内酰胺酶-1，同时将编码 NDM-1 的基因命名为 blaNDM-1 基因。blaNDM-1 基因被首次报道时仅发现于大肠埃希菌和肺炎克雷伯菌中，2010 年研究者发现部分不动杆菌属和假单胞菌中均携带有 blaNDM-1 基因[2]。

自 2009 年首次报道后，英国以及印度次大陆的印度、巴基斯坦、孟加拉国等国多次报道检测出携带 blaNDM-1 的病原菌[3]。欧洲、亚洲和北美的诸多国家发现大部分携带 blaNDM-1 细菌的患者过去一年曾经去过印度或巴基斯坦，提示所携带的 blaNMD-1 细菌可能最早出现在印度、巴基斯坦等地[4]。截至 2013 年底，除南非外，全球各大洲均检测到携带有 blaNDM-1 基因的细菌，同时不断有新的地区检测到 blaNDM-1 基因（表 5-1）[5-13]。在中国，2011—2012 年间陕西等 11 个省市的 13 家教学医院均检测到携带 blaNDM-1 基因细菌[14]。

尽管耐药细菌多被发现于医疗机构的住院患者中（尤其是免疫力低下、患有糖尿病、长期使用抗生素，入住监护室以及机械通气的患者），但研究者在对印度的社区环境进行监测时发现，印度街头的积水、河水、自来水中均检测到携带 blaNDM-1 基因的细菌[15]。与印度相似的情况也发生在越南，研究者对流经河内市中心的河流取样检测时发现了携带 blaNDM-1 基因的肺炎克雷伯菌[16]。

上述结果显示，2010—2012 年间携带 blaNDM-1 基因的细菌出现了短期的全球蔓延的趋势。造成 blaNDM-1 基因迅速和广泛蔓延的原

表 5-1　2012—2013 年报道新发现 blaNDM-1 基因的地区和国家

国家（地区）	分离日期	标本来源	分离菌株
芬兰	2010	粪便	肺炎克雷伯菌
科威特	2010	骶部伤口	肺炎克雷伯菌
新西兰	2009	尿液	大肠埃希菌
东非	2010	气管分泌物	鲍曼不动杆菌
波兰	2011		大肠埃希菌
荷兰	未报道	粪便	大肠埃希菌
新加坡	2010	直肠拭子	大肠埃希菌
罗马尼亚	2012		阴沟肠杆菌，大肠埃希菌，肺炎克雷伯杆菌
沙特阿拉伯	2011	血液，尿液，伤口分泌物	肺炎克雷伯菌

因主要是编码这些酶的基因通过可移动元件（质粒、遗传决定子等）在不同菌株间传播。另外，检测方法的不足、有效抗生素的缺乏以及全球化在一定程度上都对 blaNDM-1 基因的传播起到促进的作用[17]。

二、blaNDM-1 基因的生物学性状

NDM-1 是一种新发现的金属-β-内酰胺酶（MBL）。金属-β-内酰胺酶是一类需要金属离子协助才能发挥催化活性的一类广谱 β-内酰胺酶，又被称为金属酶[18]。MBL 能够催化水解包括碳青霉烯类在内的大多数抗生素，并且不受 β 内酰胺酶抑制剂（如克拉维酸）的抑制。

近年来发现的 MBL 包括 VIM、IMP、SIM、SPM、GIM 等，依据 Ambler 的结构分类法和 Bush 的功能分类，MBL 分属于 B 类和第三类群；若根据底物的不同，又可分为 3a、3b、3c 三个亚群[19]。

blaNDM-1 基因位于质粒和染色体的整合子中。blaNDM-1 在肺炎克雷伯菌中位于 180kd 的质粒上，而在大肠埃希菌中位于 140kd 的质粒上，Zhang 等发现在鲍曼-醋酸钙不动杆菌复合体中 blaNDM-1 位于 50kd 的质粒上[20]。Yong 等发现肺炎克雷伯菌 KP05-560 的 180kd 质粒上含有 3 个介导耐药的区域：第一个是位于 2.1kb 的区域，编码 AmpC 型酶基因，包括 blaCYM-1 及其上游完整的 ISEcP1 序列和下游的 blc；第二个区域是 4.8kb 大小的 Ⅰ 类整合子基因，包含介导利福平耐药的 arr-2、编码新型红霉素酯酶的 ereC、介导庆大霉素耐药的 aadAl 和介导氯霉素耐药的 cmlA7；第三个区域位于 4.3kd，编码新型金属-β-内酰胺酶，也就是 blaNDM-1 基因，其下游是 Is26 插入片段与 Tn3 转座基因[1]。blaNDM-1 基因包含 807bp 的开放读码框，其 C+G 的含量为 57%，明显低于周围区域（65%）。blaNDM 的编码产物 NDM-1 约为 27.5kDa，编码 269 个氨基酸，将其与已发现的 MBL 进行比较，发现同源性很低，仅与 VIM-1/VIM-2 有 32.4%的一致性。

NDM-1 对所有 β 内酰胺类抗生素耐药，而仅对多黏菌素和替加环素敏感。细菌多重耐药的重要机制之一就是能够编码多种水解抗生素的酶类，而酶的分子结构与理化性质和生物学特性密切相关。通过对 NDM-1 的 3D 结构及其与抗生素的相互作用进行生物信息学研究，Wang 等发现 NDM-1 由 3 个亲水的 α 螺旋和 7 个 β 折叠构成。通过模拟分子内氢键和范德华力使 NDM-1 与亚胺培南和美罗培南进行结合，这两种药物的钝化分别有 9 个和 12 个氨基酸残基参与，其中 Met3、Phe6、Glu88、Thr126 是参与亚胺培耐药的主要位点，参与美罗培南耐药的则为 Glu88 和 Thr126 两个位点。

三、NMD-1 的实验室检测方法

对携带 blaNDM-1 细菌的重要监测手段之一就是选择合适的实验室检测方法，这种方法应该符合操作简单、及时有效，对一些欠发达或边远地区的病原检测也能够适用。但到目前为止，对 NDM-1 的检测手段还没有统一的标准。因此，

建立国际统一标准的 NDM-1 诊断方法具有重要意义。现阶段对于 NDM-1 的检测包括表型检测和基因检测两种。美国疾病预防控制中心对 NDM-1 的筛查采用碳青霉烯类耐药肠杆菌的感染控制指导原则，并推荐 CLSI 对于碳青霉烯类药物的耐药性及碳青霉烯酶的检测[21-22]。我国卫生部（现卫计委）也于 2010 年 9 月 28 日颁布了《产 NDM-1 泛耐药肠杆科细菌感染诊疗指南（试行版）》，主要包括表型筛查、表型确认和基因确证三个步骤。

1. 表型筛查

在细菌药物敏感性测定中，以美罗培南或亚胺培南纸片法（K-B 法）或最低抑菌浓度（MIC）测定法对肠杆菌科细菌产酶情况进行初步筛查，如果达到以下标准，需要进行表型确认。厄他培南特异性较低，不推荐用于筛查试验。

（1）K-B 法：美罗培南（10μg 纸片）或亚胺培南（10μg 纸片）抑菌圈直径≤22mm。

（2）MIC 测定法：美罗培南 MIC≥2mg/L；或亚胺培南对大肠埃希菌、克雷伯菌属、沙门菌属和肠杆菌属 MIC≥2mg/L。

2. 表型确认

双纸片协同试验：采用亚胺培南（10μg）、EDTA（1500μg）两种纸片进行 K-B 法，两纸片距离 10～15mm，在含 EDTA 纸片方向处，亚胺培南抑菌圈扩大，即可判定产金属酶。

采用亚胺培南（美罗培南）/EDTA 复合纸片进行 K-B 法药敏试验，复合纸片比单药纸片的抑菌圈直径增大值≥5mm；亚胺培南（美罗培南）/EDTA 复合 E 试条协同试验测定 MIC，单药与复合制剂的 MIC 比值≥8，即可判定产金属酶。

3. 基因确证

采用 NDM-1 的基因特异引物进行 PCR 扩增及产物测序，确定菌株是否携带 blaNDM-1 基因。

在上述步骤中，表型筛查、表型确认只是对 NDM-1 的初步鉴定，对 NDM-1 诊断的金标准还是利用 PCR 技术进行基因确证。在临床及实验室检测中，已对于上述方法进行了改进，使之能够更加准确快捷地得出可靠结果，如 Kruttgen 等采用化学合成的 blaNDM-1 作为阳性对照，能够对微量样品进行快速检测[23]。

四、携带 NDM-1 细菌的预防与治疗

对携带 blaNDM-1 细菌敏感的抗生素仅有多黏菌素和替加环素两种[24]。而目前的微生物学综合评估发现，携带 blaNDM-1 细菌对多黏菌素的敏感性为 89%左右，而对替加环素的敏感性也仅有 65% 左右，在纽约分离出的多重耐药菌中 25%的菌株对多黏菌素耐药[25]。由此可见，对于 NDM-1 耐药菌的防控形势刻不容缓。

随着携带 blaNDM-1 细菌的全球性蔓延，世界卫生组织（WHO）和美国、欧洲、加拿大以及中国的卫生部门均制定了关于 NDM-1 多重耐药菌的防控政策[21,26-28]。综合上述防控政策，对携带 blaNDM-1 细菌的预防与治疗主要集中在以下几点：

1. 加强医务人员感染控制教育、培训，强化对 NDM-1 细菌等多重耐药菌感染的预防、控制的认识。

2. 加强耐药细菌的实时监控，尤其是多重耐药菌。临床实验室检测到携带 blaNDM-1 耐药菌后要及时对其确认，并报告相关科室，帮助医师指导临床治疗。定期对环境中携带 bla NDM-1 耐药菌进行检测，发现确认后应及时按照规定上报。

3. 对确诊产 NDM-1 细菌感染或定植者，采取隔离措施，预防耐药菌传播。在标准预防的基础上，采用接触隔离的方法，为患者安置单独房间，接触患者时需要穿隔离衣、戴手套，相关医疗器械或物品（如听诊器、血压计等）专用，不能专用的物品，须用后严格消毒。隔离期间需要定期检测耐药菌情况。

4. 抗菌药物规范、合理使用。严格执行抗菌药物合理使用的管理规定，将碳青霉烯类按照特殊使用类抗菌药物进行管理。

5. 积极开展耐药机制的研究，开发新的抗菌药物。尽管携带 blaNDM-1 的细菌对多黏菌素和替加环素敏感，但肾毒性等副作用仍然制约了其在临床的使用，应加快新药的研制同时，探索祖国传统医学在协同治疗中的作用。

五、利用空间微生物变异金属-β-内酰胺酶-1耐药菌意义

如何利用空间环境探索病原菌变异和致病规律则是空间生命科学研究中的重大课题，而有效保障人类健康和空间驻留人员的健康更是国家重大战略需求。借助我国“神舟”系列飞船搭载的契机，要回答的问题有：空间环境因素诱导病原菌发生什么样的表型变化以及其分子机制是什么？尤其是耐药性和致病性的变化及其分子机制是怎样的？空间环境诱变病原菌对模拟微重力实验动物的致病性产生什么样的影响？如何利用空间微生物学研究平台探索抗感染新靶标及临床诊治新策略？目前国内外在这一系列方面的研究尚处于起步阶段，而通过空间微生物研究促进人类感染性疾病的预防和控制更属空白。

“基于空间微生物变异规律的难治性感染防控新策略探索”是关键科学问题，要综合运用空间微生物学与系统生物学的研究思路与方法，通过表型实验筛选鉴定耐药性和致病性突变株，利用核酸测序、蛋白质分析、基因调控网络研究、经典基因功能研究、生物信息学分析、数学建模等技术手段，揭示空间环境对病原菌的作用效应和分子机制；并通过地面模拟，分析空间环境因素对临床常见病原菌的影响，研究模拟微重力动物与病原菌的相互作用；综合各方面的数据，归纳分析空间环境对病原菌的作用规律，可为航天员的在轨健康、为人类探索抗感染新靶标和临床诊治新方法提供科学依据。

第二节　空间环境对携带 NDM-1 的肺炎克雷伯菌的影响

既往研究中，美国已经通过“亚特兰蒂斯号”等航天飞机携带沙门菌、大肠埃希菌等细菌前往国际空间站开展一系列空间实验研究。结果发现，空间环境使这两种细菌对酸、碱、高渗、氧化应激等环境的适应性增加，生长速度发生改变，尤其是沙门菌，该菌灌肠后使小鼠的死亡率升高，同时半数致死量降低，毒力增加[29-30]。这种表型变化的背后是细菌遗传物质的突变和关键蛋白质表达调控的机制的改变。

携带 NDM-1 的肺炎克雷伯菌是 NMD-1 酶的主要携带者，因肺炎克雷伯菌的广泛分布和肠杆菌科细菌的多种基因交换形式，使 NDM-1 肺炎克雷伯菌的感染威胁在全球蔓延[31-33]。

正是基于上述全球性的携带 NDM-1 的肺炎克雷伯菌的蔓延现状，把握我国开展空间微生物学研究的契机，我们将一株携带 NDM-1 的肺炎克雷伯菌（ATCC BAA 2146）通过“神舟十号”飞船送上太空，经过 15 天的飞行后，返回地面。通过地面的一系列实验我们发现了很多既往从未发现的现象，这些现象和背后的机制可能能够为将来对这种超广谱耐药菌的防治提供一些理论依据。

这株肺炎克雷伯菌和为其生长的培养基被装入一种特制的抗压容器中，将这一容器通过“神舟十号”飞船送上太空，在太空缓慢生长。与此同时，地面的实验室内也有两株相同的细菌在相同的温度和湿度环境下生长，不同的是其中一株只有模拟微重力的作用而另一株则是在正常重力下生长，通过与两株地面对照株同步分析，能够排除微重力以及其他因素对细菌的干预，从而发现复杂多变的空间环境对细菌的影响和其背后的机制。太空环境的高真空、强辐射、微重力等因素可能对细菌的遗传物质产生很大的影响，尤其是在细菌生长分裂的过程中。经过 15 天的太空飞行，这株肺炎克雷伯菌随飞船返回地面，研究人员对三株菌的各种变化开始进行研究。为了方便起见，我们将飞船搭载的菌株命名为空间飞行

株，将模拟微重力环境下生长的菌株命名为微重力模拟株，将对照组在地面重力情况下生长的菌株命名为重力生长株。

细菌的形态是我们首先需要观察的指标。通过光学显微镜和扫描电镜的观察，我们发现经过太空飞行的肺炎克雷伯菌在生长过程中形成的菌落形状和地面对照株相比并没有明显不同。而有意思的是，在扫描电镜观察下空间飞行株由地面的短杆状变成了长杆状，并且细菌之间的黏附性也明显增加（见图 5-1）。另一个需要观察的对象是细菌的生长状态，于是我们采用不同成分的培养基和 37℃ 及 40℃ 的温度下观察其生长，结果发现太空环境并没有影响肺炎克雷伯菌的生长速度。通过结晶紫染色实验我们发现空间飞行株的生物被膜显著增厚，另外空间飞行株对强的氧化应激环境（高浓度的 H_2O_2）的适应能力也增强（见图 5-2）。生物被膜和适应极端环境能力的增强在一定程度上反映了细菌环境适应性的增强。如果这种变异菌株进入人体，那么很有可能抵抗人体的免疫力，进而导致感染性疾病或者使原有的疾病加重。利用 96-well Biolog GEN Ⅲ Micro-Plate 检测上述菌株的碳源利用和化学敏感性，结果发现，三株细菌均失去了对 *α-D*-乳糖的利用能力，而地面模拟微重力株获得了 *D*-甘露糖的利用能力。最后，检测空间环境对太空飞行株的细菌耐药性的影响，结果发现细菌的耐药性既没有增加也没有丢失。

为了深入探究上述现象背后的机制，研究人

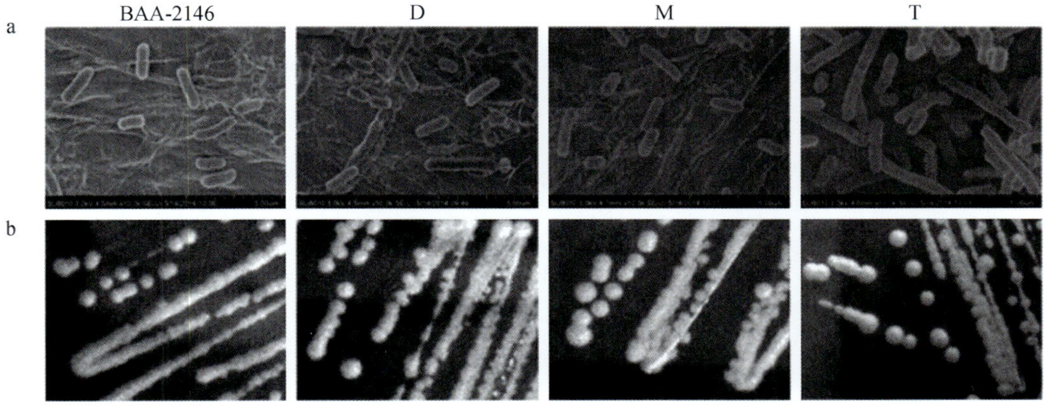

图 5-1 空间搭载肺炎克雷伯菌扫描电镜（**a**）和光镜（**b**）的形态

BAA-2146：标注株；D：重力生长株；M：微重力模拟株；T：空间飞行株

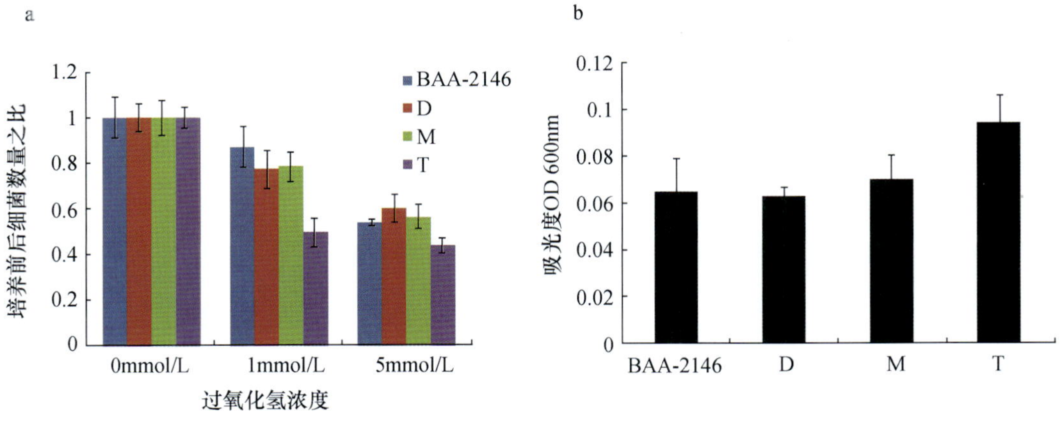

图 5-2 空间搭载肺炎克雷伯菌氧化应激性（**a**）和生物被膜（**b**）的变化

BAA-2146：标注株；D：重力生长株；M：微重力模拟株；T：空间飞行株

员对这三株肺炎克雷伯菌进行了全基因组和转录组的测序，借助生物信息学的手段来探究是否有遗传物质的变化。通过与已有的参考序列比较后，三株菌的DNA上共出现34个突变点（除去同义突变），其中25个突变点是三株菌共有的，空间飞行株和微重力模拟株分别出现了3个和2个菌株特异性突变，而重力生长株未出现菌株特异性突变。利用KEGG数据库注释系统定义代谢通路发现，空间飞行株和微重力模拟株与重力生长株在代谢通路方面存在广泛性改变。与重力生长株的转录组相比，空间飞行株转录组内参与调节脂肪酸降解、特定环境下细菌的代谢以及转运苯丙氨酸的基因表达均有改变。另外，研究人员还发现空间飞行株和微重力模拟株与重力生长株相比，一些非编码RNA（Non-coding RNA，ncRNA）存在差异调控。其中一些非编码RNA（包括glmS mRNA和RtT RNA的GlmZ RNA activator）在空间飞行株和微重力模拟株中调节方式相似。但是有趣的是，sroC RNA在空间飞行株中表达下调而在微重力模拟株中表达上调。

蛋白质直系同源簇（COG）富类分析用来显示根据COG功能分类不同而表达的基因。空间飞行株和重力生长株之间有大量假设功能基因的表达差异，主要包括以下两个方面：氨基酸转运和代谢，碳源转运和代谢。另外，模拟微重力株和重力生长株之间也存在属于COG分类的差异表达基因：细胞的运动，次级代谢产物的合成、转运和分解以及无机离子的转运和代谢。

高度耐药病原菌，例如携带NDM-1的肺炎克雷伯菌，其广泛流行的原因是复杂的。总体而言细菌的抗生素耐药表型来源于它们获得性或自身表达一系列与耐药相关的基因以及菌体自身的特性，例如孔蛋白的改变和相关基因的突变[34]。在研究中，参考菌ATCC BAA-2146带有既往报道过的大量的与β-内酰胺酶、喹诺酮类、氨基糖苷类耐药相关以及叶酸通路抑制因子的基因。在最近报道的碳青霉烯酶的基因中（如blaIMP，blaVIM，blaNDM-1，bla KPC以及blaOXA-48）中，ATCC BAA-2146只携带NDM-1基因。研究人员还发现了gyrA的突变基因T247A（Ser83Ile），此基因与喹诺酮类抗生素的耐药相关。研究中，三株菌均保留与ATCC BAA-2146相同的抗生素耐药表型和基因。此结果提示在极端环境的生长中，此细菌的耐药能力并未发生丢失。根据MLST分型，ATCC BAA-2146属于ST11型，这一型也是在中国流行最广泛的碳青霉烯耐药的肺炎克雷伯菌[35]。也就是说，此型是极易传播的多耐药肺炎克雷伯菌。

形态学实验显示，在扫描电镜下一些太空飞行株变长并且细菌之间的黏附增加，提示参与维持细菌形态和黏附能力的基因可能受到影响或是表达调控发生了改变。正常情况下，功能和形态在细菌的融合和裂变时是保持一致的。那么，对于细菌形状变长的机制的解释可能是细菌细胞膜的融合性增强而裂变性受到抑制，这两者同时发生或是其中一种发生。因为我们没有在空间飞行菌中找到直接参与细菌细胞膜融合和裂变基因的突变，所以我们假设这种改变可能发生在基因间区或是与形态改变相关的非编码RNA的调节作用发生了改变。我们预测细菌细胞膜融合性和黏附性的增加可能是此病原菌在应激条件下生物被膜形成增加原因之一，而这一改变可以增加细菌的存活能力。这种细菌变长的现象在既往报道中多见于抗生素治疗后的细菌。例如，在一项研究中，扫描电镜观察到在环丙沙星治疗后铜绿假单胞菌的形态变长[36]。另一项研究显示暴露于萘啶酸后铜绿假单胞菌的形状也变长并且细菌之间的黏附性增加[37]。所以，这种形态学的改变可能是病原菌对于多种应激环境的适应性改变。

在细菌自然的生长环境中可能会遇到多种的环境应激因素的影响。与很多病原菌相似的是，肺炎克雷伯菌可能面对在人体不同部位定植和感染的挑战。在这些情况下，病原菌能够耐受氧化应激的能力是其从需氧环境到微需氧环境或是微需氧环境到需氧环境迁移感染的必需能力。需氧细菌的氧化应激能力的调控主要包括部分性减少氧气或者与氧气反应等，但是最主要的还是通过需氧菌自身代谢产生的过氧化物（如 H_2O_2）。氧化反应可以导致 DNA、蛋白质和细胞膜的损伤。所有需氧细菌均有各种能够清除过氧化物和 H_2O_2 的机制，所以能够保护细胞不受氧化反应的损伤。因此，耐药菌能够适应氧化应激条件尤为重要。我们的研究发现空间飞行菌降低了对 H_2O_2 的耐受能力，这可能是由于一系列与其相关的基因表达的下调以及一些与应激耐受和细菌适应性有关的非编码 RNA（例如 sroC RNA，6S/SsrS RNA）以及一些微小 RNA 的表达减少有关。有趣的是这一结果在鼠伤寒沙门菌中被证实[38]。研究发现在巨噬细胞内的鼠伤寒沙门菌抑制了 sroC 和 6S/SsrS RNA 基因的表达，也就是说这些非编码 RNA 与病原菌在宿主细胞内的适应性有关。综上所述，我们假设这些非编码 RNA 可能参与了肺炎克雷伯菌的环境适应性。

细菌的生物被膜包含细菌的细胞、大量的表面多糖基质以及一些蛋白质和 DNA。细菌生物被膜形成的增加能够增加细菌耐受宿主防御因子、抗生素以及多种环境应激因素的能力，也可以说使细菌毒力的增加。Wu 等的研究观察到肺炎克雷伯菌，例如 hvKP 菌组较 cKP 菌组产生生物被膜的能力增加，也就是说生物被膜形成的增加可能是 hvKP 菌组毒力增加原因之一[39-41]。在我们的研究中，尽管空间飞行菌对 H_2O_2 等耐受能力轻度降低，但是其形成生物被膜的能力增加。三株实验菌和参考菌 ATCC BAA-2146 在 LB 培养基和限定化学成分（CDM）培养基培养时生长曲线的相似，排除了空间飞行菌增殖速度对生物被膜形成的影响。空间飞行菌生物被膜形成增加的机制尚不明确，但是可能与参与表面多糖的调节基因的表达上调增加有关，这些表面多糖的增加也可能是扫描电镜下细菌之间黏附性增加的原因之一。我们还注意到在空间飞行菌中有很多上调的基因参与了促进细菌对应激环境适应性的柠檬酸循环。这一发现也证实了之前的一些研究结果，即大肠埃希菌生物被膜形成的过程中有大量与柠檬酸盐循环相关基因参与其中[42-44]。

本研究采用 96 孔 Biolog GEN Ⅲ微孔板来进一步验证表型变化。我们观察到三株实验菌对于 *α-D-*乳糖的利用能力与参考菌株 BAA-2146 相比出现缺失。同时 M 菌组（ strain）获得了利用 *D-*甘露糖的能力。这种代谢通路的改变证实了病原菌在应激条件下的适应性改变，这些改变还包括在这种调节作用中扮演重要角色的转录调节因子，如 LysR、RutR 和 Atf1 等。例如，LysR 是铜绿假单胞菌适应氧化应激的重要调节复合物。RutR 已被证实参与了大肠埃希菌在酸性条件下的谷氨酸耐受[45]。另外，病原菌的多个调节通路，包括非编码 RNA 等均参与了环境因素刺激下的重要蛋白质合成的基因表达的调控。我们发现了一个非同义突变 Kpn2146_2018，它属于转录调节因子 LysR 家族。同时我们还发现了两个基因间区的突变，在 Kpn2146_2018 和 Kpn2146_5387 之间。Kpn2146_5387 是转录调节因子 RutR。我们也在 M strain 的 Kpn2146_3273（RtT RNA）和 Kpn2146_3274（tRNA-Tyr）（T-39A 和 C-37T）之间的基因间区发现了两个突变。这些突变均在与肺炎克雷伯菌环境适应性相关基因的转录调节因子编码基因之间或是与其相邻[46-47]。

基因组多态性的研究是对病原菌在不同环境因子刺激下进行其适应性的功能研究。我们通过比较基因组在三株菌之间只发现了几个突变点，但是三株菌却共有大量的突变位点。这一结果提示，尽管这三株菌在不同环境下培养，受到不同的环境因子刺激，但是在适应环境过程中大量相关基因均发生了突变。我们也注意到，多数突变发生在非编码 RNA 的基因或是基因间区。也就是说这些突变位点可能参与了在细菌适应环境过程中的基因下游调节通路的改变。还有几个假设蛋白基因的突变，例如 Kpn2146-1328，Kpn2146-2411 和 Kpn2146-2412。这些蛋白质功能的确定有待进一步研究。

比较转录组分析显示着三株菌在基因表达谱

方面显著不同。微重力模拟株和空间飞行株在微生物代谢改变方面较相似，但是与重力生长株显著不同。与地面模拟株相比，空间飞行株有更多基因调节方面的不同，提示了空间飞行株在生长过程中接受了更多的环境应激刺激因子，而在地面模拟微重力培养的微重力模拟株接受的环境刺激因子较少。与此同时，通过 COG 分类分析发现，空间飞行株与微重力模拟株和重力生长株相比有更多参与代谢的调节通路发生了改变，如：氨基酸的转运和代谢、碳源的转运和代谢等。这些结果说明在环境应激因素的刺激下，病原菌，包括多药耐药的病原菌，为了提高生存能力也灵活地改变了一系列的生理和细胞通路的功能[48]。利用代谢组测序分析，我们也发现了一些既往研究报道过的参与肺炎克雷伯菌环境适应性的非编码 RNA。因为在本实验中 RNA 的提取采用了非小分子 RNA 的提取方式，所以可能参与环境应激的更多更小的非编码 RNA 并没有被发现。尽管如此，本研究的结果提示 RNA 测序分析能够为研究细菌代谢组和代谢通路的调节提供有力的工具。

综上所述，本次空间搭载研究就不同极端环境下培养的 NDM-1 肺炎克雷伯菌的比较基因组和比较转录组进行分析，这一结果为我们了解多药耐药病原菌的环境适应性，尤其是对太空环境的适应性提供了有力的理论基础。这一结果也为进一步研究细菌环境适应性的复杂调控网络奠定了基础。另外，我们对 NDM-1 肺炎克雷伯菌的一系列观察性研究、细菌生存和适应性的研究也为今后飞船内感染的治疗和公共健康的维护提供了新方向。

参考文献

[1] Yong D，Toleman MA，Giske CG，et al. Characterization of a new metallo-beta-lactamase gene，bla（NDM-1），and a novel erythromycin esterase gene carried on a unique genetic structure in Klebsiella pneumoniae sequence type 14 from India. Antimicrobial agents and chemotherapy，2009，53（12）：5046-5054.

[2] Bharadwaj R，Joshi S，Dohe V，et al. Prevalence of New Delhi metallo-beta-lactamase（NDM-1）-positive bacteria in a tertiary care centre in Pune，India. International journal of antimicrobial agents，2012，39（3）：265-266.

[3] Kumarasamy KK，Toleman MA，Walsh TR，et al. Emergence of a new antibiotic resistance mechanism in India，Pakistan，and the UK：a molecular，biological，and epidemiological study. The Lancet infectious diseases，2010，10（9）：597-602.

[4] Johnson AP，Woodford N. Global spread of antibiotic resistance：the example of New Delhi metallo-beta-lactamase（NDM）-mediated carbapenem resistance. Journal of medical microbiology，2013，62（Pt 4）：499-513.

[5] Osterblad M，Kirveskari J，Hakanen AJ，et al. Carbapenemase-producing Enterobacteriaceae in Finland：the first years（2008-11）. The Journal of antimicrobial chemotherapy，2012，67（12）：2860-2864.

[6] Jamal W，Rotimi VO，Albert MJ，et al. Emergence of nosocomial New Delhi metallo-beta-lactamase-1（NDM-1）-producing Klebsiella pneumoniae in patients admitted to a tertiary care hospital in Kuwait. International journal of antimicrobial agents，2012，39（2）：183-184.

[7] Williamson DA，Sidjabat HE，Freeman JT，et al. Identification and molecular characterisation of New Delhi metallo-beta-lactamase-1（NDM-1）-and NDM-6-producing Enterobacteriaceae from New Zealand hospitals. International journal of antimicrobial agents，2012，39（6）：529-533.

[8] Revathi G，Siu LK，Lu PL，et al. First report of NDM-1-producing Acinetobacter baumannii in East Africa. International journal of infectious diseases：IJID：official publication of the International Society for Infectious Diseases，2013，17（12）：e1255-1258.

[9] Fiett J，Baraniak A，Izdebski R，et al. The first NDM-producing Enterobacteriaceae isolate in Poland；evolution of IncFII-type plasmids carrying the blaNDM-1 gene. Antimicrobial agents and chemotherapy. 2013.

[10] Nielsen JB，Hansen F，Littauer P，et al. An NDM-1-producing Escherichia coli obtained in Denmark has a genetic profile similar to an NDM-1-producing E. coli iso-

late from the UK. The Journal of antimicrobial chemotherapy, 2012, 67 (8): 2049-2051.
[11] Xia E, Khong WX, Marimuthu K, et al. Draft Genome Sequence of a Multidrug-Resistant New Delhi Metallo-beta-Lactamase-1 (NDM-1) -Producing Escherichia coli Isolate Obtained in Singapore. Genome announcements, 2013, 1 (6).
[12] Szekely E, Damjanova I, Janvari L, et al. First description of bla (NDM-1), bla (OXA-48), bla (OXA-181) producing Enterobacteriaceae strains in Romania. International journal of medical microbiology: IJMM, 2013, 303 (8): 697-700.
[13] Shibl A, Al-Agamy M, Memish Z, et al. The emergence of OXA-48-and NDM-1-positive Klebsiella pneumoniae in Riyadh, Saudi Arabia. International journal of infectious diseases. IJID: official publication of the International Society for Infectious Diseases, 2013, 17 (12): e1130-1133.
[14] Wang X, Xu X, Li Z, et al. An Outbreak of a Nosocomial NDM-1-Producing Klebsiella pneumoniae ST147 at a Teaching Hospital in Mainland China. Microbial drug resistance, 2013, 20 (2): 144-149.
[15] Walsh TR, Weeks J, Livermore DM, et al. Dissemination of NDM-1 positive bacteria in the New Delhi environment and its implications for human health: an environmental point prevalence study. The Lancet infectious diseases, 2011, 11 (5): 355-362.
[16] Isozumi R, Yoshimatsu K, Yamashiro T, et al. bla (NDM-1) -positive Klebsiella pneumoniae from environment, Vietnam. Emerging infectious diseases, 2012, 18 (8): 1383-1385.
[17] Rolain JM, Parola P, Cornaglia G. New Delhi metallo-beta-lactamase (NDM-1): towards a new pandemia? Clinical microbiology and infection: the official publication of the European Society of Clinical Microbiology and Infectious Diseases, 2010, 16 (12): 1699-1701.
[18] 陈照强，刘一方，朱宁，等. 金属β-内酰胺酶的研究进展. 国外医药抗生素分册，2011，32 (3)：5.
[19] Bush K, Jacoby GA, Medeiros AA. A functional classification scheme for beta-lactamases and its correlation with molecular structure. Antimicrobial agents and chemotherapy, 1995, 39 (6): 1211-1233.
[20] Zhang R, Hu YY, Yang XF, et al. Emergence of NDM-producing non-baumannii Acinetobacter spp. isolated from China. European journal of clinical microbiology & infectious diseases: official publication of the European Society of Clinical Microbiology, 2013, 33 (5): 853-860.
[21] MMER. Detection of enterobacteriaceae isolates carrying metallo-beta-lactamase-United States. MMWR, 2010, 59 (24).
[22] Institute CaLS. Performance standards for antimicrobial susceptibility testing: twentieth informational supplyment Wayne, PA: Clinical and Laboratory Standards Institute. 2010.
[23] Kruttgen A, Razavi S, Imohl M, et al. Real-time PCR assay and a synthetic positive control for the rapid and sensitive detection of the emerging resistance gene New Delhi Metallo-beta-lactamase-1 (bla (NDM-1)). Medical microbiology and immunology, 2011, 200 (2): 137-141.
[24] Paul M, Bishara J, Levcovich A, et al. Effectiveness and safety of colistin: prospective comparative cohort study. The Journal of antimicrobial chemotherapy, 2010, 65 (5): 1019-1027.
[25] Landman D, Georgescu C, Martin DA, et al. Polymyxins revisited. Clinical microbiology reviews, 2008, 21 (3): 449-465.
[26] WHO. The Evolving Threat of Antimicrobial Resistance: Options for Action. In: Organization WH, editor. Geneva. 2012.
[27] TATFAR. Recommendations for future collaboration between the U. S. and EU. Transatlantic Taskforce on Antimicrobial Resistance 2011. In: ECDC, editor. Stockholm. 2012.
[28] Canada PHAo. Guidance: infection prevention and control measures for healthcare workers in all healthcare settings: carbapenem-resistant gram-negative bacilli. In: Canada PHAo. Ottawa. 2010.
[29] Robicsek A, Sahm DF, Strahilevitz J, et al. Broader distribution of plasmid-mediated quinolone resistance in the United States. Antimicrob Agents Chemother, 2005, 49 (7): 3001-3003.

[30] Wilson JW, Ott CM, Honer zu Bentrup K, et al. Space flight alters bacterial gene expression and virulence and reveals a role for global regulator Hfq [J]. Proc Natl Acad Sci USA, 2007, 104 (41): 16299-16304.

[31] Ghosh S, Osman S, Vaishampayan P, et al. Recurrent isolation of extremotolerant bacteria from the clean room where Phoenix spacecraft components were assembled. Astrobiology, 2010, 10 (3): 325-335.

[32] Ramirez MS, Tolmasky ME. Aminoglycoside modifying enzymes. Drug Resist Updat, 2010, 13 (6): 151-171.

[33] Qi Y, Wei Z, Ji S, et al. ST11, the dominant clone of KPC-producing Klebsiella pneumoniae in China. J Antimicrob Chemother, 2011, 66 (2): 307-312.

[34] Sangurdekar DP, Zhang Z, Khodursky AB. The association of DNA damage response and nucleotide level modulation with the antibacterial mechanism of the anti-folate drug trimethoprim. BMC Genomics, 2011, 12: 583.

[35] Li B, Yi Y, Wang Q, et al. Analysis of drug resistance determinants in Klebsiella pneumoniae isolates from a tertiary-care hospital in Beijing, China. PLoS One, 2012, 7 (7): e42280.

[36] Stieglmeier M, Rettberg P, Barczyk S, et al. Abundance and diversity of microbial inhabitants in European spacecraft-associated clean rooms. Astrobiology, 2012, 12 (6): 572-585.

[37] Vaishampayan PA, Rabbow E, Horneck G, et al. Survival of Bacillus pumilus spores for a prolonged period of time in real space conditions. Astrobiology, 2012, 12 (5): 487-497.

[38] Bushnell G, Mitrani-Gold F, Mundy LM. Emergence of New Delhi metallo-beta-lactamase type 1-producing enterobacteriaceae and non-enterobacteriaceae: global case detection and bacterial surveillance. Int J Infect Dis, 2013, 17 (5): e325-333.

[39] Frye JG, Jackson CR. Genetic mechanisms of antimicrobial resistance identified in Salmonella enterica, Escherichia coli, and Enteroccocus spp. isolated from U. S. food animals. Front Microbiol, 2013, 4: 135.

[40] Munoz-Price LS, Poirel L, Bonomo RA, et al. Clinical epidemiology of the global expansion of Klebsiella pneumoniae carbapenemases. Lancet Infect Dis, 2013, 13 (9): 785-796.

[41] Shon AS, Bajwa RP, Russo TA. Hypervirulent (hypermucoviscous) Klebsiella pneumoniae: a new and dangerous breed. Virulence, 2013, 4 (2): 107-118.

[42] Andrade LN, Vitali L, Gaspar GG, et al. Expansion and evolution of a virulent, extensively drug-resistant (polymyxin B-resistant), QnrS1-, CTX-M-2-, and KPC-2-producing Klebsiella pneumoniae ST11 international high-risk clone. J Clin Microbiol, 2014, 52 (7): 2530-2535.

[43] Dortet L, Poirel L, Nordmann P. Worldwide dissemination of the NDM-type carbapenemases in Gram-negative bacteria. Biomed Res Int, 2014, 2014: 249856.

[44] Kim SY, Rhee JY, Shin SY, et al. Characteristics of community-onset NDM-1-producing Klebsiella pneumoniae isolates. J Med Microbiol, 2014, 63 (Pt 1): 86-89.

[45] Lee KW, Periasamy S, Mukherjee M, et al. Biofilm development and enhanced stress resistance of a model, mixed-species community biofilm. ISME J, 2014, 8 (4): 894-907.

[46] Lippmann N, Lubbert C, Kaiser T, et al. Clinical epidemiology of Klebsiella pneumoniae carbapenemases. Lancet Infect Dis, 2014, 14 (4): 271-272.

[47] Little ML, Qin X, Zerr DM, et al. Molecular epidemiology of colonizing and disease-causing Klebsiella pneumoniae in paediatric patients. J Med Microbiol, 2014, 63 (Pt 4): 610-616.

[48] van Duin D, Perez F, Rudin SD, et al. Surveillance of carbapenem-resistant Klebsiella pneumoniae: tracking molecular epidemiology and outcomes through a regional network. Antimicrob Agents Chemother, 2014, 58 (7): 4035-4041.

(李　佳)

第六章　空间环境对蜡状芽胞杆菌的影响

第一节　概　　述

现代医学的发展、各种有创检查和介入治疗手段的增加，以及抗生素的广泛应用，直接导致临床病原菌的种类及耐药性都在发生变化。除了抗甲氧西林金黄色葡萄球菌（Methicillin-Resistant *Staphylococcus aureus*，MRSA）等主要感染性疾病病原菌之外，以往很少引起感染的条件致病菌（也称机会性致病菌），如大肠埃希菌、肺炎克雷伯菌和铜绿假单胞菌等革兰氏阴性的肠杆菌科细菌所致的医院内感染近年来显著增加。并且，多重耐药菌株不断涌现，这些病原菌所致的感染性疾病难以治疗并且反复发作，对全球人类健康、经济发展和社会稳定造成了极大的威胁[1-3]。现如今利用传统的微生物学研究的技术和方法很难解决目前临床中遇到的实际问题，有时候患者出现严重的感染，往往临床医生束手无策、无药可用。在科学技术日益发展的今天，突破传统方法，利用新技术、新平台来研究微生物的耐药和毒力机制来解决难治性感染问题已迫在眉睫。

空间自然环境具有地面环境中所不存在的一些特殊环境因子，包括失重、高真空、极端温度、弱磁场和粒子辐射等，这为研究感染性疾病提供了一个独有的微生物高致变环境[4]。这些空间特殊环境因素可诱导环境微生物产生基因突变，进而影响微生物的生物学性状和功能[5]。在航天器这样无地面选择压力的高致变环境中，某些微生物的变异过程会加速，而能够得到的变异类型也会更丰富。这一研究方法是加快细菌研究进程的一个好方式，在探索微生物耐药性和致病性研究方面具有重要价值[6]。

自 20 世纪 60 年代起，西方发达国家积极开展了大量的航天活动，而由载人航天衍生的许多技术成果都已渗透和应用到人类日常生活和工作之中。在载人航天活动中，一些正常定植的细菌会随着航天员或航空部件进入太空，并在太空舱内形成微生物群区。据报道，“和平号”空间站升空 15 年中，该空间站内生长了 250 多种细菌[7]。一些机会性致病菌，如大肠埃希菌、肺炎克雷伯菌、金黄色葡萄球菌、铜绿假单胞菌和肠球菌等，都在航天员身上或空间站中被检出[8]。而且有研究报道了航天员在外太空有泌尿系统和呼吸系统感染的情况发生[9-10]。因此载人航天事业对航天医学与保障提出了重大挑战，对空间环境下微生物学的研究对保障航天员在轨健康也有重要意义。

1. 空间环境和微重力环境对细菌致病性的影响

一项研究表明，从空间站分离的蜡状芽胞杆菌的毒力减弱，但基因水平转移会导致其广泛传播。我们最近对搭载于“神舟八号”飞船的肺炎克雷伯菌等多种细菌进行了初步分析，发现空间环境暴露 397h 后，肺炎克雷伯菌发生了侵袭力增强、罕见的溶血突变，蜡状芽胞杆菌质粒丢失等。其他相关内容可见第三章对应部分。

2. 空间环境和微重力环境对细菌耐药性的影响

空间环境诱导后病原菌产生的某些变化同其在地面的变化规律部分类似。Tixador 等通过对航天员的共生菌丛中分离出的大肠埃希菌和金黄色葡萄球菌的研究发现，与地面对照相比，多黏菌素 E 和卡那霉素对大肠埃希菌的最低抑菌浓度显著增加，苯唑西林、红霉素和氯霉素对金黄色葡萄球菌的最低抑菌浓度也有较少的增加[11]。在没有抗生素存在的情况下，飞行中生长的葡萄球菌细胞壁大大增厚，这种细菌形态的变化与地面上生长的耐万古霉素金黄色葡萄球菌和在多酚中生长的抗甲氧西林金黄色葡萄球菌非常相似[12]。另有证据显示，细菌暴露于空间环境后侵袭力增强并伴随一些调控因子如 Hfq 的改变，在地面得到了验证并作为新药靶点正展开进一步研究[13-15]。有趣的是，细菌的抗生素敏感性并不恒定。在美国“挑战者”号和“发现号”航天飞机上进行的实验进一步证实，当飞行中培养的细菌在地面环境传代培养，其细菌形态和抗生素敏感性恢复到飞行前状态[16]。2011 年 Dornmayr-Pfaffenhuemer 等研究表明，模拟微重力条件下盐古菌对枯草杆菌肽、红霉素、利福平的抗药性明显增加[17]。也就是说并非所有的细菌在微重力条件下对抗生素敏感性的变化都是一致的。谢琼等进行的微生物宇宙飞船搭载试验研究表明，微生物经搭载后的耐药性遗传指标基本稳定，例如产超广谱酶的大肠埃希菌和抗甲氧西林金黄色葡萄球菌（MRSA），对头孢他啶、头孢噻肟、头孢噻吩、呋喃妥因、氧氟沙星、依诺沙星、哌拉西林、氯霉素、阿奇霉素、卡那霉素、链霉素、多西环素、克拉霉素、妥布霉素、阿米卡星、复方新诺明等 35 种抗生素的耐药性没有变化；其他样品（巨兽芽胞杆菌、蜡样芽胞杆菌、无乳链球菌）搭载后对个别药物（如蜡样芽胞杆菌对头孢唑林、头孢曲松、头孢噻肟、哌拉西林）的耐药性有所减弱，但对多数药物的耐药性不变[18-19]。Hensley 等研究表明，鲍曼不动杆菌在模拟微重力的环境中对阿米卡星、阿奇霉素、甲氧苄啶、加替沙星、氨苄西林/舒巴坦、美罗培南等多种抗生素的最低抑菌浓度也没有明显的升高[11]。尹焕才等应用回转器处理实验菌株（大肠埃希菌、金黄色葡萄球菌、枯草芽胞杆菌、鼠伤寒沙门菌）的研究表明，模拟微重力条件下细菌对数生长期提前、生长曲线形状改变。同时该研究检测出回转器处理的大肠埃希菌抗生素敏感突变株，并且突变株的数量与处理时间呈现正相关趋势（微重力环境下连续培养 30 天后，头孢他啶敏感性增强株的突变率为 0.5%；培养 60 天后，突变率增至 55%；而 120 天达到了 65%），而对氨苄西林、左氧沙星、四环素这三种抗生素的敏感性均未发生明显改变；鼠伤寒沙门菌处理 120d 后，检测到氨苄西林和左氧沙星耐受株突变为敏感株，而对头孢他啶、四环素的耐药性没有发生变化；脂肪酸图谱分析显示，突变株与对照株相比，脂肪酸的种类和含量存在一定差异。提示抗生素敏感性的改变可能与细菌脂肪酸图谱的变化有关[20]。但值得注意的是，该研究未检测到金黄色葡萄球菌与枯草芽胞杆菌抗生素敏感性突变株。因此，空间环境为探索病原菌变异与耐药性变化提供了全新的技术平台，有助于我们发现一些地面条件下难以观测到的现象，为拓展我们的研究视角和对地面尚未发现的规律进行前瞻性研究提供了新思路和新方法。

3. 空间环境对微生物生化代谢的影响

微生物的生化代谢是指微生物利用外源物质进行新陈代谢并伴随着物质和能量的变化过程。每种微生物对外源物质的生化代谢反应不同，该特点也常用于鉴别微生物。从广义上说空间环境对微生物生化代谢的影响除包括上述的生长速率、致病性和药物敏感性等几个方面外，还包括次生代谢产物和对外源营养物质的摄取和代谢等。Vukanti 等观察大肠埃希菌和金色葡萄球菌在模拟失重条件下的代谢速度，发现同正常重力条件下培养的细菌相比，其代谢更加旺盛[21]。Lam 等利用 T8 和 PG 琼脂培养棕黑腐质霉，在太空环境中培养的该真菌所产生的根赤壳菌素多于地面培养组[22]。2002 年 Lam 等将能产生放线菌素D的链霉菌株WC56452搭载于航天飞机STS-8C，经过太空飞行7天后，每毫升菌液涂板后其克隆形成单位减少，但每个菌落的放线菌素D产量增加。所得到的放线菌素D本身理化性质未发生变化，改变的是产物合成时间延长[23]。然而，Benoit等报道在国际空间站培养链霉菌且检测放线菌素D的产量72天，在第8天和12天，其产量同地面对照相比较高，而12天后放线菌素D的产量不如地面对照菌株[24]。魏丽勤等将费氏链霉菌搭载第十八颗返回式科学与技术试验卫星，卫星返回地面后筛选和分离诱变后的细菌，最终得到一株高产乐泰菌素的诱变株[25]。总之，太空环境下生长的微生物，其生化代谢肯定会受到影响，如何利用空间环境影响微生物生化代谢这一特点应用于诱变育种是该领域一个重要研究内容，也将为探索空间环境对生物影响的机制和利用太空资源提供理论依据。我国“神舟八号”搭载了一株产α1b干扰素的工程菌株，结果研究发现搭载后该工程菌产量比搭载前增加了3倍多[26]。该菌株的发现提示了空间作为诱变的平台可能极大提高医药工业的生产效率，并开创空间制药的新途径。

综上，不同的细菌在微重力条件下对抗生素的耐药性、致病性和生化代谢等有所不同。目前关于微重力导致细菌毒力和耐药性改变的机制仍不明确，需要对微生物空间环境变化进行全面系统的研究。导致人类感染性疾病的重要病原菌包括蜡状芽胞杆菌。蜡状芽胞杆菌是目前最常见的食源性病原菌之一，它容易污染食品，几乎所有种类的食品（乳品、淀粉类、肉制品等）都曾被报道过蜡状芽胞杆菌引发的食物中毒的事例。蜡状芽胞杆菌引发的食物中毒可表现为呕吐型或腹泻型。蜡状芽胞杆菌也是条件致病菌，能导致人的眼部感染，严重感染时可致心内膜炎、脑膜炎和菌血症等疾病。蜡样芽胞杆菌是导致食物中毒的重要病原菌，特别是在免疫抑制状态的人群中致病力尤为突出[27]。目前大量研究表明，长期驻留空间站的宇航员免疫系统的功能下降明显。而且在空间站和航空飞行器的表面蜡状芽胞杆菌普遍存在，并且食物和饮用水也易受该菌污染。本研究以“神舟八号”飞船搭载研究为平台，研究空间站最常见且具有潜在危害的蜡状芽胞杆菌毒力变化，综合运用航天工程学、空间生命科学、功能基因组学、医学、物理学、生物信息学等交叉学科技术手段，从不同层次研究空间环境对蜡状芽胞杆菌生物学性状、耐药性、侵袭力和代谢水平等的影响；通过基因组学研究空间环境对其遗传性状改变的作用机制，结合转录组学和蛋白质组学，明确空间环境对蜡状芽胞杆菌表型的影响和规律，为后续空间生物学实验奠定基础。

第二节　蜡状芽胞杆菌的空间搭载和空间飞行返回后细菌表型的改变

外层空间具有特殊的环境条件，诸如失重、高真空、微磁场和粒子辐射等特点。既往研究表明空间的特殊环境能够影响微生物的生物学特性的改变。我国载人航天计划的实施和空间站的即将建立为空间生物医学研究提供了平台。为了解决载人舱与空间站的对接问题，2011年11月1日我国发射了“神舟八号”无人飞船。本次“神舟八号”无人飞船飞行任务共计在轨运行397h，全程运行1100万千米，成为迄今为止中国在太空飞行时间最久、飞行距离最长的飞船。借助此次飞行机会，我们实验室搭载了一株蜡状芽胞杆菌，目的是研究空间环境对该细菌的影响，尤其是分析该菌的毒力和耐药性在空间特殊环境下的改变，为解决地面感染难题和防治在轨航天员疾病奠定基础。本部分将详细阐述搭载的具体细节，并对搭载返回的蜡状芽胞杆菌进行形态学观察、菌种鉴定、耐药性、溶血、生化代谢谱和生长速率等检测，以期发现经过空间飞行后蜡状芽胞杆菌的表型变化。

一、细菌的筛选鉴定步骤

蜡状芽胞杆菌的总体筛选步骤如图 6-1。首先将从中国普通微生物菌种保藏管理中心购买的蜡状芽胞杆菌 CGMCC1.230 装入三个分离的搭载装置中。随机选取其中两个装置密封于搭载包内，装载于“神舟八号”无人飞船上；另一个在地面设置为对照株。对于地面对照株采用与“神舟八号”飞船实时传输回的温度和湿度随时调整。当“神舟八号”飞船返回后，将三个搭载装置中的蜡状芽胞杆菌在相同的条件下涂布于细菌培养板使其生长，挑取培养板中的优势克隆。对于地面对照的搭载管，随机选取一株与其他克隆形态一致的克隆。而对于空间搭载菌株尽量选取形态不同的菌株进行突变株的筛选，因此从两个培养装置中分别筛选出 62 个和 78 个形态差异较大的克隆菌株。对于筛选出来的这些菌株，我们随后进行溶血实验，结果发现无论是地面对照株还是空间分离株均没有溶血现象发生。进行的耐药性实验表明，除了 12 株克隆对阿米卡星的耐药性增加外，其他 128 株与对照株 LCT-BC244 相比较，对我们选择的抗生素的耐药性变化均不明显。随后的 Biolog 实验进一步筛选出来两株与对照株 LCT-BC244 代谢表达谱不同的突变株，并命名为 LCT-BC25 和 LCT-BC235。最后对这三株蜡状芽胞杆菌进行了生长速率和形态学的检测。

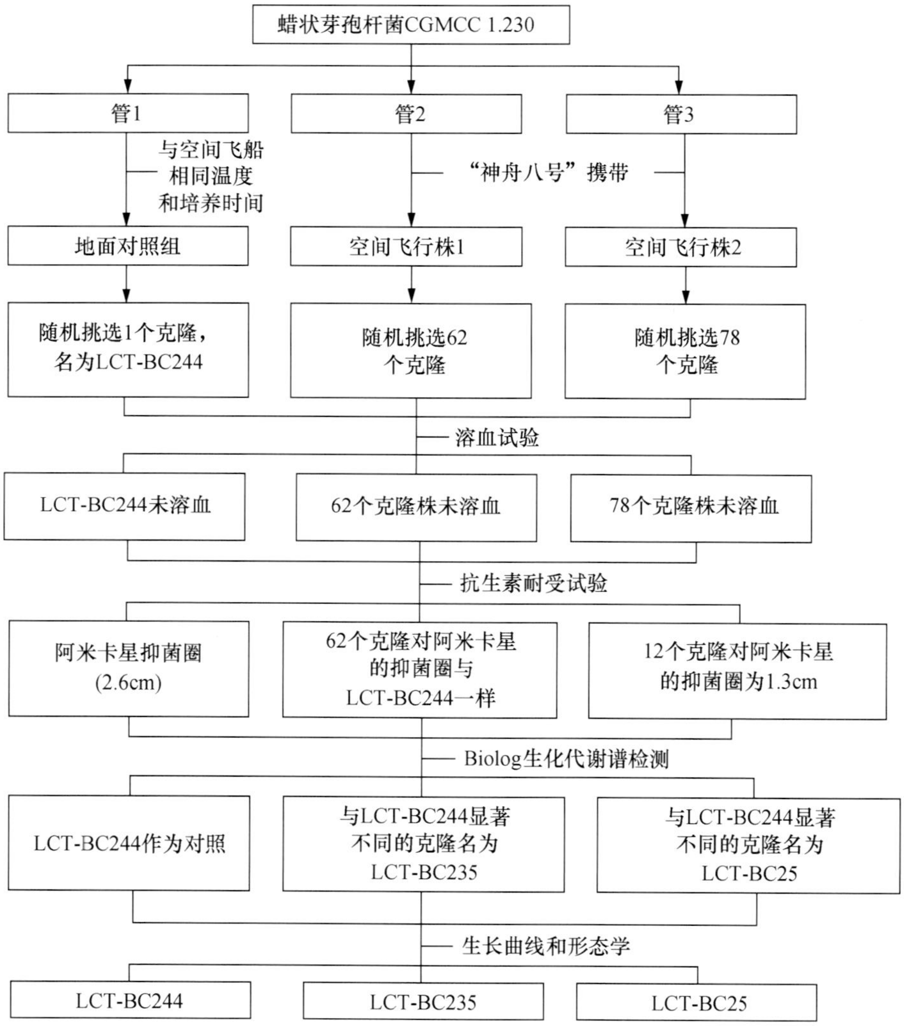

图 6-1 蜡状芽胞杆菌突变株筛选步骤

二、空间飞行后细菌的形态学特点

见表 6-1 和图 6-2。

表 6-1 三株菌形态对比

样品编号		染色结果	菌体形态	芽孢形态	芽孢位置	菌体排列
LCT-BC25	A3-5F2	G+	杆状	有芽胞	中间	单个、成双
LCT-BC235	A3-11F2	G+－	杆状	有芽胞	中间	单个、成双
LCT-BC244（地面对照）	D3-6F2	G+	杆状	有芽胞	中间	单个、成双

三、细菌 16s 测序分析

对三株经过筛选的蜡状芽胞杆菌进行 16s 测序分型发现 LCT-BC25 与蜡状芽胞杆菌有 99%的同源性，LCT-BC235 和 LCT-BC244 与蜡状芽胞杆菌 ATCC 14579（T）相似（表 6-2）。

四、耐药性检测

对三株经过筛选的蜡状芽胞杆菌的耐药性检测分析发现，与对照株 LCT-BC244 相比较，经过空间飞行后蜡状芽胞杆菌 LCT-BC25 对阿米卡星的耐药性增强，而蜡状芽胞杆菌 LCT-BC235 对丁胺卡那的耐药性则没有显著变化（表 6-3）。

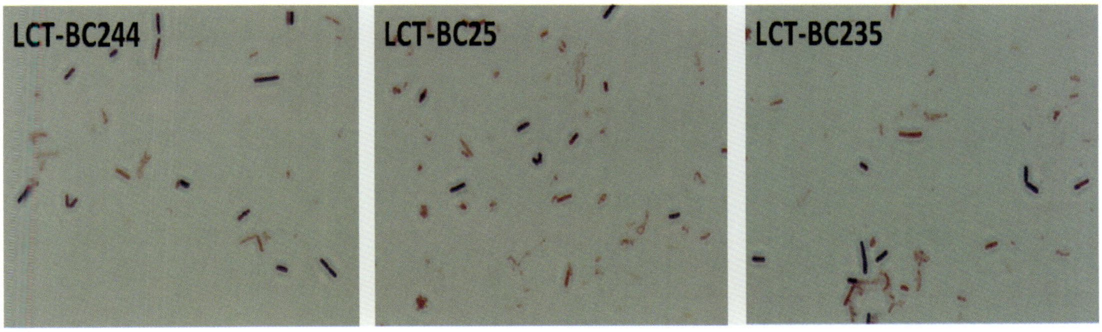

图 6-2 三株菌光镜下形态对比

表 6-2 16s 测序比对结果

测序编号	原始编号	末端长度	最大匹配率	微生物
LCT-BC25	A3-5F2	1355	99.00%	*Bacillus cereus*
LCT-BC235	A3-11F2	732	100.00%	*Bacillus cereus* ATCC 14 579（T）
LCT-BC244（地面对照）	D3-6F2	691	100.00%	*Bacillus cereus* ATCC 14579（T）

表 6-3 蜡状芽胞杆菌 LCT-BC235 对丁胺卡那耐药性检测结果

菌株编号		丁胺卡那（阿米卡星）抑菌圈直径（cm）
LCT-BC235	A3-11F2	2.8
LCT-BC25	A3-5	1.3
LCT-BC244（地面对照）	D3-6	2.6

五、溶血检测

两株经过空间飞行后的蜡状芽胞杆菌 LCT-BC25 和 LCT-BC235 同地面对照 LCT-BC244 均不具备溶血的特性。

六、Biolog 生化代谢谱检测

对三株经过筛选的蜡状芽胞杆菌进行 Biolog 生化代谢谱检测后发现三株细菌具有不同的代谢特点（表 6-4，图 6-3）。

表 6-4 三株蜡状芽胞杆菌 Biolog 变化

代谢物	LCT-BC25	LCT-BC235	LCT-BC244
葡聚糖	+	+	+（w）
D-纤维二糖	+	+	+（w）
龙胆二糖	+	+	+（w）
pH=6	+（Y）	+（B）	+（R）
1% 氯化钠	+（Y）	+（B）	+（Y）
4%氯化钠	+（B）	+（B）	+（R）
1% 乳酸盐	+（Y）	+（B）	+（Y）
夫西地酸	+	+（w）	+
D-肌酐	+（B）	+（B）	+（R）
D-甘露糖	+（R）	+（B）	+（Y）
D-葡萄糖-6-PO_4	+（B）	+（B）	+（R）
D-果糖-6-PO_4	+（B）	+（B）	+（R）
醋竹桃霉素	+（w）	+（w）	+（R）
利福平 SV	+（Y）	+（B）	+（w）（B）
林可霉素	+	+（w）	+
萘普生 4	－	－	+
万古霉素	+	+（w）	+
四唑紫	+	－	+
亚碲酸钾	+（Y）	+（B）	+（R）
氨曲南	+（Y）	+（B）	+（R）

W，weak（弱阳性；+，positive（阳性）；－，negative（阴性）；Y，yellow（黄色）；B，brown（棕色）；R，red（红色）

七、生长曲线

对三株经过筛选的蜡状芽胞杆菌进行生长曲线变化的检测发现，三株菌生长速度有明显差异，经空间飞行后蜡状芽胞杆菌在生长速率上变慢（表 6-5，图 6-4）。

表 6-5 生长速率检测

时间（h）	OD 值		
	LCT-BC25	LCT-BC235	LCT-BC244
0	0.13	0.123	0.127
1	0.158	0.128	0.14
2	0.265	0.158	0.231
3	0.494	0.238	0.432
4	0.683	0.432	0.679
5	0.693	0.685	0.808
6	0.685	0.773	0.876
7	0.676	0.808	0.916
8	0.727	0.904	1.013
9	0.72	0.94	1.063
10	0.7	0.945	1.072
11	0.657	0.909	1.036
12	0.659	0.94	1.073
13	0.664	0.961	1.105
14	0.667	0.985	1.131
15	0.673	0.998	1.147
16	0.697	1.015	1.16
17	0.716	1.019	1.169
18	0.75	1.011	1.265
19	0.759	1.016	1.267
20	0.809	1.03	1.278
21	0.872	1.045	1.304
22	0.921	1.054	1.304
23	0.974	1.068	1.273
24	1.018	1.093	1.258

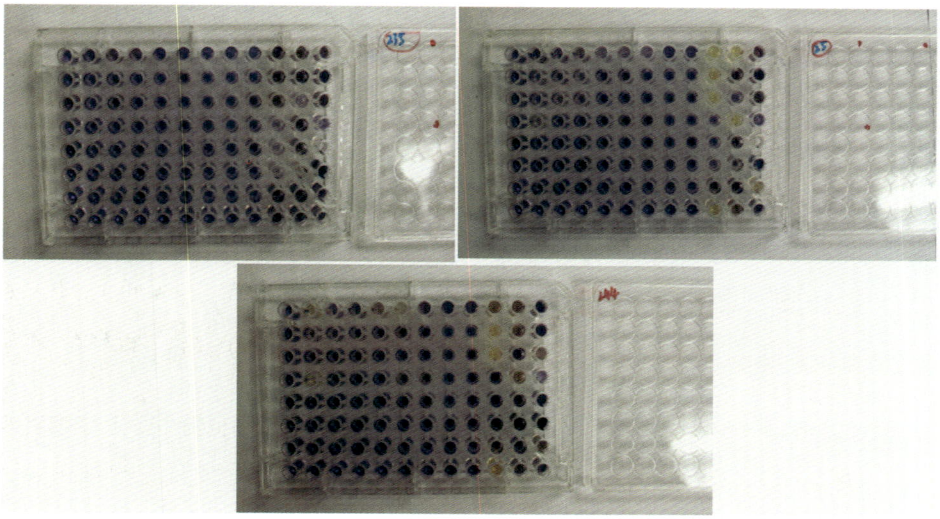

图 6-3 三株蜡状芽胞杆菌 Biolog 变化

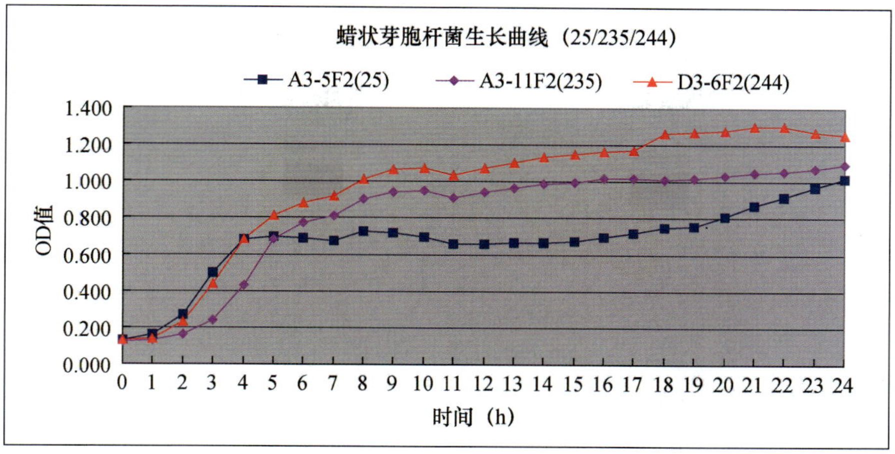

图 6-4 三株蜡状芽胞杆菌生长曲线比较

八、蜡状芽胞杆菌的空间搭载和空间飞行返回后细菌表型的改变分析

我们课题组借助“神舟八号”无人飞船成功进行了对蜡状芽胞杆菌的搭载。经过对“神舟八号”无人飞船搭载后的蜡状芽胞杆菌所进行的表型实验，我们初步筛选出了两株经过空间飞行后的蜡状芽胞杆菌突变株。

既往研究表明空间环境可以导致细菌形态结构的变化。1982 年前苏联和法国联合载人飞行“Cytos 2”实验搭载了金黄色葡萄球菌、大肠埃希菌和铜绿假单胞菌，对返回后的细菌在电镜下观察发现，金黄色葡萄球菌的细胞膜发生了明显的增厚[28-29]。Youvan 等在扫描电镜下观察经过空间极端温度暴露的芽胞杆菌 ATCC 27380 的胞子形态发生了改变[30]。然而，也有一些研究报道空间飞行不会对细菌的形态学产生影响[31]。我们对“神舟八号”无人飞船搭载后的蜡状芽胞杆菌在光镜下进行观察发现，经过空间飞行诱变后的菌株 LCT-BC25 和 LCT-BC235 的镜下形态与地面对照株 LCT-BC244 没有差别，三株菌均呈革兰氏染色阳性，菌体杆状，单个或成双排列，有芽胞。推测相关研究得出结论差异较大的原因在于：①进行空间实验的细菌种类不同，不同的细菌具有不同的生物学特性，因此对空间因素的反应可能不同；②搭载的装置和培养条件不一致，造成了研究间的异质性；③在空间中暴露的时间长短和强度不一，有可能长时间的空间暴露或者在飞行器外进行直接暴露有助于细菌形态学的变化；④细菌具有回复突变的机制，也就是说在空间环境中细菌确实存在改变，但是在地面进行实验的过程中细菌的某些变化又变回了原来的状态。在本研究中鉴于本次空间飞行时间较短，并且此次生物实验搭载模块建立在“神舟八号”飞船舱内，加之后续我们在基因组、转录组和蛋白质组数据的功能分析结果中并没有找到提示菌体结构方面的改变分子，因此我们推断空间飞行对蜡状芽胞杆菌的形态学变化也可能影响甚微，因此仅进行了光镜下的实验研究，并没有进行相应的超微结构的电镜观察。

细菌毒力的改变一定程度上可以通过溶血实验来观察。我们这次搭载了一批微生物样本，除了蜡状芽胞杆菌之外，还有金黄色葡萄球菌、肺炎克雷伯菌、屎肠球菌、铜绿假单胞菌、黏质沙雷菌和大肠埃希菌[32]。通过溶血性实验发肺炎克雷伯菌经过空间飞行后 LCT-KP182 出现了明显的溶血现象[32]。而蜡状芽胞杆菌并没有溶血现象的发生，说明空间因素对蜡状芽胞菌的毒力没有影响。

我们也进行了空间环境对于细菌对抗生素的敏感和耐药性影响的实验研究。我们对经过空间飞行后的蜡状芽胞杆菌进行了 17 种抗生素的纸片检测，经过空间飞行后蜡状胞杆菌 LCT-BC25 对阿米卡星的耐药性增强，而另一株蜡状芽胞杆菌 LCT-BC235 的耐药性与地面对照组比较没有显著的变化。后期我们想进一步研究对 LCT-BC25 对阿米卡星的耐药的稳定性，因此对该菌进行了多次的传代和扩增。有趣的是，结果发现细菌对阿米卡星抗生素耐药性逐渐恢复到了与对照株相同的水平，即耐药性现象的消失。我们查阅大量文献后发现，在美国"挑战者号"和"发现号"航天飞船上的实验也得出了和我们相似的结果：当飞行中培养的细菌在地面环境传代培养，其细菌形态和抗生素敏感性恢复到飞行前状态[12,16]。这充分说明了空间环境所致细菌的变异在一定条件下具有不稳定的状态[33-35]。这在一定程度上提示我们某些实验研究确实需要在空间站实地情况下完成，如果需要返回地面完成相关实验则一定需要对样本进行一些特殊的固定处理，以防止细菌发生回复突变。

细菌在不同的环境下其自身代谢可能具有不同的特点。在太空中，微生物的生长曲线观察到的滞后期缩短，生长和繁殖率会增加，特别是有可能增加次生代谢产物[36]。Fang 等人发现，模拟微重力能够显著抑制链霉菌的β-内酰胺类抗生素产生，这可能是磷酸盐和 L-赖氨酸相关的刺激作用产生的[37]。为了探索细菌代谢的改变，我们选择了微生物的代谢表型芯片 Biolog 技术研究蜡状芽胞杆菌经过空间诱变后的代谢谱变化。与地面的对照组相比，所有的空间细菌葡萄糖代谢、氨基酸代谢和一些抗生素相关的次级代谢产物出现了显著的变化。我们发现与对照株 LCT-BC244 相比较，两株空间突变菌株在糊精代谢、纤维二糖代谢、龙胆二糖代谢、夫西地酸代谢、丝氨酸代谢、甘露醇代谢、葡萄糖六磷酸代谢、果糖六磷酸代谢，以及醋竹桃霉素、利福霉素、林可霉素、万古霉素、氨曲南和四唑紫罗兰、亚碲酸钾代谢等方面具有明显的差异。由此推测，在空间极端环境下，蜡状芽胞杆菌通过改变自身代谢的特点来适应新环境的变化。对于其代谢表达谱改变的具体机制仍然尚未明确。当然，本研究的 Biolog 实验是在地面而非空间实际环境下完成，因此相关方面尚待进一步深入探索。

许多研究表明空间飞行能够缩短停滞期、加快生长速率、延长对数生长期、提高菌群密度等[38-41]。我们的研究发现，经过空间飞行后蜡状芽胞杆菌 LCT-BC25 和 LCT-BC235 的生长曲线有明显的差异，尤其是第 6h 之后，与对照菌株 LCT-BC244 比较，两株突变株的生长曲线明显滞后。空间环境对细菌生长的影响机制究竟是什么，目前研究尚不清楚。

综上所述，"神舟八号"无人飞船成功实施了本次微生物的搭载飞行任务。搭载后蜡状芽胞杆菌的成活率为 100%。经过一系列包括形态学、溶血、耐药性、生化代谢和生长曲线等筛选实验，我们初步获得了两株蜡状芽胞杆菌突变菌株 LCT-BC25 和 LCT-BC235。LCT-BC25 具有对阿米卡星的耐药性增强、生长曲线变慢和特殊的生化代谢谱；LCT-BC235 具有生长曲线变慢和特殊的生化代谢谱。对于空间飞行后表型改变的机制，我们拟通过基因组测序、转录组测序和蛋白质组测序的高通量技术手段探索相应的分子机制，为后续搭载计划、疾病预防、药物研发以及空间微生物学的研究奠定基础。

第三节　空间飞行后蜡状芽胞杆菌突变株基因组的改变

"神舟八号"飞船搭载后蜡状芽胞杆菌经过一系列筛选，获得突变菌株 LCT-BC25 和 LCT-BC235。LCT-BC25 具有对阿米卡星的耐药性增强、生长曲线变慢和特殊的生化代谢谱；LCT-BC235 具有生长曲线变慢和特殊的生化代谢谱。本章节对蜡状芽胞杆菌空间飞行株突变株 LCT-BC25、LCT-BC235 和地面对照株 LCT-BC244 进行了基因组测序及比较基因组学分析，以期揭示导致这些变化的分子机制。

一、基因预测与注释分析

（一）基因预测

采用 Glimmer3.0 软件从组装结果中获得基因序列并进行基因预测分析。基因预测的结果统计见表 6-6～表 6-8，其分为两列。第一列为统计内容，依次为：基因个数，基因总长度，GC 含量，基因占基因组百分比，基因平均长度，基因间区长度，基因间区 GC 含量，基因间区占基因组百分比；第二列为在基因水平上的统计结果。图 6-5～图 6-7 为预测基因的长度分布图。

表 6-6　样品 LCT-BC25 的预测基因统计表

统计内容	统计数据
基因个数	5 257
基因总长度（bp）	4 401 039
基因区 GC 含量（%）	36.09
基因占基因组百分比（%）	85.38
基因平均长度（bp）	837
基因间区长度（bp）	753 473
基因间区 GC 含量（%）	30.75
基因间区占基因组百分比（%）	14.61

表 6-7　样品 LCT-BC235 的预测基因统计表

统计内容	统计数据
基因个数	5258
基因总长度（bp）	4 395 177
基因区 GC 含量（%）	36.10
基因占基因组百分比（%）	85.36
基因平均长度（bp）	835
基因间区长度（bp）	753 551
基因间区 GC 含量（%）	30.77
基因间区占基因组百分比（%）	14.63

表 6-8　样品 LCT-BC244 的预测基因统计表

统计内容	统计数据
基因个数	5263
基因总长度（bp）	4 392 675
基因区 GC 含量（%）	36.13
基因占基因组百分比（%）	85.18
基因平均长度（bp）	834
基因间区长度（bp）	764 204
基因间区 GC 含量（%）	31
基因间区占基因组百分比（%）	14.81

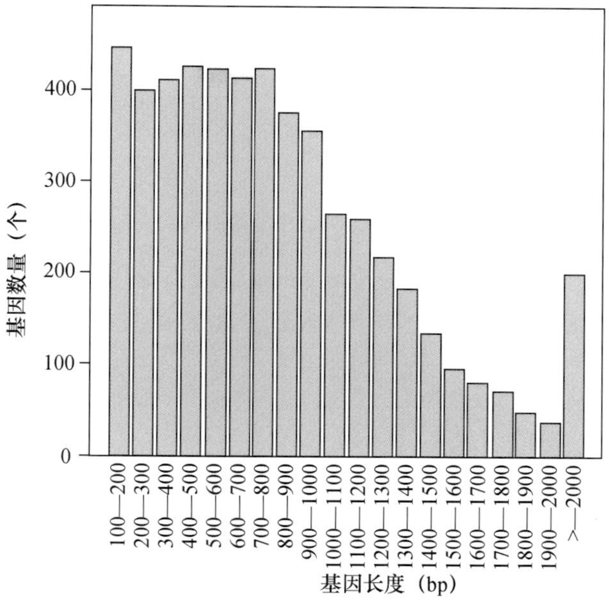

图 6-5　样品 LCT-BC25 的基因长度分布图

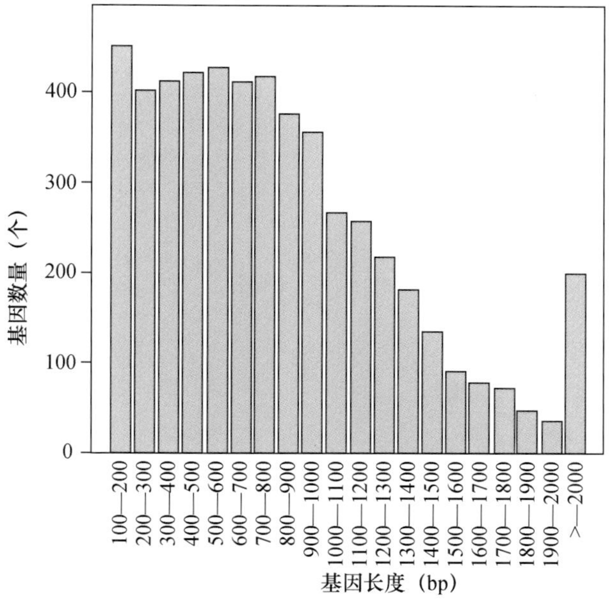

图 6-6　样品 LCT-BC235 的基因长度分布图

（二）基因功能注释

基因功能注释主要基于蛋白质序列比对。将基因的序列与各数据库进行比对，得到对应的功能注释信息。由于每一条序列可能会有许多比对结果，这里为了保证其生物意义，我们保留一条比对效果最好的结果，作为此条基因的注释。所

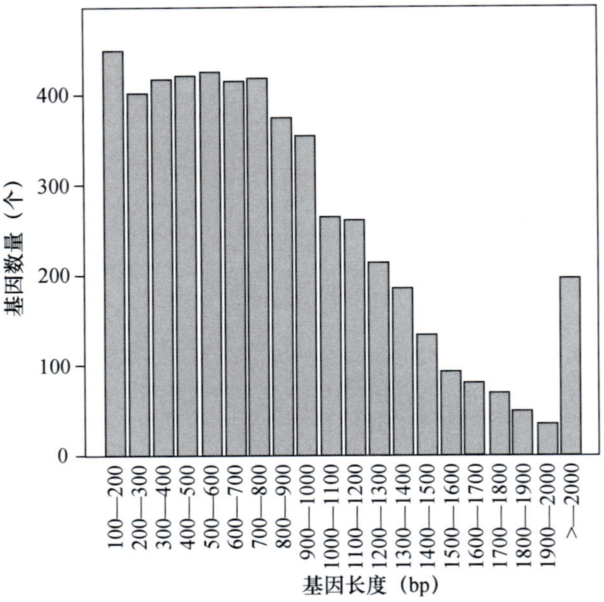

图 6-7 样品 LCT-BC244 的基因长度分布图

有的注释均使用 BLAST 软件结合各个数据库的特点完成。

（1）基因本位（GO）功能分类图：GO 数据库特色之一是其提供分子相互作用和代谢通路图，每一张通路图可由三个层次的分类模块组成，他们分别是细胞组分、分子功能和生物学过程。我们将注释的基因进行了 GO 分类，如图 6-8 所示。

（2）京都基因与基因组百科全书（KEGG）功能分类图：KEGG 数据库特色之一是其提供分子相互作用和代谢通路图，我们将所有预测出的基因绘制如图 6-9，图中可直观地看出代谢功能模块分布的情况。

（3）蛋白质直系同源簇（COG）功能分类图：COG 数据库是对细菌、藻类和真核生物的 21 个完整基因组的编码蛋白，根据系统进化关系分类构建而成。COG 数据库对于预测单个蛋白质的功能和整个新基因组中蛋白质的功能都很有用。利用 COGNITOR 程序，可以把某个蛋白质与所有 COG 中的蛋白质进行比对，并把它归入适当的 COG 簇，如图 6-10 所示。

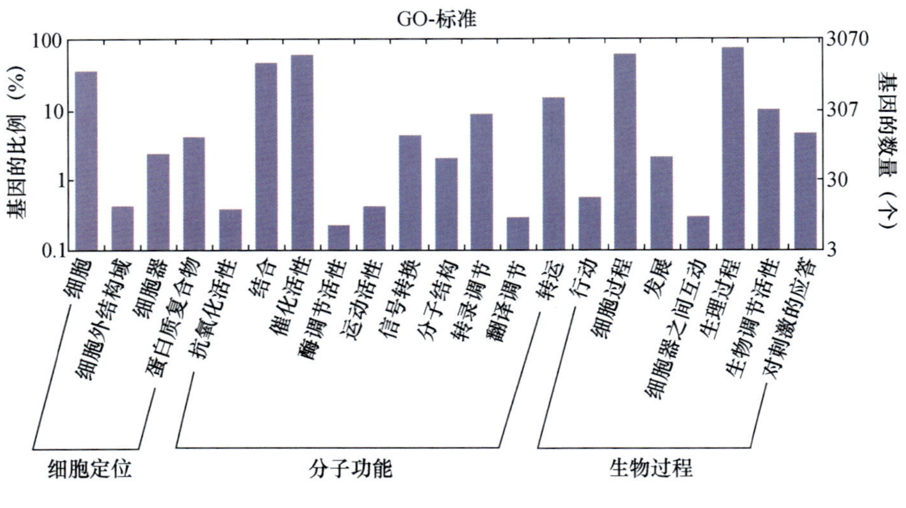

图 6-8 样品 LCT-KP244 的 GO 功能分类图

二、比较基因组学分析

（一）进化分析

从数据库中，我们把所有已测序的 10 株蜡状芽胞杆菌全基因组序列都下载下来，然后同样品 LCT-BC25、LCT-BC235 和 LCT-BC244 以 LCT-BC244 作为参考序列进行 blast 比对，比对结果如图 6-11 所示，这个图反映的是基因组序列获得缺失片段方面的差异性。

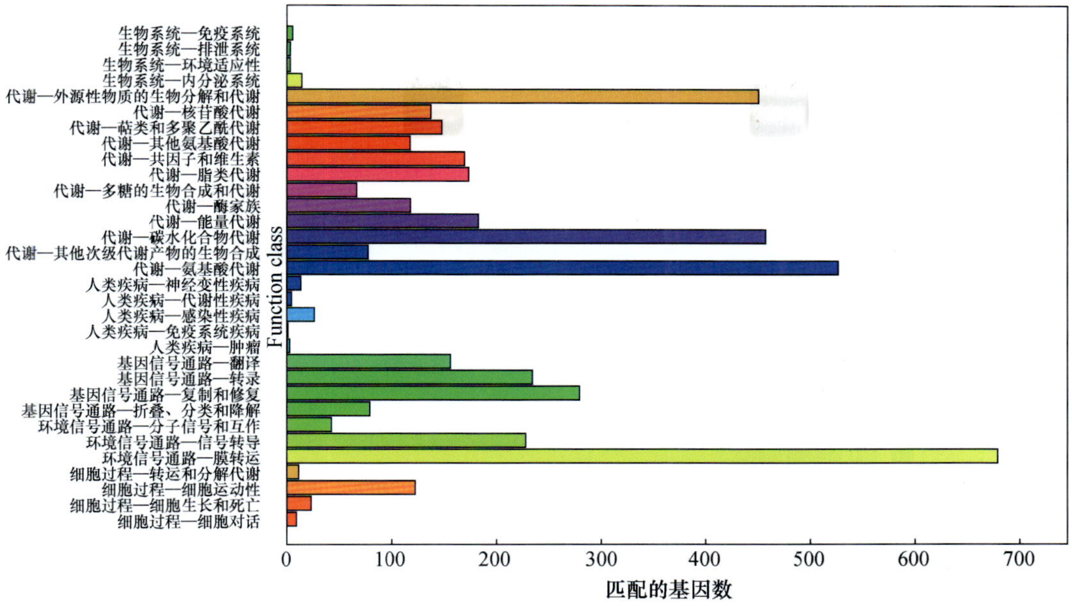

图 6-9 样品 LCT-BC244 的 KEGG 代谢通路二级分类图

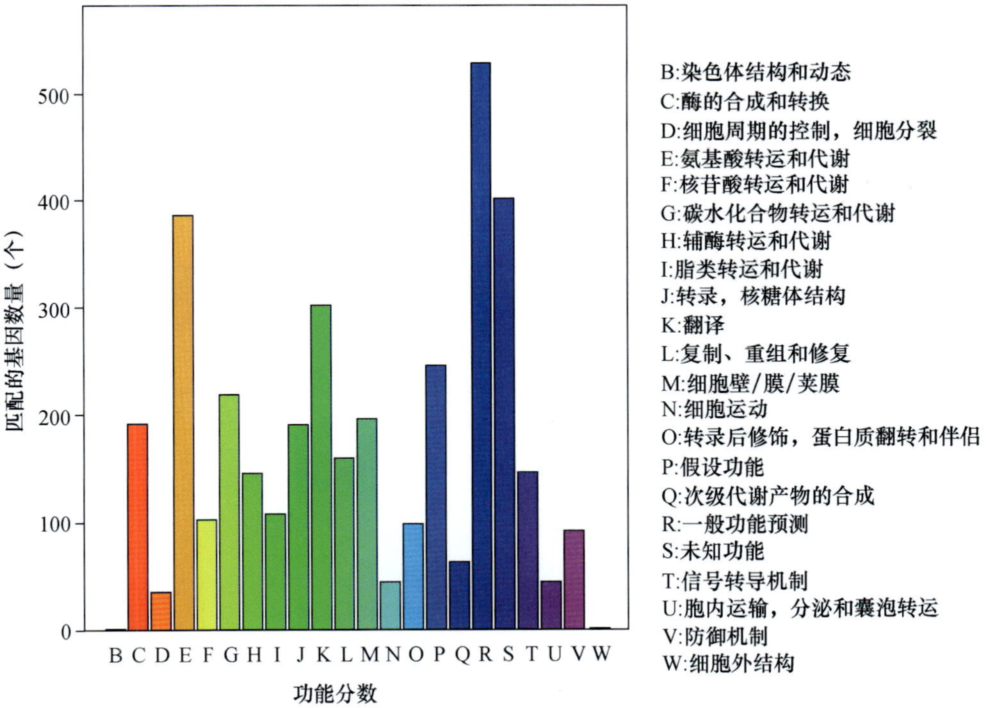

图 6-10 样品 LCT-BC244 的 COG 功能分类图

同时，我们又求解了所有蜡状芽孢杆菌已测序菌株的平均核苷酸同源性（Average Nucleotide Identity，ANI）指数，该指数可以评价两个基因组同源序列关系的远近。结果如表 6-9 所示。ANI 指数显示样品 LCT-BC25、LCT-BC235 和 LCT-BC244 的 ANI 值非常高，最为接近。而它

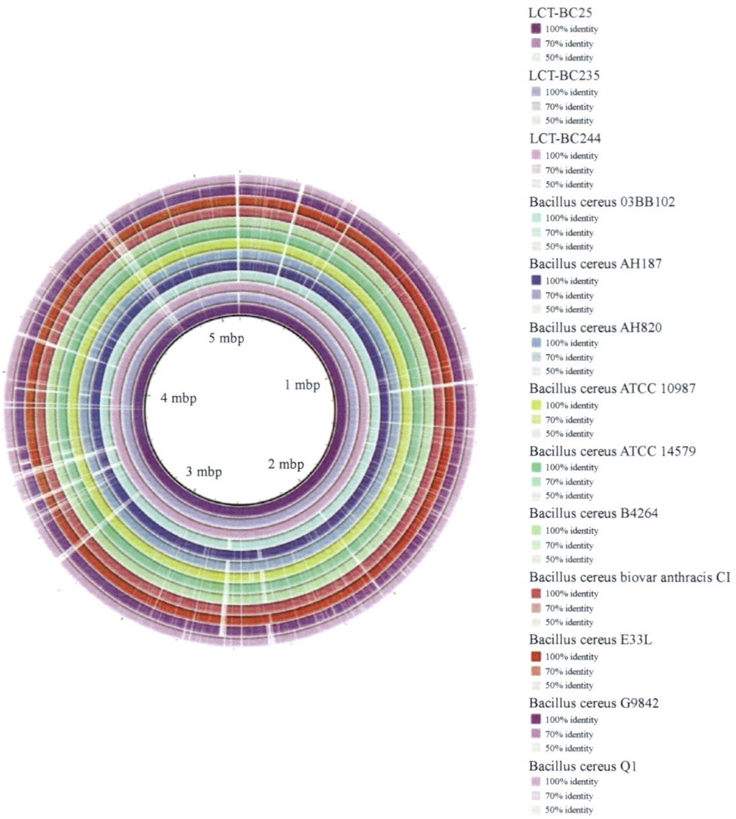

图 6-11 蜡状芽胞杆菌基因组 blast 比对圈图

们与 AH187 和 Q1 都较为接近。

根据这个 ANI 矩阵，我们用 NJ 邻接矩阵法对其构建了系统发育树（主要用于聚类分析），如图 6-12 所示。

表 6-9 蜡状芽胞杆菌的 ANI 矩阵

菌株编号	03BB102	AH187	AH820	ATCC	ATCC	B4264	E33L	G9842	LCT-BC235	LCT-BC244	LCT-BC25	Q1	biovar_anthracis_CI
03BB102	100	94.8	97.5	94.2	91.5	91.4	96.9	91.3	95.1	95.1	95.1	94.9	97.4
AH187	94.8	100	95.2	96.1	91.7	91.6	95.2	91.2	97.5	97.5	97.5	98.7	95.1
AH820	97.5	95.2	100	94.5	91.5	91.6	97.4	91.3	95.3	95.3	95.3	95.1	97.7
ATCC_10987	94.2	96.1	94.5	100	91.4	91.5	94.4	91.2	95.9	95.9	95.9	95.9	94.2
ATCC_14579	91.5	91.7	91.5	91.4	100	98.2	91.4	95.9	91.5	91.6	91.5	91.8	91.6
B4264	91.4	91.6	91.6	91.5	98.2	100	91.4	96.0	91.5	91.5	91.5	91.7	91.6
E33L	96.9	95.2	97.4	94.4	91.4	91.4	100	91.2	95.4	95.4	95.4	95.2	97.1
G9842	91.3	91.2	91.3	91.2	95.9	96.0	91.2	100	91.3	91.3	91.3	91.4	91.3
LCT-BC235	95.1	97.5	95.3	95.9	91.5	91.5	95.4	91.3	100	100	100	97.7	95.4
LCT-BC244	95.1	97.5	95.3	95.9	91.6	91.5	95.4	91.3	100	100	100	97.7	95.4
LCT-BC25	95.1	97.5	95.3	95.9	91.5	91.5	95.4	91.3	100	100	100	97.7	95.4
Q1	94.9	98.7	95.1	95.9	91.8	91.7	95.2	91.4	97.7	97.7	97.7	100	95.2
biovar_anthracis_CI	97.4	95.1	97.7	94.2	91.6	91.6	97.1	91.3	95.4	95.4	95.4	95.2	100

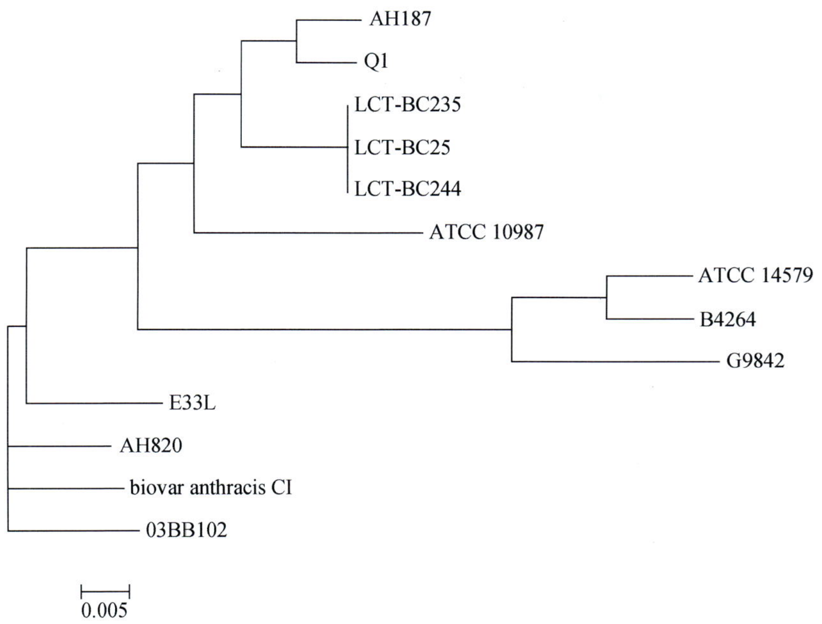

图 6-12　蜡状芽胞杆菌聚类分析

（二）共线性及重排分析

图 6-13～图 6-15 是蜡状芽胞杆菌两两比较的二维共线性图。图中横轴是参考序列基因组，纵轴是所测基因组。图中颜色较浅的水平或垂直的直线表示各个 Scaffold 之间的分割。红色线条表示所测基因组的核酸序列在正链，蓝色表示所测基因组的核酸序列在负链。从中可以看出经过空间飞行后蜡状芽胞杆菌的基因组没有发生明显的变化。

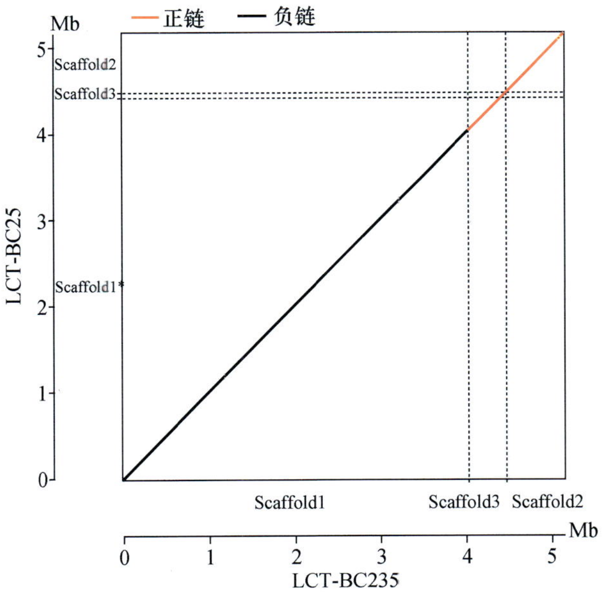

图 6-13　样品 LCT-BC25 和样品 LCT-BC235 的核酸二维共线性图（横轴是参考序列基因组，纵轴为所测基因组）

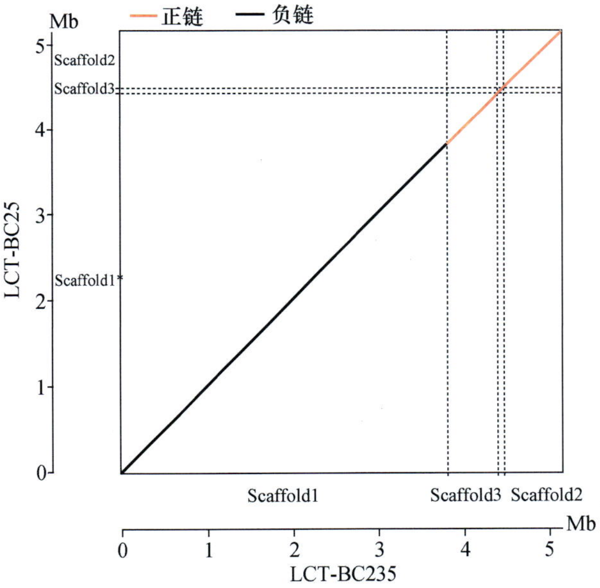

图 6-14　样品 LCT-BC25 和样品 LCT-BC244 的核酸二维共线性图

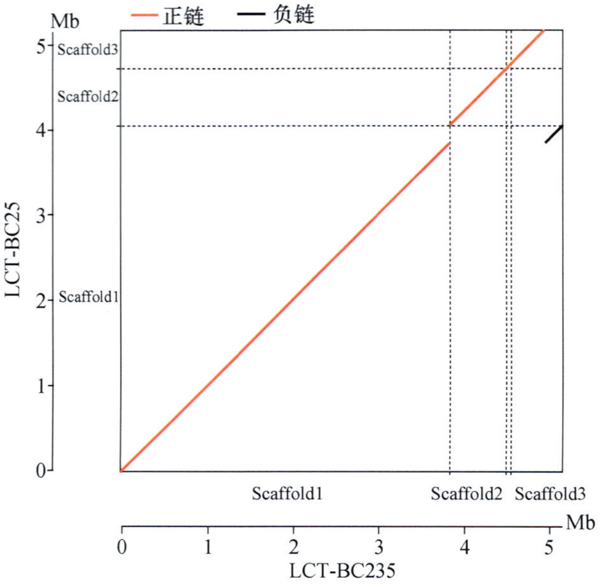

图 6-15 样品 LCT-BC235 和样品 LCT-BC244 的核酸二维共线性图

（三）质粒鉴定及差异分析

三个样品的组装结果分别跟质粒库进行 blast 比对，我们可以看出 LCT-BC244 与 LCT-BC25 和 LCT-BC235 的主要区别是：比对上了 Citrobacter koseri ATCC BAA-895 plasmid pCKO3（NC_009793.1）、Escherichia coli K-12 P678-54 plasmid CloDF13（NC_002119.1）、Klebsiella pneumoniae plasmid 15S（NC_011382.1）和 Citrobacter koseri ATCC BAA-895 plasmid pCKO2（NC_009794.1），且覆盖率分别为：75.0484%、75.0025%、24.4474%和 15.7650%。比对上这四个质粒的都是属于样品 LCT-BC244 的 Scaffold5，同时，用 LCT-BC25、LCT-BC235 和 LCT-BC244 三个样品两个文库的序列（reads）分别比对到这四个质粒，其覆盖率和深度的统计见表 6-10。

从数据库中，我们一共找到了 31 条 Bacillus cereus 的质粒基因组序列。把三个样品的 clean reads 覆盖至这些基因组序列上，就可以得到每个样品在这些质粒序列上的覆盖率和覆盖深度差异，其中有 13 条质粒序列完全无法比对上 reads。其余结果见表 6-11。表中共分四个大列，第一列为质粒序列编号，第二、第三和第四列分别为样品 LCT-BC25、LCT-BC235 和 LCT-BC244 在这些质粒上的覆盖率和深度。经过比较分析，质粒上的覆盖度和深度几乎都没有明显的差异，只有 NC_010933.1（Bacillus cereus plasmid pBC210）这个质粒在深度方面表现不同，LCT-BC25 分别与 LCT-BC235 和 LCT-BC244 有 10～20×深度的差异，但是他们的覆盖率都比较低，只有 5.40%。总体来说，三个样品比对上 Bacillus cereus 的质粒基因序列没有明显差异。

经过较为细致的探查，我们发现有个类似的片段在样品 LCT-BC244 被初步组装了出来，它就是 Scaffold5，长度为 13 284bp，GC 含量为 53.82%。那么这个片段是否就是质粒呢？我们通过 reads 的 pair-end 关系观察了片段 Scaffold5 的环化关系。关系图如图 6-16 所示。可以看出，

表 6-10 三个样品在四个质粒序列（reads）上的覆盖率和覆盖深度

质粒	LCT-BC25			LCT-BC235			LCT-BC244		
	reads 覆盖率		深度	reads 覆盖率		深度	reads 覆盖率		深度
NC_009793.1	90/9294	0.97	1	0/9294	0	0	5803/9294	62.00	200
NC_002119.1	0/9957	0.00	0	180/9957	1.81	1	5678/9957	57.03	270
NC_011382.1	90/23 753	0.38	1	0/23 753	0	0	4903/23 753	21.00	220
NC_009794.1	180/5601	3.20	1	0/5601	0	0	832/5601	15.00	430

表 6-11 三个样品在 Bacillus cereus 质粒序列上的覆盖率和覆盖深度

蜡状芽胞杆菌质粒序列	LCT-BC25			LCT-BC235			LCT-BC244		
	reads 覆盖率		深度	reads 覆盖率		深度	reads 覆盖率		深度
NC_010933.1	11 289/209 385	5.40	110	11 375/209 385	5.40	91	11 300/209 385	5.40	96
NC_011973.1	18 283/239 246	7.60	71	17 654/239 246	7.40	65	17 738/239 246	7.40	66
NC_010921.1	10 507/272 145	3.90	69	10 466/272 145	3.80	61	10 382/272 145	3.80	61
NC_010916.1	10 507/272 145	3.90	69	10 466/272 145	3.80	61	10 382/272 145	3.80	61
NC_011777.1	10 507/272 145	3.90	69	10 466/272 145	3.80	61	10 382/272 145	3.80	61
NC_011655.1	24 062/270 082	8.90	69	23 619/270 082	8.70	62	23 597/270 082	8.70	64
NC_010924.1	24 062/270 082	8.90	69	23 619/270 082	8.70	62	23 662/270 082	8.80	64
NC_011339.1	22 394/258 484	8.70	67	22 069/258 484	8.50	59	21 803/258 484	8.40	64
NC_007103.1	19881/466 370	4.30	29	19703/466 370	4.20	25	19793/466 370	4.20	26
NC_005707.1	613/208 369	0.29	26	543/208 369	0.26	21	544/208 369	0.26	22
NC_012473.1	1274/179 680	0.71	22	1235/179 680	0.69	22	1239/179 680	0.69	21
NC_010934.1	185/190 861	0.10	11	166/190 861	0.09	8	170/190 861	0.09	10
NC_007105.1	716/53 501	1.30	10	825/53 501	1.50	9	696/53 501	1.30	10
NC_011340.1	369/11 567	3.20	9	372/11 567	3.20	9	359/11 567	3.10	7
NC_011775.1	79/209 488	0.04	7	77/209 488	0.04	2	75/209 488	0.04	5
NC_011771.1	274/10 915	2.50	4	255/10 915	2.30	5	255/10 915	2.30	5
NC_011774.1	71/140 001	0.05	4	65/140 001	0.05	1	68/140 001	0.05	5
NC_011656.1	145/45 173	0.32	4	78/45 173	0.17	4	131/45 173	0.29	3
NC_011776.1	0/3091	0.00	0	0/3091	0.00	0	0/3091	0.00	0
NC_004721.2	0/15 274	0.00	0	0/15 274	0.00	0	0/15 274	0.00	0
NC_011337.1	0/72 792	0.00	0	0/72 792	0.00	0	0/72 792	0.00	0
NC_009673.1	0/7135	0.00	0	0/7135	0.00	0	0/7135	0.00	0
NC_007106.1	0/8191	0.00	0	0/8191	0.00	0	0/8191	0.00	0
NC_011654.1	0/12 481	0.00	0	0/12 481	0.00	0	0/12 481	0.00	0
NC_011338.1	0/3424	0.00	0	0/3424	0.00	0	0/3424	0.00	0
NC_011341.1	0/10 077	0.00	0	0/10 077	0.00	0	0/10 077	0.00	0
NC_011342.1	0/29 189	0.00	0	0/29 189	0.00	0	0/29 189	0.00	0
NC_011657.1	0/3091	0.00	0	0/3091	0.00	0	0/3091	0.00	0
NC_007107.1	0/9150	0.00	0	0/9150	0.00	0	0/9150	0.00	0
NC_007104.1	0/5108	0.00	0	0/5108	0.00	0	0/5108	0.00	0
NC_011971.1	0/52 766	0.00	0	0/52 766	0.00	0	0/52 766	0.00	0

共有 519 对 350bp PCR-free 的 reads 支持片段 Scaffold5 的首尾有环化关系，较为可靠的表明这个片段就是一个质粒。同时，根据 reads 的 pair-end 关系估计，这个片段有（14＋18）/2＝16bp 的外洞。

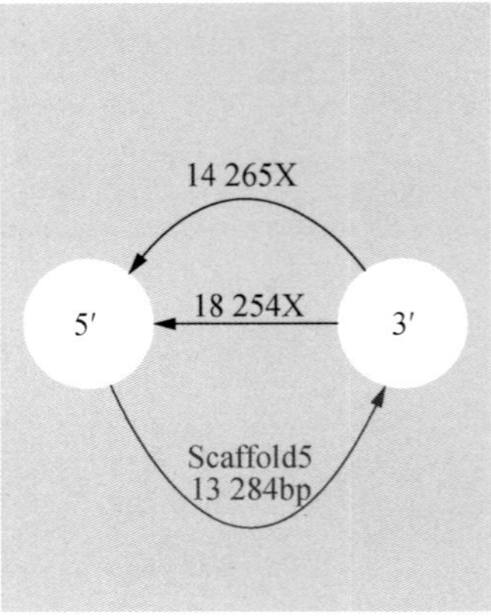

图 6-16 Scaffold5 的环化关系示意图

（四）SNP 差异分析及注释

我们以地面对照菌株 LCT_BC244 作为参考序列。由于这三个样品遗传距离非常接近，在菌株 LCT-BC25 中我们一共仅找到了三个 SNP（表 6-12）；在菌株 LCT-BC235 中，一共找到了三个 SNP（表 6-13）。整合后的 SNP 结果说明见表6-14，SNP 注释的结果统计见表 6-15。将 SNP 位点所在基因和 NR 库与 KEGG 库做了比对注释。

表 6-12 样品 LCT-BC25 的 SNP 结果说明

Ref-Name_Position	Ref_Base	Assembly_Base	Mut_Type	Ref_AA	Mut_AA	Ref_Gene_Pos	Ref_Pro_Name	Dis_From_Pro
Scaffold2_670441	G	T	intergenic	—	—	UWIGL004655｜Scaffold2｜：670120-670431	—	10
Scaffold3_471623	C	A	syn	G	G	UWIGL005074｜Scaffold3｜：471075-472049	SA0511 [COG]；bcz：BCZK0531 [KEGG]	—
Scaffold6_1637	C	A	intergenic	—	—	UWIGL005263｜Scaffold6｜：294-539	—	1098

注：Ref_Name_Position：参考序列名称及 SNP 位点坐标；Ref_Base：参考序列对应位置碱基；Assembly_Base：测序个体对应位置碱基；Mut_Type：SNP 发生的区域及造成的突变类型；Ref_AA：参考序列的氨基酸；Mut_AA：测序个体的氨基酸；Ref_Gene_Pos：若 SNP 位于基因区，此处是对应基因及其位置，若位于基因间区，此处是离该位点最近的基因及其位置；Ref_Pro_Name：基因编码的蛋白质名称；Dis_From_Pro：此列只对位于基因间区的 SNP 位点有意义，代表此位点与离它最近基因的距离

表 6-13 样品 LCT-BC235 的 SNP 结果说明

Ref-Name_Position	Ref_Base	Assembly_Base	Mut_Type	Ref_AA	Mut_AA	Ref_Gene_Pos	Ref_Pro_Name	Dis_From_Pro
Scaffold1_629	G	A	intergenic	—	—	UWIGL000001｜Scaffold1｜：671-1288	—	42
Scaffold1_2306861	A	G	syn	G	G	UWIGL002432｜Scaffold1｜：c2306920-2306153	—	—
Scaffold6_1637	C	A	intergenic	—	—	UWIGL005263｜Scaffold6｜：294-539	—	1098

注：同表 6-12

表 6-14 SNP 位点注释结果归类						
样本	SNP 数量	In Gene	基因间区	同义突变	非同义突变	无意义突变
LCT-BC25	3	1	2	1	0	0
LCT-BC235	3	1	2	1	0	0

注：SNP，单核苷酸多态性；In Gene，在基因上的 SNP 的数量；基因间区，在基因间区的 SNP 的数量

表 6-15 SNP 位点对应基因的功能注释			
样本	基因 ID	NR 库	KEGG 库
LCT-BC25	UWIGL004655	—	—
	UWIGL005074	L-threonine 3-dehydrogenase [Bacillus thuringiensis str. Al Hakam]	Metabolism；Carbohydrate Metabolism；Galactose metabolism [PATH：ko00052] Metabolism；Carbohydrate Metabolism；Amino sugar and nucleotide sugar metabolism [PATH：ko00520]
	UWIGL005263	—	—
LCT-BC235	UWIGL000001	—	—
	UWIGL002432	conserved hypothetical protein [Bacillus cereus H3081.97]	—
	UWIGL005263	—	—

注：NR，SNP 位点对应基因在 NR 库的注释；KEGG，SNP 位点对应基因在 KEGG 库的注释

（五）InDel 差异分析

样品 LCT-BC25 和样品 LCT-BC235 分别与参考序列 LCT_BC244 进行 Call InDel 分析的统计结果见表 6-16。

表 6-16 InDel 类型统计结果					
样本	共计	插入		删除	
		数量	比例（%）	数量	比例（%）
LCT-BC25	0	0	0	0	0
LCT-BC235	0	0	0	0	0

（六）Core Pan 基因分析

共有三株菌株参与 Core Pan 基因分析，包括了三个样品，其中样品 LCT_BC244 作为参考序列。如果序列的相似度大于等于 70%，E-value 值大于 1×10^{-5}，覆盖度大于等于 80%，并存在于所有样品中，即为 Core 基因。三株共有 5190 个 Core 基因，而 Pan 基因的个数为 5315 个。表 6-17 给出三个菌株各自特有基因（经过了 reads 验证）的个数，只有样品 LCT-BC244 有 7 个特异基因；LCT-BC25 和 LCT-BC235 都没有特异基因。

表 6-17 三菌株特异基因统计结果		
样本	菌株特有基因数量	特有基因 ID
LCT-BC25	0	—
LCT-BC235	0	—
LCT-BC244	7	UWIGL005256；UWIGL005257；UWIGL005258；UWIGL005259；UWIGL005260；UWIGL005261；UWIGL005262

LCT-BC244 的 7 个特异基因都属于 Scaffold5 上，且 Scaffold5 上仅有这个 7 个基因。这个 Scaffold5 就是之前提到的那个只在 LCT-BC244 存在的质粒。表 6-18 是 7 个特异基因的相关信息。

表 6-18 LCT-BC244 的 7 个特异基因相关信息

基因 ID	基因长度（bp）	GC（%）	N（%）	Nr 注释	COG 注释
UWIGL005256	1689	52.34	0.00	Ccl [Klebsiella pneumoniae]	—
UWIGL005257	258	31.40	0.00	Cim [Klebsiella pneumoniae]	—
UWIGL005258	156	41.67	0.00	—	—
UWIGL005259	1188	63.05	0.00	—	—
UWIGL005260	1350	64.44	0.00	—	—
UWIGL005261	141	48.94	0.00	—	—
UWIGL005262	1119	48.88	0.00	转座酶 Tn3 家族蛋白 [Geobacter lovleyi SZ]	转座酶和失活衍生物，TnpA 家族 L 复制、重组和修复

注：以上 7 个基因都没注释上 KEGG，其他注释类型没有列出。另外，UWIGL005262 注释上了 cog，但是匹配度仅仅为 68.91%

三、空间飞行后蜡状芽胞杆菌突变株基因组的改变机制

本研究表明，我们搭载的蜡状芽胞杆菌与蜡状芽胞杆菌 AH187 具有较高的同源性。该株细菌经过空间飞行后出现了质粒和 SNP 的改变。说明了空间环境对细菌的分子生物学特性可能具有一定的影响。

系统进化分析是通过研究 DNA 序列来获取物种进化关系的信息[42]。对于本研究 De novo 获得的基因组信息，我们通过 blast 比对、构建系统进化树和进行 ANI 分析，得到我们所搭载的细菌与蜡状芽胞杆菌 AH187 同源性较高。蜡状芽胞杆菌 AH187 是从一位英国患者食用米饭后的呕吐物中分离得到的。这株细菌与 1972 年欧洲呕吐大流行有关。该菌株呕吐毒素 cereulide 阳性，HBL 溶血性肠毒素和细胞毒素 K 呈阴性，但是该菌株却具有非溶血性 NHE 肠毒素[43]。蜡状芽胞杆菌 AH187 可以存在于食物中并生成芽胞，对人体健康具有潜在的危害[44]。在宇宙飞船、航天飞机或者空间站中，不可避免地会在环境中发现蜡状芽胞杆菌的存在[45]。因此搭载该细菌，并研究其在空间环境中的变化对于探索蜡状芽胞杆菌在空间环境中致病的情况具有重要的作用。

共线性分析可以在核苷酸水平上进行基因组与参考基因组之间由插入缺失、重组、转座等机制导致的遗传基因座位变化的情况。此外，共线性分析还可以获得不同菌种间基因组所发生变异的情况，共线性的高低一定程度上反映了物种进化过程中的亲缘关系。通过共线性图可以直观快捷地发现菌株之间的差别。通过本研究共线性分析得出：与对照株 LCT-BC244 相比较，LCT-BC25 和 LCT-BC235 没有发生插入、缺失、重组、转座等。

质粒是染色体外能够进行自主复制的遗传单位，多指细菌和放线菌等微生物中除拟核以外，位于细胞质中的能自主复制的环状 DNA 分子。某些质粒携带的基因功能有利于宿主细胞在特定条件下生存，而且细菌中许多天然的质粒带有抗药性基因。因此分析空间环境对基因组质粒的影响是一个重要的分析方面。有研究表明，在空间环境下葡萄球菌和肠球菌可以通过质粒进行耐药性的转移[46]。还有研究表明模拟微重力状态可以影响苏云金芽胞杆菌质粒的接合作用[47]。当然也有研究并不支持空间环境对细菌质粒的影响。Takahashi 等对大肠埃希菌进行了为期 40 天的前往火星的搭载飞行，他们的研究表明大肠埃希菌的质粒并没有发生突变频率的改变[48]。我们的研究表明在数据库中找到了 31 条蜡状芽胞杆菌的序列，通过分析发现有 18 条质粒可以完全比对上。而这 18 条质粒在三株蜡状芽胞杆菌中的

测序深度和覆盖度没有差异。但是有意思的是比较三株细菌质粒上的差别时发现，LCT-BC244比LCT-BC25和LCT-BC235多1条质粒。将该质粒序列与质粒数据库进行比较发现，比对上的分别是Citrobacter koseri ATCC BAA-895 plasmid pCKO3（NC_009793.1）、Escherichia coli K-12 P678-54 plasmid CloDF13（NC_002119.1）、Klebsiella pneumoniae plasmid 15S（NC_011382.1）和Citrobacter koseri ATCC BAA-895 plasmid pCKO2（NC_009794.1），且覆盖度分别为：75.0484%、75.0025%、24.4474%和15.7650%。经过Core Pan分析发现了LCT-BC244的独有质粒上存在7个特异基因，其中1个基因与转座、重组有关，其余6个基因的功能不详。结合我们在蜡状芽胞杆菌基因组组装的过程中发现，LCT-BC244确实存在于其他细菌的混合。所以我们有三点推断：①该质粒来自于进入太空前进行样本处理时混入了其他细菌，而经过本次实验，该质粒整合到了蜡状芽胞杆菌的基因组中。②也有可能是由于在测序前处理样本时混入了其他细菌，导致测序样本不纯。但是我们在测序前已经过16s测序验证，估计前者的可能性较大。有研究表明微重力环境可以诱导质粒的获得[49]。③不排除确实经过空间飞行后的蜡状芽胞菌出现了质粒的丢失。因此，我们可以再度进行地面模拟微重力实验来验证本研究出现这种现象的原因。但是考虑到该质粒上并不存在重要的基因，所以后续相关的验证实验并未进行。

有研究表明长时间暴露在环境空间中的细菌存在DNA损伤[50]。同时空间环境可以使细菌基因发生突变和缺失[51-52]。Timmery等研究表明基因转移可有助于芽胞杆菌的传播或毒力的改变[45]。我们通过对基因组数据进行SNP和InDel分析发现，与对照株LCT-BC244比较，空间飞行蜡状芽胞杆菌LCT-BC25和LCT-BC235分别有3个，共计6个SNP位点。其中4个为基因间区SNP突变位点，2个为同义SNP突变位点。这6个SNP仅LCT-BC25和LCT-BC235分别存在1个SNP有功能注释，为苏氨酸脱氢酶和保守的假定蛋白，但是2个位点为同义SNP突变位点，理论上同义突变对氨基酸的翻译没有影响，因此没有生物学意义。其余4个位点为基因间区SNP，对于这种基因间区SNP的变化可能与基因的调控相关。但是通过数据库比对我们并没有发现有相应的注释信息，推测其生物学意义不大。对于基因组的插入缺失InDel分析没有获得任何阳性结果。推测短时间的空间飞行对细菌基因组的变化不明显。由于该蜡状芽胞杆菌具有致呕吐的致病特点，因此将该菌特异的基因cereulide和非溶血的NHE肠毒素基因进行分析，也没有找到三株细菌之间在该基因的相关位点上具有差异。

综上，经过空间飞行后蜡状芽胞杆菌在基因组上的变化不具有特异性，推测短时间的空间飞行对蜡状芽胞杆菌基因组的影响不大。当然是否空间飞行后造成蜡状芽胞杆菌表达水平的变化尚不得而知，因此后续实验拟通过转录组和蛋白质组研究去寻找答案。

第四节 空间飞行对蜡状芽胞杆菌转录组的影响

经过空间飞行后蜡状芽胞杆菌在耐药性、生化代谢谱和生长速率方面发生了变化，而在基因组测序中并没有找到能够很好地解释这些变化的结果。推测短时间的空间飞行可能对蜡状芽胞杆菌基因组的影响有限。但既然空间飞行之后蜡状芽胞的表型有相应的变化，则一定有对应的分子水平的证据。因此为了找到导致这些表型变化的真正原因，我们拟在表达水平寻找原因。本研究即是通过转录组测序来寻找导致蜡状芽胞杆菌表型变化的证据。

一、基因差异表达分析

我们根据 FDR 校正（FDR≤0.001 AND |log2Ratio|≥1），从图 6-17 可以看出 LCT-BC244 与 LCT-BC25 有 310 个基因上调，996 个基因下调；LCT-BC244 与 LCT-BC235 有 642 个基因上调，813 个基因下调；LCT-BC25 与 LCT-BC235 也有 1460 余个差异表达的基因。

二、差异表达基因的功能注释

我们将这些差异表达基因（DEGs）进行了 COG 功能注释，见图 6-18。根据注释结果我们发现 LCT-BC235 与对照株 LCT-BC244 比较，差异基因主要集中在氨基酸转运代谢、能量的产生和保存、转录、核酸的转移和代谢，以及碳水化合物的转运代谢。LCT-BC25 与对照株 LCT-BC244 比较，差异基因主要集中的部分除了上述 LCT-BC235 差异部分以外，还有离子的转运和代谢。

三、差异基因表达模式聚类分析

对三株细菌的表达模式进行手动聚类分析，可以看出两株空间飞行株细菌与对照组细菌相比，有部分基因同时上调或下调表达（371 个基因），部分基因呈现相异的表达（138 个基因），还有部分基因单独出现在某一空间飞行菌株中（1743 个基因）。

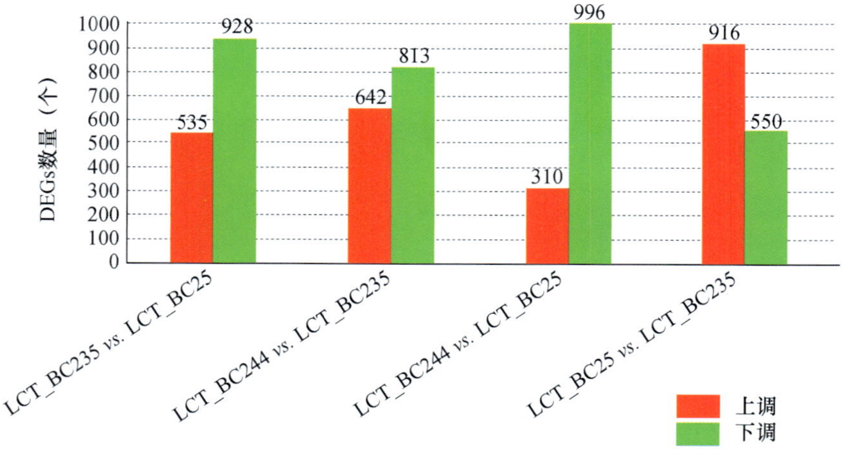

图 6-17 三株之间两两比较基因差异表达分析

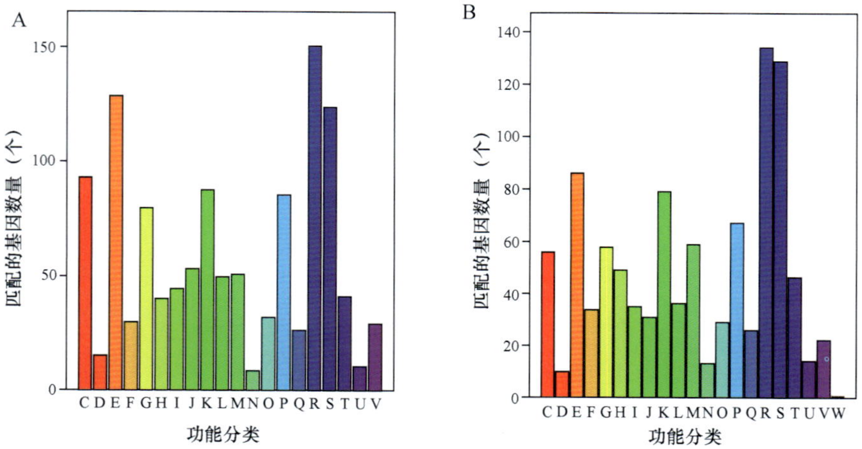

图 6-18 差异基因进行了 COG 功能注释（横坐标对应内容见图 6-10）

四、基因功能富集分析

（一）GO 功能富集

1. LCT-BC244 *vs*. LCT-BC25

富集结果显示细胞组分没有富集到有意义的功能；细胞学功能组分富集到氢离子跨膜转运活性相关基因、无机离子跨膜转运活性基因、还原型辅酶 I（NADH）脱氢酶活性基因（见表 6-19）。生物学过程组分富集到细胞的过程（见表 6-20）。

2. LCT-BC244 *vs*. LCT-BC235

富集结果显示细胞组分没有富集到有意义的功能；细胞学功能组分富集到顺反异构酶活性基因、底物特异性转运蛋白活性基因、离子跨膜转运活性基因、底物特异性跨膜转运活性基因（见表 6-21）；生物学过程富集到离子的扩膜转运（见表 6-22）。

3. LCT-BC25 *vs*. LCT-BC235

两株细菌富集结果在细胞组分和细胞学功能方面没有显著富集的功能；生物学过程富集到酮代谢和酸代谢的功能（见表 6-23）。

表 6-19　LCT-BC244 *vs*. LCT-BC25 细胞学功能富集结果*

基因功能	富集频率（基因数比例）	基因组频率	校正 *P* 值
氢铁跨膜转运活性	14/790	21/2980	0.03159
无机物跨膜转运活性	31/790	65/2980	0.04258
NADH 脱氢酶活性	9/790	11/2980	0.04934

* 功能富集的 P 值好于 1

表 6-20　LCT-BC244 *vs*. LCT-BC25 生物学过程*

基因功能	富集频率（基因数比例）	基因组频率	校正 *P* 值
细胞学过程	490/710	1673/2641	0.04876

* 功能富集的 *P* 值好于 1

表 6-21　LCT-BC244 *vs*. LCT-BC235 细胞学功能富集结果*

基因功能	富集频率（基因数比例）	基因组频率	校正 *P* 值
顺反异构酶活性	10/948	11/2980	0.02159
底物特异性转运活性	106/948	249/2980	0.03357
阳离子跨膜转运活性	47/948	94/2980	0.03958
底物特异性跨膜转运活性	91/948	209/2980	0.03977

* 功能富集的 *P* 值好于 1

表 6-22　LCT-BC244 *vs*. LCT-BC235 生物学过程富集结果*

基因功能	富集频率（基因数比例）	基因组频率	校正 *P* 值
铁跨膜转运	14/864	18/2641	0.04239
跨膜转运	14/864	18/2641	0.04239

* 功能富集的 *P* 值好于 1

表 6-23　LCT-BC25 *vs*. LCT-BC235 生物学过程富集结果*

基因功能	富集频率（基因数比例）	基因组频率	校正 *P* 值
细胞酮代谢过程	130/873	295/2641	0.00746
酮酸代谢过程	125/873	282/2641	0.00786
羧酸代谢过程	124/873	281/2641	0.01111
有机酸代谢过程	125/873	284/2641	0.01194

* 功能富集的 *P* 值好于 1

（二）KEGG 功能富集

1. LCT-BC244 *vs*. LCT-BC25

与对照株相比较，空间株 LCT-BC25 的差异表达基因富集与氧化磷酸化、铁载体组非核糖体肽合成、泛酸和辅酶 A（CoA）合成、脂多糖生物合成和链霉素生物合成有关（见图 6-19）。

2. LCT-BC244 *vs*. LCT-BC235

与对照株相比较，空间株 LCT-BC235 的差异表达基因富集与磷酸转移酶系统（PTS）、氧化磷酸化、细菌侵入上皮细胞能力、甲苯降解、柠檬酸循环（TCA 循环）、核黄素代谢、氮代谢、氟苯降解、叶酸一碳单位代谢、淀粉和蔗糖代谢，以及缬氨酸、亮氨酸和异亮氨酸降解有关（见图 6-20）。

3. LCT-BC25 *vs*. LCT-BC235

两株空间飞行株的差异在糖代谢、氨基酸代谢、脂肪酸代谢等方面（见图 6-21）。

序号	Pathway	DEGs with pathway annotation (939)	All genes with pathway annotation (3515)	Pvalue	Qvalue	Pathway ID
1	Photosynthesis	7 (0.75%)	8 (0.23%)	0.0005864474	0.07330592	ko00195
2	Oxidative phosphorylation	27 (2.88%)	69 (1.96%)	0.01563391	0.74502188	ko00190
3	Biosynthesis of siderophore group nonribosomal peptides	9 (0.96%)	18 (0.51%)	0.02918162	0.74502188	ko01053
4	Pantothenate and CoA biosynthesis	20 (2.13%)	51 (1.45%)	0.03392455	0.74502188	ko00770
5	Lipopolysaccharide biosynthesis	17 (1.81%)	42 (1.19%)	0.03569673	0.74502188	ko00540
6	Streptomycin biosynthesis	13 (1.38%)	30 (0.85%)	0.03576105	0.74502188	ko00521

图 **6-19** LCT-KPBC244 *vs*. LCT-BC25 Pathway 富集结果

序号	Pathway	DEGs with pathway annotation (1098)	All genes with pathway annotation (3515)	Pvalue	Qvalue	Pathway ID
1	Phosphotransferase system (PTS)	22 (2%)	41 (1.17%)	0.002235795	0.1653128	ko02060
2	Oxidative phosphorylation	33 (3.01%)	69 (1.96%)	0.002645005	0.1653128	ko00190
3	Bacterial invasion of epithelial cells	12 (1.09%)	20 (0.57%)	0.007222376	0.3000905	ko05100
4	Toluene degradation	10 (0.91%)	16 (0.46%)	0.009602895	0.3000905	ko00623
5	Citrate cycle (TCA cycle)	19 (1.73%)	40 (1.14%)	0.02217777	0.4753728	ko00020
6	Riboflavin metabolism	7 (0.64%)	11 (0.31%)	0.0268855	0.4753728	ko00740
7	Nitrogen metabolism	21 (1.91%)	46 (1.31%)	0.02734732	0.4753728	ko00910
8	Fluorobenzoate degradation	3 (0.27%)	3 (0.09%)	0.03042386	0.4753728	ko00364
9	One carbon pool by folate	12 (1.09%)	24 (0.68%)	0.0419442	0.5448621	ko00670
10	Starch and sucrose metabolism	27 (2.46%)	65 (1.85%)	0.04947543	0.5448621	ko00500
11	Valine, leucine and isoleucine degradation	27 (2.46%)	65 (1.85%)	0.04947543	0.5448621	ko00280

图 **6-20** LCT-BC244 *vs*. LCT-BC235 Pathway 富集结果

序号	Pathway	DEGs with pathway annotation (1124)	All genes with pathway annotation (3515)	Pvalue	Qvalue	Pathway ID
1	Metabolic pathways	397 (35.32%)	1113 (31.66%)	0.0008382018	0.1039370	ko01100
2	Oxidative phosphorylation	34 (3.02%)	69 (1.96%)	0.001884382	0.1168317	ko00190
3	Nitrogen metabolism	24 (2.14%)	46 (1.31%)	0.003346256	0.1383119	ko00910
4	Citrate cycle (TCA cycle)	21 (1.87%)	40 (1.14%)	0.005397963	0.1635543	ko00020
5	Pyruvate metabolism	68 (6.05%)	165 (4.69%)	0.006594932	0.1635543	ko00620
6	Valine, leucine and isoleucine degradation	30 (2.67%)	65 (1.85%)	0.01109854	0.2031072	ko00280
7	Toluene degradation	10 (0.89%)	16 (0.46%)	0.01149406	0.2031072	ko00623
8	Glycolysis / Gluconeogenesis	60 (5.34%)	147 (4.18%)	0.01310369	0.2031072	ko00010
9	Inositol phosphate metabolism	6 (0.53%)	8 (0.23%)	0.0157198	0.2165839	ko00562
10	Lysine degradation	32 (2.85%)	74 (2.11%)	0.02614146	0.3241541	ko00310
11	Fluorobenzoate degradation	3 (0.27%)	3 (0.09%)	0.03263876	0.3288118	ko00364
12	Propanoate metabolism	45 (4%)	111 (3.16%)	0.03301078	0.3288118	ko00640
13	Sulfur metabolism	11 (0.98%)	21 (0.6%)	0.04131568	0.3288118	ko00920
14	Cysteine and methionine metabolism	30 (2.67%)	71 (2.02%)	0.04248904	0.3288118	ko00270
15	Biosynthesis of secondary metabolites	213 (18.95%)	608 (17.3%)	0.04256527	0.3288118	ko01110
16	Fatty acid biosynthesis	18 (1.6%)	39 (1.11%)	0.0440489	0.3288118	ko00061
17	Valine, leucine and isoleucine biosynthesis	21 (1.87%)	47 (1.34%)	0.04507904	0.3288118	ko00290

图 **6-21** LCT-BC25 *vs*. LCT-BC235 Pathway 富集结果

（三）对聚类分析得出的三组基因集进行功能富集分析

1. 两株空间飞行细菌同时出现的上调或者下调同向性表达基因：通过 GO 功能富集分析发现，这些差异表达基因的功能主要是影响向下电化学梯度能量耦合质子传输（$P=0.04$）与 ATP 合成偶联质子运输（$P=0.04$）。

2. 两株空间飞行细菌同时出现的非同向性表达基因：通过 GO 功能富集分析发现，这些差异表达基因的功能主要是影响细菌形态（$P=0.01$）、解剖结构形态（$P=0.02$）、解剖结构形成和解剖结构的发展（$P=0.02$）。

3. 两株空间飞行株的特异表达基因：通过 GO 功能富集分析发现，这些差异表达基因的功能主要影响是小分子分解代谢过程（$P=0.01$）、小分子代谢过程（$P=0.02$）、有机酸分解代谢过程（$P=0.03$）、羧酸分解代谢过程（$P=0.03$）和脂肪酸的代谢过程（$P=0.04$）。

五、空间飞行对蜡状芽胞杆菌转录组的影响机制

转录组学是一门在整体水平上研究细胞中基因转录的情况及转录调控规律的学科。简而言之，转录组学是从 RNA 水平研究基因表达的情况。转录组即一个活细胞所能转录出来的所有 RNA 的总和，是研究细胞表型和功能的一个重要手段。我们的研究将空间飞行的 LCT-BC25 和 LCT-BC235 与地面对照组 LCT-BC244 两两比较显示，不但空间飞行菌株与地面对照菌株在基因的表达水平方面有差别，而且两株空间飞行株之间在基因的表达水平方面也存在差别。

Wilson 等发表的有关“亚特兰蒂斯号”航天飞机空间试验表明将航天飞行后的沙门菌接种于小鼠胃肠道，LD_{50}下降，死亡率上升，生存时间缩短；对该沙门菌进行转录组学研究发现，微重力可以通过 RNA 结合蛋白 Hqf 的调控导致沙门菌多种致病因子的基因表达发生变化[13]。随后其研究团队又再次进行了沙门菌的搭载并进行了转录组学的进一步检测验证，发现了媒介离子组分控制沙门菌的调节作用和毒力的改变[53]。Crabbé 等利用转录组学手段证实了在空间飞行条件下铜绿假单胞菌 PAO1 基因的变化受 Hfq 的调控，起调节氧化的作用[15]。Crabbé 等应用基因芯片技术分析模拟微重力暴露后铜绿假单胞菌 PAO1 菌株基因表达情况，结果表明模拟微重力生物效应回旋器中培养的铜绿假单胞菌 POA1 菌株有 330 种基因表达水平高于对照组 1.5 倍以上（其中 134 种基因表达水平高于对照组 2 倍以上）[54-55]。这些表达增加的基因涉及各个水平，包括参与各种应激反应的蛋白的合成（如基因 *htpG*、*htpX*、*ibpA*、*grpE* 等参与热应激蛋白的表达），致病因子的表达（如基因 *algP*、*algR* 等参与藻酸盐的合成，基因 *fleN* 调节鞭毛的合成），参与各种生理代谢的物质合成（如基因 *sdhD*、*sdhA*、*sdhB* 调节琥珀酸脱氢酶合成，*bfrA*、*bfrB* 参与铁蛋白的合成），以及各种调控因子的合成（如基因 *hfq* 参与 RNA 结合蛋白 Hfq 合成，*algU* 参与 RNA 聚合酶 σ 因子 AlgU 的合成，*narL*、*rhlR* 参与转录因子的合成，*rplO*、*rpmD*、*rpsE* 等参与核糖体蛋白的合成）等。此外，该研究还发现调节蛋白 AlgU 调控铜绿假单胞菌的多种致病因子的产生。例如在模拟微重力条件下 AlgU 可上调藻酸盐合成基因 *algR* 和 *algP*，促进藻酸盐合成；可以通过对铜绿假单胞菌群体感应信号系统的调节，上调高丝氨酸内酯中 C4-HSL 合成，后者可促进鼠李糖脂的合成；AlgU 还可上调伴侣蛋白 Hfq 的合成，后者在弹性蛋白酶的合成及菌毛的合成中起到重要的促进作用。

本研究表明，经过空间飞行后蜡状芽胞杆菌基因表达水平的变化还是十分明显的。有上千个基因的表达出现了明显的差别。这种差异不仅仅反映在两株空间飞行株与对照株之间，两株空间飞行株的基因表达水平也有显著的不同。根据 COG 的分析结果发现，空间飞行后两株细菌主要的改变集中在转运和代谢方面。进一步通过 GO 和 KEGG 的功能富集分析深入探索相关基因的改变，也同时印证了两株细菌与地面对照株的变化在于细菌的生化代谢谱的差异。碳水化合物转运系统对于细菌的生存十分重要[56-57]。该系统对碳水化合物的传输与随之而来的磷酸化，对细菌的功能有重要作用[58]。同时细菌对环境的适应性变化受碳水化合物运输系统的调节[59]。我们表型实验中发现两株空间飞行株的生化代谢谱发生了明显变化，而该生化代谢谱即反映细菌碳源的变化，而转录组的结果解释了发生该现象的原因，即通过表达水平影响了细菌自身代谢的改变。

为了发现这些差异表达基因所代表的生物学功能，我们进一步将这些差异表达基因进行了分类和聚类分析，即 Group1：部分基因同时上调或下调表达（371 个基因），Group2：部分基因呈现相异的表达（138 个基因），Group3：部分基因单独出现在某一空间飞行菌株中（1743 个基因）。功能分析显示两株空间飞行细菌同时出现

的上调或者下调同向性表达基因主要在离子运输的差异，两株空间飞行细菌同时出现的非同向性表达基因在影响细菌形态和结构上的差异；两株空间飞行株的特异表达基因主要反映在代谢方面的差异。我们推测两株细菌同时存在上调或者下调表达基因是受空间环境因素影响导致两株飞行株共性的改变，即空间环境对这两株细菌的影响是作用在其对离子的转运；非同向性表达基因在与影响细菌形态和结构上的差异反映了两株菌在生长方面的差异；两株空间飞行株的特异表达基因主要反映在代谢方面的差异反映了提示了空间环境对细菌诱变作用的不定向性，细菌通过代谢机制来适应空间环境的变化。

通过对空间飞行株和地面对照株进行转录组学研究，我们清晰地认识到空间环境因素对蜡状芽胞杆菌在其表达水平的影响，有利于解释蜡状芽胞杆菌表型的变化。当然基因的表达水平并不一定能够反映出细菌最终的表型变化，因为执行最终生物学功能的还是蛋白质，而从基因-转录-蛋白质的过程是一个十分复杂的生物学反应，涉及基因剪切、加工、调控、修饰等一系列中间过程。因此，对两株细菌更下游的表达水平研究也同样具有意义。

第五节　空间飞行对蜡状芽胞杆菌蛋白质组的影响

经过空间飞行后蜡状芽胞杆菌的表型研究，我们发现，蜡状芽胞杆菌在耐药性、生长曲线和生化代谢谱等方面发生了变化。结合对蜡状芽胞杆菌基因组学和转录组学分析的结果我们得出结论，虽然经过空间飞行后蜡状芽胞杆菌基因组的改变较小，但是其基因的表达水平出现了明显的差异。但是在生物体中最终执行生物学功能的为蛋白质分子，而从基因的表达到蛋白质翻译需要经过剪切、修饰等一系列过程。为了从蛋白质水平研究导致蜡状芽胞杆菌空间飞行后相应表型变化的原因，本研究对蜡状芽胞杆菌空间飞行株和地面对照株进行了蛋白质组测序，以期进一步揭示空间飞行后蜡状芽胞杆菌产生变化的分子机制。

一、蛋白质定量

（一）差异蛋白

当蛋白质定量值达到下面两个要求时，视为单次重复间的差异蛋白，在三次重复中至少两次重复中达到以下要求时，视为最终的差异蛋白质（见表 6-24）：

（1）蛋白丰度差异倍数超过 1.2 倍以上时；

（2）经统计检验其 P-value 值小于 0.05。

表 6-24　鉴定的差异蛋白统计

类型	上调蛋白数量	下调蛋白数量
A3-5F2/D3-6F2	57	77
A3-11F2/D3-6F2	8	73
A3-5F2/A3-11F2	80	37
A3-11F2/A3-5F2	37	80

（二）差异蛋白统计

横坐标为比较组名称，纵坐标为差异蛋白数量。红色柱表示上调的蛋白质数量，绿色柱表示下调的蛋白质数量（见图 6-22）。

（三）蛋白质丰度比分布

在相对定量时，如果同一个蛋白质的量在两个样品间没有显著的变化，那么其蛋白质丰度比接近于 1。当蛋白质的丰度比即差异倍数达到 1.2 倍以上，且经统计检验其 P-value 值小于 0.05 时，视该蛋白质为不同样品间的差异蛋白。对每个蛋白质差异倍数以 2 为底取对数后作出分布如图 6-23。表达量上调的蛋白质居于横坐标 0 位置的右侧，表达量下调的蛋白质居于横坐标 0 位置的左侧。

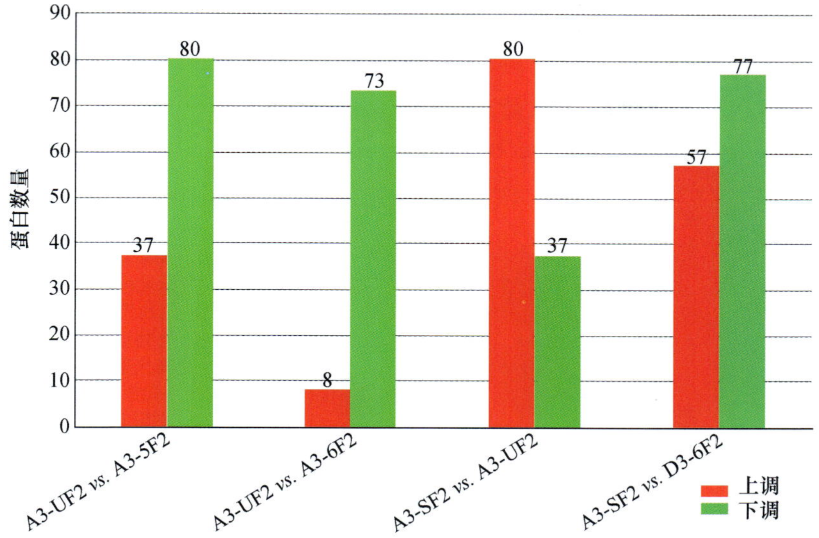

图 6-22 样品两两比较差异蛋白统计

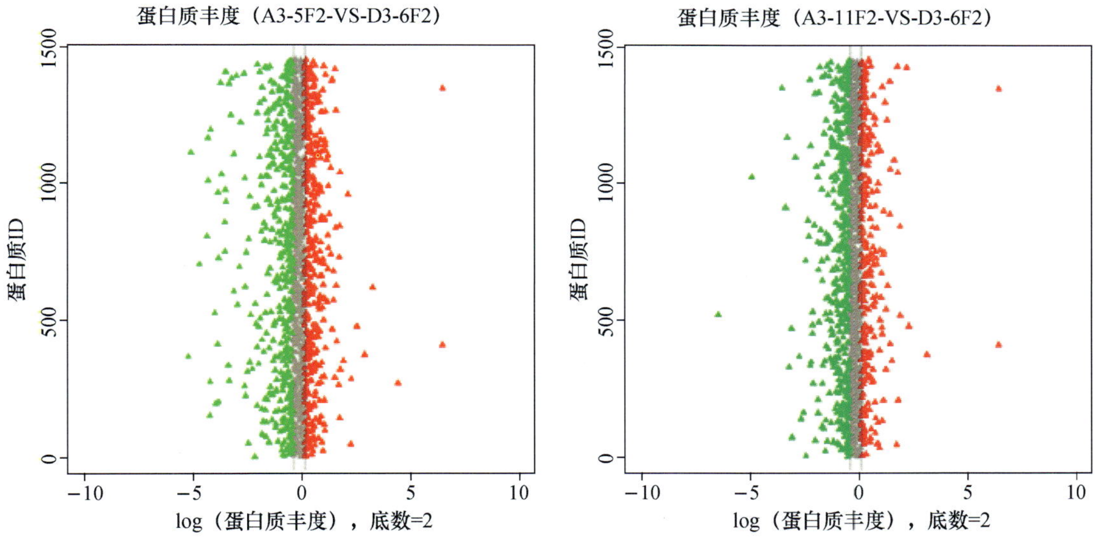

图 6-23 样品两两比较蛋白质丰度比分布

二、功能分析

（一）GO 功能分析

GO 总共有三个本体（Ontology），分别描述基因的分子功能（Molecular Function）、所处的细胞组分（Cellular Component）、参与的生物过程（Biological Process）。

（二）COG 注释

我们将鉴定出的和 COG 数据库进行比对，预测这些蛋白质可能的功能并对其做功能分类统计。如图 6-24 所示，图横坐标为 COG 条目，纵坐标为蛋白质数量。该图表示样品中不同功能的蛋白质的统计数量。

（三）Pathway 代谢通路注释

通过 Pathway 分析能确定蛋白质参与的最主要生化代谢途径和信号转导途径（差异表达蛋白在某项功能中的数目>5%）（表 6-25）。

三、差异蛋白的富集分析

（一）GO 功能富集分析

下列 GO 富集分析结果图示。基因本体为 GO 条目。富集频率为注释到该条目的差异蛋白与注释到所有 GO 条目的差异蛋白的数量和比值。蛋白使用频率为注释到该条目的所有蛋白质与注释到所有 GO 条目的所有蛋白质的数量和比值。P-value 为通过超几何检验计算得到 P-value 值（表 6-26～表 6-33）。

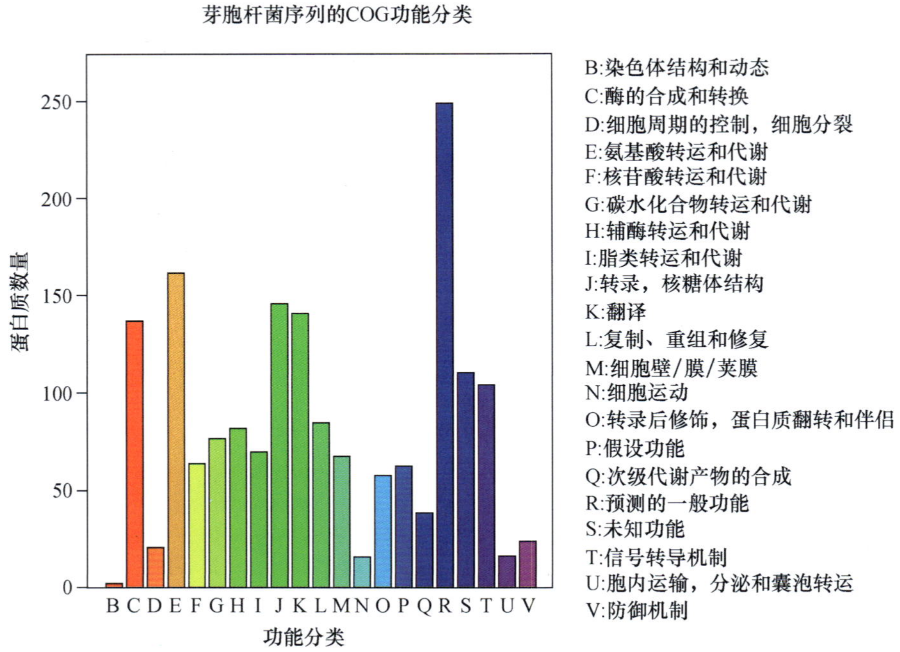

图 6-24 COG 分类

表 6-25 鉴定出的蛋白质的 Pathway 分类

信号通路	不同蛋白的信号通路注释	信号通路 ID
代谢通路	367（51.98%）	ko01100
次级代谢产物的生物合成	197（27.9%）	ko01110
不同环境下的微生物代谢	126（17.85%）	ko01120
嘌呤代谢	50（7.08%）	ko00230
糖酵解/糖异生	49（6.94%）	ko00010
缬氨酸、亮氨酸和异亮氨酸降解	48（6.8%）	ko00280
丙酮酸酯代谢	47（6.66%）	ko00620
精氨酸和脯氨酸代谢	38（5.38%）	ko00330
丙酸代谢	37（5.24%）	ko00640

表 6-26 LCT-BC25 *vs.* LCT-BC244 差异蛋白 GO 功能富集分析之细胞组分

基因本体	富集频率	蛋白使用频率	P 值
细胞内	31/40，77.5%	309/499，61.9%	0.023 225
细胞内部	31/40，77.5%	309/499，61.9%	0.023 225

表 6-27 LCT-BC25 *vs*. LCT-BC244 差异蛋白 GO 功能富集分析之分子功能

基因本体	富集频率	蛋白使用频率	P 值
氧化还原酶活性	36/117，30.8%	165/1194，13.8%	3.95×10^{-7}
氧化还原酶活性，作用于 CH-OH	16/117，13.7%	44/1194，3.7%	1.06×10^{-6}
催化反应	111/117，94.9%	979/1194，82.0%	1.85×10^{-5}
氧化还原酶活性，作用于 CH-OH，NAD 或 NADP 作为接受者	11/117，9.4%	31/1194，2.6%	7.86×10^{-5}
S-酰基转移酶活性	3/117，2.6%	3/1194，0.3%	0.000 919
连接酶活性，形成碳硫键	4/117，3.4%	9/1194，0.8%	0.007 486
S-酰基转移酶活性	2/117，1.7%	2/1194，0.2%	0.009 528
金属铁结合	17/117，14.5%	97/1194，8.1%	0.009 721
过渡金属铁结合	14/117，12.0%	75/1194，6.3%	0.010 868
辅酶 A 连接活性	3/117，2.6%	6/1194，0.5%	0.014 718
氧气还原酶活性，作用于乙醛或氧	6/117，5.1%	22/1194，1.8%	0.015 648
铁结合	28/117，23.9%	196/1194，16.4%	0.017 559
水解酶活性	6/117，5.1%	24/1194，2.0%	0.023 983
阳离子结合	27/117，23.1%	193/1194，16.2%	0.025 792
氧化还原酶活性，作用于氧分子集合	2/117，1.7%	3/1194，0.3%	0.026 745
环境酶活性	2/117，1.7%	3/1194，0.3%	0.026 745
碳氧裂解酶活性	7/117，6.0%	34/1194，2.8%	0.041 473
氧化还原酶活性，作用于 $CH-NH_2$	3/117，2.6%	9/1194，0.8%	0.049 65

表 6-28 LCT-BC25 *vs*. LCT-BC244 差异蛋白 GO 功能富集分析之生物学过程

基因本体	富集频率	蛋白使用频率	P 值
有机酸裂解过程	6/111，5.4%	9/1025，0.9%	9.08×10^{-5}
羧酸裂解过程	6/111，5.4%	9/1025，0.9%	9.08×10^{-5}
羧酸代谢过程	32/111，28.8%	166/1025，16.2%	0.000 265
有机酸代谢过程	32/111，28.8%	167/1025，16.3%	0.000 299
酮酸代谢过程	32/111，28.8%	167/1025，16.3%	0.000 299
细胞酮代谢过程	32/111，28.8%	169/1025，16.5%	0.000 38
一元羧酸代谢过程	13/111，11.7%	51/1025，5.0%	0.001 902
细胞氨基酸裂解	4/111，3.6%	7/1025，0.7%	0.003 528
氨基酸裂解	4/111，3.6%	7/1025，0.7%	0.003 528
氮化合物裂解	4/111，3.6%	9/1025，0.9%	0.010 683
丙酸盐代谢	2/111，1.8%	2/1025，0.2%	0.011 633

表 6-28 LCT-BC25 *vs*. LCT-BC244 差异蛋白 GO 功能富集分析之生物学过程（续）

基因本体	富集频率	蛋白使用频率	P 值
丙酸盐裂解	2/111，1.8%	2/1025，0.2%	0.011 633
丝氨酸代谢	4/111，3.6%	10/1025，1.0%	0.016 335
组氨酸代谢	3/111，2.7%	6/1025，0.6%	0.019 375
细胞碳水化合物代谢	21/111，18.9%	126/1025，12.3%	0.021 865
脂肪酸代谢	7/111，6.3%	29/1025，2.8%	0.029 862
细胞氨基酸代谢	18/111，16.2%	107/1025，10.4%	0.030 808
细胞氨基代谢	18/111，16.2%	107/1025，10.4%	0.030 808
组氨酸家族代谢	3/111，2.7%	7/1025，0.7%	0.031 261
氨基酸乙酰化	2/111，1.8%	3/1025，0.3%	0.032 42
支链氨基酸代谢	2/111 genes，1.8%	3/1025，0.3%	0.032 42
氨基酸乙酰化	2/111，1.8%	3/1025，0.3%	0.032 42
氧化呼吸	4/111，3.6%	13/1025，1.3%	0.043 04
细胞氨基酸降解代谢	18/111，16.2%	111/1025，10.8%	0.043 113
细胞分解	12/111，10.8%	66/1025，6.4%	0.043 99
细胞氮化合物代谢	11/111，9.9%	59/1025，5.8%	0.045 074
细胞芳香化合物代谢	7/111，6.3%	32/1025，3.1%	0.048 992

表 6-29 LCT-BC235 *vs*. LCT-BC244 差异蛋白 GO 功能富集分析之细胞组分

基因本体	富集频率	蛋白使用频率	P 值
外源性包装结构	3/32，9.4%	10/499，2.0%	0.021157

表 6-30 LCT-BC235 *vs*. LCT-BC244 差异蛋白 GO 功能富集分析之分子功能

基因本体	富集频率	蛋白使用频率	P 值
连接酶活性	14/69，20.3%	81/1194，6.8%	0.000 106
结合	54/69，78.3%	731/1194，61.2%	0.001 546
C-酰基转移酶活性	3/69，4.3%	5/1194，0.4%	0.001 701
C-酰基转移酶活性	3/69，4.3%	5/1194，0.4%	0.001 701
连接酶活性，形成碳氧键	6/69，8.7%	28/1194，2.3%	0.004 099
连接酶活性，形成氨基乙酰化合物	6/69，8.7%	28/1194，2.3%	0.004 099
核苷酸结合	23/69，33.3%	236/1194，19.8%	0.004 376
核糖体结合	25/69，36.2%	267/1194，22.4%	0.004 886
嘌呤核苷酸	25/69，36.2%	267/1194，22.4%	0.004 886

表 6-30 LCT-BC235 *vs.* LCT-BC244 差异蛋白 GO 功能富集分析之分子功能（续）

基因本体	富集频率	蛋白使用频率	P 值
嘌呤核酸	25/69，36.2%	268/1194，22.4%	0.005 153
催化活性	64/69，92.8%	979/1194，82.0%	0.008 006
腺嘌呤核苷酸结合	22/69，31.9%	234/1194，19.6%	0.008 648
嘌呤核酸	22/69，31.9%	235/1194，19.7%	0.009 114
腺嘌呤核酸	22/69，31.9%	235/1194，19.7%	0.009 114
肽酶	8/69，11.6%	55/1194，4.6%	0.011 248
碳氮连接酶活性	3/69，4.3%	9/1194，0.8%	0.012 073
氨酰基-tRHA 连接酶	5/69，7.2%	26/1194，2.2%	0.014 165
核苷酸结合	26/69，37.7%	308/1194，25.8%	0.016 892
3′→5′ 核苷酸外切酶	2/69，2.9%	4/1194，0.3%	0.018 313
连接酶活性，形成碳氮键	6/69，8.7%	40/1194，3.4%	0.024 063
转录因子活性，核苷酸结合	3/69，4.3%	12/1194，1.0%	0.027 898
转录调节因子	3/69，4.3%	12/1194，1.0%	0.027 898
氧化还原酶活性，作用于硫键，NAD 或 NADP	2/69，2.9%	5/1194，0.4%	0.029 388
肽酶，作用于人 *L*-氨基酸	7/69，10.1%	54/1194，4.5%	0.031 692
氧化还原酶活性，作用于乙醛	4/69，5.8%	22/1194，1.8%	0.033 897
辅酶 A 连接酶活性	2/69，2.9%	6/1194，0.5%	0.042 451
核酸外切酶活性	3/69，4.3%	14/1194，1.2%	0.042 485

表 6-31 LCT-BC235 *vs.* LCT-BC244 差异蛋白 GO 功能富集分析之生物学过程

基因本体	富集频率	蛋白使用频率	P 值
蛋白质代谢	18/68，26.5%	129/1025，12.6%	0.000 999
金属-硫富集	3/68，4.4%	5/1025，0.5%	0.002 54
翻译	8/68，11.8%	42/1025，4.1%	0.004 74
细胞氨基酸代谢	14/68，20.6%	107/1025，10.4%	0.007 531
细胞氨基代谢	14/68，20.6%	107/1025，10.4%	0.007 531
细胞氨基酸及其衍生物代谢	14/68，20.6%	111/1025，10.8%	0.010 485
碳水化合物代谢	21/68，30.9%	196/1025，19.1%	0.011 047
细胞碳水化合物代谢	15/68，22.1%	126/1025，12.3%	0.013 621
分解过程	12/68，17.6%	93/1025，9.1%	0.015 155

表 6-31　LCT-BC235 *vs*. LCT-BC244 差异蛋白 GO 功能富集分析之生物学过程（续）			
基因本体	富集频率	蛋白使用频率	P 值
细胞代谢过程	11/68，16.2%	82/1025，8.0%	0.015 197
羧酸代谢	18/68，26.5%	166/1025，16.2%	0.017 416
有机酸代谢	18/68，26.5%	167/1025，16.3%	0.018 497
酮酸代谢	18/68，26.5%	167/1025，16.3%	0.018 497
蛋白质翻译的 tRNA 氨酰化	5/68，7.4%	25/1025，2.4%	0.020 799
氨基酸活性	5/68，7.4%	25/1025，2.4%	0.020 799
tRNA 氨酰化	5/68，7.4%	25/1025，2.4%	0.020 799
细胞酮代谢	18/68，26.5%	169/1025，16.5%	0.020 818
氨基代谢	15/68，22.1%	136/1025，13.3%	0.020 606

表 6-32　LCT-BC25 *vs*. LCT-BC235 差异蛋白 GO 功能富集分析之分子功能			
基因本体	富集频率	蛋白使用频率	P 值
氧化还原酶活性	28/97，28.9%	165/1194，13.8%	3.89E-05
连接酶活性	16/97，16.5%	81/1194，6.8%	0.000 434
S-酰基转移酶	3/97，3.1%	3/1194，0.3%	0.000 521
催化活性	90/97，92.8%	979/1194，82.0%	0.001 448
氧化还原酶活性，作用于 CH-OH	10/97，10.3%	44/1194，3.7%	0.001 897
C-酰基转移酶	3/97，3.1%	5/1194，0.4%	0.004 613
C-乙酰转移酶	3/97，3.1%	5/1194，0.4%	0.004 613
氧化还原酶活性，作用于乙醛或氧	6/97，6.2%	22/1194，1.8%	0.006 304
S-乙酰转移酶	2/97，2.1%	2/1194，0.2%	0.006 537
氧化还原酶活性，作用于二硫受体	2/97，2.1%	3/1194，0.3%	0.018 57
环状连接酶活性	2/97，2.1%	3/1194，0.3%	0.018 57
连接酶，形成碳氧键	6/97，6.2%	28/1194，2.3%	0.021 339
连接酶活性，形成氨酰基-tRNA	6/97，6.2%	28/1194，2.3%	0.021 339
氧化还原酶活性，形成 $CH-NH_2$ 键	3/97，3.1%	9/1194，0.8%	0.030 452
连接酶活性，形成碳-硫键	3/97，3.1%	9/1194，0.8%	0.030 452
碳氮连接酶活性，形成糖氨键	3/97，3.1%	9/1194，0.8%	0.030 452
氧化连接酶活性，形成 CH-OH 键，作为 NAD 或 NADP 受体	6/97，6.2%	31/1194，2.6%	0.034 186

表 6-32　LCT-BC25 *vs.* LCT-BC235 差异蛋白 GO 功能富集分析之分子功能（续）

基因本体	富集频率	蛋白使用频率	P 值
连接酶活性，形碳氮键	7/97，7.2%	40/1194，3.4%	0.037 679
水解酶活性	5/97，5.2%	24/1194，2.0%	0.039 165
氧化还原酶活性，形成其他含氮化合物	3/97，3.1%	10/1194，0.8%	0.040 985

表 6-33　LCT-BC25*vs.* LCT-BC235 差异蛋白 GO 功能富集分析之生物学过程

基因本体	富集频率	蛋白使用频率	P 值
羧酸代谢	30/96，31.2%	166/1025，16.2%	8.2×10^{-5}
有机酸代谢	30/96，31.2%	167/1025，16.3%	9.27×10^{-5}
醛酸代谢	30/96，31.2%	167/1025，16.3%	9.27×10^{-5}
细胞酮代谢	30/96，31.2%	169/1025，16.5%	0.000 118
碳水化合物代谢	32/96，33.3%	196/1025，19.1%	0.000 358
有机酸分解	5/96，5.2%	9/1025，0.9%	0.000 606
羧酸分解	5/96，5.2%	9/1025，0.9%	0.000 606
细胞氨基酸代谢	20/96，20.8%	107/1025，10.4%	0.001 118
细胞氨基代谢	20/96，20.8%	107/1025，10.4%	0.001 118
丝氨酸家族代谢	5/96，5.2%	10/1025，1.0%	0.001 123
细胞碳水化合物代谢	22/96，22.9%	126/1025，12.3%	0.001 603
细胞氨基酸及其衍生物代谢	20/96，20.8%	111/1025，10.8%	0.001 821
细胞氨基酸分解	4/96，4.2%	7/1025，0.7%	0.002 033
氨基分解	4/96，4.2%	7/1025，0.7%	0.002 033
甘氨酸代谢	3/96，3.1%	4/1025，0.4%	0.002 976
甘氨酸分解	3/96，3.1%	4/1025，0.4%	0.002 976
丝氨酸家族分解	3/96，3.1%	4/1025，0.4%	0.002 976
己糖代谢	9/96，9.4%	35/1025，3.4%	0.003 431
糖分解	7/96，7.3%	23/1025，2.2%	0.003 56
己糖分解	7/96，7.3%	23/1025，2.2%	0.003 56
乙醇分解	7/96，7.3%	23/1025，2.2%	0.003 56
单糖分解	7/96，7.3%	23/1025，2.2%	0.003 56
糖代谢	8/96，8.3%	30/1025，2.9%	0.004 564
碳水化合物分解	7/96，7.3%	24/1025，2.3%	0.004 645

表 6-33 LCT-BC25 *vs*. LCT-BC235 差异蛋白 GO 功能富集分析之生物学过程（续）			
基因本体	富集频率	蛋白使用频率	P 值
含氮化合物分解	4/96，4.2%	9/1025，0.9%	0.006 31
分解过程	16/96，16.7%	93/1025，9.1%	0.008 911
细胞含氮化合物代谢	11/96，11.5%	59/1025，5.8%	0.016 795
单糖代谢	9/96，9.4%	44/1025，4.3%	0.016 811
氨基代谢	20/96，20.8%	136/1025，13.3%	0.020 253
乙醇代谢	10/96，10.4%	54/1025，5.3%	0.023 458
支链氨基酸代谢	2/96，2.1%	3/1025，0.3%	0.024 47
一元羧酸代谢	9/96，9.4%	51/1025，5.0%	0.041 397

（二）差异蛋白的通路功能富集

见表 6-34～表 6-36。

表 6-34 LCT-KP25 *vs*. LCT-KP244 差异蛋白通路功能富集分析				
通路	差异蛋白的通路注释（79）	所有蛋白的通路注释（706 个）	P 值	通路 ID
糖酵解/糖异生	18（19.78%）	49（6.94%）	8.13×10^{-6}	ko00010
不同环境下的微生物代谢	32（35.16%）	126（17.85%）	1.51×10^{-5}	ko01120
丙酮酸代谢	17（18.68%）	47（6.66%）	1.95×10^{-5}	ko00620
丙酸代谢	13（14.29%）	37（5.24%）	0.000 304	ko00640
缬氨酸、亮氨酸和异亮氨酸降解	13（14.29%）	48（6.8%）	0.004 785	ko00280
代谢通路	59（64.84%）	367（51.98%）	0.005 662	ko01100
三羧酸循环	9（9.89%）	28（3.97%）	0.005 668	ko00020
视黄醇代谢	4（4.4%）	7（0.99%）	0.006 671	ko00830
甲烷代谢	8（8.79%）	24（3.4%）	0.007 152	ko00680
组氨酸代谢	6（6.59%）	15（2.12%）	0.007 411	ko00340
己内酰胺降解	5（5.49%）	12（1.7%）	0.012 078	ko00930
次级代谢产物的生物合成	35（38.46%）	197（27.9%）	0.012 738	ko01110
脂肪酸代谢	9（9.89%）	32（4.53%）	0.014 741	ko00071
甘氨酸、丝氨酸和苏氨酸代谢	8（8.79%）	29（4.11%）	0.024 016	ko00260
氯烷烃和氯烯烃降解	4（4.4%）	11（1.56%）	0.041 725	ko00625
细胞色素氧化酶 P450 对外源物质的降解	2（2.2%）	3（0.42%）	0.045 204	ko00980
RNA 聚合酶	2（2.2%）	3（0.42%）	0.045 204	ko03020
链霉素生物合成	2（2.2%）	3（0.42%）	0.045 204	ko00521
细胞色素氧化酶 P450 对药物的代谢	2（2.2%）	3（0.42%）	0.045 204	ko00982

表 6-35 LCT-KP235 *vs.* LCT-KP244 差异蛋白通路功能富集分析

通路	差异蛋白的通路注释（79）	所有蛋白的通路注释（706）	P 值	通路 ID
丙酮酸代谢	11（17.46%）	47（6.66%）	0.001 596	ko00620
氨酰基-tRNA 生物合成	8（12.7%）	28（3.97%）	0.001 908	ko00970
羧酸循环	5（7.94%）	12（1.7%）	0.002 346	ko00720
缬氨酸、亮氨酸和异亮氨酸酵解	10（15.87%）	48（6.8%）	0.006 679	ko00280
三羧酸循环	7（11.11%）	28（3.97%）	0.008 468	ko00020
不同环境下的微生物代谢	18（28.57%）	126（17.85%）	0.019 174	ko01120
聚合酶	2（3.17%）	3（0.42%）	0.022 183	ko03020
糖酵解/糖异生	9（14.29%）	49（6.94%）	0.023 154	ko00010
组氨酸代谢	4（6.35%）	15（2.12%）	0.037 136	ko00340

表 6-36 LCT-KP25 *vs.* LCT-KP235 差异蛋白 GO 功能富集分析

通路	差异蛋白的通路注释（79）	所有蛋白的通路注释（706）	P 值	通路 ID
丙酮酸代谢	15（18.99%）	47（6.66%）	5.96×10^{-5}	ko00620
糖酵解/糖异生	15（18.99%）	49（6.94%）	0.000 104	ko00010
缬氨酸、亮氨酸和异亮氨酸酵解	13（16.46%）	48（6.8%）	0.001 226	ko00280
不同环境下的微生物代谢	24（30.38%）	126（17.85%）	0.002 691	ko01120
代谢通路	53（67.09%）	367（51.98%）	0.002 928	ko01100
合理代谢	4（5.06%）	7（0.99%）	0.003 922	ko00830
次级代谢产物的生物合成	32（40.51%）	197（27.9%）	0.007 075	ko01110
三羧酸循环	8（10.13%）	28（3.97%）	0.008 304	ko00020
赖氨酸代谢	7（8.86%）	24（3.4%）	0.012 044	ko00310
氯烷烃和氯烯烃降解	4（5.06%）	11（1.56%）	0.025 994	ko00625
细胞色素氧化酶 P450 对外源物质的降解	2（2.53%）	3（0.42%）	0.034 432	ko00980
细胞色素氧化酶 P450 对药物的代谢	2（2.53%）	3（0.42%）	0.034 432	ko00982
羧酸还原循环	4（5.06%）	12（1.7%）	0.035 729	ko00720

四、两株空间飞行株的聚类分析

和进行转录组差异基因聚类分析的思路一致，我们将这些差异蛋白分为三组：两株空间飞行细菌同时出现的上调或者下调同向性表达蛋白、两株空间飞行细菌同时出现的非同向性表达蛋白、两株空间飞行株的特异表达蛋白。由于第三组蛋白仅仅出现 5 个，很难利用功能富集的方法进行解释。因此我们将后两组合并为一组进行相关分析。

（1）两株空间飞行细菌同时出现的上调或者下调同向性表达蛋白（31 个）：功能富集分析主要集中于细胞内代谢过程（$P=0.025$）、代谢过程（$P=0.029$）和蛋白代谢过程（$P=0.043$）。

（2）两株空间飞行细菌同时出现的非同向性表达蛋白或特异表达蛋白（148 个）：功能富集分

析主要集中于 20 个明显的功能通路，包括羧酸代谢过程、细胞的氨基酸代谢过程、碳水化合物的代谢过程、细胞的碳水化合物的代谢过程、氮化合物分解代谢的过程等（表 6-37）。

五、空间飞行对蜡状芽胞杆菌蛋白质组的影响机制

通过对空间飞行株 LCT-BC25 和 LCT-BC235 分别与地面对照株 LCT-BC244 比较研究，发现经过质谱鉴定出的差异蛋白与细菌的代谢相关。两株空间飞行株 LCT-BC25 和 LCT-BC235 之间也存在明显的蛋白差异表达，这些蛋白质主要与羧酸代谢过程、细胞的氨基酸代谢过程等有关。

表 6-37 两株空间飞行细菌同时出现的非同向性表达蛋白或特异表达蛋白功能富集

基因本体	P-value
羧酸代谢	1.30×10^{-6}
有机酸代谢	1.55×10^{-6}
醛酸代谢	1.55×10^{-6}
细胞酮代谢	2.17×10^{-6}
有机酸降解	0.000 136 156
羧酸降解	0.000 136 156
细胞氨基酸代谢	0.000 200 812
细胞氨基代谢	0.000 200 812
碳水化合物代谢	0.000 257 551
丝氨酸家族氨基酸代谢	0.000 308 171
细胞氨基酸降解	0.000 337 902
氨基分解	0.000 337 902
细胞氨基酸及其衍生物代谢	0.000 377 832
细胞碳水化合物代谢	0.000 507 786
含氮化合物分解	0.001 669 201
氨基代谢	0.001 837 893
单羧酸代谢	0.003 647 083
甘氨酸代谢	0.005 599 33
甘氨酸分解	0.005 599 33
丝氨酸家族的分解	0.005 599 33

1994 年 Wilkins 和 Williams 创立了“蛋白质组”（Proteome）的概念[60]。蛋白质组学是以细胞内全部蛋白质及其活动方式为研究对象，蛋白质组学研究的开展不仅是生命科学研究进入后基因组时代的里程碑，也是后基因组时代生命科学研究的核心内容之一。随着质谱技术的发展，定量蛋白质组学成为当前蛋白质研究的前沿学科。目前常用的定量蛋白质组学研究技术有荧光差异凝胶电泳（DIGE）、同位素亲和标记（ICAT）、同位素标记相对和绝对定量（iTRAQ）等[61]。iTRAQ 作为一项新的蛋白质相对和绝对定量技术，不但覆盖了更广的肽段检测范围，而且具有很好的精确性和重复性，弥补了 DIGE 及 ICAT 的不足，成为目前定量蛋白质组学最为理想的技术手段[62-63]。

既往的空间微生物搭载实验中，也有很多研究团队利用蛋白质组学技术对搭载返回后的细菌进行实验研究。关于微重力条件下沙门菌毒力增强机制的研究，Chopra 等利用双向凝胶电泳检测方法，发现经模拟微重力暴露后的鼠伤寒沙门菌有 35 种蛋白质表达增多，33 种蛋白质表达下调，新表达的蛋白质有 57 种；通过 4 种独立的微点阵分析软件程序去除背景干扰，更真实地反映模拟微重力暴露的沙门菌基因表达情况[64]。该研究发现有 22 种基因发生变化，其中有 9 种表达上调（主要包括环境抵抗的调节基因），13 种表达下调，表达下调的基因也包括多种参与转录调节和细胞毒力编码的基因。对经过空间飞行的深红螺菌 S1H 蛋白质组学研究发现低剂量的电离辐射可诱导相应蛋白质发生改变[65]。芽胞杆菌胞子在实际空间进行长时间飞行后蛋白质组学表超氧化物歧化酶发生最明显改变[66]。由此可见，微生物在空间环境或者空间模拟因素的影响下，其蛋白质表达水平不同于地面，发生一些有意义的变化。

我们通过蛋白质质谱技术共鉴定出 1067 个蛋白质，COG 功能分析、GO 功能分析均提示这些蛋白质与细菌的代谢相关。利用 KEGG 将所

有鉴定出的蛋白质进行了分类，我们发现所鉴定的蛋白质主要是代谢相关的基因，他们的通路集中于代谢途径、次生代谢产物的生物合成、在不同环境中微生物的代谢、嘌呤代谢、糖酵解/糖异生、缬氨酸、亮氨酸和异亮氨酸降解、丙酮酸代谢、精氨酸和脯氨酸代谢和丙酸代谢等。空间飞行株 LCT-KP25 与地面对照株 LCT-KP244 相比，有 57 个蛋白质上调，77 个蛋白质下调，GO 富集分析显示有机酸代谢、羧酸代谢、含氧酸代谢、丙酸、酮酸代谢、脂肪酸代谢、氨基酸代谢、氮化合物分解代谢、细胞碳水化合物的代谢。KEGG 富集分析显示糖酵解/糖异生、丙酮酸代谢、丙酸代谢、缬氨酸，亮氨酸和异亮氨酸降解、柠檬酸循环（TCA 循环）、甲烷代谢、组氨酸代谢、己内酰胺降解、次生代谢产物的生物合成、脂肪酸代谢、甘氨酸，丝氨酸和苏氨酸的代谢、链霉素生物合成等。空间飞行株 LCT-BC235 与地面对照株 LCT-BC244 相比有 8 个蛋白质上调，73 个蛋白质下调，GO 功能富集分析显示这些蛋白质与氨基酸代谢、碳水化合物的代谢、羧酸代谢、有机酸代谢、含氧酸代谢有关。KEGG 富集分析显示出丙酮酸代谢、氨酰-tRNA 合成、还原羧酸循环（CO_2 固定），以及缬氨酸、亮氨酸和异亮氨酸降解、柠檬酸循环（TCA 循环）、在不同环境中微生物的代谢、RNA 聚合酶、糖酵解/糖异生、组氨酸代谢等方面的表达差异。此外，对两株空间飞行株进行比较有 80 个蛋白上调和 37 个蛋白下调，GO 功能富集分析显示有羧酸代谢、有机酸代谢、含氧酸代谢、酮代谢、碳水化合物的代谢、有机酸代谢、氨基酸代谢、葡萄糖分解代谢、氮化合物分解代谢等。KEGG 富集分析显示丙酮酸代谢，糖酵解/糖异生，缬氨酸、亮氨酸和异亮氨酸降解，在不同环境中微生物的代谢，次生代谢产物的生物合成，柠檬酸循环（TCA 循环），赖氨酸降解，还原羧酸循环（CO_2 固定）等。这些数据解释了表型实验生化谱检测 Biolog 上一些代谢的相应变化的原因。虽然经过空间飞行后两株菌都在代谢谱发生了明显的变化，但是从两株空间飞行株差异表达蛋白质的功能分析来看两株空间飞行株的代谢还是存在明显差异的。

为了发现这些差异表达蛋白质所发生的生物学功能差异，我们进一步将这些差异表达蛋白质进行了分类，即 Group1：部分蛋白质同时上调或下调表达（31 个蛋白质），Group2：部分蛋白质呈现相异的表达（143 个蛋白质），Group3：部分蛋白质单独出现在某一空间飞行菌株中（5 个蛋白质）。由于 Group3 数据集的蛋白个数有限，因此我们将 Group2 和 Group3 的数据集进行了合并。从功能分析的数据中我们发现同时上调或下调表达的蛋白（反应空间环境对蜡状芽胞杆菌的影响）主要是代谢相关，而部分蛋白质呈现相异的表达和单独出现在某一空间飞行菌株中的蛋白质则属于一些具体的代谢相关通路。例如羧酸代谢过程，细胞的氨基酸代谢过程，细胞碳水化合物的代谢过程，氮化合物分解代谢的过程。这再次解释了两株蜡状芽胞杆菌出现生化代谢谱差异的原因。

对蜡状芽胞杆菌空间飞行株和地面对照株进行蛋白质组学研究，使我们清晰的认识到空间环境因素对蜡状芽胞杆菌表达水平的影响，有利于解释蜡状芽胞杆菌表型的变化。推测蜡状芽胞杆菌在进入空间特殊环境之后通过调节转录水平和蛋白质的最终表达来适应空间环境的变化。而空间的特殊环境对蜡状芽胞杆菌的生物学特性具有不定向性。也就是说我们今后可以利用空间特殊环境培育筛选出我们希望的克隆菌株，为细菌致病性、耐药性和生物制药研究提供一个平台。

第六节 空间飞行对蜡状芽胞杆菌影响的系统生物学分析

经过空间飞行后，蜡状芽胞杆菌在耐药性、生化代谢谱和生长曲线等方面出现了改变。前期的研究对基因组进行分析没有发现明显的改变，但是从表达水平的研究结果来看，空间飞行后蜡状芽胞杆菌在转录组和蛋白质组方面发生了明显的变化。转录组和蛋白质组主要基因和蛋白质的改变发生在细菌的代谢相关的分子。本研究将进一步对空间飞行后蜡状芽胞杆菌基因组、转录组和蛋白质组数据结合起来，从系统生物学的角度来探索空间飞行使蜡状芽胞杆菌发生变化的分子机制。

一、基因组与转录组、蛋白质组

在第三章中讨论到空间飞行蜡状芽胞杆菌LCT-BC25和LCT-BC235与地面对照株比较分别有3个SNP改变，即总共的6个SNP没有能比对上转录和蛋白组中的相应数据。

二、转录组与蛋白质组

在LCT-BC25与LCT-BC244比较中，我们发现6个上调的基因/蛋白质和3个下调的基因/蛋白质，而28个基因/蛋白质表现出相反的表达水平。根据转录和蛋白质组贯穿（整合）分析（表6-38，相反的变化未示出）。在空间飞行菌株LCT-BC25中，7个差异表达的基因/蛋白质都属于代谢功能，例如葡萄糖代谢（海藻糖-6-磷酸水解酶、*glpX*基因产物），氨基酸代谢（四氢叶酸连接酶、咪唑啉酮丙酸酯、*fabG*基因产物），脂肪酸代谢（烯酰辅酶A水合酶/异构酶家族蛋白）和核苷酸代谢（嘧啶核苷磷酸化酶）。3个还原酶活性相关的基因/蛋白质（烯酰辅酶A水合酶/异构酶家族蛋白、GNAT家族乙酰基转移酶和假定蛋白）表达下调，而其他6个基因/蛋白质表达上调。在空间飞行株LCT-BC235中，我们发现2个上调表达基因/蛋白质、17个下调表达的基因/蛋白质、10个基因/蛋白质具有相反的变化。根据该转录和蛋白质组贯穿分析（表6-39，相反变化未显示），差异表达基因/蛋白质属于代谢功能，结构蛋白质，基因表达修饰、翻译和毒力。TPP依赖性乙偶姻脱氢酶E1和溶血性肠毒素基因，其他所有代谢相关基因/蛋白质均出现明显表达下调。毒力基因溶血性肠毒素也呈显著增加。有关细胞的组成、结构、基因表达修饰和翻译的所有差异表达基因/蛋白质表达出对下调的趋势。更重要的是，遗传能力ClpC/MecB的负调节因子、DNA旋转酶B亚单位、3-羟基异丁烷脱氢酶、核糖核苷酸转移酶属于应激反应基因产物。

表6-38　转录组和蛋白质组贯穿分析（LCT-BC25 *vs*. LCT-BC244）

ID	基因产物	表达	细胞位置	细胞功能	生物过程	KEGG
UWIGL 005087	海藻糖-6-磷酸水解酶	上调	胞内部分	海藻糖酶的活性；结合铁	海藻糖代谢过程	海藻糖-6-磷酸水解酶
UWIGL 004998	假设蛋白	下调	细胞荚膜	二硫氧化还原酶活性	代谢；细胞稳态	羧肽酶
UWIGL 004226	glpX 基因产物	上调	—	碳氢磷酸酶	醛醇代谢过程	果糖-1,6-二磷酸酶
UWIGL 002874	嘧啶核苷酸磷酸化酶	上调	—	戊糖活性转录酶转录过程	碱基代谢；核苷酸代谢	嘧啶核苷酸磷酸酶
UWIGL 002666	形成四氢叶酸连接酶	上调	—	形成碳氮键	叶酸代谢	形成四氢叶酸连接键

表 6-38　转录组和蛋白质组贯穿分析（LCT-BC25 *vs.* LCT-BC244）（续）						
ID	产物	表达	细胞位置	细胞功能	生物过程	KEGG
UWIGL 002453	烯酰辅酶 A 水合酶/异构酶家族蛋白	下调	胞内部分	氧化还原酶活性，作用 CH-OH 键，形成 NAD 或 NADP 的受体，脂肪酸合成酶活性	多聚羟基丁酸	烯酶辅酶 A 水合酶
UWIGL 002403	GNAT 家族乙酰转移酶	下调	—	肽 α-N-乙酰转录酶	蛋白质乙酰化	假设乙酰转录酶
UWIGL 001290	咪唑啉酮丙酸酯	上调	胞内部分	阳离子键；水解酶活性，作用于碳氮键（不是肽），在环酰胺	谷氨酸代谢过程：组氨酸代谢	咪唑啉酮丙酸酯
UWIGL 001071	fabG 基因产物	上调	胞内部分	阳离子键；水解酶活性，作用于碳氮键（不是肽），在环酰胺	谷氨酸代谢过程：组氨酸代谢	咪唑啉酮丙酸酯

表 6-39　转录组和蛋白质组贯穿分析（LCT-BC235 *vs.* LCT-BC244）						
ID	基因产物	表达	细胞位置	细胞功能	生物过程	KEGG
UWIGL 005185	基因 ClpC/MecB 的负向调节子	下调	—	水解酶活性，作用于酯键；核苷酸结合；焦磷酸酯活性；腺嘌呤结合	基因转录；DNA 修复	ATP 依赖 Clp 蛋白酶 ATP 结合亚基 ClpC
UWIGL 004963	形成乙酰转移酶	下调	胞内部分	C-乙酸转移酶活性	己糖代谢	形成乙酸转移酶
UWIGL 004333	硫胺素合成蛋白 thiC	下调	—	阳离子结合；铁-硫富集结合；降解活性	硫胺素代谢	硫胺素合成蛋白 ThiC
UWIGL 004059	DNA 旋转酶亚基 B 单位	下调	胞内非膜部	DNA 拓扑异构酶活性；腺苷核酸酶	DNA 代谢	DNA 旋转酶 B 亚基
UWIGL 003826	假设蛋白	下调	胞内荚膜结构	—	细胞器	N-乙酰-L-丙氨酸
UWIGL 003524	寡肽酶	下调	—	过渡金属铁结合；肽链内切酶活性	蛋白质代谢	寡肽酶 F
UWIGL 003148	金属蛋白酶	下调	—	金属肽酶活性	蛋白质代谢	碳肽酶 Taq
UWIGL 002886	溶血性肠毒素	上调	细胞部分	—	多组织过程	非溶血性肠毒素 B/C
UWIGL 002458	甲基异柠檬酸酶	下调	—	含氧酸酶活性；磷酸化酶活性，作用于其他亚基	丙酸盐分解	羧乙烯-羧磷酸-磷酰化酶；甲基异柠檬酸裂解酶
UWIGL 002456	3-羟基异丁烷脱氢酶	下调	—	氧化还原酶活性，作用于 CH-OH 键，NAD 或 NADP 受体	支链氨基酸家族代谢，糖解酶	2-还原酶 3-羟基异丁烷脱氢酶
UWIGL 002092	TPP-依赖乙偶姻脱氢酶 B 亚基	上调	—	丙酮酸脱氢酶活性	代谢过程	丙酮酸脱氢酶 E1

表 6-39 转录组和蛋白质组贯穿分析（LCT-BC235 *vs.* LCT-BC244）（续）

ID	基因产物	表达	细胞位置	细胞功能	生物过程	KEGG
UWIGL 001229	谷氨酸合成	下调	胞内部分	氨基连接酶活性腺苷核酸酶	谷氨酸代谢；氮循环	谷氨酸合成
UWIGL 001115	多聚核苷酸转录酶	下调	胞内部分	核苷酸结合；3′→5′核酸外切酶	RNA降解过程	多聚核苷酸
UWIGL 000951	pdhD基因产物	下调	胞内部分	氧化硫酸化活性，作为硫键NAD或NADP受体；结合辅酶	细胞稳态；糖分解	二氢硫辛酰胺脱氢酶
UWIGL 000914	5-甲基四唑—同型半胱氨酸转录酶	下调	—	过渡金属铁结合；S-甲基转录酶活性	单碳代谢；含硫氨基酸生物合成	5-甲基四唑—同型半胱氨酸转录酶
UWIGL 000866	磷酸烯醇丙酮酸-蛋白转磷酸酶	下调	胞内部分	阳离子结合；转磷酸酶活性，作为受体的含氮物质；糖合成活性	碳水化合物转运含磷化合物代谢	转磷酸酶系统，酶I，PtsI
UWIGL 000522	alaS基因产物	下调	胞内部分	氨基乙酰-tRNA连接酶活性；阳离子结合；结合腺嘌呤核苷酸	蛋白质翻译的氨基乙酰tRNA	丙氨酸-tRNA合成
UWIGL 000457	mreB基因产物	下调	—	结合腺嘌呤核苷酸	细胞组分形态；生物质量的调节	棒状决定蛋白MreB和相关蛋白
UWIGL 000076	噬菌体休克蛋白A，PspA	下调	—	—	—	噬菌体休克蛋白A

三、空间飞行对蜡状芽胞杆菌影响的系统生物学分析

作为后基因组时代的新秀，系统生物学与基因组学、转录组学和蛋白质组学等各种“组学”的不同之处在于，它是一种整合型科学。如何将单个组学的数据联合起来，从系统生物学的角度阐述一个生物学问题越来越受到研究者的重视。

既往有研究表明可以利用多个组学结合的方法来解释空间飞行对细菌的影响。Crabbé 等利用转录组和蛋白组结合分析的方法发现铜绿假单胞菌对空间环境作出相应变化受 Hfq 基因调控 167 个基因，28 个蛋白质发挥作用实现。Wilson 等人发现 HFQ 基因在空间飞行后细菌基因表达和毒力改变方面起到了重要的作用。此外，他们还通过全基因组芯片组学和蛋白质组学分析确定了沙门菌进化上保守的分子途径。对于利用系统生物学技术来研究空间环境对细菌影响的研究较少，主要是因为：①从基因到转录再到蛋白产生是一个复杂的生物学过程，其中涉及了调控、修饰等多个过程，并非是呈直线性的一一对应关系；②由于使用多个组学分析一个生物学现象将获得的海量数据，从这些数据中发觉有价值的数据、对数据整合难度较大；③将基因-转录-蛋白质三者联系起来进行的实验，耗费的成本较高。

我们的研究结果表明空间飞行后蜡状芽胞杆菌基因组的变化较小，与转录组和蛋白质组数据进行比较，并没有发现 6 个 SNP 对应的基因在表达水平上有变化。将转录组和蛋白组贯穿分析发现，在空间飞行菌株 LCT-BC25 中，7 个差异表达的基因/蛋白质都属于代谢功能，例如葡萄糖代谢（海藻糖-6-磷酸水解酶、*glpX* 基因产物），氨基酸代谢（四氢叶酸连接酶、咪唑啉酮丙酸酯、*fabG* 基因产物），脂肪酸代谢（烯酰辅酶 A 水合酶/异构酶家族蛋白）和核苷酸代谢（嘧啶核苷磷酸化酶）。3 个还原酶活性相关的基因/蛋白质（烯酰辅酶 A 水合酶/异构酶家族蛋白、GNAT 家族乙酰基转移酶和假定蛋白）表达

下调，而其他 6 个基因/蛋白表达上调。在空间飞行株 LCT-BC235 中，差异表达基因/蛋白质都属于代谢功能、结构蛋白、基因表达修饰和翻译和毒力。TPP 依赖性乙偶姻脱氢酶 E1 和溶血性肠毒素基因，其他所有代谢相关基因/蛋白质均出现明显表达下调。毒力基因溶血性肠毒素也呈显著增加。有关细胞的组成、结构、基因表达修饰和翻译的所有差异表达基因/蛋白质表达出对下调的趋势。更重要的是，遗传能力 CLPC/MecB 的负调节因子、DNA 解旋酶 B 亚基、3-羟基异丁酸脱氢酶、核糖核苷酸转移酶属于应激反应基因，反映了 DNA 损伤反应和 DNA 修复的过程。由此推断，短时间的空间飞行对蜡状芽胞杆菌主要的影响即代谢水平的变化，蜡状芽胞杆菌可以通过调节自身的代谢来适应环境，具体机制尚待研究。

第七节　总　　结

本研究借助“神舟八号”无人飞船对蜡状芽胞杆菌进行了空间搭载实验。对返回后的细菌进行了突变株的筛选。研究发现细菌的耐药性、生化代谢谱和生长曲线与地面对照株相比产生了较大的差异。基因组、转录组和蛋白质组学的研究结果提示了产生这些差异的原因是基因表达和蛋白质水平的变化，空间环境能够影响微生物的一些基因或蛋白的表达，也就是说蜡状芽胞杆菌进入空间特殊环境后通过改变自身代谢的变化来更好地适应环境。与此同时，鉴于两株分离的蜡状芽胞杆菌有不同的生物学特性，推断空间环境对蜡状芽胞杆菌的影响具有不定向性。

诚然，本研究也有如下一些不足之处：

(1) 本研究由于搭载样本载荷量的限制，我们此次搭载的蜡状芽胞杆菌是返回后筛选的单克隆突变株。有研究表明，细菌在外太空中会出现某些表型的改变，但这种改变是不稳定的，当回到地面时有发生回复突变的可能。目前 NASA 的某些研究为了避免回复突变对研究结果的影响，近年来设计了一系列空间搭载生物样本的装置，目的是在返回地面前对生物样本进行一定的固定以维持其原始的状态。而本次搭载由于载荷量的原因，且目前我国没有成熟的空间生物样本搭载装置，以及缺乏生物样本搭载经验，因此我们采取了比较简单的搭载策略，即返回地面后进行一次扩增，筛选菌株的优势克隆进行表型研究。所以不排除细菌回复突变对实验造成的影响。

(2) 本次蜡状芽胞杆菌的搭载全程都是在“神舟八号”飞船中进行，没有进行外太空的暴露过程。国际空间站的宇航员们曾经利用空间站的机械臂将生物样本暴露于宇宙空间中来探索宇宙环境对生物样本的影响。因此，我们在舱内搭载，很大程度上会屏蔽一定宇宙射线和辐射的影响。因此，空间环境对此次搭载蜡状芽胞杆菌的影响，很大程度上是受空间失重环境和微重力影响的。

(3) 本次“神舟八号”飞船空间飞行持续时间仅 398h。既往空间实验表明，高达 70% 的细菌和真菌的孢子短期（如 10 天）暴露在空间环境，甚至没有任何保护，可以大大减少辐射损伤和 DNA 的衰变的风险。然而，我们发现与地面对照株相比较，空间飞行蜡状芽胞杆菌在耐药性、生化代谢谱和生长曲线确实发生了相应的变化。我们可以得出这样的结论：短期空间飞行也可以导致蜡状芽胞杆菌发生相应的变化。考虑到空间环境是复杂的、极端的，我们不能排除长期太空飞行对微生物影响的可能性。

(4) 空间实验应该确保实验室的条件和空间环境的一致性。在本次搭载实验进行的过程中，我们不但设立了空间飞行组和地面温度同步对照组，而且还设置了地面模拟失重组和正常菌株对照组。由于实验成本所限，本研究只开展了两组菌株的研究。鉴于空间搭载机会较少，成本较高，对于未来的空间微生物的研究，模拟实验是非常重要的。我们可以模拟空间的参数，一方面可以在搭载前充分了解相关的实验过程和可能遇到的问题，另一方面可以再现我们的实验过程。地面上进行模拟微重力或者模拟辐射实验的结果将为我们研究微生物在空间环境的变化提供新的思路。

（5）由于鉴于上述各原因，本研究没有进行后续相关的实验验证工作。

载人航天为研究感染性疾病提供了一个独有的微生物高致变环境。空间环境具有地面环境中所不具备的一些特殊环境因素，包括微重力、高真空、极度温差、弱磁场和粒子辐射等。这些因素可诱导空间环境微生物产生基因突变，进而影响微生物的生物学性状和功能。在航天器这样无地面选择压力的高致变环境中，某些微生物的变异过程会加速，而能够得到的变异类型也会更丰富。航天器搭载，可以为我们全面开展空间环境下常见的重要致病微生物遗传变异的规律研究，有利于微生物科学技术的发展；同时了解并掌握高密闭、高人口密度环境下感染性疾病的预防和控制技术，进而为重要感染性疾病的预防、控制和治疗新策略的发现提供前所未有的机遇。

科技进步和研究手段的日新月异，也为空间微生物学研究提供了可能。综合运用基因组学、转录组学、蛋白质组学及系统生物学的研究方法与思路，针对“空间环境对病原菌的作用及规律，进行空间生物安全性评估”以及“探讨太空特定病原菌致病性和耐药性改变的规律，发掘感染防治的新靶点，为防控人类难治性感染提供新的策略”关键科学问题开展研究，必将能深入认识空间环境对病原菌的作用规律，可为保障航天员的在轨健康提供理论基础。另外，一些在地面条件下难于取得突破的研究，在空间特殊理化环境的诱导下可以发生放大效应，开展空间环境对病原菌耐药性和致病性作用规律的研究，将会更明确更细致地认识细菌毒力进化和耐药性产生的分子机制，鉴定出更多的临床诊断和治疗靶标，可为发掘临床常见病原菌诊治的新策略提供新思路，具有广阔的临床转化应用前景。

参考文献

[1] Sakoulas G，Moellering RC. Increasing antibiotic resistance among methicillin-resistant Staphylococcus aureus strains. Clinical Infectious Diseases. 2008，46：S360-S367.

[2] Pitout JDD. Multiresistant Enterobacteriaceae：new threat of an old problem. Expert Review of Anti-Infective Therapy. 2008，6（5）：657-669.

[3] Li B，Yi Y，Wang Q，et al. Analysis of Drug Resistance Determinants in Klebsiella pneumoniae Isolates from a Tertiary-Care Hospital in Beijing，China. Plos One. 2012，7（7）.

[4] Horneck G，Klaus DM，Mancinelli RL. Space Microbiology. Microbiology and Molecular Biology Reviews. 2010，74（1）：121-156.

[5] DeVeaux LC，Muller JA，Smith J，et al. Extremely radiation-resistant mutants of a halophilic archaeon with increased Single-Stranded DNA-Binding Protein (RPA) gene expression. Radiation Research. 2007，168（4）：507-514.

[6] Su LX，Chang D，Liu CT. The development of space microbiology in the future：the value and significance of space microbiology research. Future Microbiology. 2013，8（1）：5-8.

[7] Novikova ND. Review of the knowledge of microbial contamination of the Russian manned spacecraft. Microbial Ecology. 2004，47（2）：127-132.

[8] Leys NM，Hendrickx L，De Boever P，et al. Space flight effects on bacterial physiology. Journal of Biological Regulators and Homeostatic Agents. 2004，18（2）：193-199.

[9] Stepaniak PC，Ramchandani SR，Jones JA. Acute urinary retention among astronauts. Aviation Space and Environmental Medicine. 2007，78（4）：A5-A8.

[10] Taylor PW，Sommer AP. Towards rational treatment of bacterial infections during extended space travel. Int J Antimicrob Agents. 2005，26（3）：183-187.

[11] Hensley DM. Maintenance of antimicrobial suscepti-

bility of Acinetobacter baumannii in modeled microgravity. Clin Lab Sci. 2010, 23 (2): 84-88.

[12] Tixador R, Gasset G, Eche B, et al. Behavior of bacteria and antibiotics under space conditions. Aviat Space Environ Med. 1994, 65 (6): 551-556.

[13] Wilson JW, Ott CM, Honer zu Bentrup K, et al. Space flight alters bacterial gene expression and virulence and reveals a role for global regulator Hfq. Proc Natl Acad Sci USA. 2007, 104 (41): 16299-16304.

[14] Rosenzweig JA, Abogunde O, Thomas K, et al. Spaceflight and modeled microgravity effects on microbial growth and virulence. Appl Microbiol Biotechnol. 2010, 85 (4): 885-891.

[15] Crabbé A, Schurr MJ, Monsieurs P, et al. Transcriptional and proteomic responses of Pseudomonas aeruginosa PAO1 to spaceflight conditions involve Hfq regulation and reveal a role for oxygen. Appl Environ Microbiol. 2011, 77 (4): 1221-1230.

[16] Lapchine L, Moatti N, Gasset G, et al. Antibiotic activity in space. Drugs Exp Clin Res. 1986, 12 (12): 933-938.

[17] Dornmayr-Pfaffenhuemer M, Legat A, Schwimbersky K, et al. Responses of haloarchaea to simulated microgravity. Astrobiology. 2011, 11 (3): 199-205.

[18] 谢琼李，宿双宁，吴元亮. 空间环境对 13 株微生物生物学特性的影响. 感染、炎症、修复. 2003, 4 (4): 206-208.

[19] 谢琼吴，李勇枝，宿双宁. 空间环境对 13 株微生物生物学特性的影响. 中华医院感染学杂志. 2004, 14 (11): 1221-1224.

[20] 尹焕才，薛小平，杨慧，等. 模拟微重力环境下细菌生物学效应的初步研究. 航天医学与医学工程. 2009, 22 (9): 341-346.

[21] Vukanti R, Model MA, Leff LG. Effect of modeled reduced gravity conditions on bacterial morphology and physiology. Bmc Microbiology. 2012, 12 (1): 1-11.

[22] Lam KS, Mamber SW, Pack EJ, et al. The effects of space flight on the production of monorden by Humicola fuscoatra WC5157 in solid-state fermentation. Applied Microbiology and Biotechnology. 1998, 49 (5): 579-583.

[23] Lam K, Gustavson DR, Pirnik DL, et al. The effect of space flight on the production of actinomycin D by Streptomyces plicatus. Journal of Industrial Microbiology & Biotechnology. 2002, 29 (6): 299-302.

[24] Benoit MR, Li W, Stodieck LS, et al. Microbial antibiotic production aboard the International Space Station. Applied Microbiology and Biotechnology. 2006, 70 (4): 403-411.

[25] 魏丽勤，方晓梅，李宁梅，等. 太空搭载泰乐菌素高产菌株的选育. 工业微生物. 2007, 37 (1): 1-7.

[26] Wang J, Liu C, Liu J, et al. Space mutagenesis of genetically engineered bacteria expressing recombinant human interferon alpha1b and screening of higher yielding strains. World J Microbiol Biotechnol. 2014, 30 (3): 943-949.

[27] Bottone EJ. Bacillus cereus, a volatile human pathogen. Clin Microbiol Rev. 2010, 23 (2): 382-398.

[28] Zaloguev SN, Moroz AF, Antsiferova NG, et al. Biological characteristics of bacteria during the Cytos-2 Soviet-French space experiment. Zh Mikrobiol Epidemiol Immunobiol. 1985, (8): 3-7.

[29] Tixador R, Richoilley G, Gasset G, et al. Preliminary results of Cytos 2 experiment. Acta Astronaut. 1985, 12 (2): 131-134.

[30] Youvan D, Watanabe M, Holmquist R. Morphology of extremely heat-resistant spores from Bacillus sp. ATCC 27380 by scanning and transmission electron microscopy. Life Sci Space Res. 1977, 15: 65-72.

[31] Cockell CS, Rettberg P, Rabbow E, et al. Exposure of phototrophs to 548 days in low Earth orbit: microbial selection pressures in outer space and on early earth. ISME J. 2011, 5 (10): 1671-1682.

[32] Su L, Chang D, Liu C. The development of space microbiology in the future: the value and significance of space microbiology research. Future Microbiol. 2013, 8 (1): 5-8.

[33] Sieradzki K, Pinho MG, Tomasz A. Inactivated pbp4 in highly glycopeptide-resistant laboratory mutants of Staphylococcus aureus. J Biol Chem. 1999, 274 (27): 18942-18946.

[34] Sieradzki K, Tomasz A. Alterations of cell wall structure and metabolism accompany reduced susceptibility to vancomycin in an isogenic series of clinical isolates of Staphylococcus aureus. J Bacteriol. 2003, 185 (24): 7103-7110.

[35] Hamilton-Miller JM, Shah S. Disorganization of cell division of methicillin-resistant Staphylococcus aureus by a component of tea (Camellia sinensis): a study by electron microscopy. FEMS Microbiol Lett. 1999, 176 (2): 463-469.

[36] Horneck G, Klaus DM, Mancinelli RL. Space microbiology. Microbiol Mol Biol Rev. 2010, 74 (1): 121-156.

[37] Fang A, Pierson DL, Mishra SK, et al. Secondary metabolism in simulated microgravity: beta-lactam production by Streptomyces clavuligerus. J Ind Microbiol Biotechnol. 1997, 18 (1): 22-25.

[38] Kacena MA, Merrell GA, Manfredi B, et al. Bacterial growth in space flight: logistic growth curve parameters for Escherichia coli and Bacillus subtilis. Appl Microbiol Biotechnol. 1999, 51 (2): 229-234.

[39] Gasset G, Tixador R, Eche B, et al. Growth and division of Escherichia coli under microgravity conditions. Res Microbiol. 1994, 145 (2): 111-120.

[40] Klaus D, Simske S, Todd P, et al. Investigation of space flight effects on Escherichia coli and a proposed model of underlying physical mechanisms. Microbiology. 1997, 143 (Pt 2): 449-455.

[41] Brown RB, Klaus D, Todd P. Effects of space flight, clinorotation, and centrifugation on the substrate utilization efficiency of E. coli. Microgravity Sci Technol. 2002, 13 (4): 24-29.

[42] Brinkman FS, Leipe DD. Phylogenetic analysis. Methods Biochem Anal. 2001, 43: 323-358.

[43] Ehling-Schulz M, Svensson B, Guinebretiere MH, et al. Emetic toxin formation of Bacillus cereus is restricted to a single evolutionary lineage of closely related strains. Microbiology. 2005, 151 (Pt 1): 183-197.

[44] van der Voort M, Garcia D, Moezelaar R, et al. Germinant receptor diversity and germination responses of four strains of the Bacillus cereus group. Int J Food Microbiol. 2010, 139 (1-2): 108-115.

[45] Timmery S, Hu X, Mahillon J. Characterization of Bacilli isolated from the confined environments of the Antarctic Concordia station and the International Space Station. Astrobiology. 2011, 11 (4): 323-334.

[46] Schiwon K, Arends K, Rogowski KM, et al. Comparison of antibiotic resistance, biofilm formation and conjugative transfer of Staphylococcus and Enterococcus isolates from International Space Station and Antarctic Research Station Concordia. Microb Ecol. 2013, 65 (3): 638-651.

[47] Beuls E, Van Houdt R, Leys N, et al. Bacillus thuringiensis conjugation in simulated microgravity. Astrobiology. 2009, 9 (8): 797-805.

[48] Takahashi A, Ohnishi K, Yokota A, et al. Mutation frequency of plasmid DNA and Escherichia coli following long-term space flight on Mir. J Radiat Res. 2002, 43 Suppl: S137-140.

[49] Juergensmeyer MA, Juergensmeyer EA, Guikema JA. Plasmid acquisition in microgravity. J Gravit Physiol. 1995, 2 (1): 161-162.

[50] Moeller R, Reitz G, Nicholson The Protect Team WL, et al. Mutagenesis in bacterial spores exposed to space and simulated martian conditions: data from the EXPOSE-E spaceflight experiment PROTECT. Astrobiology. 2012, 12 (5): 457-468.

[51] Ohnishi T, Ohnishi K, Takahashi A, et al. [The effects of space radiation on DNA damage and mutation in plasmid DNA, E. coli and human DNA for long-term flight in MIR]. Biol Sci Space. 1998, 12 (3): 206-207.

[52] Fukuda T, Fukuda K, Takahashi A, et al. Analysis of deletion mutations of the rpsL gene in the yeast Saccharomyces cerevisiae detected after long-term flight on the Russian space station Mir. Mutat Res. 2000, 470 (2): 125-132.

[53] Wilson JW, Ott CM, Quick L, et al. Media ion composition controls regulatory and virulence response of Salmonella in spaceflight. PLoS One. 2008, 3 (12): e3923.

[54] Crabbé A, De Boever P, Van Houdt R, et al. Use of the rotating wall vessel technology to study the effect of shear stress on growth behaviour of Pseudomonas aeruginosa PA01. Environ Microbiol. 2008, 10 (8): 2098-2110.

[55] Crabbé A, Pycke B, Van Houdt R, et al. Response of Pseudomonas aeruginosa PAO1 to low shear modelled microgravity involves AlgU regulation. Environ Microbiol. 2010, 12 (6): 1545-1564.

[56] Dills SS, Apperson A, Schmidt MR, et al. Carbohydrate transport in bacteria. Microbiol Rev. 1980, 44 (3): 385-418.

[57] Hengstenberg W. Enzymology of carbohydrate transport in bacteria. Curr Top Microbiol Immunol. 1977, 77: 97-126.

[58] Danchin A. Membrane integration of carbohydrate transport in bacteria. Microbiol Sci. 1987, 4 (9): 267-269.

[59] Lengeler JW. Carbohydrate transport in bacteria under environmental conditions, a black box?. Antonie Van Leeuwenhoek. 1993, 63 (3-4): 275-288.

[60] Wilkins MR, Pasquali C, Appel RD, et al. From proteins to proteomes: large scale protein identification by two-dimensional electrophoresis and amino acid analysis. Biotechnology (N Y). 1996, 14 (1): 61-65.

[61] Ross PL, Huang YN, Marchese JN, et al. Multiplexed protein quantitation in Saccharomyces cerevisiae using amine-reactive isobaric tagging reagents. Mol Cell Proteomics. 2004, 3 (12): 1154-1169.

[62] Wu WW, Wang G, Baek SJ, et al. Comparative study of three proteomic quantitative methods, DIGE, cICAT, and iTRAQ, using 2D gel- or LC-MALDI TOF/TOF. J Proteome Res. 2006, 5 (3): 651-658.

[63] Choe LH, Aggarwal K, Franck Z, et al. A comparison of the consistency of proteome quantitation using two-dimensional electrophoresis and shotgun isobaric tagging in Escherichia coli cells. Electrophoresis. 2005, 26 (12): 2437-2449.

[64] Chopra V, Fadl AA, Sha J, et al. Alterations in the virulence potential of enteric pathogens and bacterial-host cell interactions under simulated microgravity conditions. J Toxicol Environ Health A. 2006, 69 (14): 1345-1370.

[65] Mastroleo F, Van Houdt R, Leroy B, et al. Experimental design and environmental parameters affect Rhodospirillum rubrum S1H response to space flight. ISME J. 2009, 3 (12): 1402-1419.

[66] Vaishampayan PA, Rabbow E, Horneck G, et al. Survival of Bacillus pumilus spores for a prolonged period of time in real space conditions. Astrobiology. 2012, 12 (5): 487-497.

（苏龙翔）

第七章　二次空间环境对蜡状芽胞杆菌的影响

第一节　实施二次空间环境诱导蜡状芽胞杆菌的背景

人类太空飞行正在谱写出新的篇章，新一轮的太空探索及开发行业开始崭露头角[1]。近年来，在近地轨道（LEO）之外进行探索的可能性开始提上议程，越来越多的国家开始参与其中，载人太空飞行逐渐成为研究的热点，并最终可能会让人类的足迹触及遥远的太阳系[2]。这也对空间生命科学和医学研究提出了新的课题和挑战。由于空间微重力环境下，人的免疫功能会受到影响甚至产生缺陷，这时，各种机会致病病原体，包括细菌、真菌和病毒，就会利用免疫功能下降的机会侵入人体，进而造成严重的感染性疾病。其中某些致病菌会不可避免地随着空乘人员进入轨道或者深层太空[3-4]。宇宙飞船上潜在的主要感染源是宇航员体内的菌群。人体是大型多样性微生物群落（合称为微生物菌落）的家园，在宿主一系列生理过程的发展和功能中发挥着积极作用，包括黏膜免疫反应机制。这些微生物群落主要包括皮肤、口腔、鼻道、泌尿生殖道以及胃肠道（GI）（较为显著）上寄生的细菌[5-8]。

一、国外研究太空飞行环境对细菌影响的现状

自 2000 年 11 月以来，国际空间站持续正常运行，而且在未来 5～10 年仍旧有可能发挥研究基地的功能。同时，人们还热衷于重返月球计划、载人远航火星探险和近地小行星探险[9]。例如，美国航空航天局（NASA）正努力计划在 2025 年之前将人类送上小行星，并在 21 世纪 30 年代将人类送上火星。除了探索任务之外，商业和工业活动的发展也会使得在月球或者近地小行星开采矿石和燃料成为可能。然而，在地球轨道之外的探险活动中，维持太空空乘人员的健康却面临着巨大的挑战[10-11]。

太空飞行环境具有天然的复杂性，其中涉及多重变量，包括零重力、微重力、加速度、振动、辐射、电磁以及和太空飞船密闭环境有关的其他环境压力，这些因素会分别对细菌生理功能以及基因表达和行为的变化结果产生影响[12]。微重力环境是太空飞行改变细菌表型最重要的因素之一。在短期轨道飞行过程中开展的研究显示，太空中的微重力环境下，细菌均能表现出一定程度的抗生素抗性改变和致病毒性改变[13]。Andrews 等发现，太空短期飞行的大肠埃希菌对多黏菌素和卡那霉素出现了耐药；而金黄色葡萄球菌对青霉素、氯霉素、红霉素的 MIC 值比地面对照增加了 2 倍。微重力造成抗生素抗性改变的机制可能是：飞行微重力下，细菌具有独特的超微结构，如细胞壁肽聚糖的浓度大大增加，细胞质膜外层较薄[14]。此外，某些细菌还会出现芽胞形成增多，细胞分裂中受损的某些突变体繁殖力增强等变化，这些都有可能影响细菌对抗生素抗性的改变[15]。

尽管细菌已经进化到可以在恶劣的地球环境中生存的地步，并且以前也没有遭遇过在地球重力场之外飞行的宇宙飞船密闭的环境，但是它们能够感知和适应周围环境的变化，并做出适当的

反应。除了低重力或者零重力之外，它们还会被暴露到前所未有的高水平振动、加速度和以星系宇宙射线和太阳高能粒子形式存在的辐射之中[16]。人们普遍认为：在短期轨道飞行中，微重力可以对细菌增长动能和细菌细胞行为产生重大影响，并可能会提高微生物的突变率[17]。

美国空间微生物学家通过其米尔空间站的研究数据显示，在进入空间 40d 之后，酵母菌所携带的克隆基因的突变率会比地面对照组突变率高出 2～3 倍[18]。在短期轨道飞行过程中开展的调查显示：太空中一系列细菌不断增长的代谢活动表现为迟滞期较短、生物量有所增长、产生二级代谢物有所增长，但是有些类似研究报告显示：飞行培养和地面对照之间没有什么区别[19]。其中有些观察资料已经在多次航天飞机飞行中得到确认：所获得数据的一致性表明，在微重力条件下开展科学实验固有的技术困难所造成的再生能力缺乏不可能导致差异性的结果。这就意味着不同的生长培养基、培养条件、菌株种类以及宇宙飞船栖息地内生物反应器的性质，会造成微生物对太空飞行环境的不同反应。微重力环境下，生产复合药物、二级代谢物和疫苗会对细菌细胞行为产生不同的影响[20-22]。

Benoit 等人已经指出：由于在悬浮培养液中细胞周围存在静态液体环境，所以细菌会受到微重力的间接影响。在微重力环境下，通过液体培养基沉淀的细胞会大幅减少，且在悬浮细菌附近的液体对流也会大幅下降[23]。此时，细胞吸收营养和外排代谢产物的主要方式变成了流体动力（而不是细胞的动力）。这会直接或间接地影响细菌的增殖和代谢方式，并因此改变细菌的毒性和抗生素敏感性[24]。

Nickerson 等人已经探索了飞行微重力对肠道菌群以及鼠伤寒沙门菌的毒性改变作用，发现实验菌株相较于地面对照菌株，对小鼠具有更强的致病能力[25]。这些菌株更容易扩散于肝和脾之中，但致死率（LD）会有所下降，并且更加具有耐酸性。全基因组测序分析也发现，部分毒性相关基因发生了突变[26]。

二、影响空间细菌感染敏感性的宿主因素

为了能够在超常封闭的绕轨道运行宇宙飞船中有效地执行任务，同时达到医疗和心理方面的健康标准，宇航员需掌握广泛的能力和技巧[27-28]。重力的下降会使得下身骨骼承受的荷载量减少，从而造成骨盐消融、肌肉弱化和萎缩，体液会重新分配，伸长的脊椎会引起后背疼痛、神经系统支配失衡等[29]。这些生理变化会对健康状况带来严重影响，在小规模隔离团队中造成巨大的社会心理压力，尤其是在深层太空飞行中更是如此。尽管尚没有确凿的证据表明，中短期飞行诱导的免疫缺陷会造成严重疾病，但是太空飞行的确会对免疫系统造成轻度伤害[30]。例如，在执行阿波罗任务返回地球后一星期内，大约有一半的宇航员罹患了轻度细菌性或者病毒性感染。最近，在飞行过程中以及返回地球一个星期内，宇航员身上潜在的疱疹病毒开始复制，这是细胞免疫功能降低的征兆[31-32]。

已有研究资料显示：太空飞行或者其模拟环境会对特定的免疫功能产生一定影响，包括促有丝分裂作用激发人体白细胞增生、Ⅰ型及Ⅲ型干扰素合成功能下降、自然杀伤（NK）细胞的活性受到抑制、迟发型超敏反应减弱以及骨髓和脾脏中的白细胞亚群出现变异。鉴于免疫细胞在控制病毒和细菌感染方面发挥着核心作用，对病原体在人体内增殖、侵袭和扩散的能力形成约束，我们有理由相信太空飞行所诱发的免疫系统发育不全症状具有重大的科研意义。在近地轨道（LEO）停留 3 周之后，我们发现大鼠脾脏和胸腺的重量会大大下降，并且胸腺淋巴细胞和淋巴结数量以及脾淋巴细胞和红细胞样细胞数量也会随之下降[33]。由于这些免疫系统改变，如果长期被隔离或者封闭在太空轨道的话，各种机会致病病原体，包括细菌、真菌和病毒，就会造成严重的感染性疾病。通过使用传统的培养技术积累的证据显示：空乘人员的肠道菌群在太空飞行过程

中发生了重大变化。前苏联早期的研究表明：在进入“礼炮号”空间站和米尔轨道平台密闭舱的前两周，空乘人员胃肠道培养的细菌种类数量发生了显著下降，他们之间的肠道细菌也发生了显著交换[34]。在类似的检测中，阿波罗和空间站上宇航员的胃肠道内不同细菌种类的数量也明显下降，而诸如克雷伯菌和假单胞菌等可能引起疾病的细菌开始出现。目前为止，关于飞行空乘人员胃肠道微生物菌落的宏基因组分析还没有出现，但是相关人员已经使用先进的基因技术对宇航员微生物菌落进行了在轨研究，美国国家航空航天局也会很快进行微生物菌落实验[35]。

三、太空飞行环境对细菌生理功能产生的影响

尽管细菌已经进化到可以在恶劣的地球环境中生存的地步，并且以前也没有遭遇过在地球重力场之外飞行的宇宙飞船密闭的环境，但是它们能够感知和适应周围环境的变化，并做出适当的反应[36]。除了微重力或者零重力之外，它们还会被暴露到前所未有的高水平振动、加速度和以星系宇宙射线和太阳高能粒子形式存在的辐射之中。人们普遍认为：在短期轨道飞行中，微重力可以对细菌增长动能和细菌细胞行为产生重大影响，但是在飞行过程中，辐射也可能会提高微生物的突变率[37]。

四、太空飞行环境和抗菌敏感性

如果空乘人员在航天飞行任务中受到感染，那么细菌对抗生素产生的抗性会影响对他们的治疗。Tixador 和 Taylor 等人通过整理“阿波罗-联盟号”测试计划中某些未出版观察资料发现：和起飞前后同样人员身上采样的隔离菌群相比，在飞行过程中从宇航员身上培养的细菌具有的抗生素抗性更强[38]。通过对“礼炮 7”空间站上法国航天员 Chrien JL 的共生菌丛中分离出的大肠埃希菌的研究发现，与地面对照菌相比，空间站来源的大肠埃希菌对多黏菌素 E 和卡那霉素的最低抑菌浓度显著增加（从 4mg/L 到＞16mg/L），空间站来源的金黄色葡萄球菌对苯唑西林、红霉素和氯霉素的最低抑菌浓度也有一定程度的增加[39]。另有研究发现，盐古菌在模拟微重力条件下对利福平、红霉素、枯草杆菌肽的抗药性增加明显。我们课题组前期对搭载于“神舟八号”飞船的肺炎克雷伯菌等多种细菌进行了初步分析，发现太空飞行 397h 后，肺炎克雷伯菌对头孢唑林、头孢他啶、头孢曲松等抗生素耐药性发生明显增强，屎肠球菌对阿奇霉素和美罗培南耐药性增强；蜡状芽胞杆菌对阿米卡星耐药性增强。但也有研究报道太空飞行后细菌出现耐药性降低的现象，如蜡状芽胞杆菌、巨兽芽胞杆菌、无乳链球菌等在飞船搭载后对个别药物（头孢唑林、头孢曲松、哌拉西林等）的耐药性有所降低[40-41]。

五、太空飞行和微重力建模条件下细菌的致病性改变

已有文献报道，某些肠道菌群和鼠伤寒沙门菌的毒性作用受太空飞行和地面微重力模拟的影响。微重力可以使细菌致死小鼠的能力改变，并且使细菌更倾向于定植在肝和脾中，且致死率会有所下降。全基因组测序分析发现，微重力环境可以改变细菌的基因表达，其中部分基因为多元化活动相关性基因，从而对毒性相关的酶及蛋白质的表达进行调节，使得细胞可以以全新的方式对毒性机制的表达进行“微调”[41]。针对鼠伤寒沙门菌的细菌转录组和蛋白质组表达分析发现，地面微重力模拟数据和航天飞机 STS-115 机载相匹配，其中共发现 167 个转录本和 73 种蛋白质可以显示差异的表达，并且保护核糖核酸捆绑的蛋白质 Hfp 被鉴定为飞行诱导反应的潜在整体调节剂。美国科学家通过研究肺炎链球菌暴露于模拟微重力前后的毒力变化，发现暴露于微重力后细菌对细胞的黏附能力增强。黏附力强弱是评价细菌毒力的一个指标，在随后的小鼠感染模型实验中，发现微重力暴露后菌株的半数致死量（LD_{50}）较对照株明显降低，说明该菌的毒力在

微重力作用下大大增强[42]。

同时，在载人航天活动中，一些正常定植的细菌（如大肠埃希菌）会随着航天员或航空部件进入太空，并在太空舱内形成微生物群区。据报道，自“和平号”空间站升空15年来，该空间站内生长了234种微生物。一些机会性致病菌，如大肠埃希菌、肺炎克雷伯菌、金黄色葡萄球菌、铜绿假单胞菌和肠球菌等，都在航天员身上或空间站中被检出[43]。而载人航天飞行过程中人体多个器官生理功能都会受到影响，如空间驻留人员的免疫系统功能下降，容易受到病原菌的感染。载人航天器是一个完全密闭的空间体系，航天员所有的科研工作和日常生活均在其中进行。由于空间载荷的要求和限制，这个空间有限而且高度密闭的系统在多名航天员搭载时形成一个高密度人群区，一旦载人航天器中发生可传染性疾病，在这个传播途径被极度缩短而病原微生物又被大大富集的环境中将极易发生病原体的扩散传播，从而对所有搭载航天员的健康造成极为严重的威胁[44]。

六、空间飞行引起的细菌变异的蛋白质组学改变

已有文献表明，空间飞行引起的细菌代谢、耐药及毒性等的改变，往往是由于基因突变造成的特定蛋白质的改变所致。目前已有多家研究机构对空间飞行菌群进行了基因组、转录组及蛋白质组学分析和研究。我国王雅娟等采用新一代的质谱技术对搭载我国“神舟八号”飞船的褪色沙雷菌进行研究后，筛选出空间诱变菌株LCT-SM166。对空间诱变菌株以及地面对照株进行了3次重复实验后，总共鉴定出1713种蛋白质，共有111种蛋白质发生变化，其中上调的为21种，下调的为90种。80%以上鉴定到的蛋白质功能分布于能量的生成和转换、氨基酸的转运和代谢、碳水化合物的转运和代谢、翻译过程和核糖体的结构和生物合成、转录过程、细胞膜的合成、信号转导通路等。空间诱变菌株LCT-SM166与地面对照株的差异蛋白质所处的细胞位置主要在细菌外膜，其分子功能主要为翻译因子活性和核酸结合、苹果酸酶活性、翻译调节活性等，其参与的生物过程主要为翻译、细胞蛋白代谢过程、蛋白代谢过程、己糖代谢过程等。褪色沙雷菌在空间环境发生变化的蛋白质主要与能量的代谢有关，这可能是细菌为适应空间环境而产生的变化。Chopra等利用双向凝胶电泳检测方法，发现经模拟空间暴露后的鼠伤寒沙门菌有35种蛋白表达增多，33种蛋白表达下调，新表达的蛋白有57种，这些蛋白可能参与细菌转录调节和毒力等方面的功能[27,45]。Wilsona等研究发现鼠伤寒沙门菌经搭载空间站后可以出现诱变株STS-115，经与地面对照株进行蛋白质数据匹配后发现诱变株可见251种蛋白质，其中73种蛋白质发生了改变。进一步研究发现，在诱变株中STS-115有167种基因发生了改变，其中69种上调，98种下调，这些可能与STS-115蛋白质组学发生改变相关，特别是作用广泛的调控蛋白Hfq[34,46]。

七、空间飞行对蜡状芽胞杆菌的改变

蜡状芽胞杆菌是革兰氏阳性杆菌，是一种条件致病菌，是目前临床上最常见的食源性病原菌之一，也是导致人类感染性疾病的重要病原菌之一，它几乎能感染所有种类的食品，能产生三种不同的肠毒素，引起呕吐综合征和腹泻。宇宙空间站中普遍存在蜡状芽胞杆菌，宇航员的食物容易受到蜡状芽胞杆菌的污染。因此研究空间诱变的蜡状芽胞杆菌对宇航员及空间工作人员的健康具有重要意义[47]。本课题组前期的研究通过搭载“神舟八号”飞船将蜡状芽胞杆菌送入太空，历经398h、1100万千米的飞行返回地面后进行了表型相关实验，证明了空间环境诱变菌株存在明显的变化并筛选出两株诱变株，即LCT-BC25和LCT-BC235，随后对其进行了基因组测序、转录组测序和蛋白质组学分析，发现两株诱变蜡状芽

胞杆菌均出现了明显差异表达的蛋白，总共可见1269种蛋白质，但是这两株细菌差异表达的蛋白质谱明显不同，其中诱变株LCT-BC25与地面对照株比较有57种蛋白质上调，77种蛋白质下调；诱变株LCT-BC235与地面对照株比较有8种蛋白质上调，73种蛋白质下调，诱变蜡状芽胞杆菌LCT-BC25主要的差异蛋白与代谢调节水平相关；除了有代谢相关蛋白质改变，还出现了溶血性肠毒素蛋白的明显高表达，提示突变细菌株可能有较强的毒力，有可能对空间站航天员造成潜在的健康危害[30]。

为了更好地发现和了解空间环境对细菌的影响及其致病性和耐药性机制，为保障航天员安全提供理论基础，我们借助“神舟十号”飞船，将LCT-BC25突变菌株再次送入太空，了解二次太空飞行对蜡状芽胞杆菌的影响。

第二节 二次空间环境飞行对蜡状芽胞杆菌的影响

蜡状芽胞杆菌是革兰氏阳性杆菌，是一种条件致病菌，是目前临床上最常见的食源性病原菌之一，它几乎能感染所有种类的食品，能产生三种不同的肠毒素，引起呕吐综合征和腹泻。宇宙空间站中普遍存在蜡状芽胞杆菌，宇航员的食物容易受到蜡状芽胞杆菌的污染。然而，目前绝大多数实验都是基于空间站或者短期飞行得到的菌株，由于其在空间上的飞行时长是固定的，无法探究时间因素对细菌抗生素抗性及毒性的影响[47]。我们通过“神舟十号”飞船（飞船的升空时间为2013年6月11日，返回地球时间为2013年6月26日）将已经历一次太空飞行的蜡状芽胞杆菌LCT-BC25再次送进太空让其经历二次空间飞行，通过二次空间环境的诱导，得到以时间为变量因素的外太空飞行菌株，连同地面对照菌株一起，探究二次太空飞行对蜡状芽胞杆菌抗生素抗性以及毒性的影响。

一、细菌增殖能力比较

本课题组前期工作，利用“神舟八号”飞行器将蜡状芽胞杆菌运载入太空，鉴定出了突变菌株LCT-BC25，并发现了太空环境可引起蜡状芽胞杆菌增殖能力的下降。为了解二次太空环境对蜡状芽胞杆菌生长数量的影响，我们将LCT-BC25菌株通过“神舟十号”飞行器运载上天，返回地面后，即为二次太空飞行菌落（定义为LCT-BC25-2），取LCT-BC25-2、一次太空飞行菌落（LCT-BC25-1）和地面对照菌株LCT-BC244样本按相同步骤进行分装，取等量的样品进行梯度稀释并依据增殖时间0～24h进行平板菌落计数，结果显示：太空环境下蜡状芽胞杆菌生长繁殖数量较地面明显受到抑制，而二次太空飞行环境使这种增长抑制显著增加（图7-1）。

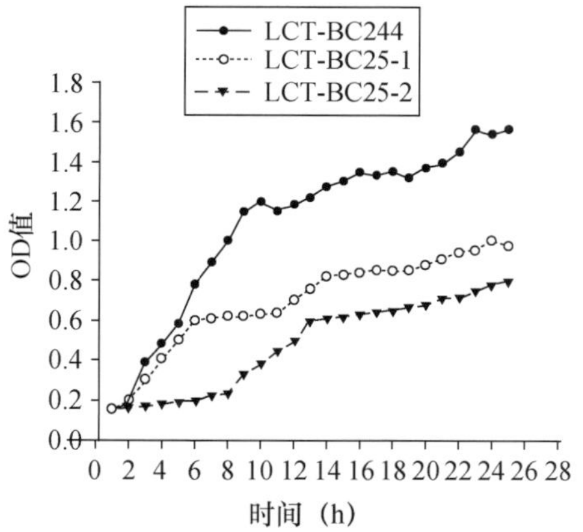

图7-1 二次太空飞行后蜡状芽胞杆菌生长曲线

二、细菌的耐药性分析

太空环境会影响细菌的耐药性，本课题组前期工作发现LCT-BC25菌较地面对照LCT-BC244菌耐药性发生一定的变化，其对头孢他啶产生了耐药性，而对阿米卡星敏感度反而升高。为明确时间在太空飞行对大肠埃希菌抗生素耐药性的改变中起的作用，我们挑取地面组、一次太空飞行组和二次太空飞行组（每组样本各500个克隆）进行了抗生素敏感试验筛查，发现二次太空组菌株同样对头孢他啶产生耐药。同时，我们发现，虽然菌株对万古霉素仍然敏感，但MIC值产生上浮的漂移，地面对照LCT-BC244菌株对万古霉素的MIC值为1mg/L，而一次太空飞行后的LCT-BC25菌株对万古霉素MIC值小幅上移为2mg/L，二次太空飞行后的LCT-BC25-2菌株对万古霉素的MIC值上移至4mg/L，几乎接近于临界浓度（Breakpoint）（表7-1）。为了解该耐药性改变的遗传稳定性，我们对挑取的这个克隆进行连续传代培养50次，并对每一代菌株均行抗生素敏感性试验检测，发现该菌在传代过程中头孢他啶、万古霉素的MIC值保持一致的稳定性。

三、细菌对小鼠的急性毒性

我们将LCT-BC25-2，LCT-BC25-1和LCT-BC244三种菌株，按照不同浓度攻毒C57BL/6J和A/J两种品系的小鼠。对于以气管滴入的C57BL/6J小鼠，我们发现二次空间飞行菌株LCT-BC25-2的LD_{50}为（$10.3\times10^5\pm0.3\times10^5$）CFU，高于LCT-BC25-1［（$7.4\times10^5\pm0.3\times10^5$）CFU］，而地面对照菌LCT-BC244［（$3.7\times10^5\pm0.2\times10^5$）CFU］明显低于空间飞行组。腹腔注射的菌株毒性要远高于气管滴入，但三种菌株LD_{50}也存在着相同的排序，分别是LCT-BC25-2［（$8.1\times10^3\pm0.3\times10^3$）CFU］＞LCT-BC25-1［（$5.3\times10^3\pm0.3\times10^3$）CFU］＞LCT-BC244［（$3.4\times10^3\pm0.4\times10^3$）CFU］。这说明随着太空飞行的时间和次数的增加，蜡状芽胞杆菌出现了急性毒力减弱的现象。在A/J品系的小鼠实验中，我们得到了相同的结果（表7-2）。

表7-1 二次太空飞行后蜡状芽胞杆菌耐药性分析

抗生素	MIC（mg/L）			临界浓度（mg/L）	
	LCT-BC25-2	LCT-BC25-1	LCT-BC244	敏感（S）≤	耐药（R）≥
青霉素	0.25	0.25	0.25	0.125	0.25
头孢他啶	16	8	4	4	8
庆大霉素	0.5	0.5	0.5	4	8
利福平	0.5	0.5	0.5	1	4
环丙沙星	2	2	2	8	32
左氧氟沙星	0.5	0.5	0.5	2	8
氨苄西林	0.125	0.25	0.25	0.25	0.5
万古霉素	4	2	1	4	8
利奈唑胺	0.25	0.25	0.25	1	4

表7-2 二次太空飞行后蜡状芽胞杆菌毒性分析

鼠系	菌株	感染途径 LD_{50}（$\times10^5$ CFU）	
		气管滴入	腹腔注射
C57BL/6J	LCT-BC25-2	10.3±0.3	8.1±0.3
	LCT-BC25-1	7.4±0.3	5.3±0.3
	LCT-BC244	3.7±0.2	3.4±0.4
A/J	LCT-BC25-2	5.3±0.3	3.1±0.2
	LCT-BC25-1	4.4±0.3	2.2±0.2
	LCT-BC244	1.7±0.2	1.2±0.2

四、细菌对小鼠的促炎作用

我们将LCT-BC25-2，LCT-BC25-1和LCT-BC244三种菌株，以1×10^3CFU/ml腹腔注射A/J小鼠。30d后，处死小鼠，对其肺、肝、脾进行HE染色，发现在LCT-BC244攻毒小鼠肺中，可明显看到粒细胞和淋巴细胞增多，伴有显著的炎性浸润。我们将感染小鼠静脉血提取血清，检测炎性因子，发现肿瘤坏死因子（TNF）-α、白细胞介素（IL）-6、IL-10等炎性因子在三种菌株攻毒的小鼠体内均显著上升，上升的幅度呈LCT-BC25-2＜LCT-BC25-1＜LCT-BC244趋势（图7-2），结果说明太空飞行可使蜡状芽胞杆菌致炎能力减弱。

五、细菌的扩散能力

评价蜡状芽胞杆菌的毒力及致病力的一个指标是它的扩散能力，这决定了其定植器官及对机体的损害强度。我们将LCT-BC25-2，LCT-BC25-1P和LCT-BC244三种菌株，以5×10^5CFU/ml气管滴入A/J小鼠，在6h、24h、48h时间点将小鼠

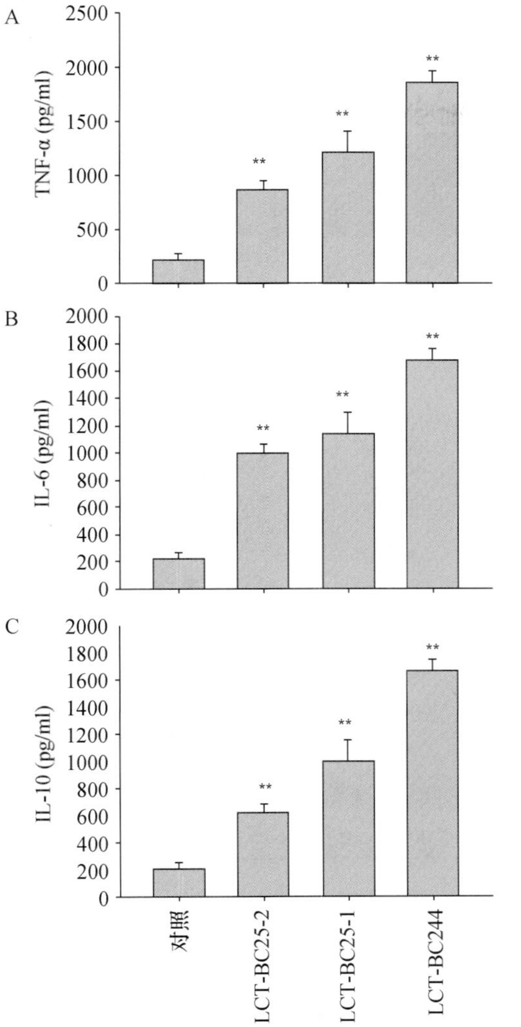

图 7-2 二次太空飞行后的蜡状芽胞杆菌对小鼠的促炎作用

与对照组比较，** $P<0.05$

处死，对其肺、脾及血液中进行菌落计数，三种菌落在肺组织中均显著扩增，地面对照菌株 LCT-BC244 扩增得最快，空间飞行菌株均比地面对照菌扩增得慢，而二次空间飞行菌株 LCT-BC25-2 扩增速度最慢。脾和血液中，在 6h 及 24h 时间点均未发现菌落，而在 48h 时间点，均可发现菌落，而二次空间飞行菌株 LCT-BC25-2 显著少于一次空间飞行菌株 LCT-BC25-1，而 LCT-BC244 菌株量显著高于空间飞行菌株量，说明空间飞行可降低蜡状芽胞杆菌由肺部向脾及血液的扩散速度，且随着空间飞行时间增长，菌株的扩散能力显著降低（表 7-3）。

六、细菌的耐药基因及毒性基因分析

我们通过研究空间飞行细菌与地面对照菌的区别，发现了随着飞行时间的增加，蜡状芽胞杆菌出现更强的耐药性和减弱的毒性。由于细菌耐药和毒性作用的改变通常是由其基因突变引起的，而已有文献报道空间飞行的微重力环境可引起细菌的基因突变。所以我们接着对 LCT-BC25-2、LCT-BC25-1 和 LCT-BC244 三种菌株进行了全基因组测序。我们发现，相对于 LCT-BC25-1，LCT-BC25-2 菌株产生了更多的基因突变，其中部分为耐药相关的基因突变及毒性相关的基因突变，说明二次太空飞行可能是通过致使相关基因

表 7-3 二次太空飞行后的蜡状芽胞杆菌在体内的扩散能力

器官	菌株	Log CFU/器官					
		6 h		24 h		48 h	
		芽胞型	营养型	芽胞型	营养型	芽胞型	营养型
肺	LCT-BC25-2	3.1±0.9	2.7±0.7	3.2±0.8	3.2±0.8	4.4±0.8	4.9±0.8
	LCT-BC25-1	3.5±0.8	3.3±1.1	3.7±0.5	3.3±1.0	4.6±0.6	5.6±0.8
	LCT-BC244	3.8±1.1	3.2±0.7	4.0±0.8	4.2±0.7	4.4±0.7	6.0±0.8
脾	LCT-BC25-2	无	无	无	无	无	2.9±0.8
	LCT-BC25-1	无	无	无	无	无	3.3±0.4
	LCT-BC244	无	无	无	无	无	3.9±0.6
血液	LCT-BC25-2	无	无	无	无	无	2.5±0.6
	LCT-BC25-1	无	无	无	无	无	2.7±0.4
	LCT-BC244	无	无	无	无	无	3.1±0.8

突变而造成了菌株耐药性和毒性的变化（表 7-4，表 7-5），这也能够解释二次太空飞行后蜡状芽胞杆菌在细菌增殖方面、耐药性、毒力等方面所发生的变化。

表 7-4 二次太空飞行后的蜡状芽胞杆菌耐药基因变化

基因名称	基因功能	相关抗生素	相似度（%）
vanG	Vancomycin resistance operon genes, which can synthesize peptidoglycan with modified C-terminal D-Ala-D-Ala to D-alanine-D-serine	万古霉素	95.6
bacA	Undecaprenyl pyrophosphate phosphatase, which consists in the sequestration of Undecaprenyl pyrophosphate	杆菌肽	94.2
bcrA	ABC transporter system, bacitracin efflux pump	杆菌肽	86
blt	Major facilitator superfamily transporter. Multidrug resistance efflux pump	氯霉素；多柔比星；氟喹诺酮；嘌呤霉素	66.3
lmrB	ABC transporter system, Macrolide-Lincosamide-Streptogramin B efflux pump	林可霉素	88.7
fosB	Glutathione transferase, metalloglutathione transferase which confers resistance to fosfomycin by catalyzing the addition of glutathione to fosfomycin	磷霉素	72.7
cata16	Group A chloramphenicol acetyltransferase, which can inactivate chloramphenicol	氯霉素	64.7
bl2a_ii	Class A beta-lactamase. This enzyme breaks the beta-lactam antibiotic ring open and deactivates the molecule's antibacterial properites	青霉素	53.28
vatC	Virginiamycin A acetyltransferase, which can inactivate the target drug	链阳霉素 A	98.5

表 7-5 二次太空飞行后的蜡状芽胞杆菌毒力基因变化

毒力数据库基因编码	相似性	gi 号 | 毒力基因 | 功能
VFG2085	50	15600888 | vasH | sigma-54 dependent transcriptional regulator | Vibrio cholerae N16961
VFG1668	51.54	28316248 | orf45 | putative lysil-tRNA synthetase LysU | Escherichia coli 536
VFG2228	52.38	17987699 | wzt | O-antigen export system ATP-binding protein | Brucella melitensis 16M
VFG0925	50	26246567 | fepC | Ferric enterobactin transport ATP-binding protein fepC | Escherichia coli CFT073
VFG0168	51.74	15599424 | pchD | pyochelin biosynthesis protein PchD | Pseudomonas aeruginosa PAO1
VFG1818	65.57	15609514 | mbtH | mbtH | Mycobacterium tuberculosis H37Rv
VFG1322	51.67	21282745 | isdF | ORFID：MW1016～hypothetical protein, similar to ferrichrome ABC transporter | Staphylococcus aureus MW2
VFG1321	51.79	21282744 | isdE | ORFID：MW1015～hypothetical protein, similar to ferrichrome ABC transporter | Staphylococcus aureus MW2
VFG0088	52.13	15640842 | tcpI | toxin co-regulated pilus biosynthesis protein I | Vibrio cholerae N16961
VFG2158	61.03	16802971 | lmo0931 | lipoate protein ligase | Listeria monocytogenes (serovar 1/2a) EGD-e
VFG1381	66.51	15607608 | icl/aceA | aceA | Mycobacterium tuberculosis H37Rv
VFG0080	51.25	16803037 | clpE | ATP-dependent protease | Listeria monocytogenes (serovar 1/2a) EGD-e

表 7-5 二次太空飞行后的蜡状芽胞杆菌毒力基因变化（续）

毒力数据库基因编码	相似性	gi 号 | 毒力基因 | 功能
VFG1854	50	52841570 | flaA | flagellin | Legionella pneumophila Philadelphia 1
VFG1797	50.94	25011354 | scpB | streptococcal C5a peptidase | Streptococcus agalactiae NEM316
VFG1249	50	15596296 | fleR | two-component response regulator | Pseudomonas aeruginosa PAO1
VFG2275	70.32	18309145 | pfoA | perfringolysin O | Clostridium perfringens 13
VFG2160	50.61	16803869 | fbpA | fibronectin-binding protein | Listeria monocytogenes（serovar 1/2a）EGD-e
VFG2161	55.63	16803884 | lspA | signal peptidase II | Listeria monocytogenes（serovar 1/2a）EGD-e
VFG0574	56.23	16767047 | mgtB | Mg<up>2+</up> transport protein［Salmonella enterica（serovar typhimurium）LT2］
VFG0479	50	16764728 | pykF | pyruvate kinase I（formerly F），fructose stimulated | Salmonella enterica（serovar typhimurium）LT2
VFG1300	55.22	21281856 | cap8D | capsular polysaccharide synthesis enzyme Cap8D | Staphylococcus aureus MW2
VFG0431	57.59	16763123 | tviB | Vi polysaccharide biosynthesis protein，UDP-glucose/GDP-mannose dehydrogenase | Salmonella enterica（serovar typhi）CT18
VFG1309	62.82	21281865 | cap8M | capsular polysaccharide synthesis enzyme Cap8M | Staphylococcus aureus MW2
VFG0083	56.34	15640842 | tcpI | toxin co-regulated pilus biosynthesis protein I | Vibrio cholerae N16961
VFG0841	52.63	3822163 | hlyB | hemolysin transport protein | Escherichia coli O157：H7 EDL933
VFG1855	61.33	52840925 | htpB | Hsp60，60K heat shock protein HtpB | Legionella pneumophila Philadelphia 1
VFG1793	57.89	46588 | hlb | beta-hemolysin | Staphylococcus aureus
VFG1415	55.56	15610737 | panD | panD | Mycobacterium tuberculosis H37Rv
VFG1582	63.17	23954265 | orf48 | hypothetical protein | Escherichia coli 536
VFG1391	51.46	15608301 | narG | narG | Mycobacterium tuberculosis H37Rv
VFG1814	54.53	15608302 | narH | narH | Mycobacterium tuberculosis H37Rv
VFG0077	69.43	16804506 | clpP | ATP-dependent Clp protease proteolytic subunit | Listeria monocytogenes（serovar 1/2a）EGD-e
VFG2377	61.72	123443295 | ddhA | glucose-1-phosphate cytidylyltransferase | Yersinia enterocolitica 8081
VFG1867	51.31	52843161 | sodB | superoxide dismutase | Legionella pneumophila Philadelphia 1
VFG1405	63.04	15609840 | sigA | sigA | Mycobacterium tuberculosis H37Rv
VFG2543	50.94	53721347 | bspR4 | LuxR family transcriptional regulator | Burkholderia pseudomallei K96243
VFG2361	56.85	123443279 | galE | UDP-glucose 4-epimerase | Yersinia enterocolitica 8081
VFG1373	63.33	15900286 | cps4I | UDP-N-acetylglucosamine-2-epimerase | Streptococcus pneumoniae TIGR4
VFG0077	78.24	16804506 | clpP | ATP-dependent Clp protease proteolytic subunit | Listeria monocytogenes（serovar 1/2a）EGD-e
VFG0964	57.72	15675935 | hasC | UDP-glucose pyrophosphorylase | Streptococcus pyogenes SF370
VFG0079	78.46	16802278 | clpC | endopeptidase Clp ATP-binding chain C | Listeria monocytogenes（serovar 1/2a）EGD-e

总之，为了更好地了解太空飞行对蜡状芽胞杆菌及其他细菌生物性状等的影响，在前期工作的基础上我们通过“神舟十号”飞船将已经历一次太空飞行的蜡状芽胞杆菌再次送进太空让其经历二次空间飞行。通过二次空间环境的诱导，我们得到了以时间为变量因素的外太空飞行菌株，结果发现二次太空飞行的蜡状芽胞杆菌增殖能力显著下降，对多种抗生素的耐药性增强，尤其是对万古霉素的耐药性增强；而二次太空飞行的蜡状芽胞杆菌对小鼠的毒性作用却是减弱的，无论是气管内滴注还是腹腔注射途径，小鼠的 LD_{50} 都远远高于经历一次太空飞行的菌株，这可能与 TNF-α、IL-6、IL-10 等炎性因子在经二次太空飞行的蜡状芽胞杆菌感染的小鼠体内升高较慢有关。细菌的毒力及致病力的一个指标即为它的扩散能力，这决定了其定植器官及对机体的损害程度。对经历二次太空飞行的蜡状芽胞杆菌的扩散能力评价进一步证实了我们上述的细菌毒性减弱的发现，长时间的空间飞行可降低蜡状芽胞杆菌由肺部向脾及血液的扩散速度，且随着空间飞行时间增长，菌株的扩散能力显著降低。为了探究经历二次太空飞行的蜡状芽胞杆菌能出现上述变化的原因，我们比较了经历一次太空飞行和二次太空飞行菌株的基因组，并进行了测序，发现二次太空飞行的蜡状芽胞杆菌再次出现了部分基因的改变，尤其是相关的耐药基因和毒力基因的改变，说明二次太空飞行可能是通过致使相关基因突变而造成了菌株在上述增殖能力方面、耐药性、毒力等方面的变化。

载人航天工程的实施为微生物科学技术的发展提供了一条新途径，提供了一个独特的研究微生物高致变的环境，而且已经取得了一定的成果，并促进了一门新的空间生物学分支领域——空间微生物学的诞生[48]。目前关于空间环境因素诱导病原菌表型变化的分子机制研究，国内外尚属初级阶段，进一步通过对空间细菌的研究促进人类感染性疾病的预防和控制更是空白[49]。随着科技的发展，2020 年我国将建立太空空间站，未来多次进入太空或是长时间停留太空环境的人类及各种细菌将会越来越多。二次及多次进入太空或是长时间停留太空会对细菌再产生哪些影响，细菌等微生物的蛋白质组学、基因组学等是否会产生进一步变化，是否会进一步影响细菌等微生物的毒力、抗菌耐药性等，这些有待研究人员进一步去研究发现解决。

参考文献

[1] Review of US Human Spaceflight Plans Committee. Seeking a Human Spaceflight Program Worthy of a Great Nation. Washington, DC: Review of US Human Spaceflight Plans Committee. 2009.

[2] Khan A. Firm aims to mine asteroids to refuel, build metal parts in space. Los Angeles Times. 2013.

[3] Stewart LH, Trunkey D, Rebagliati GS. Emergency medicine in space. J Emerg Med, 2007, 32 (1): 45-54.

[4] Horneck G, Facius R, Reichert M, et al. HUMEX, a study on the survivability and adaption of humans to long-duration exploratory missions, part II: missions to Mars. Adv Space Res, 2006 (38): 752-759.

[5] Horneck G, Comet B. General human health issues for Moon and Mars missions: results from the HUMEX study. Adv Space Res, 2006, 37: 100-108.

[6] Taddeo TA, Armstrong CW. Spaceflight medical systems. In: Barratt MR, Pool SL, editors. Principles of Clinical Medicine for Space Flight. New York: Springer, 2008.

[7] Rykova MP, Antropova EN, Larina IM, et al. Humoral and cellular immunity in cosmonauts after the ISS missions. Acta Astronaut, 2008, 63 (7-10): 697-705.

[8] Stowe RP, Mehta SK, Ferrando AA, et al. Immune responses and latent herpesvirus reactivation in spaceflight. Aviat Space Environ Med, 2001, 72 (10): 884-891.

[9] Ilyin VK. Microbiological status of cosmonauts during orbital spaceflights on Salyut and Mir orbital stations. Acta Astronaut, 2005, 56 (9-12): 839-850.

[10] NASA. Study of the impact of long-term space travel

on the astronauts' microbiome (Microbiome). Houston: National Aeronautics and Space Administration. Available from: http://www.nasa.gov/mission-pages/station/research/experiments/1010.html. Accessed January 28, 2015.
[11] Fukuda T, Fukuda K, Takahashi A, et al. Analysis of deletion mutations of the rpsL gene in the yeast Saccharomyces cerevisiae detected after long-term flight on the Russian space station Mir. Mutat Res. 2000 (470): 125-132.
[12] Mishra SK, Pierson DL. Space flight, effects on microorganisms. // Lederberg J. Encyclopedia of Microbiology. Vol 4. San Diego: Academic Press, 1992: 53-60.
[13] Guo Y, Li Y, Su L, et al. Comparative genomic analysis of Klebsiella pneumonia (LCT-KP214) and a mutant strain (LCT-KP289) obtained after spaceflight. BMC Genomics, 2014 (15): 589.
[14] Su L, Chang D, Liu C. The development of space microbiology in the future: the value and significance of space microbiology research. Future Microbiol, 2013, 8 (1): 5-8.
[15] 谢琼，吴元亮，李勇枝，等. 空间环境对13株微生物生物学特性的影响. 中华医院感染学杂志，2004，14 (11): 1221-1224.
[16] Kim W, Tengra FK, Shong J, et al. Effect of spaceflight on Pseudomonas aeruginosa final cell density is modulated by nutrient and oxygen availability. BMC Microbiol, 2013, 13: 241.
[17] 王雅娟，刘进文，方向群，等. 空间环境诱导褪色沙雷菌LCT-SM166的蛋白质组学分析. 解放军医学院学报，2013，34 (1): 10-13.
[18] Chopra V, Fadl AA, Sha J, et al. Alterations in the virulence potential of enteric pathogens and bacterial-host cell interactions under simulated microgravity conditions. J Toxicol Environ Health A, 2006, 69 (14): 1345-1370.
[19] 刘长庭. 空间环境对微生物的影响及意义. 军医进修学院学报，2012，33 (5): 433-434.
[20] Longxiang Su, De Chang, Changting Liu. The development of space microbiology in the future: the value and significance of space microbiology research. Future Microbiol, 2013, 8 (1): 5-8.
[21] Shen LX, Basilion JP, Stanton VP Jr. Single-nucleotide polymorphisms can cause different structural folds of mRNA. Proc Natl Acad Sci U S A, 1999, 96 (14): 7871-7876.
[22] Parag A. Vaishampayan, Elke Rabbow, Gerda Horneck, et al. Survival of Bacillus pumilus Spores for a Prolonged Period of Time in Real Space Conditions. Astrobiology, 2012 (12): 487-497.
[23] Gerda Horneck, David M. Klaus, and Rocco L. Mancinelli. Space Microbiology Microbiology and Molecular Biology Reviews, 2010, 3: 121-156.
[24] Chang D, Zhu Y, Zou Y, et al. Draft genome sequence of Enterococcus faecium strain LCT-EF90. J Bacteriol, 2012, 194 (13): 3556-3557.
[25] Fang X, Fang Z, Zhao J, et al. Draft genome sequence of Pseudomonas aeruginosa strain ATCC 27853. J Bacteriol, 2012, 194 (14): 3755.
[26] De Chang, Yuanfang Zhu, Jiapeng Chen, et al. Draft Genome Sequences and Annotation of Enterococcus faecium Strain LCT-EF20 Genome Announc, 2013, 1 (1): 1-2.
[27] 王雅娟，刘进文，方向群，等. 空间环境诱导褪色沙雷菌LCT-SM166的蛋白质组学分析. 解放军医学院学报，2013，34 (1): 10-13.
[28] Barnes B, Sidhu H, Gordon DM. Host gastro-intestinal dynamics and the frequency of colicin production by Escherichia coli. Microbiology, 2007, 153 (Pt 9): 2823-2827.
[29] Hensley DM. Maintenance of antimicrobial susceptibility of acinetobacter baumannii in modeled microgravity. Clin Lab Sci, 2010, 23 (2): 84-88.
[30] 苏龙翔，刘进文，方向群，等. 空间诱导蜡状芽胞杆菌LCT-BC25和LCT-BC235的蛋白质组学研究. 解放军医学院学报，2013，34 (1): 7-9.
[31] Seki S, Kawaguchi Y, Chiba K, et al. A functional SNP in CILP, encoding cartilage intermediate layer protein, is associated with susceptibility to lumbar disc disease. Nat Genet, 2005, 37 (6): 607-612.
[32] Su L, Zhou T, Zhou L, et al. Draft genome sequence of Bacillus cereus strain LCT-BC244. J Bacteriol, 2012, 194 (13): 3549.

[33] Horneck G, Bucker H, Reitz G. Long-term survival of bacterial spores in space. Adv Space Res, 1994, 14 (10): 41-45.

[34] Wilsona JW, Ott CM, Höner zu Bentrup K, et al. Space flight alters bacterial gene expression and virulence and reveals a role for global regulator HfqProc Natl Acad Sci. 2007, 104 (41): 16299-16304.

[35] Chopra V, Fadl AA, Sha J, et al. Alterations in the virulence potential of enteric pathogens and bacterial-host cell interactions under simulated microgravity conditions. J Toxicol Environ Health A, 2006, 69 (14): 1345-1370.

[36] Liz'ko NN, Shilov VM, Syrykh GD, et al. Intestinal microflora makeup of astronauts before and after space flights. Kosm Biol Aviakosm Med, 1979, 13 (6): 9-13.

[37] Zhang Yanling, Yang Hui, Xie Qiong, et al. Effects of Simulated Micrgravity with Clinostat on Gene and Protein Expression in Escherichia coli. Space Medicine & Medical Engineering, 2012, 25 (3): 157-161.

[38] Li T, Chen J, Chang D, et al. Draft Genome Sequence of Escherichia coli Strain LCT-EC59. Genome Announc, 2013, 1 (1): 3758-3759.

[39] 常德，刘进文，方向群，等. 空间环境诱导屎肠球菌突变株 LCT-EF18 的蛋白质组学分析. 解放军医学院学报，2013，34 (1)：3-6.

[40] Chang D, Zhu Y, An L, et al. A multi-omic analysis of an Enterococcus faecium mutant reveals specific genetic mutations and dramatic changes in mRNA and protein expression. BMC Microbiol, 2013, 13 (1): 304.

[41] Chang D, Zhu Y, Fang X, et al. Draft Genome Sequences of the Enterococcus faecium Strain LCT-EF258. Genome Announc, 2013, 1 (1): 3556-3557.

[42] Trebichavsky I, Splichal I, Rada V, et al. Modulation of natural immunity in the gut by Escherichia coli strain Nissle 1917. Nutr Rev, 2010, 68 (8): 459-464.

[43] Junfeng Wang, changting Liu, Jinyi Liu, et al. Space mutagenesis of genetically engineered bacteria expressing recombinant human interferon α1b and screening of higher yielding strains. World J Microbiol Biotechnol, 2014, 30 (3): 943-949.

[44] Tom McMeekin, John Bowman, Olivia McQuestin. The future of predictive microbiology: Strategic research, innovative applications and great expectations. International Journal of Food Microbiology, 2008, 128: 2-9.

[45] Hensley DM. Maintenance of antimicrobial susceptibility of acinetobacter baumannii in modeled microgravity. Clin Lab Sci, 2010, 23 (2): 84-88.

[46] Nickerson CA, Ott CM, Mister SJ, et al. Microgravity as a novel environmental signal affecting Salmonella enterica serovar Typhimurium virulence. Infect Immu, 2000, 68 (6): 3147-3152.

[47] Wilson JW, Ott CM, Quick L, et al. Mediaion composition controls regulatory and virulence response of Salmonella in spaceflight. PLoS ONE, 2008, 3 (12): e3923.

[48] Horneck G, Klaus DM, Mancinelli RL. Space microbiology. Microbiol Mol Biol Rev, 2010, 74 (1): 121-156.

[49] 陈振鸿，刘长庭. 太空环境对细菌的影响及作用机制. 解放军医学院学报，2014，35 (7)：763-765.

（保鹏涛）

第八章　空间环境对铜绿假单胞菌的影响

第一节　铜绿假单胞菌简介

铜绿假单胞菌（*P. aeruginosa*）原称绿脓杆菌。在自然界分布广泛，为土壤中存在的最常见的细菌之一。其细菌学归类如表 8-1 所示，属于变形菌门，是临床最常见的致病性假单胞菌属。各种水、空气、正常人的皮肤、呼吸道和肠道等都有该菌存在。该菌生存的重要条件是潮湿的环境。

表 8-1　铜绿假单胞菌的细菌学归类

类别	名称
界	细菌界
门	变形菌门
纲	γ-变形菌纲
目	假单胞菌目
科	假单胞菌科
属	假单胞菌属

一、铜绿假单胞菌名称由来

铜绿假单胞菌的学名是 *Pseudomonas aeruginosa*，当中的 Pseudomonas 是由希腊语的 pseudo 及 monas 所组成，意即虚假的单元，是早期微生物学用作描述病菌的。而 aeruginosa 则是铜绿，即铜与空气中的氧气、二氧化碳和水等物质反应产生的物质，又称铜锈，化学式为 $Cu_2(OH)_2CO_3$，正好表达了这种细菌所产生的青色色素（图 8-1）。

二、铜绿假单胞菌生物学特性

铜绿假单胞菌是一种非常常见的条件致病菌，属于非发酵革兰氏阴性杆菌。菌体细长且长短不一，有时呈球杆状或线状，成对或短链状排列。菌体的一端有单鞭毛，在暗视野显微镜或相

图 8-1　铜绿假单胞菌培养图片

差显微镜下观察可见细菌运动活泼（见图 8-2）。这种运动能力将导致铜绿假单胞菌在空间环境中的生存力同普通细菌不同，这一差别将在下面阐述。

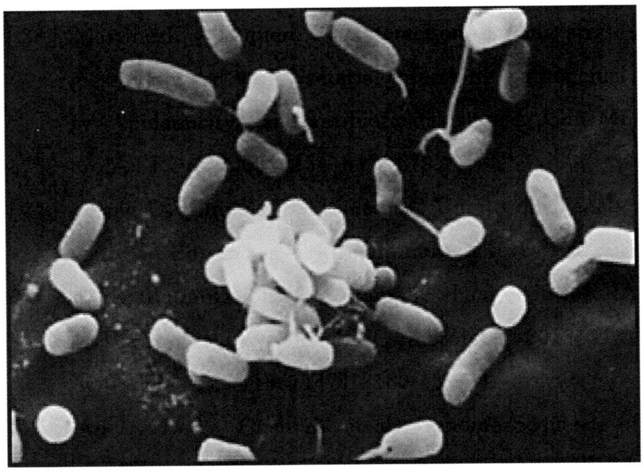

图 8-2 铜绿假单胞菌扫描电镜照片

铜绿假单胞菌为专性需氧菌，生长温度范围 25～42℃，最适生长温度为 25～30℃，特别是该菌在 4℃不生长而在 42℃可以生长的特点可用以鉴别。在普通培养基上可以生存并能产生水溶性的色素，如绿脓素（Pyocynin）与带荧光的水溶性荧光素（Pyoverdin），在血平板上会有透明溶血环，这些特性可以用作简单的鉴定。

该菌含有 O 抗原（菌体抗原）以及 H 抗原（鞭毛抗原）。O 抗原包含两种成分：一种是其外膜蛋白，为保护性抗原；另一种是脂多糖，有特异性。O 抗原可用于分型。

三、铜绿假单胞菌实验室培养、鉴定方法

（一）分离培养

铜绿假单胞菌生长对营养要求不高。对有正常菌群存在的临床标本或采自环境中的标本应接种选择性培养基如麦康凯琼脂培养基（MAC）；对无正常菌群存在的临床标本如血液、脑脊液、穿刺液等，可接种普通或血琼脂培养基。在普通琼脂培养基上生长 18～24h 可以见到扁平、湿润的菌落，该菌所产生的带荧光的水溶性青脓素与绿脓素相结合将使得培养基呈亮绿色；在血琼脂平板上生长时可以见到在菌落的周围有溶血环，菌落呈金属光泽；如果是在液体培养基中则呈浑浊状生长，在液体表面形成菌落，而在培养基底部细菌的生长不良。因该菌生长对营养要求不高，在自然界的存活能力较强，这也使得该菌在空间环境中生存成为可能。

（二）鉴定

生化鉴定铜绿假单胞菌氧化酶阳性，能氧化分解葡萄糖和木糖，产酸不产气，但不分解乳糖和蔗糖。液化明胶，可分解尿素，还原硝酸盐为亚硝酸盐并产生氮气，吲哚阴性，不产生硫化氢气体，利用枸橼酸盐，精氨酸双水解酶阳性。

基因测序鉴定因空间微生物研究的特殊性，环境和标本中采集的细菌多应用 16S rRNA 基因测序法鉴定。

四、铜绿假单胞菌的临床意义及对载人航天的威胁

铜绿假单胞菌是存在于人类中最常见的一种假单胞菌，本菌普遍存在，而在潮湿环境尤甚。本菌为条件致病菌，是医院内感染的主要病原菌之一。铜绿假单胞菌引起的很多感染发生在衰弱或免疫受损的住院患者，它是重症监护室感染的第二位最常见的病原菌，是呼吸机相关性肺炎的常见原因。铜绿假单胞菌感染可发生于很多解剖部位，包括皮肤、皮下组织、骨、耳、眼、尿路和心脏瓣膜。感染部位与细菌的入口及患者的易感性有关。

目前已有资料证明载人航天中，人体多个器官生理功能都会受到影响。例如，空间驻留人员的免疫系统功能下降，因而与临床严重基础性疾病患者一样，容易受到病原菌的感染。可以预见绿假单胞菌在空间环境中的致病性将会增加。

五、铜绿假单胞菌的耐药性及在空间环境中可能的耐药机制

铜绿假单胞菌的耐药机制异常复杂，主要与

以下因素有关：①铜绿假单胞菌产生抗菌活性酶，如β-内酰胺酶、氨基糖苷钝化酶等；②细菌改变抗菌药物作用的靶位，如青霉素结合蛋白（PBPs）、DNA旋转酶等结构发生改变，从而逃避抗菌药物的抗菌作用；③铜绿假单胞菌外膜通透性降低；④生物被膜形成；⑤主动泵出系统；⑥其他。其中主动泵出系统在铜绿假单胞菌多重耐药机制中起着主导作用。

实验证明，治疗铜绿假单胞菌引起的临床感染，以复合青霉素类、三或四代头孢菌素、三或四代喹诺酮类等药物为好。但临床抗感染的经验证明，单一抗生素对大多数革兰氏阴性杆菌尤其是铜绿假单胞菌的治疗效果是不理想的，因其很快就会出现耐药株，从而导致治疗失败。因此，美国临床和实验室标准协会（Clinical and Laboratory Standards Institute，CLSI）以及许多权威的专业人士早已主张联合用药。

细菌生物被膜在铜绿假单胞菌感染中广泛存在，是导致抗菌治疗失败的重要原因之一，因此也是致病性研究的重点。可以推测，一旦该菌通过提高生成生物被膜的能力，将极大增加空间环境中的致病能力。因此，在空间环境中该菌的生物被膜的研究也是一个热点，此部分内容将在下文专题讲述。

六、针对铜绿假单胞菌的环境消毒措施

因铜绿假单胞菌对化学药物的抵抗力比一般革兰氏阴性菌强大，不仅容易引起临床交叉感染，也是空间环境消毒需要重点“关照”的危险分子。在地面环境下1∶2000的氯己定、度米芬和苯扎氯铵，1∶5000的消毒净在5min内均可将其杀死，0.5%～1%醋酸也可迅速使其死亡。

第二节　空间环境对铜绿假单胞菌的影响

随着人类对太空的涉足，有关空间生命科学的研究越来越深入。在人体表面、呼吸道和胃肠道均寄居着大量与人类健康息息相关的细菌。研究发现，在空间环境尤其是微重力条件下，一些条件致病菌的毒力和致病性增加[1]，可对宇航员的健康产生威胁。从“和平号”空间站（Mir）与国际空间站（International Space Station，ISS）中已检测出包括伤寒沙门菌、大肠埃希菌、铜绿假单胞菌、金黄色葡萄球菌等多种致病菌。这些微生物在空间微重力环境下出现生理、生化和遗传性状等变异，使一些原本对人体和环境无害的微生物种群也会在毒力、抗生素敏感性等方面发生改变。若不加以控制，不但会直接危害航天员的健康，而且还会造成局部环境的生物性污染，侵蚀光学仪器、电子元器件、聚合材料，威胁飞行安全[2-4]。目前，有关空间环境下细菌致病性变化的研究越来越受到重视。

如前所述，铜绿假单胞菌在自然界分布广泛，在水、空气等标本及正常人的皮肤、呼吸道和肠道等都曾检出本菌的存在，作为人体一种极为常见的条件致病菌，极易通过航天员或航天设备带入太空中。同时，该菌较强的致病性也成为该菌严重威胁空间环境内人体健康的重要因素，加之该菌的多重耐药机制，一旦引发感染、导致疾病或将引起空间环境中暴发流行的严重后果。事实上，铜绿假单胞菌就曾在航天员和空间站中被检出。“阿波罗13号”宇宙飞船执行任务途中，曾有宇航员发生铜绿假单胞菌引起的泌尿系统感染[5]。因此针对该菌空间生物学研究的深入也成为科学界亟须解决的问题之一。

一、空间环境对铜绿假单胞菌影响的研究手段

在空间环境尤其是微重力环境下，不同细菌的生长速度不同。目前针对空间环境对细菌生物学影响的研究主要集中在微重力方向。微重力是指物体在重力加速度为10^{-5}～$10^{-4}g$时所受的重力，太空环境即为微重力环境。地球环境下物体

由于地球引力所受到竖直的力为重力，等于物体质量与重力加速度（地面重力加速度为 1g）的乘积，它是万有引力的一个分力，使物体具有重量并可使之竖直向下移动；另一个分力是随地球自转的向心力。太空环境的重力加速度在 10^{-6}～$10^{-3}g$，而航天器在地球轨道作惯性飞行运动时，重力与离心力相抵消，航天器质心处重力为零，即失重环境，质心以外的部位为微重力环境；当航天器加速上升和减速返回时，正负加速度使航天器处于超重状态。太空的探索活动中处于超重状态的时间是短暂的，主要为微重力和失重状态。微重力和失重环境为物质提供了一种独特的环境，与重力环境相比，物质会出现一系列独特的物理变化。作为微生物，铜绿假单胞菌会对外界环境的这种微重力变化做出积极响应。

理论上，研究空间环境对铜绿假单胞菌的影响应该通过航天器搭载实验，但是因为航天工程的巨大花费，以及受航天飞行时间、条件、搭载重量、搭载体积、搭载装置的安全性等因素所限，航天飞行器搭载实验实施较困难。为了在地面模拟微重力环境，美国国家航空航天局（National Aeronautics and Space Administration，NASA）发明了旋转壁式反应器（Rotating Wall Vessel Bioreactor，RWV）。RWV 是一种垂直低速旋转（10～60r/min）、充满液体的圆柱形悬浮培养容器，在旋转过程中重力向量呈随机化分布，可模拟 $10^{-2}g$ 的微重力状态[6]，而其水平旋转时则是正常重力状态。基于这一原理，NASA 又发明了高截面纵横比容器（High Aspect Ratio Vessel，HARV）。目前两者均已广泛用于模拟微重力实验[7-8]。这些装置为实验室在地面条件下研究铜绿假单胞菌在空间环境中的生物学效应提供了有利的技术支持和保障，也大大降低了研究费用。

二、空间环境对铜绿假单胞菌生长及生物学特性的影响

研究证实无论空间微重力还是模拟微重力环境下培养细菌，均为菌体提供了低剪切力环境，细菌培养环境发生改变，间接地对细菌造成影响，这利于细菌的培养[9-10]。研究发现空间环境还可能增加细菌的存活力，模拟微重力下大肠埃希菌抵抗酸性、热应力和渗透压等能力增强，耐药性也增强，这种变化与 RNA 聚合酶稳定因子的编码基因 *rpoS* 表达有关[11-12]。Arunasri 等[13]发现大肠埃希菌出现了上百种基因的表达变化。可以看出空间环境不但通过改变细菌的周边环境来改变细菌的营养摄取，而且会对细菌的基因水平、转录水平等进行调节，从而改变细菌的正常生长速度。另一方面，在空间环境中，细菌可以通过改变自己对外界环境的适应能力而调节自己的生长。这些研究结果也为探索空间环境对铜绿假单胞菌的研究提供了一定思路和模式。

Crabbé 等[14-15]发现伴侣蛋白 Hfq 在太空飞行对铜绿假单胞菌的多种基因转录和蛋白表达改变中起了关键作用，而 AlgU 因子调节了抗压蛋白的表达。该结果印证了铜绿假单胞菌同样可以通过改变基因的转录和蛋白表达水平来适应空间环境的巨大差异，进而可能调节自身在极端空间环境中的生存能力。2010 年 Mauclaire 和 Egli[16]报道了模拟微重力环境下藤黄微球菌的生物被膜形成增强。生物被膜是紧密黏附于材料表面（如医疗器械表面）并且难以去除的细菌团块与细胞外基质的复合体，又称界膜。通俗地说，生物被膜是由细菌在其分泌的黏液（黏多糖）内形成的结构。包裹着细菌的生物被膜为细菌提供了保护，使得后者很难被清除，并且增加了细菌在极端环境下的生存能力。2013 年 Kim 等[17]证实了太空微重力环境下铜绿假单胞菌的生物被膜生长速率明显增加。该结果提示在空间环境中铜绿假单胞菌可以通过增加生物被膜这条途径来提高自己的生存能力，这也给空间环境的生物消毒带来了新的挑战。

那么在空间环境下，不同细菌的生长变异是否相同呢？也就是说其他细菌的研究结果能否都推论到铜绿假单胞菌呢？进一步的研究发现微重

力对细菌影响的结果并不一致。虽然研究发现微重力环境下大肠埃希菌等细菌生长速率较对照组明显增加，但微重力环境下铜绿假单胞菌的繁殖没有变化[18-20]。

中国作为航天事业的后起之秀，空间微生物学近年来得到了长足的发展，针对该菌空间生物学研究也在进行中。解放军总医院刘长庭课题组依托“神舟”系列飞船搭载了多株临床常见的致病菌，飞船返回后课题组在地面立即对搭载菌进行了存活率检测，结果发现在搭载过程中各株菌均存活且有不同程度的生长（表 8-2）。不仅表明中国自行研制的搭载系统能够满足“神舟”系列飞船的微生物搭载及下一步的科研需求，更验证了铜绿假单胞菌在空间中生长、繁殖的能力。同时通过该实验也可以看出，在空间环境下，不同细菌的生长、繁殖能力是存在较大差距的。

表 8-2 “神舟”飞船搭载微生物存活率检测结果

病原微生物	搭载前菌落数（CFU/ml）	太空飞行生长菌落数（CFU/ml）
大肠埃希菌	1×10^4	8×10^{10}
铜绿假单胞菌	1×10^4	6×10^{10}
金黄色葡萄球菌	1×10^4	3×10^{10}
肺炎克雷伯菌（NDM-1）	1×10^4	3×10^{10}
肺炎克雷伯菌（KPC）	1×10^4	4×10^{10}
蜡状芽胞杆菌	1×10^4	2×10^6

Klaus 等[9]曾试图揭示出现这种细菌间生长差异的原因，认为与细菌是否可以游动有关，因为重力作用不单单局限在细菌上，应该从细菌、培养液、容器和外部环境等整体层面考虑。微重力环境下不具有游动性的菌体细胞悬浮于培养液中，营养物质和代谢产物相对静止在细胞周围，降低了悬浮细胞和其周围液体间的质量传递，微重力造成的细胞周围特殊化学龛环境造就了细菌的繁殖增快。而具有鞭毛的细菌，比如铜绿假单胞菌，其游动性打破了周围相对静止的液体环境，不具有非游动性细菌在微重力环境下的龛环境，因而未发现增殖速度的改变。

另有研究发现微重力增加了大肠埃希菌细胞膜的流动性[21]，但 England 等的研究并未发现微重力造成铜绿假单胞菌膜流动性的改变。Boever 等发现微重力环境下革兰氏阳性菌之间存在质粒的转移，而革兰氏阴性菌之间未见此现象。Hensley[22]发现鲍曼不动杆菌药物敏感性在微重力环境下未发生改变。而解放军总医院刘长庭课题组则通过“神舟”系类飞船的搭载实验证实了多株细菌的药物敏感性在空间飞行后发生了改变。所以应该看到，太空环境及微重力对不同细菌的生长及存活力影响不同，各细菌的研究结果并不能互相推论演绎。

Pollard[23]发现直径＞10μm 的细胞可体验出太空微重力与地面重力的差别，而绝大多数细菌的菌体长度＜10μm，这些细菌个体对微重力作用不敏感是因为菌体体积太小，细胞内部密度均匀，重力加速度变化对之引起的震动太过细微，菌体几乎感知不到。而 Kim 等[24]发现太空微重力环境下培养基中磷酸盐和氧等营养成分受限时，铜绿假单胞菌的生长速度较正常对照组增加，但营养成分充足时两组未见差异。另外，太空辐射和微重力相叠加对生物的作用更强，这与微重力环境下细菌对辐射导致 DNA 损伤的修复能力下降有关[25]。随着分子生物学技术的发展和微重力模拟设备及辐射设备的渐趋先进，空间环境对铜绿假单胞菌等细菌生物学特性影响的研究将越来越深入。

三、空间环境导致铜绿假单胞菌生物被膜形成能力增强

如前所述，铜绿假单胞菌也同样被用来研究失重状态下生物被膜的形成，与大肠埃希菌相似，铜绿假单胞菌在太空飞行器及模拟微重力环境下可形成稳固的生物被膜。模拟失重并不是直接通过诱导 N-乙酰高丝氨酸内酯增加细菌毒力，而是通过启动信号级联反应产生超强毒性的铜绿假单胞菌[26]；此外通过结晶紫染色的方法及共焦显微镜观察显示，所形成的生物被膜在剧烈震动

条件下仍能稳固存在。Crabbé 等[15-16][27]研究进一步发现在微重力环境下生物被膜的形成受剪切力的影响。在低剪切力条件下，铜绿假单胞菌 PAO1 菌株形成黏稠的细胞聚集物，而在高剪切力作用下可形成稳固的生物被膜。这提示铜绿假单胞菌可以通过调节生物被膜生成这条途径来适应极端的空间环境。

四、空间环境改变铜绿假单胞菌毒力

Hfq 是一种 RNA 结合蛋白，通过与 sRNA 和 mRNA 结合发挥调节基因转录的作用[28]。Wilson 等[28-29]通过动物实验证明微重力环境下鼠伤寒沙门菌的毒力增强，发现鼠伤寒沙门菌编码转录蛋白、调节蛋白、细菌毒力和脂多糖等 100 多种基因的表达变化，而且认为 sRNA 伴侣蛋白 Hfq 起到了关键作用。在亚特兰蒂斯号航天飞机 STS-115 空间实验中，空间环境致沙门菌毒力增加的机制研究有所进展，Wilson 等[30]发现与地面对照组比较，STS-115 携带的沙门菌有 167 种基因表达发生变化，其中 69 种表达增加，98 种表达下调，同时还发现，调控蛋白 Hfq 在微重力所致细菌侵袭性增加及巨噬细胞存活能力提高中起着重要作用。Hfq 的作用在铜绿假单胞菌菌株 PAO1 的研究中也得到 Crabbé 等人的证实[26]。Crabbé 等[14]的研究表明，PAO1 经航天搭载后，167 个 mRNA 基因和 28 种蛋白发生变化，Hfq 即是主要转录调控因子之一。该研究还发现 PAO1 毒力相关基因——凝集素基因 *lecA*、*lecB* 以及鼠李糖基转移酶基因 *rhlA* 均发生明显上调，*rhLA* 可促进鼠李糖脂的生成。

Guadarrama 等[31]研究发现模拟微重力环境下，微重力处理组中铜绿假单胞菌 PA103 菌株的生长周期及外毒素产量与对照组相比均无显著差异，但作者同时也指出，结果可能与培养基条件、微重力生物效应回转器的回旋速度及回旋时间有关。而 2008 及 2010 年 Crabbé 等[15,26]发表的研究结果表明，在模拟微重力条件下，铜绿假单胞菌藻酸盐、弹性蛋白酶、鼠李糖脂产生增加，但绿脓菌素的产量无明显差异。

进一步应用基因芯片技术分析模拟微重力暴露后铜绿假单胞菌 PAO1 菌株基因表达情况，结果表明模拟微重力生物效应回旋器中培养的铜绿假单胞菌 PAO1 菌株有 330 种基因表达水平高于对照组 1.5 倍以上（其中 134 种基因表达水平高于对照组 2 倍以上）。这些表达增加的基因涉及各个水平，包括参与各种应激反应的蛋白的合成（如基因 *htpG*、*htpX*、*ibpA*、*grpE* 等参与热应激蛋白的表达），致病因子的表达（如基因 *algP*、*algR* 等参与藻酸盐的合成，基因 *fleN* 调节鞭毛的合成），参与各种生理代谢的物质合成（如基因 *sdhD*、*sdhA*、*sdhB* 调节琥珀酸脱氢酶合成，*bfrA*、*bfrB* 参与铁蛋白的合成），以及各种调控因子的合成（如基因 *hfq* 参与 RNA 结合蛋白 Hfq 合成，*algU* 参与 RNA 聚合酶 σ 因子 AlgU 的合成，*narL*、*rhlR* 参与转录因子的合成，*rplO*、*rpmD*、*rpsE* 等参与核糖体蛋白的合成）等。此外，该研究还发现调节蛋白 AlgU 调控铜绿假单胞菌的多种致病因子的产生。例如在模拟微重力条件下可上调藻酸盐合成基因 *algR* 和 *algP*，促进藻酸盐合成；可以通过对铜绿假单胞菌群体感应信号系统的调节，上调高丝氨酸内酯中 C4-HSL 合成，后者可促进鼠李糖脂的合成；AlgU 还可上调伴侣蛋白 Hfq 的合成，后者在弹性蛋白酶的合成及菌毛的合成中起到重要的促进作用。

空间环境对铜绿假单胞菌的影响也引起国内科研工作者的重视。国内解放军 306 医院应用三维细胞培养系统（RCCS）建立了铜绿假单胞菌 ATCC-27853 模拟微重力培养体系，并对该菌在模拟微重力下毒力编码基因的表达和菌体蛋白质谱进行了深入研究[32]。实验组旋转瓶轴心与地面平行模拟微重力环境，对照组即重力组旋转瓶轴心与地面垂直；采用实时荧光定量聚合酶链反应（Real-time PCR）检测 cDNA 样本中毒力编码基因外毒素（*toxA*）、弹性蛋白酶（*lasB*）、鼠李糖脂（*rhlA*）、绿脓菌素（*phza2*）mRNA 的相对含量；利用表面增强激光解吸电离飞行时间质谱技术及CM10芯片检测铜绿假单胞菌菌体蛋白质谱。结果RCCS模拟微重力处理14天后，Real-time PCR检测实验组cDNA样本中*toxA*、*lasB*、*rhlA*、*phza2*毒力编码基因相对含量均低于对照组（$P<0.05$）；表面增强激光解吸电离飞行时间质谱检测发现有82种小分子菌体蛋白质［荷比在（2～20）×10^3Da范围内］，两组42种菌体蛋白相对含量表达差异有统计学意义，实验组20种蛋白质相对含量表达高于对照组，22种蛋白质相对含量表达低于对照组（$P<0.05$）。因此，认为模拟微重力培养条件下铜绿假单胞菌毒力编码基因表达和菌体蛋白质谱发生显著变化。接着他们用RCCS模拟微重力对铜绿假单胞菌莫西沙星敏感度的影响进行了研究，发现14天RCCS模拟微重力环境下，莫西沙星对铜绿假单胞菌的抑菌环直径和相同药物浓度下活菌比例与模拟微重力时间呈负相关趋势，即随RCCS模拟微重力时相延长，铜绿假单胞菌对莫西沙星的敏感度进一步增强[33]。作者推测，这种变化可能与模拟微重力环境下铜绿假单胞菌在分子水平及基因水平上应激反应蛋白变化和致病因子表达等有关。

五、小结

随着载人航天事业的迅猛发展，航天员感染性疾病问题亟待深入研究。空间环境不但导致细菌生物学性状改变，而且能够改变机体各部位的菌群构成。同时，空间环境，尤其是微重力作为一种特殊的应激原，能够抑制机体的非特异性免疫系统。铜绿假单胞菌是一种常见的条件性致病菌，易引起免疫功能低下人群急性感染，并容易产生耐药性，导致实质性组织损伤、感染蔓延、败血症，甚至死亡。模拟微重力环境下经口腔灌注铜绿假单胞菌的大鼠，其死亡率显著增加，死亡时间明显缩短，皮质醇水平上升，且器官清除细菌能力显著降低[34]，印证了空间环境中哺乳动物对该菌的易感性增加。铜绿假单胞菌有可能随宇航员和飞行器进入太空而威胁着宇航员的健康及飞行器的安全。虽然空间环境中铜绿假单胞菌毒力变化与肺部感染等的关系尚未见报道，但是“阿波罗13号”飞船宇航员发生铜绿假单胞菌引起的泌尿系统感染已经为航天工程航天员建康保障敲响了警钟。目前空间环境中铜绿假单胞菌致病因子的变化等许多问题仍有待进一步阐明。因此，针对铜绿假单胞菌在空间环境中的基因组、转录组、蛋白质组等变异，以及致病性、耐药性、免疫原性等改变将是未来一段时间空间微生物学的重要组成部分。

另外，航天工程也为研究地面铜绿假单胞菌感染等疾病提供了一个独有的微生物高致变环境。空间环境具有地面环境中所不具备的一些特殊环境因素，包括微重力、高真空、极度温差、弱磁场和粒子辐射等。这些因素可诱导空间环境微生物产生基因突变，进而影响包括铜绿假单胞菌在内的微生物的生物学性状和功能。在航天器这样无地面选择压力的高致变环境中，铜绿假单胞菌等细菌的变异过程会加速，而能够得到的变异类型也会更丰富。这种基于空间微生物学研究平台的针对铜绿假单胞菌的抗感染新靶标及临床诊治新策略探索，将为保障航天员健康提供理论和技术支撑，也为防治这一常见感染性疾病，为维护和促进人类健康提供了科学基础和技术创新平台。

参考文献

［1］Taylor PW，Sommer AP. Towards rational treatment of bacterial infections during extended space travel. Int J Antimicrob Agents，2005，26（3）：183-187.

［2］Song B，Leff LG. Identification and characterization of bacterial isolates from the Mir space station. Microbiol Res，2005，160（2）：111-117.

［3］Brown RB，Klaus D，Todd P. Effects of space flight，clinorotation，and centrifugation on the substrate utilization efficiency of E. coli. Microgravity Sci Technol，2002，13（4）：24-29.

［4］Klaus DM，Howard HN. Antibiotic efficacy and microbial virulence during space flight. Trends Biotechnol，2006，24（3）：131-136.

[5] Taylor GR. Recovery of medically important microorganisms from Apollo astronauts. Aerosp Med，1974，45（8）：824-828.

[6] Schwarz RP，Goodwin TJ，Wolf DA. Cell culture for three-dimensional modeling in rotating-wall vessels：an application of simulated microgravity. J Tissue Cult Methods，1992，14（2）：51-57.

[7] 康春燕，刘长庭，邹琳，等. 模拟微重力对人肺微血管内皮细胞凋亡的影响. 解放军医学杂志，2010，（11）.

[8] 康春燕，袁明，邹琳，等. 模拟微重力对肺微血管内皮细胞窖蛋白-1 和内皮型一氧化氮合酶表达的影响. 解放军医学杂志，2010，（11）.

[9] Klaus DM，Benoit MR，Nelson ES，et al. Extracellular mass transport considerations for space flight research concerning suspended and adherent in vitro cell cultures. J Gravit Physiol，2004，11（1）：17-27.

[10] Hammond TG，Hammond JM. Optimized suspension culture：the rotating-wall vessel. Am J Physiol Renal Physiol，2001，281（1）：F12-25.

[11] Lynch SV，Brodie EL，Matin A. Role and regulation of sigma S in general resistance conferred by low-shear simulated microgravity in Escherichia coli. J Bacteriol，2004，186（24）：8207-8212.

[12] Wilson JW，Ott CM，Ramamurthy R，et al. Low-Shear modeled microgravity alters the Salmonella enterica serovar typhimurium stress response in an RpoS-independent manner. Appl Environ Microbiol，2002，68（11）：5408-5416.

[13] Arunasri K，Adil M，Venu Charan K，et al. Effect of simulated microgravity on E. coli K12 MG1655 growth and gene expression. PLoS One，2013，8（3）：e57860.

[14] Crabbe A，Schurr MJ，Monsieurs P，et al. Transcriptional and proteomic responses of Pseudomonas aeruginosa PAO1 to spaceflight conditions involve Hfq regulation and reveal a role for oxygen. Appl Environ Microbiol，2011，77（4）：1221-1230.

[15] Crabbé A，Pycke B，Van Houdt R，et al. Response of Pseudomonas aeruginosa PAO1 to low shear modelled microgravity involves AlgU regulation. Environ Microbiol，2010，12（6）：1545-1564.

[16] Mauclaire L，Egli M. Effect of simulated microgravity on growth and production of exopolymeric substances of Micrococcus luteus space and earth isolates. FEMS Immunol Med Microbiol，2010，59（3）：350-356.

[17] Kim W，Tengra FK，Young Z，et al. Spaceflight promotes biofilm formation by Pseudomonas aeruginosa. PLoS One，2013，8（4）：e62437.

[18] Kim HW，Matin A，Rhee MS. Microgravity alters the physiological characteristics of Escherichia coli O157：H7 ATCC 35150，ATCC 43889，and ATCC 43895 under different nutrient conditions. Appl Environ Microbiol，2014，80（7）：2270-2278.

[19] Aoyagi H，Kuroda A. Effects of low-shear modeled microgravity on a microbial community filtered through a 0.2-mum filter and its potential application in screening for novel microorganisms. J Biosci Bioeng，2012，114（1）：73-79.

[20] England LS，Gorzelak M，Trevors JT. Growth and membrane polarization in Pseudomonas aeruginosa UG2 grown in randomized microgravity in a high aspect ratio vessel. Biochim Biophys Acta，2003，1624（1-3）：76-80.

[21] Huitema C，Beaudette LA，Trevors JT. Simulated microgravity（SMG）and bacteria. Riv Biol，2002，95（3）：497-503.

[22] Hensley DM. Maintenance of antimicrobial susceptibility of Acinetobacter baumannii in modeled microgravity. Clin Lab Sci，2010，23（2）：84-88.

[23] Pollard EC. Theoretical studies on living systems in the absence of mechanical stress. J Theor Biol，1965，8（1）：113-123.

[24] Kim W，Tengra FK，Shong J，et al. Effect of spaceflight on Pseudomonas aeruginosa final cell density is modulated by nutrient and oxygen availability. BMC Microbiol，2013，13：241.

[25] Horneck G. Impact of microgravity on radiobiological processes and efficiency of DNA repair. Mutat Res，1999，430（2）：221-228.

[26] Crabbé A，De Boever P，Van Houdt R，et al. Use

of the rotating wall vessel technology to study the effect of shear stress on growth behaviour of Pseudomonas aeruginosa PA01. Environ Microbiol, 2008, 10 (8): 2098-2110.

[27] McLean RJ, Cassanto JM, Barnes MB, et al. Bacterial biofilm formation under microgravity conditions. FEMS Microbiol Lett, 2001, 195 (2): 115-119.

[28] Wilson JW, Ott CM, Höner zu Bentrup K, et al. Space flight alters bacterial gene expression and virulence and reveals a role for global regulator Hfq. Proc Natl Acad Sci USA, 2007, 104 (41): 16299-16304.

[29] Wilson JW, Ramamurthy R, Porwollik S, et al. Microarray analysis identifies Salmonella genes belonging to the low-shear modeled microgravity regulon. Proc Natl Acad Sci U S A, 2002, 99 (21): 13807-13812.

[30] Wilson JW, Ott CM, Quick L, et al. Media ion composition controls regulatory and virulence response of Salmonella in spaceflight. PLoS One, 2008, 3 (12): e3923.

[31] Guadarrama S, Pulcini E, Broadaway SC, et al. Pseudomonas aeruginosa growth and production of Exotoxin A in static and modeled microgravity environments. Gravit Space Biol Bull, 2005, 18 (2): 85-86.

[32] 黄玉玲，徐冰心，张军，等. RCCS 模拟微重力对铜绿假单胞菌毒力编码基因和蛋白质谱的影响. 解放军医药杂志，2015，(06).

[33] 黄玉玲，易勇，杨建武，等. RCCS 模拟微重力对铜绿假单胞菌莫西沙星敏感度的影响. 医学研究杂志，2014，(07).

[34] Aviles H, Belay T, Fountain K, et al. Increased susceptibility to Pseudomonas aeruginosa infection under hindlimb-unloading conditions. J Appl Physiol, 2003, 95 (1): 73-80.

（徐　绸）

第九章　空间环境对褪色沙雷菌的影响

一、褪色沙雷菌简介

沙雷菌属于肠杆菌科，是一种能产生非水溶性黄色、紫色和红色色素的革兰氏染色阴性小杆菌。一般存在于土壤、水、植物、动物以及人类的肠道和呼吸道中。包括褪色沙雷菌、居泉沙雷菌、液化沙雷菌、深红沙雷菌等 11 个菌种，其中在临床上最常见、生化特征最明显的是褪色沙雷菌。

褪色沙雷菌（*Serratia marcescens*）又名黏质沙雷菌、灵杆菌，是一种能产生鲜红色素的细菌，广泛存在于空气和水中，并可生长在动、植物性食品中。褪色沙雷菌是细菌中最小者，约 0.5μm×（0.5～1.0）μm。近球形短杆菌，但形态多样。周身鞭毛，能运动。无荚膜，无芽胞，在普通琼脂平板上 25～30℃培养 1～2d 可出现黏性、中心颗粒状、有恶臭的菌落。褪色沙雷菌与同属中其他种的主要区别是阿拉伯糖阴性，棉子糖阴性，木糖阴性。从土壤或水中分离到的褪色沙雷菌在有氧、20 ℃培养时会产生一种不扩散的红色色素灵菌红素。厌氧条件下也可以生长，但不产生色素。而且临床分离菌株大部分不产色素。因本菌小且有色素，常用于检定滤菌器的质量。灵菌红素的生理作用尚不明确，有研究认为灵菌红素可能是一种潜在的新型抗癌症药物[1]。

褪色沙雷菌长期被认为是水和土壤中的常居菌群，对人体无害。此外该菌也是正常存在于人体中的最小细菌。泌尿生殖道和呼吸道是重要的贮菌部位，儿童的胃肠道也可贮菌。近年来发现其可致人体感染，尤其在类固醇类激素、免疫抑制药造成免疫力降低时，能引起尿路、呼吸道、脑膜和伤口感染，严重时可引起菌血症、内毒素休克和心内膜炎。近年来由褪色沙雷菌所致的院内感染，尤其是引起伤口感染有上升趋势，并有在心脏外科、儿科病房引起暴发流行的报道[2]。因此，对褪色沙雷菌的研究已越来越受到人们的重视。

针对褪色沙雷菌的耐药性分析，研究发现褪色沙雷菌对一、二代头孢菌素类抗菌药物的耐药率很高，达 90%，对三代头孢菌素（如头孢他啶、头孢噻肟、头孢曲松）的耐药率在 30%左右，而对头孢吡肟等四代头孢的耐药率约在 20%左右。喹诺酮类及氨基糖苷类也均有耐药的报道。2008 年以来还出现了耐亚胺培南褪色沙雷菌株的报道。同其他肠杆菌科细菌，褪色沙雷菌的耐药机制主要包括：①耐药基因在细胞间的转移。褪色沙雷菌的耐药基因的遗传信息主要在染色体以及质粒上，使得细菌的耐药性在菌株间可以迅速、多样化地传播。②青霉素结合蛋白（PBP）发生改变。青霉素结合蛋白大多具有很弱的青霉素酶的活性，所以，可以表现出抗 β-内酰胺类药物的活性。③外膜蛋白发生改变。膜孔蛋白的缺陷、多向性的突变等原因引起的外膜的通透性降低；细菌外膜蛋白缺失后，细胞壁外形成一层外膜，阻碍了抗生素进入细菌体内，增加耐药性。④主动外排导致耐药。某些细菌的外膜上有特殊的能量依赖性药物泵，使得进入菌体内的药物被泵出，从而导致菌体内部药物浓度降低不足以发挥作用。褪色沙雷菌对多种抗生素的耐药性增加了临床治疗的难度。

二、空间环境对褪色沙雷菌的影响

随着人类对外层空间的探索，空间环境这一极端环境也逐渐成为研究的重点。空间环境下人体生理功能的变化以及与人类疾病相关的研究均与我们息息相关。而病原菌引起的感染不管是对地面普通人群还是对进入外太空的航天员的身体健康均存在威胁。因此，细菌尤其是病原菌在空间环境中的变化备受关注，研究发现空间站、航天器中均能检测到细菌的存在，包括沙门菌、大肠埃希菌、肺炎链球菌、铜绿假单胞菌、黏质沙雷菌等[3]。因为肠道是人类最大的细菌聚居地，对空间病原菌的研究主要集中在沙门菌，此外与呼吸道感染相关肺炎链球菌和铜绿假单胞菌也不乏探究。研究已证实空间环境下人体的免疫功能受损，病原菌的毒力增强进一步增加了航天员感染的风险。受实验条件所限，目前针对空间环境对细菌影响的研究有限，关于褪色沙雷菌的研究报道更是罕见。我们团队利用“神舟八号”飞船搭载的机会探索空间环境对褪色沙雷菌的影响，通过溶血性、耐药性、生化代谢反应等表型研究确定褪色沙雷菌在经历了长时间太空飞行刺激后的变化，并采用基因组学、转录组学、蛋白质组学的方法进一步探讨其变化的机制。

（一）表型研究结果和分析

我们的实验菌株为褪色沙雷菌 CGMCC 1. 1857，购于中国普通微生物菌种保藏中心(CGMCC)。搭载装置置于“神舟八号”飞船舱内，在轨运行 397 h，全程运行 1100 万千米。与此同时设立地面对照组。“神舟八号”飞船返回地面后，样品包被迅速送至实验室进行鉴定、培养和保存。经过 16S rDNA 鉴定分析，有 36 株菌为褪色沙雷菌，其中地面对照组为 4 株，空间搭载组为 32 株。36 株褪色沙雷菌的溶血性、耐药性、形态以及生长曲线方面并没有出现明显差异。

既往有关微重力对细菌毒力和致病性影响的研究多集中在沙门菌和大肠埃希菌。用模拟微重力暴露后的沙门菌感染小鼠，其感染后第 6 天的生存率与对照组相比明显降低，在感染后第 10 天，其生存率仅为 20%，而对照组为 60%。另外一项研究利用尾吊小鼠的方法使宿主也经历微重力状态，再经口灌注浓度为 1×10^7 CFU/ml 模拟微重力暴露后的鼠伤寒沙门菌，灌注后第 3 天的死亡率从原来的 60% 升至 100%[4]。2006 年“亚特兰蒂斯号”航天飞机空间实验发现，用航天飞机搭载后的沙门菌感染小鼠，较地面对照组相比，小鼠的死亡时间提前，死亡率增高，半数致死剂量（LD_{50}）降低[5]，这一结论与既往地面模拟实验一致。耐药性方面，大肠埃希菌和金黄色葡萄球菌在空间环境中均发现有对抗生素出现耐药的情况。而且即使在没有抗生素存在的情况下，葡萄球菌在航天飞行中出现了菌壁明显增厚的生长现象，这种细菌形态的变化与地面上在多酚中生长的抗甲氧西林金黄色葡萄球菌和耐万古霉素金黄色葡萄球菌非常相似[6-7]。但是细菌的这种耐药性变化并不稳定，研究发现细菌在地面环境传代培养，其抗生素敏感性和细菌形态还可恢复到飞行前状态。此外，微重力条件下细菌对抗生素耐药性的变化并不是一致的。鲍曼不动杆菌在低剪切力模拟微重力的环境中对多种抗生素的最小抑菌浓度（MIC）并没有明显的升高[8]。本实验中褪色沙雷菌的耐药性没有变化，且可部分反映其毒力的溶血性反应也为阴性，但因为缺少动物实验，仍不能完全排除变异株致病力增强的可能，尚需进一步的实验说明。

此外，既往研究发现空间环境对细菌生长的影响有生长曲线迟滞期缩短、生长与繁殖速度增加等表现[9]。但 Kacena 等的研究发现如果用琼脂固体培养基，将大肠埃希菌和蜡状芽胞杆菌的空间组同地面对照组比较，其生长情况并未发生变化[10]。这一研究结果提示空间飞行导致细菌生长速度增加可能是因为液体动力变化和细胞外营养转运的变化，而并非是微重力这一环境因素。此外，Mir 空间站研究运动型鞘氨醇杆菌（有鞭毛）和非运动型皮氏罗尔斯顿氏菌（无鞭毛）在水、低营养肉汤培养基和高营养肉汤培养基三种条件下培养的结果显示，鞘氨醇杆菌数量在三种培养基培养下，空间实验组和地面对照组无明显变化；而皮氏罗尔斯顿氏菌数量在空间高营养肉汤培养基中，相对地面对照有显著增加，在空间水中（寡营养）培养的细菌数量相对地面对照则显著减少。说明微重力对运动型细菌生长繁殖无明显影响，而对非运动型细菌有显著影响[11]。本研究中变异株的生长情况也未发生变化，可能同使用的培养基为琼脂半固体培养基而非液体培养基有关，也可能同黏质沙雷菌含有鞭毛、具有运动能力有关。

本研究中空间搭载组较地面对照组变化明显的是 Biolog 实验，36 株菌的 Biolog 实验结果显示：空间搭载组中的两株较地面对照株出现明显生化代谢变化（见表 9-1），主要表现为：①地面对照株 *D*-棉子糖（*D*-Raffinose）阴性，而空间搭载株出现显著阳性反应。②地面对照株 N-乙酰神经氨酸（N-Acetyl Neuraminic Acid）和 *D*-甘露醇（*D*-Mannitol）呈弱阳性反应，而两株空间搭载菌株均为阳性反应。棉子糖是自然界中常见的一种三糖，由半乳糖、果糖和葡萄糖结合而成，在大部分的植物中都存在，它也被称为蜜三糖（Melitriose）、蜜里三糖、棉子糖。棉子糖可作为延长活菌体在常温下存活期的增效剂[12]。因此，推测黏质沙雷菌变异株对碳源利用的增加可能是该菌为了在空间环境中生存而发生的适应性变化。根据生化代谢差异，获得褪色沙雷菌的两株变异株并分别命名为褪色沙雷菌 LCT-SM166 和 LCT-SM262。地面对照株命名为褪色沙雷菌 LCT-SM213。这三株菌将用于后续的生物信息学研究。

表 9-1　褪色沙雷氏菌 Biolog 实验结果

特征	LCT-SM166（突变）	LCT-SM262（突变）	LCT-SM213（对照）
糊精	+	+（B）	+（P）
D-麦芽糖	+	+（B）	+（P）
阳性对照	+	+（Y）	+（P）
pH 值=6	+	+（Y）	+（P）
D-棉子糖	+	+	−
α-*D*-乳糖	+	+（B）	+（P）
N-乙酰神经氨酸	+	+	w
1%氯化钠	+	+（Y）	+（P）
D-半乳糖	+	+（B）	+（P）
肌苷	+	+（B）	+（P）
1%乳酸钠	+	+（Y）	+（P）
D-甘露醇	+	+	w

注　w，weak（弱阳性）；+，positive（阳性）；−，negative（阴性）；B，brown（棕色）；P，purple（紫色）；Y，yellow（黄色）

（二）生物信息学研究结果和分析

本研究利用基因组比较基因组学、转录组学以及蛋白质组学的方法初步探讨褪色沙雷菌变异株的诱变机制，为后续的进一步验证实验准备好充分的前期基础。在基因组比较基因组研究方面，进化分析结果显示空间诱变株 LCT-SM166 和 LCT-SM262 基因组并没有发现获得缺失片段（图 9-1），共线性及重排分析结果也显示未发现重排现象（图 9-2），以地面对照株 LCT-SM213 作为参考序列 SNP 差异分析和注释结果显示 LCT-SM166 和 LCT-SM262 存在 58 个杂合 SNP，经验证的有 12 个，其中非同义突变的有 5 个，其所在基因的注释为同荚膜形成相关的糖磷酸盐异构酶、ABC 硫酸盐转运系统（玻璃酸酶成分），阳离子运输调节剂，核糖体蛋白 s2，细菌的保守蛋白（可能的毒力因子）（表 9-2）。InDel 差异分析及 Core Pan 分析均为阴性结果。

褪色沙雷菌变异株的变化主要集中在转录组和蛋白质组，转录组测序和分析结果显示：三株菌经过两两比较，差异基因总数为 162 个，COG 功能注释及 KEGG Pathway 分析结果显示这些差异基因大部分都和细菌的代谢相关（图 9-3 和图 9-4）。其中同地面对照组 LCT-SM213 比较，LCT-SM262 有 25 个基因发生变化，20 个发生上调，在这些上调基因中，*PgaA* 编码生物被膜 PgaA 合成蛋白[13]。然而，在 LCT-SM166 菌株发

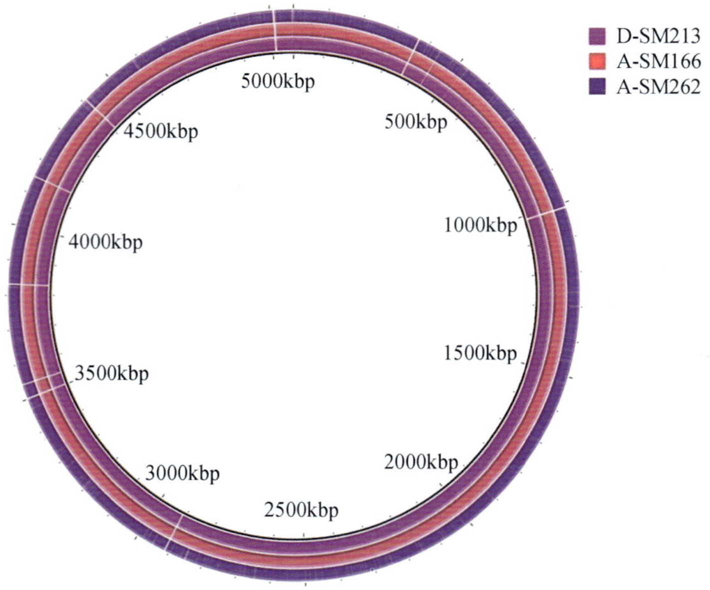

图 9-1 褪色沙雷菌 blast 比对圈图

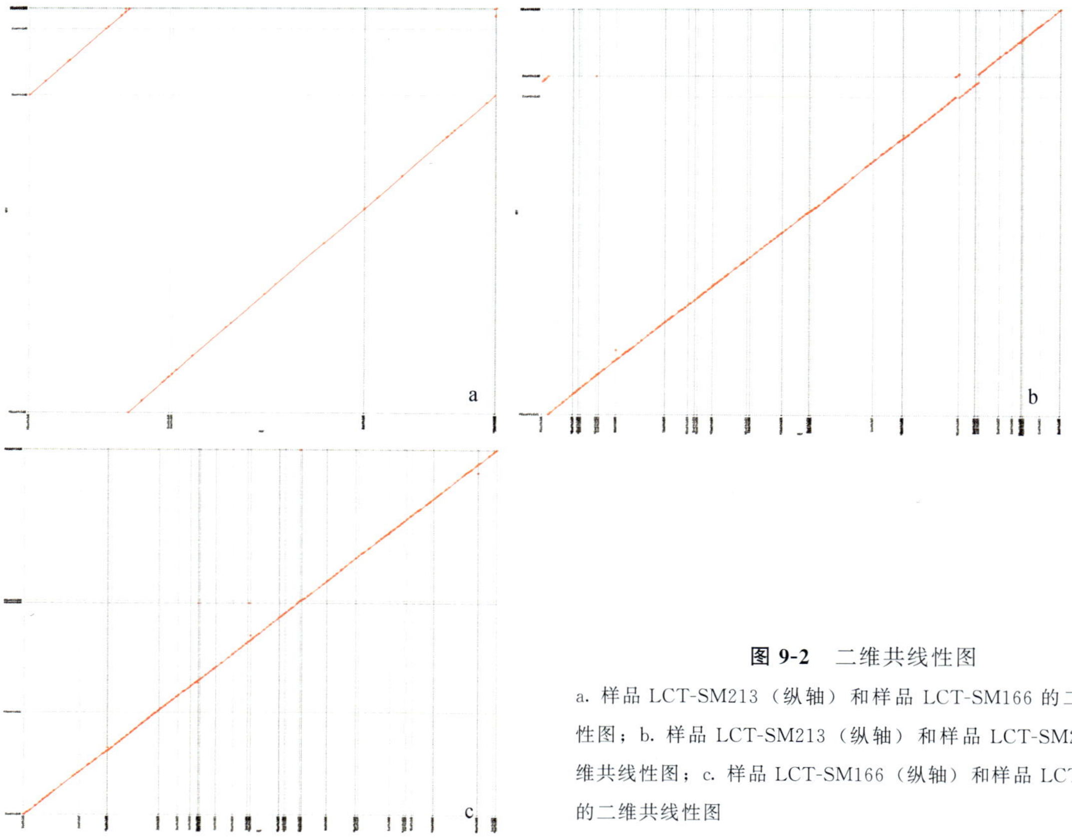

图 9-2 二维共线性图

a. 样品 LCT-SM213（纵轴）和样品 LCT-SM166 的二维共线性图；b. 样品 LCT-SM213（纵轴）和样品 LCT-SM262 的二维共线性图；c. 样品 LCT-SM166（纵轴）和样品 LCT-SM262 的二维共线性图

表 9-2　SNP 位点对应基因的注释

	对照蛋白	突变蛋白	基因 id	基因	基因注释
Scaffold5 _ 2241	C	Y	UUSGL000004	STM2838 _ 1	同荚膜形成相关的糖磷酸盐异构酶
Scaffold2 _ 120475	S	T	UUSGL000125	YPO3014	ABC 硫酸盐转运系统，（玻璃酸酶成分）
Scaffold2 _ 822622	H	R	UUSGL000785	ECs1722	阳离子运输调节剂
Scaffold3 _ 213494	G	A	UUSGL003980	YPO1044	核糖体蛋白 s2
Scaffold2 _ 168989	T	S	UUSGL004715	YPO2291	细菌的保守蛋白（可能的毒力因子）

生变化的 73 个基因中，大部分发生了下调，共 67 个基因，其中 *nudE* 功能同复制、重组和修复有关，*PgaB* 编码生物被膜 PGA 合成脂蛋白，*FliE* 编码鞭毛钩状基底复合体蛋白，另外编码鞭毛基体杆蛋白的基因 *FlgG* 发生了上调[14]。这些基因的变化提示变异株可能在生物被膜形成、细菌动力、细胞黏附能力方面发生变化，有待进一步的实验证明。蛋白质组学分析结果显示：同地面对照株 LCT-SM213 比较，菌株 LCT-SM166 发生变化的蛋白质有 111 个，而菌株 LCT-SM262 有 76 个。差异蛋白的富集分析（图 9-5）显示两株诱变株共同的 KEGG 富集通路有糖酵解/糖异生（Glycolysis / Gluconeogenesis）、丙酮酸盐代谢（Pyruvate Metabolism）、精氨酸和脯氨酸代谢（Arginine and Proline Metabolism）以及缬氨酸、亮氨酸和异亮氨酸降解（Valine, Leucine and Isoleucine Degradation）。富集到糖酵解/糖异生通路的蛋白质多上调表达，而富集到其他通路的蛋白质多为下调表达。两株空间诱变菌差异蛋白的聚类分析结果发现有 9 个蛋白质在两株细菌中均出现下调表达，其中可定义的包括有机溶剂耐受蛋白、FOF1 ATP 合酶 α 亚单位、甘氨酸脱氢酶，HAS ABC 转运外膜成分。这些蛋白质的生物学活性均与细菌的代谢有关系（图 9-6，表 9-3）。细菌代谢的变化可能同细菌为了在空间飞行环境中生存而产生的适应性变化有关。

目前，国外关于空间环境对微生物影响方面的研究尚未完全阐明细菌尤其是条件致病菌在空间环境下变异的机制。针对沙门菌的研究发现一种广泛的调控蛋白 Hfq（通过与 sRNA 和 mRNA 结合后来调节基因转录）在微重力所致细菌侵袭性的增加及巨噬细胞中存活能力的提高中起着重要的作用[15]。此外针对铜绿假单胞菌的空间实验研究也发现了 RNA 结合蛋白 Hfq 可能参与了铜绿假单胞菌空间毒力变化的调控[16]。本研究并未发现黏质沙雷菌变异株中 Hfq 及其相关调控网络的变化。可见，空间环境对细菌的影响并不是完全一致的，不同的细菌在空间环境下毒性的改变、抗生素的耐药性[17]、基因水平等的变化、都有所不同，Tucker 等发现大肠埃希菌 MG1655 经模拟微重力暴露后，也没有特殊的微重力应答基因表达，发生变化的基因同细胞膜的结构有关[8]。

我们利用“神舟八号”飞船搭载的机会首次研究了褪色沙雷菌对空间飞行环境的反应，表型研究筛选出变异株并明确其生物学特性，进一步通过基因组学、转录组学及蛋白质组学研究分析其在分子、基因水平的变化，以探索该菌的空间诱变规律。然而，基因组、转录组及蛋白质组学的研究是对生物学信息的挖掘，是一种科学的预测手段，在今后的研究中需要通过分子生物学、基因敲除、动物模型的实验进一步验证。

表 9-3 两株变异株差异蛋白的聚类分析结果

基因	Gi	LCT-SM166	LCT-SM262	描述
UUSGL000072	gi | 46102533 |	——	——	NlpBsm [Serratia marcescens]
UUSGL001232	gi | 270261915 |	——	——	hypothetical protein SOD _ b01220 [Serratia odorifera 4Rx13]
UUSGL000108	gi | 333928502 |	——	——	NA
UUSGL001524	gi | 333926971 |	——	——	NA
UUSGL002959	gi | 157368972 |	——	——	有机溶剂耐受蛋白 [Serratia proteamaculans 568]
UUSGL003620	gi | 157368255 |	——	——	F0F1 ATP 合酶 α 亚单位 [Serratia proteamaculans 568]
UUSGL004116	gi | 270264927 |	——	——	甘氨酸脱氢酶 [Serratia odorifera 4Rx13]
UUSGL004297	gi | 1405817 |	——	——	HAS ABC 转运外膜成分 [Serratia marcescens]

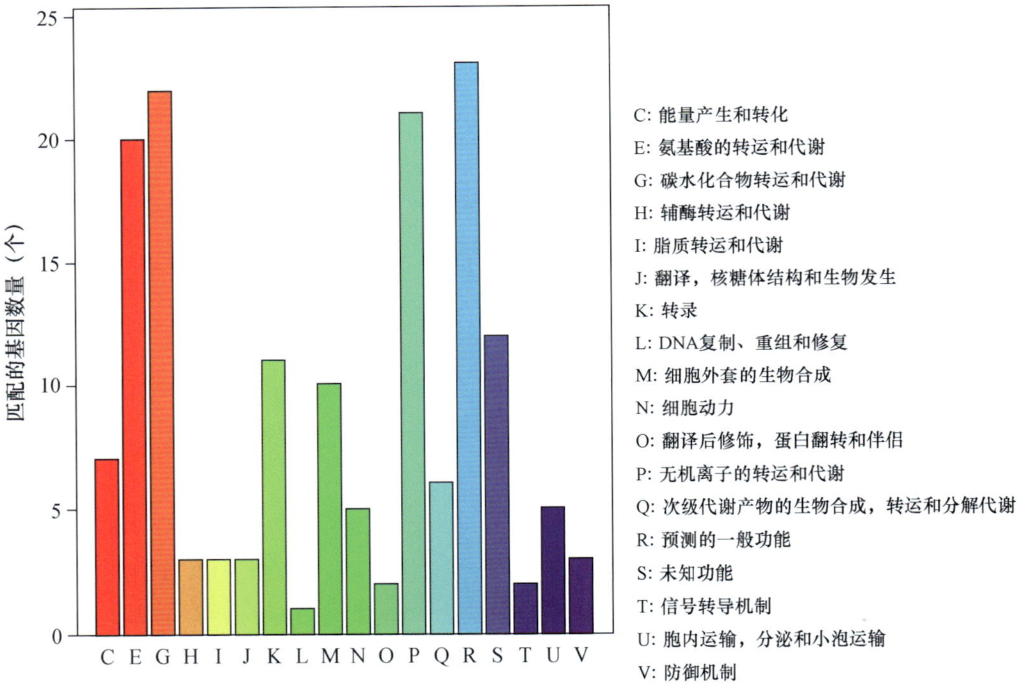

图 9-3 三株褪色沙雷菌差异表达基因的 COG 功能分类图

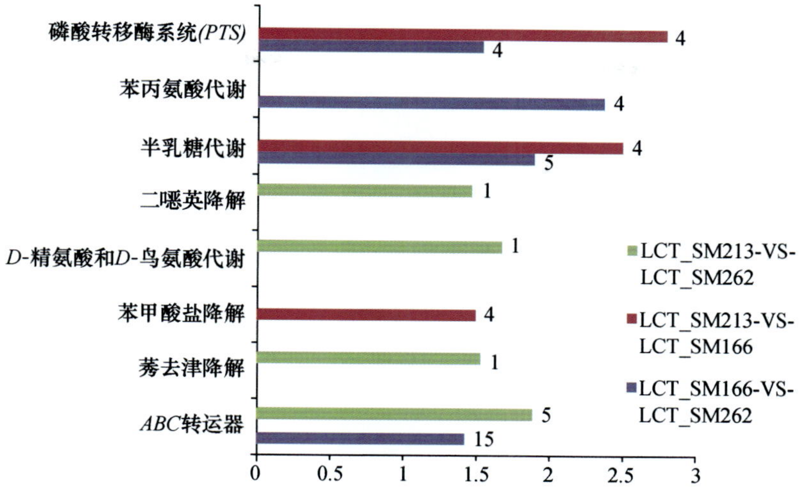

图 9-4 三株褪色沙雷菌差异基因的 Pathway 富集分析

注：横坐标为 lg（*P*-value），纵坐标为 KEGG 通路名称，每个长条旁标注的数字为差异基因数量

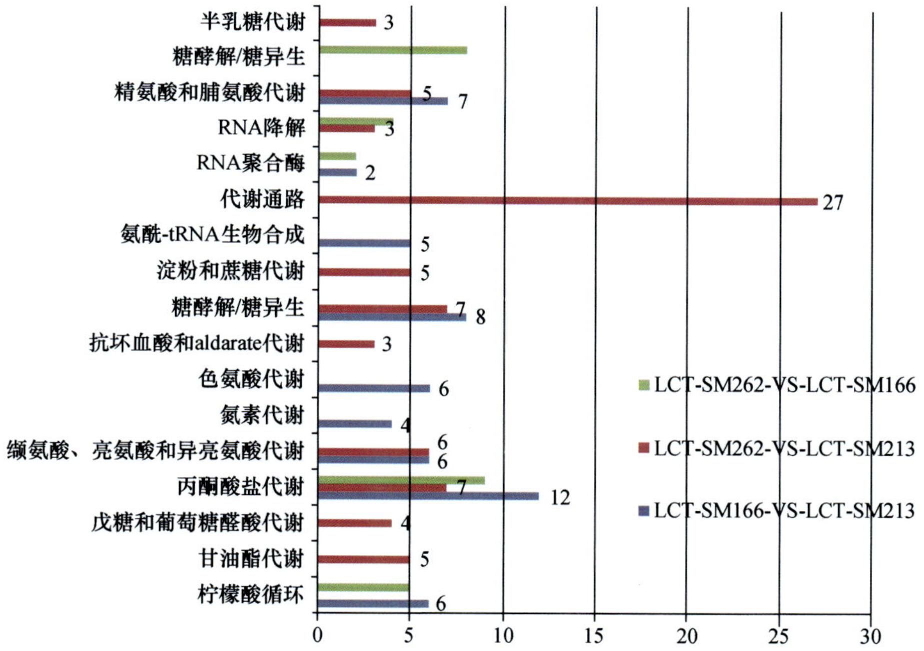

图 9-5 三株褪色沙雷菌差异蛋白的 Pathway 富集分析

注：横坐标为蛋白数量，纵坐标为 KEGG Pathway 分类

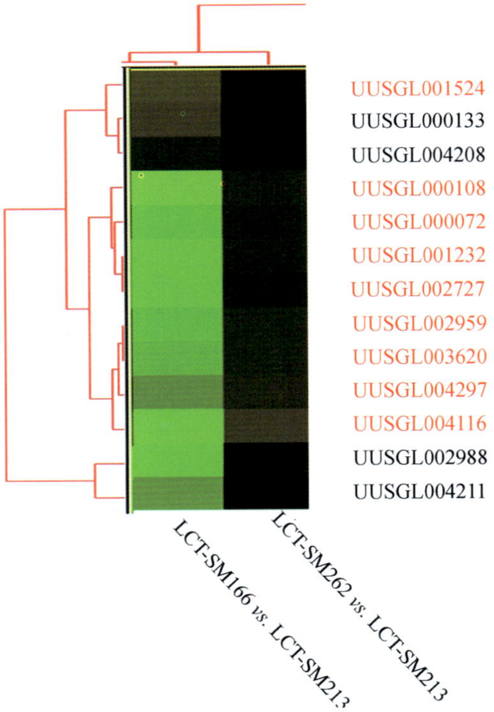

图 9-6 两株变异株差异蛋白的聚类分析图

参考文献

[1] Pan MY, Shen YC, Lu CH, et al. Prodigiosin activates endoplasmic reticulum stress cell death pathway in human breast carcinoma cell lines. Toxicology and Applied Pharmacology, 2012, 265: 325-334.

[2] Ashish K, Menka K, Aruna A. Serratia Marcescens - a rare opportunistic nosocomial pathogen and measures to limit its spread in hospitalized patients. Journal of Clinical and Diagnostic Research, 2013, 7 (2): 243-246.

[3] Ott CM, Bruce RJ, Pierson DL. Microbial characterization of free floating condensate aboard the mir space station . Microbial Ecology, 2004, 47 (2): 133-136.

[4] Nickerson CA, Ott CM, Mister SJ, et al. Microgravity as a novel environmental signal affecting Salmonella enteric serovar typhimurium virulence. Infect Immun, 2000, 68 (6): 3147-3152.

[5] Wilson JW, Ott CM, Höner zu Bentrup K, et al. Space flight alters bacterial gene expression and virulence and reveals a role for global regulator Hfq. Proc Natl Acad Sci USA, 2007, 104 (41): 16299-16304.

[6] Tixador R, Richoilley G, Gasset G, et al. Study of minimal inhibitory concentration of antibiotics on bacteria cultured in vitro in space (Cytos 2 experiment). Aviat Space Environ Med, 1985, 56 (8): 748-751.

[7] Tixador R, Gasset G, Moatti N, et al. Behavior of bacteria and antibiotics under space conditions. Aviat Space Environ Med, 1994, 65 (6): 551-556.

[8] Tucker DL, Ott CM, Huff S, et al. Characterization of Escherichia coli MG1655 grown in a low-shear modeled microgravity environment. BMC Microbiol, 2007, 7: 15.

[9] Horneck G, Klaus DM, Mancinelli RL. Space microbiology. Microbio Mol Biol Rev, 2010, 74 (1): 121-156.

[10] Kacena MA, Leonard PE, Todd P, et al. Low gravity and inertial effects on the growth of E. coli and B. subtilis in semi-solid media. Aviat Space Environ Med, 1997, 68: 1104-1108.

[11] Baker PW, Leff LG. The effect of simulated micro-

gravity on bacteria from the Mir space station. Microgravity Sci Technol, 2004, 15: 35-41.
[12] Zhang X, Vrijenhoek JEP, Bonten MJM. A genetic element present on megaplasmids allows Enterococcus faecium to use raffinose as carbon source. Environmental Microbiology, 2011, 13 (2): 518-528.
[13] Itoh Y, Rice JD, Goller C, et al. Roles of pgaABCD genes in synthesis, modification, and export of the Escherichia coli biofilm adhesin poly-beta-1, 6-N-acetyl-D-glucosamine. J Bacteriol, 2008, 190: 3670-3680.
[14] Saijo-Hamano Y, Uchida N, Namba K, et al. In vitro characterization of FlgB, FlgC, FlgF, FlgG, and FliE, flagellar basal body proteins of Salmonella. J Mol Biol, 2004, 339: 423-435.
[15] Chopra V, Fadl AA, Sha J, et al. Alterations in the virulence potential of enteric pathogens and bacterial-host cell interactions under simulated microgravity conditions. J Toxicol Environ Health A, 2006, 69 (14): 1345-1370.
[16] Crabbé A, Schurr MJ, Monsieurs P, et al. Transcriptional and proteomic responses of pseudomonas aeruginosa PAO1 to spaceflight conditions involve Hfq regulation and reveal a role for oxygen. Appl Environ Microbiol, 2011, 77 (4): 1221-1230.
[17] Chen T, Li Z, Zhang X, et al. Analysis of 72 strains of Serratia marcescens drug resistance to 15 kinds of antibiotics. Medical laboratory education magazine, 2000, 7 (2): 21-22.

（王雅娟）

第十章　空间环境对金黄色葡萄球菌的影响

21 世纪将是载人航天技术蓬勃发展的世纪，人类的活动疆域不断拓展，从近地轨道飞行到登陆月球，甚至于 2031 年实现登陆火星的计划，人类通过探索外太空而实现快速发展，而太空已经成为人类实践的新领域[1]。而空间环境十分复杂，如微重力、宇宙辐射、极端温差等，这些因素对航天员及空间站中的细菌生物学性状及致病性都会产生影响。各种病原微生物引起的感染性疾病是人类最为常见和多发的疾病，对人类健康构成了严重威胁。在国际空间站中已检测出包括肺炎克雷伯菌、金黄色葡萄球菌、铜绿假单胞菌、大肠埃希菌、沙雷菌等多种细菌[2]，空间环境对微生物生物性状影响的作用和机制是迫切需要关注的前沿科学问题。虽然航天时采取了许多严格的防护措施，航天员在飞行中仍免不了要生病，例如参加美国“阿波罗 7-17 号”飞船任务的航天员中，多人在飞行期间和飞行后患病，如上呼吸道感染、病毒性胃炎、风疹等，还有前苏联“礼炮号”航天员弗拉基米尔·瓦休金，因发生感染而航天站上的药物对他治疗无效而终止飞行提前返回地面[3]。在脱离地球轨道飞行期间或者登陆其他星球时生病是不可能及时将他们送回地面医治的，这将是十分危险的情况。此外，随着人类太空探索范围的扩大，空间微生物可能由于突变的原因对太空造成污染，太空飞船返回地球后，变异的微生物可能对地球造成新物种入侵，所以研究太空飞行对致病菌的生物学状影响并找出抑制有害人体致病菌的策略是十分重要的。微生物在空间环境中的变化，已经成为各个航天大国竞相研究的课题和项目。

一、太空环境对细菌的影响

在距地球表面 100km 以上的外层空间，是与地面完全不同的特殊环境，存在着宇宙射线辐射、高能重离子辐射、长期微重力、高真空、极端温度和亚磁场等物理因素。自 20 世纪 60 年代开始，国际国内先后开展了太空环境对细菌表型、代谢和遗传变异等多方面影响的实验研究。近 5 年解放军总医院刘长庭教授的研究团队，也发现“神舟八号”飞船搭载的屎肠球菌基因重组介导蛋白 dprA 发生突变，褪色沙雷菌 LCT-SM166 和屎肠球菌 LCT-EF18 出现与代谢相关的多种蛋白差异表达，而且还发现太空环境诱导干扰素工程菌产量增加[4-7]。

1. 辐射对细菌的影响　太空辐射对微生物的危害主要是引起 DNA 变异。其中太空粒子流对细菌等生物的生物学效应与细胞核酸物质直接吸收粒子流能量或因粒子流电离细胞水分子的间接作用有关，包括细胞染色体畸变、特定基因突变、DNA 断裂，甚至导致细胞死亡等[2]。国外学者已经研究发现暴露于外太空环境中的大肠埃希菌死亡率显著增高，分析因为宇宙线重核粒子辐射导致了大量的 DNA 双链断裂[8]。太空电磁波中的 X 射线和 γ 射线可以电离细胞中的水分子，生成大量的强氧化基团，从而导致细胞蛋白酶的硫基氧化。紫外线可造成 DNA 链相邻两个嘧啶发生共价交联，形成嘧啶共聚体，造成胸腺嘧啶变异，进而影响 DNA 复制，导致细菌等微生物的高致死率[9-10]。

2. 微重力对细菌的影响　太空的探索活动中处于超重状态是短暂的，其余主要处于微重力和失重状态，微重力和失重环境为物质提供了一种独特的环境，与重力环境相比，物质会出现一系列独特的物理变化。研究证实无论在微重力还是在模拟微重力环境下培养细菌，均为菌体提供了低剪切力环境，细菌培养环境发生改变，间接地对细菌造成影响[11-12]。既往已经有多项研究成果证实了微重力对细菌的形态、基因造成了影响，包括：微重力环境下铜绿假单胞菌的生物被膜生长速率明显增加、微重力环境下鼠伤寒沙门菌的毒力增强，编码转录蛋白、调节蛋白、细菌毒力和脂多糖等 100 多种蛋白质的基因表达变化[13-14]。但也有若干研究发现微重力对细菌影响的结果有很大不同，像微重力对细菌细胞膜的流动性、细菌的繁殖速率，细菌的耐药性变化上均存在着并不一致的结论[2]。

3. 高真空对细菌的影响　太空真空环境对细菌的影响主要是引起细胞脱水，太空高真空可造成细胞脱水 25%～45%，进而影响细胞膜通透性和蛋白酶活性，甚至诱发基因突变[15]。长时间超强度真空状态诱发的 DNA 损伤很难修复，可以导致细菌变异或者死亡。

二、金黄色葡萄球菌的生物学特性和临床致病性

金黄色葡萄球菌是一种重要的人畜共患病病原菌。典型的金黄色葡萄球菌为球形，直径 0.8μm 左右，显微镜下排列成葡萄串状。金黄色葡萄球菌无芽胞、鞭毛，大多数无荚膜，革兰氏染色阳性。金黄色葡萄球菌营养要求不高，在普通培养基上生长良好，需氧或兼性厌氧，最适生长温度 37℃，最适生长 pH 值 7.4。平板上菌落厚、有光泽、圆形凸起，直径 1～2mm。血平板菌落周围形成透明的溶血环。金黄色葡萄球菌有高度的耐盐性，可在 10%～15%NaCl 肉汤中生长。可分解葡萄糖、麦芽糖、乳糖、蔗糖，产酸不产气。甲基红反应阳性，VP 反应弱阳性。许多菌株可分解精氨酸，水解尿素，还原硝酸盐，液化明胶。

金黄色葡萄球菌在自然界中无处不在，空气、水、灰尘及人和动物的排泄物中都可找到。因此，食品（如奶、肉、蛋、鱼及其制品）受其污染的机会很多。金黄色葡萄球菌也是医院和社区获得性感染的最常见病原体之一，它可引起肺炎、局部化脓感染、心包炎等疾病，在全球范围内有很高的发病率和死亡率。金黄色葡萄球菌肠毒素的研究是世界性卫生难题，在美国由金黄色葡萄球菌肠毒素引起的食物中毒占整个细菌性食物中毒的 33%，在加拿大则占 45%[16-17]，我国发生的此类中毒事件也很多。随着广谱抗菌药物的广泛应用，金黄色葡萄球菌的耐药问题日益严峻，其中抗甲氧西林金黄色葡萄球菌的耐药问题已成为各方关注的焦点，2010 年我国三级医院检测的金黄色葡萄球菌中，抗甲氧西林菌株分离率高达 60%[18-20]。抗甲氧西林金黄色葡萄球菌的耐药机制主要是由耐药基因 *mecA* 编码合成一种新的青霉素结合蛋白 2a 导致，其与内酰胺类抗生素亲和力低从而产生耐药[21]。按美国临床实验室标准化委员会要求，当金黄色葡萄球菌被确认为抗甲氧西林金黄色葡萄球菌时，其对青霉素类、头孢菌素类、碳青霉烯类、头孢类和含 β-内酰胺酶抑制剂的抗生素均应被视为耐药。此外，携带 *mecA* 基因的抗甲氧西林金黄色葡萄球菌往往同时也耐氨基糖苷类、大环内酯类、四环素类、氯霉素和林可霉素类抗菌药[22]。抗甲氧西林金黄色葡萄球菌的防控问题已经成为目前医院感染控制面临的巨大挑战。

三、太空飞行后金黄色葡萄球菌的生物学变异

金黄色葡萄球菌早已引起了美国国家航空航天局在载人航天飞行中的关注，该菌在航天员和飞行器中已经被多次检出[23-24]。既往的空间搭载研究发现，在没有抗生素存在的情况下，飞行中生长的葡萄球菌菌壁明显增厚，这种细菌形态的变化与地面上生长的耐万古霉素金黄色葡萄球菌和在多酚中生长的抗甲氧西林金黄色葡萄球菌非

常相似[25]。通过对“礼炮 7”空间站上驻留过的法国航天员 Chrien JL 身上的共生菌丛中分离出的金黄色葡萄球菌研究发现，空间站来源的金黄色葡萄球菌对苯唑西林、红霉素和氯霉素的最低抑菌浓度也有一定的增加[26]。美国国家航天局和德克萨斯州大学医学中心的研究人员还合作开展了一项空间飞行后金黄色葡萄球菌的分子流行病学研究[27]，该项研究是为了调查金黄色葡萄球菌在执行航天飞行任务的航天员之间的传播和太空舱滞留的情况。研究者从执行太空飞行任务之前和之后的每一个航天员的鼻腔、咽喉、尿液、粪便中，以及从航天飞机的空气和舱内采样，应用 DNA 限制性内切酶技术的 DNA 指纹图和随后脉冲场凝胶电泳显示，每个航天员携带的金黄色葡萄球菌有一个独特的指纹，通常每个航天员只携带一株菌，航天员之间的菌株传播发生了 1 例，太空飞行后航天器内部表面采样的金黄色葡萄球菌菌株和航天员携带菌株是匹配的。

近 10 年来，解放军总医院刘长庭教授在这一领域，与相关科研单位合作也进行了不懈的研究探索。我国的“神舟八号”飞船于 2011 年 11 月 1 日 5 时 58 分发射升空，完成空间交会对接任务后，飞船返回舱于 2011 年 11 月 17 日 19 时许返回地面。在“神舟八号”飞船上，刘长庭教授课题组搭载了一株金黄色葡萄球菌标准株（中国普通微生物菌种保藏管理中心 1.230），菌株太空飞行返回后，进行了全基因组测序分析[28]。为了进一步研究空间飞行对金黄色葡萄球菌耐药、毒力和基因组结构的影响，课题组再次利用“神舟十号”飞船进行了第二次的搭载研究。“神舟十号”所搭载的金黄色葡萄球菌是一株临床分离株，且经过经典药敏实验和分子生物学鉴定为抗甲氧西林分离株。第二次搭载研究中，课题组确定临床分离菌株为母株，其余的搭载“神舟十号”太空飞行株、模拟微重力株和地面静止株，分别为三组实验条件衍生菌株，对四组菌株均使用高通量测序手段进行了全基因组测序，分析了耐药基因和毒力基因的变化。课题组通过比较基因组学分析手段，发现三组实验条件下的菌株、耐药基因和毒力基因均没有出现改变，但其突变率和单核苷酸多态性均不同。其中太空飞行菌株呈现出最独特的基因组序列结构变异，同母株相比较，太空飞行株共享的基因结构区最少。该项研究是第一个使用基因组测序的方法来探讨短期航天飞行对细菌进化影响的研究，该研究在国内外首次分析了短期空间飞行对抗甲氧西林金黄色葡萄球菌菌株基因结构产生的微细变异，也提供了更好理解地面条件下该菌变异策略的全新视角，本项研究结果最后发表在国际权威的微生物学期刊 *Microbiological Research*[29]。

空间环境对各种微生物（包括金黄色葡萄球菌）影响的研究已经成为热点和焦点问题，目前已取得一些重要进展，由最初的单纯形态学观察逐渐深入到分子水平的研究。然而，相关的基础和应用性研究仍存在很大差距，对于长期处于空间飞行条件下的金黄色葡萄球菌变异的分子机制、宿主与金黄色葡萄球菌之间的演变规律，以及各种可能出现的太空金黄色葡萄球菌感染的发生、转归和控制等，均需要进一步深入研究，这也是我国载人航天事业可持续发展的保障性需要。

参考文献

[1] 杨淑红，刘延友. 太空环境对人体近日节律的影响. 西部医学，2014，26（12）：1571-1573.

[2] 陈振鸿，刘长庭. 太空环境对细菌的影响及作用机制. 解放军医学院学报，2014，35（7）：763-765.

[3] 沈羡云，唐承革. 到了太空的细菌很猖狂. 大科技科学之谜，2005，4：12-13.

[4] Chang D，Zhu Y，An L，et al. A multi-omic analysis of an Enterococcusfaecium mutant reveals specific genetic mutations and dramaticchanges in mRNA and protein expression. BMC Microbiology，2013；13：304.

[5] 王雅娟，刘进文，方向群，等. 空间环境诱导褪色沙雷菌 LCT-SM166 的蛋白质组学分析. 解放军医学院学报，2013，34（1）：10-13.

[6] Chen Z, Chang D, Zou Y, et al. Genome Sequence of Enterococcus faecium Clinical Isolate LCT-EF128. J Bacteriol, 2012, 194 (17) 4765.

[7] Wang J, Liu C, Liu J, et al. Space mutagenesis of genetically engineered bacteria expressingrecombinant human interferon a1b and screening of higheryielding strains. World J Microbiol Biotechnol, 2013, 30 (3) 943-949.

[8] Schafer M, Schmitz C, Bücker H. Heavy ion induced DNA double Strand breaks in cells of *E. coli*. Adv Space Res, 1994, 14 (10): 203-206.

[9] Cockell CS, Horneck G. The history of the UV radiation climate of the earth-theoretical and space-based observations. Photochem Photobiol, 2001, 73 (4): 447-451.

[10] MoellerR, Douki T, Cadet J. UV-radiation-induced formation of DNA bipyrimidine photoproducts in Bacillus subtilisendospores and their repair during germination. Int Micrbiol, 2007, 10 (1): 39-46.

[11] Klaus DM, Benoit MR, Nelson ES. Extracellular mass transport considerations for space flight research concerningsuspended and adherent in vitro cell cultures. J Gravit Physiol, 2004, 11 (1): 17-27.

[12] Hammond TG, Hammond JM. Optimized suspension culture: the rotating-wall vessel. Am J Physiol Renal Physiol, 2001, 281 (1): F12-F25.

[13] Kim W, Tengra FK, Young Z. Spaceflight promotes biofilm formation by *Pseudomonas aeruginosa*. Plos One, 2013, 8 (4): e62437.

[14] Wilson JW, Ramamurthy R, Porwollik S. Microarray analysis identifies *Salmonella* genes belonging to the low-shearmodeled microgravity regulon. Proc Natl Acad Sci USA, 2002, 99 (21): 13807-13812.

[15] Horneck G, Klaus DM, Mancinelli RL. Space microbiology. Microbiol MolBiol Rev, 2010, 74 (1): 121-156.

[16] 李毅. 金黄色葡萄球菌及其肠毒素研究进展. 中国卫生检验杂志, 2004, 14 (4): 392-395.

[17] Forster AJ, Oake N, Roth V, et al. Patient-level factors associated with methicillin-resistant Staphylococcus aureus carriage at hospital admission: A systematic review. Am J Infect Control. 2012, S0196-6553 (12) 00785-00787.

[18] Sakoulas G, Moellering RC Jr. Increasing antibiotic resistance among methicillin-resistant Staphylococcus aureusstrains. Clin Infect Dis, 2008, 46 (5): S360-367.

[19] 刘惠容, 林定忠. 临床标本耐甲氧西林金黄色葡萄球菌分布及药敏分析. 中国当代医药, 2011, 18 (10): 70-71.

[20] Stevens AM, Hennessy TW, Baggett HC, et al. Methicillin-Resistant Staphylococcus aureus Carriage and Risk Factors for Skin Infections, Southwestern Alaska, USA. Emerg Infect Dis, 2010, 16 (5): 797-803.

[21] Fuda C, Suvorov M, Vakulenko SB, et al. The basis for resistance to beta-lactam antibiotics by penicillin-binding protein 2a of methicillin-resistant Staphylococcus aureus. J Biol Chem. 2004, 279 (39): 40802-40806.

[22] CLSI. Surveillance for Methicillin-Resistant Staphylococcus aureus: Principles, Practices, and Challenges; A Report. CLSI document X07-R. Wayne, PA: Clinical and Laboratory Standards Institute, 2010.

[23] Pierson DL. Shuttle Medical Report: Summary of Medical Results from STS-1, STS-2, STS-3, and STS-4 (NASA TM-582521// (Pool S L, Johnson-pc, and Mason J A. National Technical Information Service. VA: Springfield.

[24] Taylor GR. Recovery of medically important microogranismsfrom Apollo astronauts. Aerospace Med, 1974, 45: 824-828.

[25] Tixador R, Gasset G, Moatti N, et al. Behavior of bacteria and antibiotics under space conditions. Aviat Space Environ Med. 1994, 65 (6): 551-556.

[26] Tixador R, Richoilley G, Gasset G, et al. Study of minimal inhibitory concentration of antibiotics on bacteria cultured in vitro in space. Aviat Space Environ Med, 1985, 56 (8): 748-751.

[27] Pierson DL, Chidambaram M, Heath JD, et al. Epidemiology of Staphylococcus aureus during space flight. FEMS Immunol Med Microbiol, 1996, 16 (3-4): 273-281.

[28] Wang J, Liu Y, Wan D, et al. Whole-genome sequence of Staphylococcus aureus strain LCT-SA112. J Bacteriol, 2012, 194 (15): 4124.
[29] Guo J, Han N, Zhang Y, et al. Use of genome sequencing to assess nucleotide structure variation of Staphylococcus aureus strains cultured in spaceflight on Shenzhou-X, under simulated microgravity and on the ground. Microbiol Res, 2015, 170: 61-68.

（郭　军）

第十一章 空间环境对大肠埃希菌的影响

大肠埃希菌于1885年由德国科学家Escherich发现，属肠杆菌科，埃希杆菌属，革兰氏染色阴性，兼性厌氧。该菌菌体大小为（1.1～1.5）μm×（2.0～6.0）μm，无荚膜，多数菌株有鞭毛，4～6根，为周鞭毛，不生芽胞；可分解葡萄糖和其他糖类，使其发酵产酸和产气，硝酸盐还原试验阳性，氧化酶阴性，产生吲哚，不利用枸橼酸。营养要求低，在普通培养基上生长良好，最适生长温度为37℃，在42～44℃仍能生长，广泛分布于自然界。

一、大肠埃希菌耐药问题突出，严重威胁人类健康

感染性疾病目前在世界各国仍然是公共卫生所面临的主要威胁和挑战。迄今为止，各种病原微生物引起的感染性疾病是人类最为常见和多发的疾病，对人类健康和生命安全构成了严重威胁。据《柳叶刀》杂志报道，2013年全球人类前十大死亡原因中，有四种为感染相关性疾病，分别为：下呼吸道感染、艾滋病、结核病和慢性阻塞性肺疾病[1]。感染性疾病位居儿童死亡原因的首位[2]。随着抗生素，尤其是广谱抗菌药物的大量使用，细菌的耐药问题以及因耐药导致的继发感染给临床治疗带来了极大的困难，也给社会和家庭经济带来严重负担。据2014年世界卫生组织报道，目前细菌多药耐药的状况正在世界上越来越多的地区发生，其结果比预想的要严重很多，现已对公共卫生构成重大威胁。世界卫生组织成员国或地区，有50%以上报道了大肠埃希菌对第三代头孢菌素和氟喹诺酮类药物耐药，肺炎克雷伯菌对其最后的屏障药物——碳青霉烯类抗生素产生了耐药，而且这种现象正在全球蔓延[3]。2013年美国国家疾控中心报道，在美国范围内，每年至少有23 000人直接因为抗生素耐药问题而死亡[4]。有效的抗生素一直是使我们能够延长寿命、更健康地生活和受益于现代医学的支柱之一。除非我们采取有效行动努力预防感染并改变我们生产、发放和使用抗生素的方法，否则世界将会迈向后抗生素时代，其后果将是灾难性的[3]。

大肠埃希菌也是临床上重要的条件致病菌，全身多个器官/系统均可因大肠埃希菌感染而发病。正常情况下，大肠埃希菌定植于人类及其他哺乳动物肠道内，属于肠道共生菌[5]。当人体免疫力低下或者出现异位定植情况时，大肠埃希菌将会引起食物中毒、呼吸道感染、尿路感染、肠道感染、皮肤及软组织感染等疾病，甚至发生菌血症和中枢神经系统感染[6-7]。通常，第三代头孢菌素、碳青霉烯类以及氟喹诺酮类等药物被广泛应用于大肠埃希菌感染的治疗，这也导致了大肠埃希菌对这些药物耐药率不断增加。近年来，多重耐药（MDR）菌株不断涌现，并出现了广泛耐药（XDR）菌株，甚至全耐药（PDR）菌株，给治疗带来极大困难[8]。据我国卫计委全国细菌耐药性监测网数据显示，全国1338所医院在2014年10月至2015年9月上报非重复菌株共2 400 786株，革兰氏阴性菌占71.1%，其中大肠埃希菌共510 140株（占21.2%），位列所有感染菌首位。据全国统计数据，大肠埃希菌对第三代头孢菌素的耐药率为59.0%，对喹诺酮类的耐药率为53.5%[9]。揭示大肠埃希菌的抗生素耐药机制将有助于这类感染疾病的控制和治疗。

二、大肠埃希菌耐药机制

大肠埃希菌耐药机制复杂，目前尚未完全清楚。据已有的研究表明，其耐药机制主要包括以下几种：

（1）产生一些抗生素水解酶或钝化酶等，削弱甚至完全抵消抗生素的作用，如β-内酰胺酶[10]、氨基糖苷修饰酶[11]等；

（2）细菌内抗生素作用靶点的突变，如编码拓扑异构酶的 ParC 突变介导的喹诺酮类药物耐药[12]；

（3）细菌外膜蛋白通透性降低[13]，减少抗生素的进入；

（4）药物外排泵的存在[14-15]使得抗生素被主动泵出胞外；

（5）生物膜的形成[16-17]以减少同抗生素的接触。

三、太空环境的诱导变异作用有利于大肠埃希菌耐药及耐药机制研究

尽管目前对大肠埃希菌的研究较为深入和广泛，但解决其耐药问题的成效仍不容乐观。该菌的地面研究进展已滞后于有效抗感染的迫切需求，因而有必要将研究延伸到太空环境。太空环境具有微重力、强辐射、极端温差等特点，这些因素对细菌的生物学性状会产生多方面的影响，可为细菌变异与进化的研究提供丰富的资源。多项研究表明太空环境可影响细菌的耐药性。通过对“礼炮 7”空间站上法国航天员 Chrien JL 身上的共生菌丛中分离出的金黄色葡萄球菌研究发现，与地面对照菌相比，空间站来源的金黄色葡萄球菌对苯唑西林、红霉素和氯霉素的最低抑菌浓度也有一定的增加[18]。另有研究发现，从“联盟”7 号飞船飞行员中分离出的大肠埃希菌出现了四环素耐药性[19]。但并非所有的细菌在微重力条件下对抗生素敏感性的变化全都一致，有研究发现鲍曼不动杆菌在低剪切力模拟微重力的环境中对多种抗生素的最低抑菌浓度没有明显的升高[20]。说明太空环境对细菌产生的耐药性变异具有多样性。空间环境还能影响细菌的致病性。既往关于空间环境对细菌致病性影响的研究多集中在沙门菌。将暴露于模拟微重力环境的沙门菌感染小鼠，其感染后 6d 的生存率与对照组相比明显降低，在感染后第 10d，实验组生存率仅对照组的 1/3[21]。Nickerson 等人发现伤寒沙门菌经过一段时间暴露于空间环境后，167 个基因表达发生了改变，如调控因子 Hfq，这些变化导致了该菌对小鼠的半数致死量明显降低，即该菌的毒力发生了明显增强[22]。

目前利用太空环境进行微生物变异研究主要是通过航天器进行微生物搭载，待样本返回地面后再进行各项相关实验。在航天器环境中，微生物的变异速率会加大，变异类型也会更加多样。一些在地面条件下难以发生的现象，在空间特殊理化环境因素的诱导下可以出现放大效应。因此，研究太空环境对大肠埃希菌的影响及其机制，可能有助于指导地面难治性大肠埃希菌感染的防控，是一个重要的探索手段。同时，在载人航天活动中，作为肠道菌群一部分，研究太空环境对大肠埃希菌的影响及其机制对于保障航天员健康也是一个极为重要的课题。

四、课题组利用太空环境研究大肠埃希菌的最新进展

本课题组从一位 78 岁男性肺部感染患者的痰标本中分离出了一株大肠埃希菌（标记为 F1），采用 VITEK2 试卡法和 K-B 法检测其对 17 种常见抗生素的敏感性（氨苄西林，氨苄西林/舒巴坦，氨曲南，环丙沙星，头孢替坦，头孢曲松，头孢唑林，厄他培南，头孢吡肟，庆大霉素，亚胺培南，左氧氟沙星，头孢他啶，妥布霉素，复方新诺明，呋喃妥因，阿米卡星），结果按照美国临床实验室标准化协会（Clinical and Laboratory Standards Institute，CLSI）标准进行判读。发现该菌除对阿米卡星敏感外，对临床常用抗生素均耐药，甚至包括四代头孢菌素、氟喹诺酮类抗生素

以及碳青霉烯类抗生素（图 11-1 和表 11-1）。进一步通过高通量全基因组测序方法分析发现，该菌携带有 51 种耐药基因，其中包括 21 种外排泵基因。这是目前世界上报道的携带耐药基因最多的一株大肠埃希菌，这些耐药基因是导致该菌多药耐药的原因。并通过系统发育树分析了该菌与大肠埃希菌 *E. coli* K-12 最为近缘，提示其可能系 *E. coli* K-12 进化发展而来。上述数据表明大肠埃希菌耐药现象在不断加剧。

表 11-1　大肠埃希菌 F1 药物敏感性测试结果

抗生素	MIC（mg/L）	敏感性
氨苄西林	≥32	R
头孢唑林	≥64	R
氨苄西林/舒巴坦	≥32	R
头孢替坦	≥64	R
头孢曲松	≥64	R
头孢他啶	≥64	R
头孢吡肟	≥64	R
氨曲南	≥64	R
厄他培南	≥8	R
亚胺培南	4	R
阿米卡星	≤2	S
庆大霉素	≥16	R
妥布霉素	≥16	R
左氧氟沙星	≥8	R
环丙沙星	≥4	R
复方新诺明	≥320	R
呋喃妥因	≥64	I

注：药物敏感性测试结果按照 CLSI 标准判读。R，耐药；S，敏感；I，中介。MIC，最低抑菌浓度

为了探明大肠埃希菌耐药的机制及防止新靶点，以及揭示太空飞行对于航天员肠道菌的影响，我们借助“神舟十号”飞船，将这株多药耐药大肠埃希菌送入太空（飞船的升空时间为 2013 年 6 月 11 日，返回地球时间为 2013 年 6 月 26 日）进行诱导变异研究。

1. 研制微生物样品搭载系统用于大肠埃希菌空间诱变研究

“神舟十号”飞船微生物样本搭载系统根据 HYK-GF15《航天员系统载人运输飞船/目标飞行器舱载产品环境试验技术条件》的标准，结合实际载荷（包括搭载重量和搭载体积两方面）的要求设计而成。设计单位为：中国人民解放军总医院和中国航天员科研训练中心。加工制造单位为：北京万达塑胶电器有限公司。搭载小管和外包装管（图 11-2）均为长圆柱状，由聚碳酸酯制成，搭载小管容积为 500μl，均成功通过了中国航天医学工程研究所进行的以下检测：冲击试验、快速减压试验、振动试验等，完全可确保微生物样本的安全性。

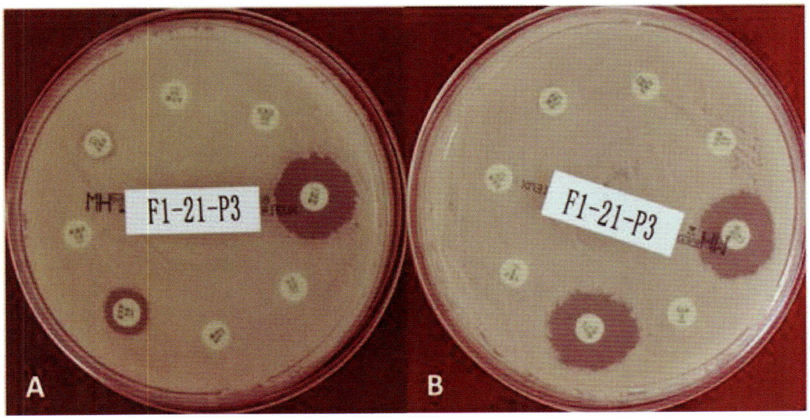

图 11-1　大肠埃希菌抗生素敏感性试验结果

A. 培养皿中抗生素为：氨苄西林（AMP），头孢吡肟（FEP），安曲南（ATM），头孢曲松（CRO），阿米卡星（AK），头孢唑林（KZ），庆大霉素 10μg（CN10），厄他培南（ETP）；**B.** 培养皿中抗生素为：亚胺培南（IPM），左氧氟沙星（LEV），氨苄西林/舒巴坦（SAM），庆大霉素 120μg（CN120），头孢他啶（CAZ），妥布霉素（TOB），美罗培南（MEM），环丙沙星（CIP）

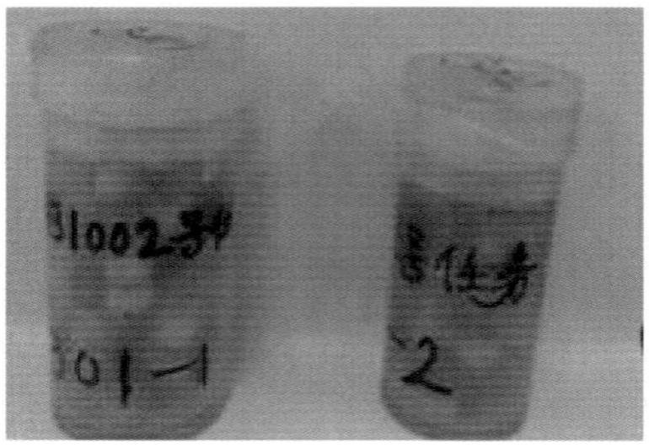

图 11-2 微生物样品搭载外包装管

搭载样品获得中国载人航天办公室批准，由本课题组交付神舟天辰科技实业有限公司，统一安排“神舟十号”飞船装载工作，并于2013年6月11日17:38在酒泉卫星发射中心发射升空。经太空飞行约350h后，于2013年6月26日8:07左右返回地面，降落在内蒙古地区。着陆后迅速取出微生物样本并由直升机运抵北京。北京时间6月28日17:00样品被运送至解放军总医院南楼呼吸科实验室。

2. 空间环境对大肠埃希菌生长菌落数的影响

太空组细菌返回后，立即按相同步骤进行分装，取等量样品进行梯度稀释并平板菌落计数，结果显示该菌地面组的菌落数为（28.5±4.3）×10^{10}CFU/ml；太空组的菌落数为（7.9±2.5）×10^{10}CFU/ml（如图11-3所示）。太空环境下大肠埃希菌的菌落总数为地面组的27.7%。说明太空飞行过程致使大肠埃希菌生长繁殖数量较地面明显受到抑制。

3. 空间环境对大肠埃希菌抗生素敏感性的影响

为了探究太空环境对细菌性的影响，我们以亚胺培南敏感性变化为例，将太空组和地面组各随机挑取100个克隆，分别进行抗生素敏感试验，测量亚胺培南对大肠埃希菌的抑菌圈直径，如表11-2所示。地面对照组的平均抑菌圈直径为13.4±1.15mm；太空飞行组的平均抑菌圈直径为15.57±1.2mm，较对照组增加了2.17mm（$P<0.05$）。说明太空飞行后亚胺培南对大肠埃希菌的抑菌效果增强。

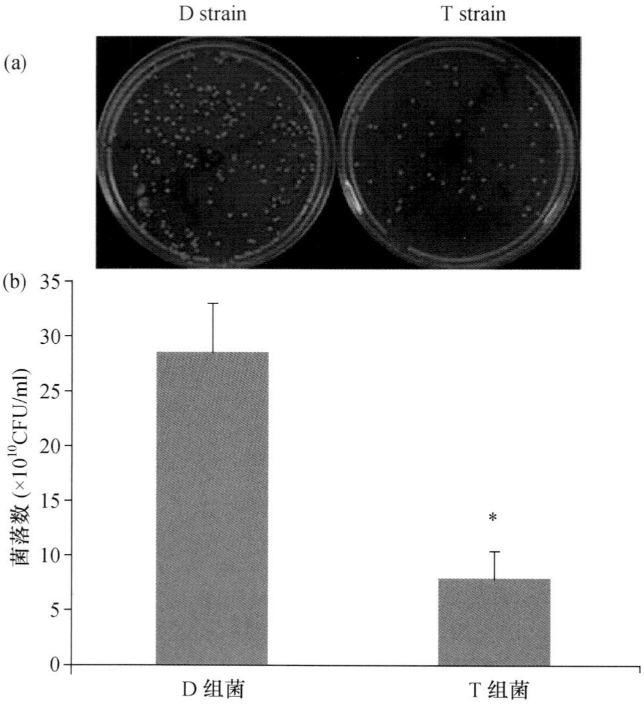

图 11-3 太空组和地面组大肠埃希菌样品菌落计数

T组菌表示太空飞行后大肠埃希菌，D组菌表示地面静止培养大肠埃希菌。实验重复三次，* $P<0.05$

表 11-2 亚胺培南对地面组和太空组大肠埃希菌的抑菌环直径统计结果

	地面组	太空组
例数	100	100
均数	13.4mm	15.57mm*
标准差	1.15mm	1.2mm

注：将亚胺培南对两组细菌的抑菌结果进行统计分析，发现两组细菌中抑菌圈直径存在明显差别（* $P<0.05$）

随后我们挑取了1000余株太空组克隆，对每株克隆进行常用抗菌药物敏感性检测，发现一株克隆出现了妥布霉素耐药性逆转（编号为T1-13），如图11-4。为了解该耐药性改变的遗传稳定性，我们对所挑取的这株克隆进行连续传代培养50次，并对每一代菌株均行妥布霉素敏感性试验检测，发现该菌在传代过程中对妥布霉素的敏感性（表11-3）。

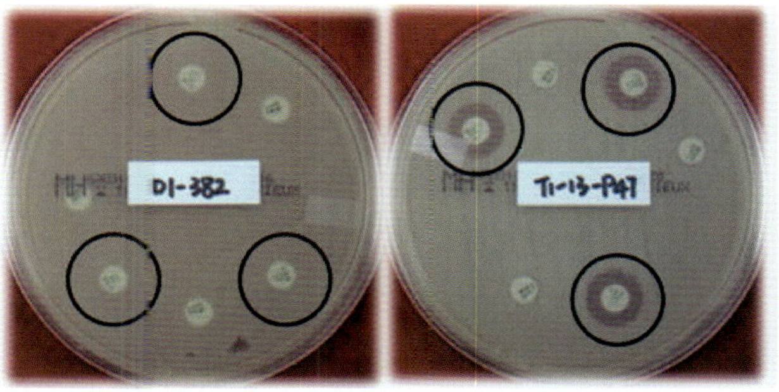

地面菌株　　　　搭载菌株

图 11-4　两组大肠埃希菌对妥布霉素敏感性检测结果

如果黑色圈内抗生素纸片为妥布霉素，地面组菌株无抑菌环，则依据 CLSI 标准判读为耐药；如果搭载菌株（太空组）的抑菌环直径为 1[illegible]mm，则依据 CLSI 标准判读为敏感

表 11-3　大肠埃希菌变异稳定性评价

传代数	抑菌圈直径（cm）		传代数	抑菌圈直径（cm）	
	太空组	地面组		太空组	地面组
1	1.5	0.6	26	1.6	0.6
2	1.5	0.7	27	1.5	0.6
3	1.5	0.7	28	1.5	0.7
4	1.6	0.8	29	1.5	0.6
5	1.6	0.6	30	1.6	0.7
6	1.6	0.8	31	1.7	0.6
7	1.6	0.8	32	1.7	0.6
8	1.6	0.6	33	1.8	0.7
9	1.6	0.6	34	1.7	0.6
10	1.7	0.7	35	1.6	0.6
11	1.7	0.6	36	1.7	0.6
12	1.6	0.7	37	1.6	0.6
13	1.7	0.7	38	1.7	0.7
14	1.7	0.6	39	1.5	0.6
15	1.7	0.6	40	1.7	0.6
16	1.5	0.6	41	1.6	0.7
17	1.5	0.6	42	1.7	0.6
18	1.6	0.6	43	1.6	0.6
19	1.5	0.7	44	1.5	0.6
20	1.6	0.7	45	1.7	0.6
21	1.7	0.6	46	1.7	0.7
22	1.7	0.6	47	1.7	0.6
23	1.6	0.6	48	1.6	0.6
24	1.7	0.6	49	1.6	0.7
25	1.6	0.7	50	1.6	0.6

4. 空间环境对大肠埃希菌生化代谢的影响

为明确太空飞行对大肠埃希菌代谢表型的影响，我们利用 Biolog GenⅢ微孔板对两组大肠埃希菌进行 94 种表型测试（图 11-5）。肉眼观察颜色变化后对每块板用酶标仪检测各孔在 590nm 的吸光度值，吸光度值与该孔颜色深度成正比，同时该值越大代表大肠埃希菌对该孔营养物质利用越好，或对该孔化学物质对抗性越强。通过对各孔吸光度值统计分析发现（图 11-6），太空飞行后大肠埃希菌对五种碳源利用明显降低（N-乙酰-β-*D*-甘露糖，*L*-半乳糖醛酸内酯，*L*-天冬氨酸，丙酸，黏液酸），这些碳源可为细菌的生长提供能量。

5. 空间环境对大肠埃希菌基因组的影响

通过 Illumina Hiseq 2000 平台测序，地面同步温度静置培养组大肠埃希菌样品 D1 共产出 502Mb 数据，基于测序数据组装得到样品 D1 基因组大小为 4 975 133bp，GC 含量 50.68%，共 137 个拼接（scaffold），178 个重叠群（contig）。太空飞行组大肠埃希菌样品 T1 共产出 502Mb 数据，基于测序数据组装得到样品 T1 基因组大小为 4 969 453bp，GC 含量 50.67%，共 133 个 scaffold，165 个 contig。

通过与参考序列 F1 进行比对，样品 D1 和样品 T1 基因组初步共发现 0 个 InDel 和 766 个 SNP，经过过滤之后，发现 38 个 SNP，其中 9 个 SNP 发生在基因间区，其余 29 个 SNP 位点出现在 20 种基因中（其中 5 种基因包含多个 SNP）。通过基因功能注释，发现这些基因中有 2 种为耐药基因，与氨基糖苷类抗生素耐药有关；1 种为大肠埃希菌毒力基因；1 种基因与细菌应答环境因子及分泌功能相关；2 种基因与 DNA 复制和损伤修复等功能相关；5 种基因与转座酶、DNA 螺旋酶、多种水解酶及转移酶等酶活性以及次级代谢产物合成等相关；另外还有 9 种基因功能未知。

6. 空间环境对大肠埃希菌转录组的影响

经转录组建库测序、基因注释和功能富集分

A1 Negative Control 阴性对照	A2 Dextrin 糊精	A3 D-Maltose D-麦牙糖	A4 D-Trehalose D-海藻糖	A5 D-Cellobiose D-纤维二糖	A6 Gentiobiose 龙胆二糖	A7 Suctose 蔗糖	A8 D-Turanose D-松二糖	A9 Stachyose 水苏糖	A10 Positive Control 阳性对照	A11 pH 6	A12 pH 5
B1 D-Rafftnose 蜜三糖，棉子糖	B2 α-D-Lactose α-D-乳糖	B3 D-Melibiose 蜜二糖	B4 β-Mefhyl-D-Dlucoside β-甲酰-D-葡糖苷	B5 D-Salictn D-水杨苷	B6 N-Acetyl-D-Glucosatnine N-乙酰-D-葡糖胺	B7 N-Acetyl-β-GMannosatnine N-乙酰-β-D-甘露糖胺	B8 N-Acetyl-D-Galactosatnine N-乙酰-D-半乳糖胺	B9 N-Acetyl Neuratninic Acid N-乙酰神经氨酸	B10 1% NaCl	B11 4% NaCl	B12 8% NaCl
C1 α-D-Glucose α-D-葡糖	C2 D-Mannose D-甘露糖	C3 D-Fructose D-果糖	C4 D-Galactose D-半乳糖	C5 3-Methyl Glucose 3-甲酰葡糖	C6 D-Fucose D-果糖	C7 L-Fucose L-果糖	C8 L-Rharmnose L-鼠李糖	C9 Inosine 肌苷	C10 1% Scdium Lactate 乳酸钠	C11 Fusidic Acid 梭链孢酸	C12 D-S enine D-丝氨酸
D1 D-Sorbitol D-山梨醇	D2 D-Mannitol D-甘露醇	D3 D-Arabitol D-阿拉伯醇	D4 myo-Inositol 肌醇	D5 Glycerol 甘油	D6 D-Glucose-6-PO4 D-葡糖-6-磷酸	D7 D-Fructose-6-PO4 D-果糖-6-磷酸	D8 D-Aspartic Acid D-天冬氨酸	D9 D-Serine D-丝氨酸	D10 Troleandornycin 醋竹桃霉素	D11 Rifamycitn SV 利福霉素SV	D12 Minocycline 二甲胺四环素
E1 Gelatin 明胶	E2 Glycyl-L-Proline氨基乙酰-L-脯氨酸	E3 L-Alanine L-丙氨酸	E4 L-Arginine L-精氨酸	E5 L-Aspartic Acid L-天冬氨酸	E6 L-Glutamic Acid L-谷氨酸	E7 L-Histidine L-组胺	E8 L-Pyroglutamic Acid L-焦谷氨酸	E9 L-Senine L-丝氨酸	E10 Lincomycin 林肯霉素，洁霉素	E11 Guanidine HCl 盐酸胍	E12 Niaproof 4 硫酸四癸钠
F1 Pectin 果胶	F2 D-Galacturonic Acid D-半乳糖醛酸	F3 L-Galactonic Acid Lactone L-半乳糖醛酸内酯	F4 D-Gluconic Acid D-葡糖酸	F5 D-Gluconic Acid D-葡糖醛酸	F6 Glucunonamide 葡糖醛酰胺葡	F7 Mucic Acid 黏酸：黏液酸	F8 Quinic Acid 奎宁酸	F9 D-Sacchanic Acid 糖质酸	F10 Vancomycin 万古霉素	F11 Tetrazolium Violet 四唑紫	F12 Tetrazolium Blue 四唑蓝
G1 p-Hydraxy-Phenylacetic Acid p-羟基-苯乙酸	G2 Methyl Pyruvate 丙酮酸甲酯	G3 D-Lactic Acid Methyl Ester D-乳酸甲酯	G4 L-Lactic Acid L-乳酸	G5 Citric Acid 柠檬酸	G6 α-Keto-Glutaric Acid α-酮-戊二酸	G7 D-Malic Acid D-苹果酸	G8 L-Malic Acid L-苹果酸	G9 Bromo-Succinic Acid 溴-丁二酸	G10 Nalidixic Acid 萘啶酮酸	G11 Lithium Chlonide 氯化锂	G12 Potassium Tellunite 亚碲酸钾
H1 Tween 40 吐温40	H2 γ-Amino-Butryric Acid γ-氨基-丁酸	H3 α-Hydraxy-Butynic Acid α-羟基-丁酸	H4 β-Hydraxy-D,LButynic Acid β-羟基-D,L丁酸	H5 α-Keto-Butyric Acid α-酮-丁酸	H6 Acetoacetic Acid 乙酰乙酸	H7 Propionic Acid 丙酸	H8 Acefic Acid 乙酸	H9 Fomic Acid 甲酸	H10 Aztreonam 氨曲南	H11 Sodium Butyrate丁酸钠	H12 Sodium Butyrate 溴酸钠

图 11-5 Biolog GenⅢ微孔板各表型分布图

Biolog GenⅢ微孔板含 94 种表型测试，包括：71 种碳源利用测试（1～9 列）以及 23 种化学敏感性测试（10～12 列）。A1 为阴性对照孔，没有碳源。A10 为阳性对照孔，作为列 10～12 化学敏感性测试的参考

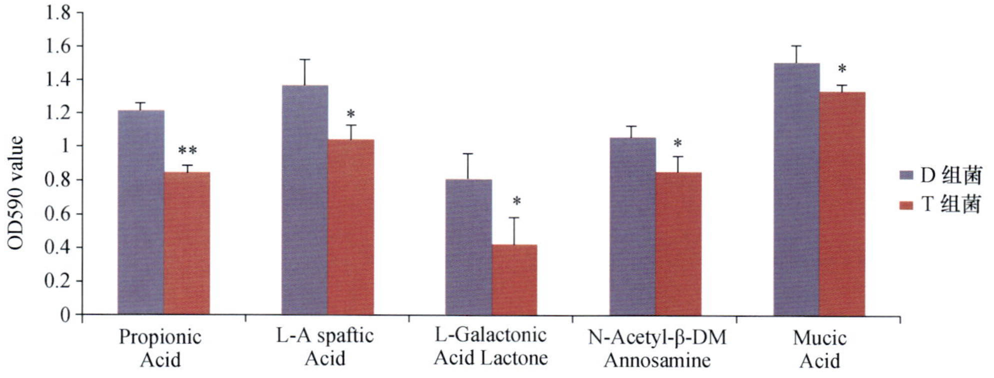

图 11-6 太空组和地面组大肠埃希菌对五种碳源物质利用情况

太空飞行后大肠埃希菌（T 组菌）对丙酸（Propionic Acid），天冬氨酸（L-Aspartic Acid），L-半乳糖醛酸内酯（L-galactonic acid lactone），N-乙酰-β-D-甘露糖胺（N-Acetyl-β-DM Annosamine），L-黏液酸（Mucic acid）的利用较地面组（D 组菌）明显减弱。实验重复三次（** $P<0.01$，* $P<0.05$）

析后，对地面组和太空组大肠埃希菌转录组基因表达量进行对比，发现两组样本中有 1621 种基因差异表达，其中 822 种基因在太空组低表达，799 种在太空组中高表达。进一步进行功能富集分析发现，太空飞行后，大肠埃希菌中一些与能量代谢相关的基因，尤其是与糖代谢、氨基酸代谢、脂肪酸代谢，

以及丙酸代谢等相关的基因明显下调，同时 ABC 转运蛋白的表达也明显受到抑制。而上调表达的基因主要体现在双组分系统，甲苯分解代谢，鞭毛合成，嘧啶、嘌呤代谢基因，泛酸盐合成，肽多糖合成，氧化磷酸化，同源重组相关蛋白，核糖核酸（RNA）降解等相关基因（图 11-7）。

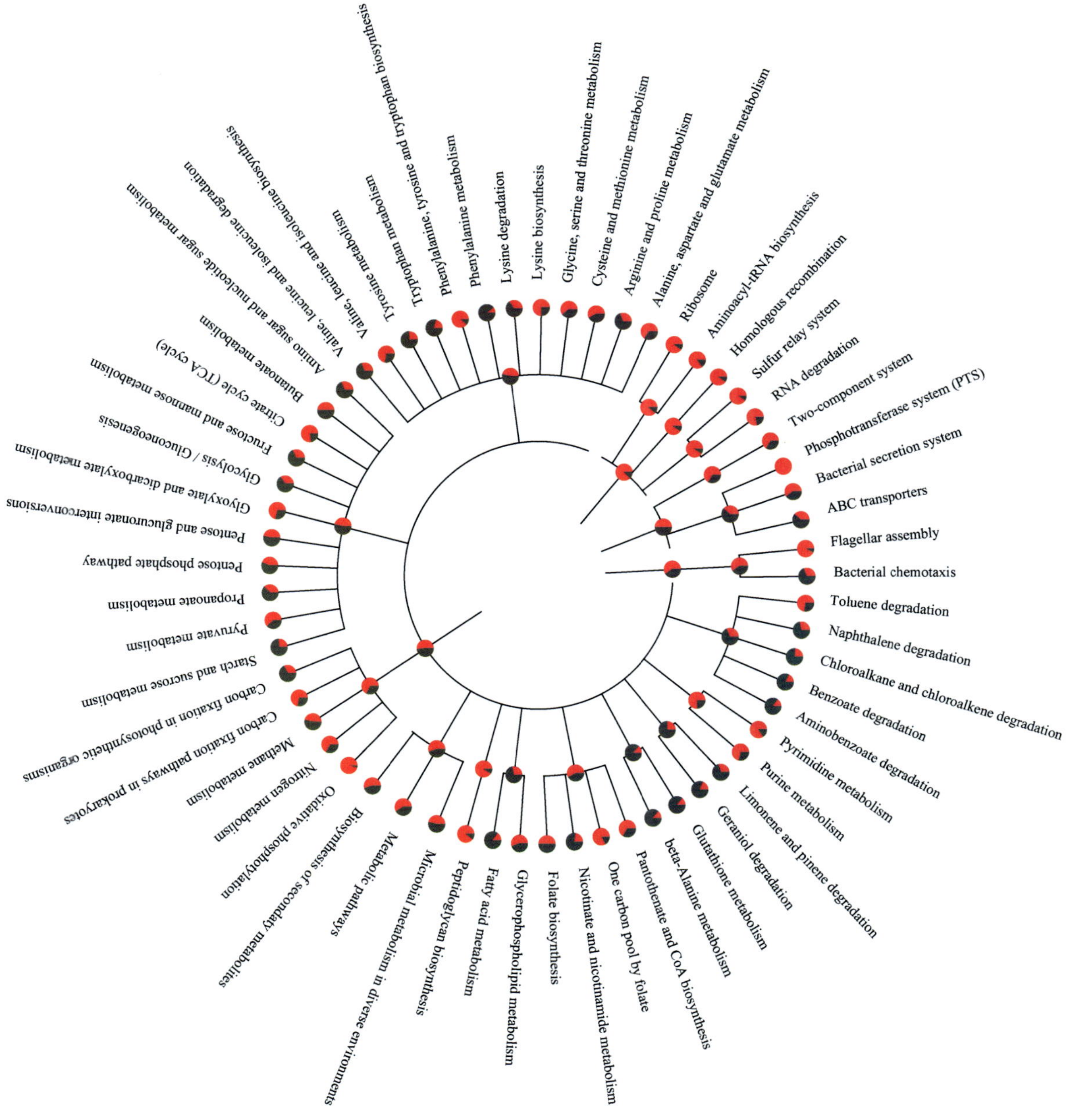

图 11-7 太空组和地面组大肠埃希菌差异表达基因功能富集分析图

红色表示太空组高表达的基因，绿色表示太空组低表达的基因

7. 空间环境对大肠埃希菌蛋白组的影响

通过蛋白质提取、蛋白质浓度测量（Bradford 定量）、十二烷基硫酸钠（SDS）电泳、蛋白质酶解、同位素相对标记与绝对定量技术（iTRAQ 技术）、强阳离子交换柱（SCX）分离及基于 QE 的液相色谱-质谱联用分析等过程后，对搭载的大肠埃希菌和地面对照菌进行差异蛋白分析。差异蛋白的定义为在三次重复实验中两次及以上被鉴定为差异蛋白；而且差异蛋白在单次实验中需满足以下两个条件：①差异倍数≥1.5 或者≤2/3；②统计

P-value≤0.05。按上述标准，我们发现与地面对照组相比，太空飞行后的大肠埃希菌有254种蛋白发生了差异表达，其中163种蛋白明显下调，91种蛋白显著上调。

接着，对这些差异蛋白的Pathway代谢通路进行注释。在生物体内，不同蛋白相互协调行使其生物学行为，基于Pathway的分析有助于更进一步了解其生物学功能。KEGG是有关Pathway的主要公共数据库，通过Pathway分析能确定蛋白质参与的最主要生化代谢途径和信号转导途径。结果显示，太空飞行后大肠埃希菌下调的163种蛋白主要集中在ABC转运蛋白，丙酸、氨基酸、糖及脂肪酸代谢等方面（图11-8）；表达增强的91种蛋白主要为双组分系统，核糖体合成，氮代谢，以及少数氨基酸代谢（图11-9）等方面。这些结果与转录组学分析结果类似。

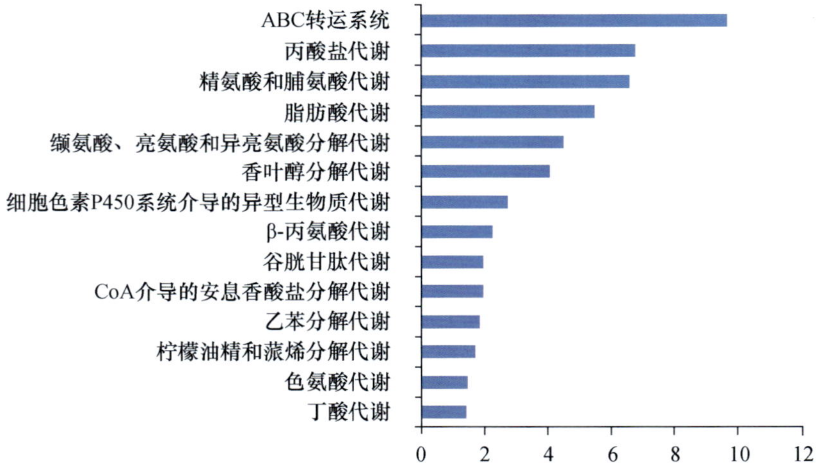

图11-8 太空飞行后大肠埃希菌中低表达蛋白的KEGG通路富集分析图

Y轴表示富集的KEGG通路，X轴表示相对基因数量

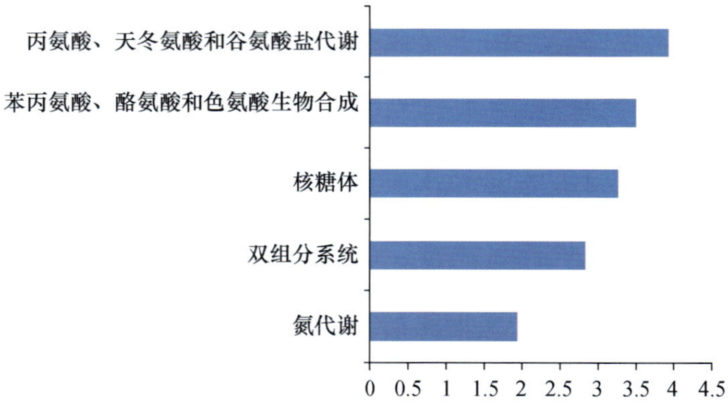

图11-9 太空飞行后大肠埃希菌中高表达蛋白的KEGG通路富集分析图

Y轴表示富集的KEGG通路，X轴表示相对基因数量

8. 结论与展望

在本研究中我们筛选出了一株太空飞行后对妥布霉素由耐药变敏感的大肠埃希菌菌株。通过基因组测序分析发现，太空飞行后的大肠埃希菌中，与氨基糖苷类相关的耐药基因发生了点突变，与转座酶、多种水解酶及转移酶等酶活性相关基因也发生了点突变。转座酶是执行转座功能的酶，通常由转座子编码，识别转座子两端的特异序列，能把转座子从相邻序列中脱离出来，再插入到新的DNA靶位点，可以通过调节转座子移动能力，与细菌耐药关系密切[23-25]。水解酶及转移酶等酶也能介导多种抗生素的耐药性[26-27]。基因上的点突变，可能会导致编码的氨基酸发生变化[28]，基因结构的改变[29-30]或者基因表达的增强或减弱[31-32]等，这些都将引起该基因功能发生相应变化。上述基因的点突变，可能导致大肠埃

希菌对抗生素敏感性的改变。同时，在信使RNA（mRNA）和蛋白质表达层面均出现了ABC转运蛋白的表达受抑，这也可能导致大肠埃希菌对妥布霉素由耐药变为敏感。ABC转运蛋白是生物细胞膜上一类介导物质转运的蛋白质，发挥着营养物质摄取和有毒有害物质外排的作用。在多种细菌中，通过将抗生素排出胞外而导致多种抗生素的耐药[33-34]。另外还有一些未知功能的基因以及基因间区的突变都可能影响其耐药性的改变，但具体影响及机制有待进一步深入研究。同时，本研究通过基因组测序分析发现太空飞行后大肠埃希菌的毒力基因出现了点突变。但是该变化，以及一些未知功能的基因以和基因间区的突变对于大肠杆菌毒力的影响还有待进一步研究。

本研究中发现经太空飞行后，大肠埃希菌的总量仅为地面的27.7%，说明太空环境中极端的物理条件不利于微生物的生存和生长[34-35]。有研究显示，飞船内的微生物较地面生长缓慢[36]。在我们的前期研究中也发现，通过"神舟八号"飞船搭载397h后，蜡状芽胞杆菌较地面对照生长缓慢[37]。通过生化代谢分析发现太空飞行后的大肠埃希菌在糖碳源、氨基酸等物质的利用上存在明显的缺陷，使得细菌生长所需的能源不足，从而造成细菌总数的减少。在组学分析中，飞行后的大肠埃希菌出现了相应的改变。如与DNA复制和修复、次级代谢产物合成以及细菌分泌功能等相关的基因发生了碱基突变；与糖代谢、氨基酸代谢、脂肪酸代谢和丙酸代谢等相关的基因在转录和蛋白水平均明显下调；这些改变都与大肠埃希菌的生长有密切的关系。大肠埃希菌是哺乳动物的肠道共生菌，该菌能产生具有杀菌作用的大肠埃希菌素，还能合成维生素B和K，在正常情况下其代谢活动对对人体的免疫起着积极的作用[38]。另有报道30%的大肠埃希菌可产生大肠菌素[39]，对微生物具有杀灭作用，能保护人体免受其他细菌的危害[40]。载人航天改变了人体和细菌的生存环境，将影响航天员肠道菌群结构的改变。前苏联一项关于12名宇航员在太空飞行前后对肠道微生物的变异分析中，发现大肠埃希菌在飞行后发生了总体数量的减少[41]。由于空间环境诱变的不确定性，以及不同的细菌对空间环境的响应方式不完全一致，太空环境中肠道微生物菌群总体上的变化趋势以及对人体的影响目前还不清楚。但是不论怎样，肠道菌群的失调将会影响人体健康。在既往的航天活动中，受太空特殊环境的影响，航天员体内会出现自然杀伤（NK）细胞杀伤能力下降，T淋巴细胞增殖减缓，免疫球蛋白IgM和IgG产生减少，细胞因子［如γ干扰素（INF-γ）、白细胞介素-2（IL-2）等］分泌减少等，从而导致免疫系统功能下降，这可能直接或间接与肠道菌群的改变有关。因此研究肠道菌群在空间环境下的响应机制以及应对策略，将会更好的保护航天过程中带来的人体医学问题，也必将促进人类太空探索的进步。

载人航天是人类认识宇宙、拓展生存空间和开发太空资源的伟大实践。自加加林成为世界首名航天员以来，载人航天事业取得了巨大成就和发展，由载人航天衍生的许多技术成果都已渗透和应用到人类日常生活和工作之中。它的发展将继续为人类的物质文明和精神文明带来巨大而深远的影响。开展空间环境对病原菌耐药性和致病性影响及其机制的研究，将会更好地认识细菌这两方面表型的进化和产生的分子机制，有望鉴定出更多的临床诊治靶标，可为发掘临床常见病原菌诊治的新策略提供新思路，具有较高的临床转化应用价值。

参考文献

［1］GBD 2013 Mortality and Causes of Death Collaborators. Global, regional, and national age-sex specific all-cause and cause-specific mortality for 240 causes of death, 1990-2013: a systematic analysis for the Global Burden of Disease Study 2013. Lancet, 2015, 385 (9963): 117-71.

［2］Liu L, Oza S, Hogan D, et al. Global, regional, and national causes of child mortality in 2000-13, with projections to inform post-2015 priorities: an updated systematic analysis. Lancet, 2015, 385 (9966): 430-440.

[3] WHO. Antimicrobial resistance: global report on surveillance 2014. Technical report. (2014) [2016-6-1] http://apps. who. int/medicinedocs/en/m/abstract/Js21405en/.

[4] CDC, Antibiotic resistance threats in the United States, 2013. Threat report. (2013) [2016-6-1] http://www. cdc. gov/drugresistance/threat-report-2013/.

[5] Qin J, Li R, Raes J, et al. A human gut microbial gene catalogue established by metagenomic sequencing. Nature 2010; 464 (7285): 59-65.

[6] Pennington TH. E. coli O157 outbreaks in the United Kingdom: past, present, and future. Infect Drug Resist, 2014, 7: 211-222.

[7] Rohde H, Qin J, Cui Y, et al. Open-source genomic analysis of Shiga-toxin-producing E. coli O104: H4. N Engl J Med, 2011, 365 (8): 718-724.

[8] Kohlenberg A, Schwab F, Rüden H. Wide dissemination of extended-spectrum beta-lactamase (ESBL) -producing Escherichia coli and Klebsiella spp. in acute care and rehabilitation hospitals. Epidemiol Infect, 2012, 140 (3): 528-534.

[9]《2015年全国细菌耐药监测报告》http://www. carss. cn/Notice/Details/283.

[10] Peirano G, Pitout JD. Fluoroquinolone-resistant Escherichia coli sequence type 131 isolates causing bloodstream infections in a canadian region with a centralized laboratory system: rapid emergence of the H30-Rx sublineage. Antimicrob Agents Chemother, 2014, 58 (5): 2699-2703.

[11] Wang-Sheng Z, Zu-Huang M, Xing-Bei W. Emergence of five kinds of aminoglycoside-modifying enzyme genes simultaneously in a strain of multidrug-resistant Escherichia coli in China. Clin Microbiol Infect, 2012, 18 (1): E11-2.

[12] Vila J, Ruiz J, Goñi P, et al. Detection of mutations in parC in quinolone-resistant clinical isolates of Escherichia coli. Antimicrob Agents Chemother, 1996, 40 (2): 491-493.

[13] Goessens WH, van der Bij AK, van Boxtel R, et al. Antibiotic trapping by plasmid-encoded CMY-2 β-lactamase combined with reduced outer membrane permeability as a mechanism of carbapenem resistance in Escherichia coli. Antimicrob Agents Chemother, 2013, 57 (8): 3941-3949.

[14] Weeks JW, Bavro VN, Misra R. Genetic assessment of the role of AcrB β-hairpins in the assembly of the TolC-AcrAB multidrug efflux pump of Escherichia coli. Mol Microbiol 2014, 91 (5): 965-975.

[15] Rosner JL, Martin RG. Reduction of cellular stress by TolC-dependent efflux pumps in Escherichia coli indicated by BaeSR and CpxARP activation of spy in efflux mutants. J Bacteriol, 2013, 195 (5): 1042-1050.

[16] Lee JH, Kim YG, Cho HS, et al. Thermoresponsive oligomers reduce Escherichia coli O157: H7 biofouling and virulence. Biofouling, 2014, 30 (5): 627-637.

[17] Capita R, Riesco-Peláez F, Alonso-Hernando A, et al. Exposure of Escherichia coli ATCC 12806 to sublethal concentrations of food-grade biocides influences its ability to form biofilm, resistance to antimicrobials, and ultrastructure. Appl Environ Microbiol, 2014, 80 (4): 1268-1280.

[18] Tixador R, Richoilley G, Gasset G, et al. Study of minimal inhibitory concentration of antibiotics on bacteria cultured in vitro in space. Aviat Space Environ Med, 1985, 56 (8): 748-751.

[19] Taylor GR. Space microbiology. Annu Rev Microbiol, 1974, 28: 121-137.

[20] Hensley DM. Maintenance of antimicrobial susceptibility of acinetobacter baumannii in modeled microgravity. Clin Lab Sci, 2010, 23 (2): 84-88.

[21] Seki S, Kawaguchi Y, Chiba K, et al. A functional SNP in CILP, encoding cartilage intermediate layer protein, is associated with susceptibility to lumbar disc disease. Nat Genet, 2005, 37 (6): 607-612.

[22] 徐志弘，周爱萍，姚玉峰. 结核分枝杆菌ABC转运蛋白与物质的跨膜转运. 微生物学报，2014，54 (6)：608-615.

[23] 郑亚芬，韩小雅，承晓京，等. 肺炎链球菌新生儿分离株转座酶基因遗传标记的研究. 中国人兽共患

病学报，2007，23（5）：493-494.

［24］朱健铭，褚雪莲，姜如金，等. 多药耐药鲍氏不动杆菌 tnp513 转座酶基因研究. 中华医院感染学杂志，2009，19（20）：2678-2681.

［25］吴文娟. 转座因子在肺炎链球菌耐药进化中的作用. 国外医学微生物学分册，2005，28（1）：18-21.

［26］刘丁，陈萍，李玉红，等. 多重 PCR 检测鲍曼不动杆菌氨基糖苷乙酰转移酶相关基因. 第三军医大学学报，2006，28（23）：2320-2322.

［27］孔海深，李雪芬，王菊芳，等. 大肠埃希菌氨基糖苷酰基转移酶基因型研究. 浙江大学学报（医学版），2006，35（1）：83-86.

［28］刘越，吕社民. 单核苷酸多态性影响基因功能的机制. 生命的化学，2008，28（2）：214-216.

［29］Shen LX，Basilion JP，Stanton VP Jr. Single-nucleotide polymorphisms can cause different structural folds of mRNA. Proc Natl Acad Sci U S A，1999，96（14）：7871-7876.

［30］Komar AA. Genetics. SNPs，silent but not invisible. Science，2007，315（5811）：466-467.

［31］Kubo M，Hata J，Ninomiya T，et al. A nonsynonymous SNP in PRKCH（protein kinase C eta）increases the risk of cerebral infarction. Nat Genet，2007，39（2）：212-217.

［32］Seki S，Kawaguchi Y，Chiba K，et al. A functional SNP in CILP，encoding cartilage intermediate layer protein，is associated with susceptibility to lumbar disc disease. Nat Genet，2005，37（6）：607-612.

［33］徐志弘，周爱萍，姚玉峰. 结核分枝杆菌 ABC 转运蛋白与物质的跨膜转运. 微生物学报，2014，54（6）：608-615.

［34］米阳，郑鹏远，张炳勇，等. 外排泵 ABC 转运蛋白基因 msbA 和 spab 在幽门螺杆菌多重耐药中的重要作用. 世界华人消化杂志，2011，19（14）：1500-1505.

［35］Horneck G，Bucker H，Reitz G. Long-term survival of bacterial spores in space. Adv Space Res，1994，14（10）：41-45.

［36］Horneck G，Eschweiler U，Reitz G，et al. Biological responses to space：results of the experiment “Exobiological Unit” of ERA on EURECA I. Adv Space Res，1995，16（8）：105-118.

［37］Lam KS，Gustavson DR，Pirnik DL，et al. The effect of space flight on the production of actinomycin D by Streptomyces plicatus. J Ind Microbiol Biotechnol，2002，29（6）：299-302.

［38］Longxiang Su，Lisha Zhou，Jinwen Liu，et al. Phenotypic，genomic，transcriptomic and proteomic changes in Bacillus cereus after a short-term space flight. Advances in Space Research，2014，53（4）：18-29.

［39］Trebichavsky I，Splichal I，Rada V，et al. Modulation of natural immunity in the gut by Escherichia coli strain Nissle 1917. Nutr Rev，2010，68（8）：459-464.

［40］Barnes B，Sidhu H，Gordon DM. Host gastro-intestinal dynamics and the frequency of colicin production by Escherichia coli. Microbiology，2007，153（Pt 9）：2823-2827.

［41］Lloubès R，Goemaere E，Zhang X，et al. Energetics of colicin import revealed by genetic cross-complementation between the Tol and Ton systems. Biochem Soc Trans，2012，40（6）：1480-1485.

（张学林　李天志）

第十二章 屎肠球菌在空间环境下的变化及规律研究

一、引言

载人航天是人类认识宇宙、拓展生存空间和开发太空资源的伟大实践。载人航天技术是科技高度整合的一个领域，集成了包括工程控制、信息遥感、推进、能源、材料和生命保障等多学科的最新成果。自 20 世纪 60 年代起，全球多个国家积极开展了大量的航天活动，而由载人航天衍生的许多技术成果都已渗透和应用到人类日常生活和工作之中。我国已启动“载人航天与探月工程”的重大专项计划，将于 2020 年左右建成空间站。空间站是国家强大的重要标志，体现了当今世界航天技术最复杂、最先进、整合程度最高的水平，对国家安全、空间防御和空间生命科学研究起着至关重要的作用，其最终目标是利用太空资源服务于人类。在民事用途方面，空间技术涵盖了卫星通信、卫星气象、卫星导航和卫星勘探等领域，为国民经济可持续发展起到重要的推动作用；在军事用途方面，包括侦察、监视、指挥、拦截、攻击和空间后勤保障等；在科学研究方面，有效利用空间环境及空间模拟技术研究生命科学和医学基本问题，近年来一直都是生命科学研究的热点和前沿[1-2]。

空间站的正常运转，依赖太空驻留工作人员的操控，因此有效保障空间驻留人员的健康是国家重大战略需求，同时也为空间生物医学研究提供了一个千载难逢的平台。太空活动中，地面微生物可随航天员或航空部件进入太空，微重力、强辐射及极端温度等特殊空间环境可对微生物产生影响，诱导细菌生物学性状或致病性改变，增加航天员的感染风险，影响人类空间驻留能力。感染性疾病是人类面临的一种常见病和多发病，近年来，新的高致病性和多重耐药性病原菌不断涌现，严重威胁了人类健康。屎肠球菌是人及动物肠道中正常菌群的一部分，当宿主机体免疫力下降时，机体与屎肠球菌之间的共生状态失衡，屎肠球菌进入其他组织和器官繁殖并引起损伤。近年来，由于抗菌药物的广泛使用，屎肠球菌感染已成为院内感染的主要原因之一[3-4]。因此，以条件性致病菌屎肠球菌为研究对象，研究空间环境对屎肠球菌生物学性状的影响，明确空间环境对微生物的作用及规律，进行空间生物安全性评估，具有非常重要的理论和现实意义，有助于解决空间站建设这一国家重大需求中的生物医学问题，为人类征服太空提供医疗保障。此外，利用太空环境这一特殊环境因素，针对太空诱变的屎肠球菌，探讨其致病性改变的机制及规律，为防治地面难治性感染提供新的策略，促进人类健康。

二、屎肠球菌生物特性介绍

屎肠球菌（*Enterococcus faecium*）属肠球菌属，是人及动物肠道中正常菌群的一部分，在一定条件下可以致病，由于其耐药性强，目前对于屎肠球菌的治疗还没有很好的特效药。由于该菌属于动物肠道正常菌群中的一类，且能产生乳酸，所以早期归属于乳酸菌类[5-6]。屎肠球菌对维持动物肠道菌群生态平衡起到重要作用，特别是用于防疫和治疗幼龄动物肠道疾病和保健。在饲料应用上，屎肠球菌作为应用广泛的一类益生菌，进入宿主可产生多种益生功效，许多企业将其制成微生态饲料添加剂[7-8]。该菌的生理特征为圆形或椭圆形、呈链状排列的革兰氏阳性球菌，无芽胞，无鞭毛，最适生长温度为35～38℃，适宜pH值为5.0～7.5，为需氧或兼性厌氧菌[9]。

（一）屎肠球菌致病力

虽然屎肠球菌的毒力较弱，但是近年来屎肠球菌所引起的感染有所上升，由原来的小于10%上升到30%～40%。这种屎肠球菌感染的发病率上升可能与屎肠球菌的致病性增强相关。随着对肠球菌基因组认识的深入，发现多个可能与肠球菌致病性有关的毒力因子及编码基因。屎肠球菌透明质酸酶（Hyaluronidase，Hyl）、表面蛋白（Enterococcal Surface Protein，Esp）、心内膜炎抗原（Enterococcus faecium Antigen，EfaAfm）、聚集物质（Aggregation Substance，AS）、胶原结合蛋白Acm（Accessory Colonization Factor）以及明胶酶E（GelatinaseE，gelE）等，是其主要的潜在毒力因子，可能和细菌的致病性密切相关[10-11]。

透明质酸酶是细菌表面的一种侵袭性酶，属于胞外酶，能特异性地分解细胞外基质成分，促进细菌在结缔组织的传播；同时可作用于细胞外基质而影响细胞增殖、分化及迁移，并在胚胎发育和肿瘤发生发展过程中发挥作用。该酶可由致病性化脓性链球菌、肺炎链球菌等革兰氏阳性球菌产生，协助细菌在组织内播散。随着化脓性链球菌和其他细菌透明质酸酶基因序列被确定以及屎肠球菌基因组测序工作的完成，Rosan和Williams发现肠球菌透明质酸酶和化脓性链球菌的透明质酸酶有60%的相似，从而认为透明质酸酶也可能是肠球菌的毒力因子，通过破坏结缔组织间质中的透明质酸，分解结缔组织的蛋白多糖，使细菌容易在组织中穿过而协助病原菌扩散[12]。

表面蛋白是一种细胞壁相关蛋白，由1873个氨基酸组成。最初是在临床分离的粪肠球菌中发现，后续在屎肠球菌中也被发现，该蛋白可促进细菌黏附和生物膜的形成，且维持细菌在膀胱中持续存在，故屎肠球菌在尿路感染中的分离率较高[13]。

心内膜炎抗原，因常导致感染性心内膜炎而得名，是细菌分泌到血清中的一种黏附素蛋白，主要结合胞壁，同口腔链球菌的黏附素蛋白有一定的同源性。当结合心脏组织基质时，引起心内膜感染，临床上因心内膜炎抗原所致人工心内膜炎病例约占6%，自身心内膜炎病例约占15%。此外，有报道表明心内膜炎抗原可促进生物膜的形成[14]。

聚集物质是细菌质粒在结合传递中表达的表面连接蛋白，介导细菌间质粒的接合转移、细菌聚集黏附及细菌与真核细胞的黏附，在屎肠球菌致病力中发挥着重要作用。聚集物质通过羧基端细胞壁锚着基序LPXTG接合细菌，氮端可被巨噬细胞结合，通过整合素的介导间接提高细菌的黏附力，还可促进与细胞外基质蛋白黏着从而导致宿主细胞感染[15]。

胶原结合蛋白可介导屎肠球菌黏附Ⅰ型胶原、Ⅳ型胶原及层粘连蛋白等，该蛋白同金黄色葡萄球菌胶原黏附素Cna有62%的同源性，是屎肠球菌的毒力因子，又称黏附聚集因子[16-17]。

明胶酶E序列类似于铜绿假单胞菌的胰蛋白酶（33kDa）以及杆菌的中性蛋白酶，可以水解明胶、胶原、酪蛋白、血红蛋白和其他生物活性肽，导致细菌扩散，参与炎症的发展。约27%的健康个体中能分离到表达明胶酶的屎肠球菌，而在临床分离菌株中明胶酶表达率大约为50%[18]。

（二）屎肠球菌耐药性

屎肠球菌是医院感染中条件致病菌之一，可引起人体各种部位感染，包括尿路感染、菌血症、肺炎、脑膜炎、心内膜炎等多种感染性疾病。据统计，在引起尿路感染的致病菌中，肠球菌感染位居第2位；腹腔、盆腔感染，肠球菌居第3位；败血症，肠球菌居第3位，病死率为

12.6%～57%。当前，随着抗生素的广泛大量应用以及免疫抑制剂的使用等，宿主与屎肠球菌间共生状态平衡的破坏，屎肠球菌离开正常寄居的肠道进入人体其他部位，当其聚集密度达到一定阈值后，在黏附素的作用下黏附于宿主细胞，分泌细胞溶解素、明胶酶等毒力因子侵袭破坏黏附的细胞，并通过质粒接合转移使致病性在屎肠球菌种间扩散，引起感染性疾病的发生发展[19]。

屎肠球菌对许多治疗药物可产生天然耐药及获得性耐药，这些耐药特性在医院获得性感染发生中也发挥重要的作用。屎肠球菌除本身对大多数抗生素具有天然耐药外，还可从外界获得耐药基因以产生获得性耐药，例如通过结合型转座子获得外源耐药基因、通过整合子-基因盒系统获得耐药性，利用自我修饰导致耐药水平的提高。据统计，全球医院获得性感染的相关致病菌中，屎肠球菌位居第四位[20-21]。屎肠球菌获得性耐药尤其是对糖肽类药物（如万古霉素）、唑烷酮类药物（如利奈唑胺）的耐药，已成为了人类抗感染治疗的一个难题。英国在20世纪80年代首次报道万古霉素耐药肠球菌，欧洲其他国家和美国紧随其后也报道了该类耐药菌。有研究表明美国约有28%患者在重症监护治疗病房中感染由耐万古霉素肠球菌引起，美国国家卫生健康安全网络已将其列为医院感染的第二大致病菌。虽然国内耐万古霉素肠球菌在国内分离率较低，但近年关于对其导致的医院获得性感染报道越来越多，甚至某些医院发生暴发流行感染。对万古霉素的耐药基因型有9种，分别是 *vanA*、*vanB*、*vanD*、*vanE*、*vanG*、*vanC*、*vanM*、*vanN* 和 *vanL5-7*，其中基因型 *vanA*、*vanB*、*vanC1* 在临床较为常见[22-23]。

屎肠球菌耐药性增加，尤其是对万古霉素和氨基糖苷类抗生素的耐药性增加，耐药菌株不断增多，耐药机制和耐药特点也在不断发生新的变化，引起医院感染的趋势上升，也成为医院难治性感染的主要致病菌之一，对临床上抗感染治疗提出了严峻的挑战。

三、空间环境因素对屎肠球菌的影响研究

国际上针对空间环境对病原微生物的研究报道较少，在国内更为罕见。近年来，随着载人航天的发展，人们开始重视空间环境对病原微生物的影响研究。国内有代表性的研究为国家重点基础研究（“973”计划）所支持的综合交叉领域研究（“基于空间微生物变异规律探索重要感染疾病防控新策略研究”），也是国内生物医学领域研究空间环境和微生物之间关系的首个研究。该项目依托于我国“神舟”系列飞船搭载和采集微生物样品，结合信息技术科学，从基因、转录、蛋白和贯穿组层面对其发生的分子机制进行了深入阐述，研究空间环境作用下病原菌的变异规律。以病原菌在空间环境下性状变化和变异规律为主线，选择“神舟”系列飞船搭载临床常见病原菌为主要研究对象（其中之一为屎肠球菌），综合运用信息技术科学中生物信息学、医学信息学、空间技术科学以及医学微生物学的研究思路与方法，通过表型实验筛选鉴定耐药性和致病性突变株，并利用地面模拟、动物模型和数学建模等手段，验证并归纳屎肠球菌空间变异规律，揭示了空间环境对屎肠球菌的作用效应和分子机制。本章所述内容基于“神舟八号”飞船的屎肠球菌搭载研究[24-28]。

（一）搭载前的准备

1. 搭载装置的设计与制备

根据“神舟”飞船生物样品搭载样本管的设计要求，由中国人民解放军总医院及中国航天员科研训练中心共同设计“神舟八号”飞船搭载样本管，见图12-1，设计完成后交付北京万达塑胶电器有限公司制造；搭载样品包由中国人民解放军总医院设计并制作。

2. 搭载样本包的冲击、快速减压和振动试验

按照HYK-GF15《航天员系统载人运输飞船/目标飞行器舱载产品环境试验技术条件》，对搭载样本包进行冲击、快速减压和振动试验，送航天医学工程研究所检测完成。

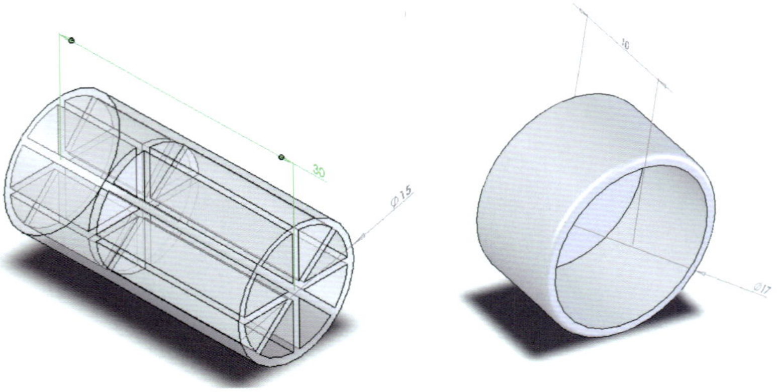

图 12-1 样本管管体和密封盖三维图

外形尺寸：长圆柱状，包括 1 个管体与 2 个密封盖，长 30mm，直径为 15mm，按 2∶1 分两部分，每部分分成 8 份，共 16 个相互独立的样本区

3. 屎肠球菌在搭载样本管中的穿刺培养和交付搭载

用无菌牙签挑取新鲜菌落，刺入装有固体培养基的样本管，从而得到准备好的样品。搭载物品经中国载人航天办公室批准安排搭载。

（二）“神舟八号”飞船搭载研究

“神舟八号”无人飞船，是中国“神舟”系列飞船的第八艘飞船，于 2011 年 11 月 1 日 5 时 58 分 10 秒由改进型“长征二号”F 遥八火箭顺利发射升空。升空后 2 天，“神舟八号”与此前发射的“天宫一号”目标飞行器进行了空间交会对接。组合体运行 12 天后，“神舟八号”飞船脱离天宫一号并再次与之进行交会对接试验。2011 年 11 月 16 日 18 时 30 分，“神舟八号”飞船与“天宫一号”目标飞行器成功分离，返回舱于 11 月 17 日 19 时许返回地面。“神舟八号”飞船从酒泉发射，在轨运行 397h 的时间和 1100 万千米的行程，成为迄今中国在太空飞行时间最久、飞行距离最长的飞船。同时，在轨飞行期间，根据飞行舱内的温度改变地面培养屎肠球菌的条件，设立同步温度对照组。

（三）搭载后的屎肠球菌分析

1. 空间飞行后屎肠球菌的生物学性状分析

搭载样品返回后的屎肠球菌经接种培养、形态初步筛选、16Sr DNA 鉴定后，获得单克隆菌株，再经 Biolog 生化代谢试验筛选获得了 2 株候选突变屎肠球菌菌株，即第 20 和第 258 号单克隆菌株，命名为 LCT-EF20（Liu Chang Ting-Enterococcus Faecium 20）和 LCT-EF258（Liu Chang Ting-Enterococcus Faecium 258）。Biolog 生化代谢板包含 1 个对照孔和 95 孔不同单一碳源孔，当孔的营养物质被培养的细菌利用时，呈现出不同的颜色变化，从而构成微生物特有的代谢指纹。同对照组相比，筛选得到的 LCT-EF20 对对羟基苯乙酸、L-苹果酸、肌醇等底物利用不同，LCT-EF258 对底物对羟基苯乙酸和 γ-氨基丁酸的利用不同，见表 12-1、图 12-2；进一步利用药敏纸片法分析后，搭载“神舟八号”飞船的屎肠球菌 2 株突变菌株对所选择抗生素的敏感性无明显变化；通过 Bioscreen 全自动生长曲线测定仪测定其生长速度，并绘制生长曲线，结果显示也无明显差异，见图 12-3[24]。

2. 空间环境诱变屎肠球菌突变株的比较基因组学分析

提取屎肠球菌突变株和对照株基因组 DNA 后、构建测序文库、利用 Illumina 的 Genome Analyzer Ⅱ进行测序。测序结束后得到的测序系

表 12-1 两株屎肠球菌突变株的 Biolog 表型谱				
编号	底物	LCT-EF90	LCT-EF20	LCT-EF258
B8	N-乙酰-*D*-半乳糖胺	—	—	+/—
B12	8% 氯化钠	+/—	—	+/—
C1	α-*D*-葡萄糖	+/—	—	+/—
C8	*L*-鼠李糖	—	—	+/—
C9	肌苷	—	+	—
C11	夫西地酸	+/—	—	+/—
D4	肌醇	—	—	+/—
D6	*D*-6-磷酸葡糖	+	+/—	+
D10	醋竹桃霉素	+/—	—	+/—
D12	米诺环素	+/—	—	+/—
E9	*L*-丝氨酸	+/—	—	—
E11	盐酸胍	+/—	—	+/—
F2	*D*-半乳糖醛酸	—	+/—	—
F3	*L*-半乳糖	—	—	+/—
F4	*D*-葡萄酸	+/—	—	—
F6	葡糖醛酰胺	+/—	—	—
F10	万古霉素	+/—	—	+/—
G1	对羟基-苯乙酸	+	—	—
G3	*D*-乳酸	—	—	+/—
G5	柠檬酸	+/—	—	—
G8	*L*-苹果酸	—	+	+
H2	γ-氨基丁酸	—	—	+

其中“+”表示阳性，“+/—”表示弱阳性，“—”表示阴性

列（Reads），并不都是有效的，里面含有带接头的、重复的，测序质量很低的序列，会影响组装和后续分析，利用软件去除质量值连续≤2 的碱基数达到一定程度的序列、去除含 N 的碱基数目总和达到一定比例的序列、去除接头污染（默认接头序列与测序序列有 15bp 的重叠，设置为 15bp），以及去除重复的序列污染，得到可用于组装和分析的数据。运用 SOAPdenovo 短序列组装软件[29]（版本：1.06）对处理后的序列数据进行组装，经多次调整，得到最优的组装结果后进行基因预测、注释和分析。最后，通过比较获得单核苷酸多态性（SNP）差异分析、插入和缺失（InDel）差异分析，并对差异基因进行注释。最终发现 LCT-EF20 与 LCT-EF258 突变菌株共找到了 382 个杂合的 SNP 位点，将 SNP 位点所在基因和 NR 库与 KEGG 库做了比对注释，有意义的突变主要位于基因 *dprA* 及 Tpn；DprA 是一种 DNA 重组介导蛋白，Tpn 可编码转座酶。利用 Lastz 比对软件做 InDel 分析，发现样品 LCT-EF20 没有找到 InDel 位点，样品 LCT-EF258 找到了 8 个 InDel 位点，有意义缺失位于基因 *ArpU* 中，见图 12-4，*arpU* 是一种同细菌代谢相关的基因。

3. 空间环境诱变屎肠球菌突变株的转录组学测序分析[24]

提取屎肠球菌总 RNA 后，用带有 Oligo (dT) 的磁珠富集真核生物 mRNA（若为原核生物，则用试剂盒去除 rRNA 后进入下一步）。加入片段化缓冲液将 mRNA 打断成短片段，以 mRNA 为模板，用六碱基随机引物（Random Hexamers）合成第一条 cDNA 链，然后加入缓冲液、dNTPs、RNase H 和 DNA 聚合酶 I 合成

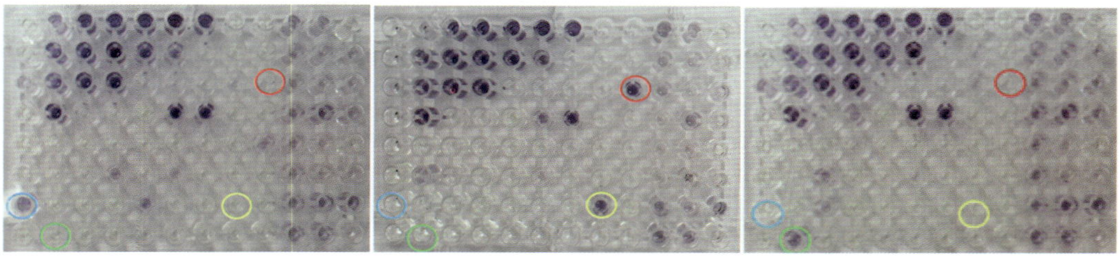

图 12-2 空间环境诱变屎肠球菌的生化代谢反应谱

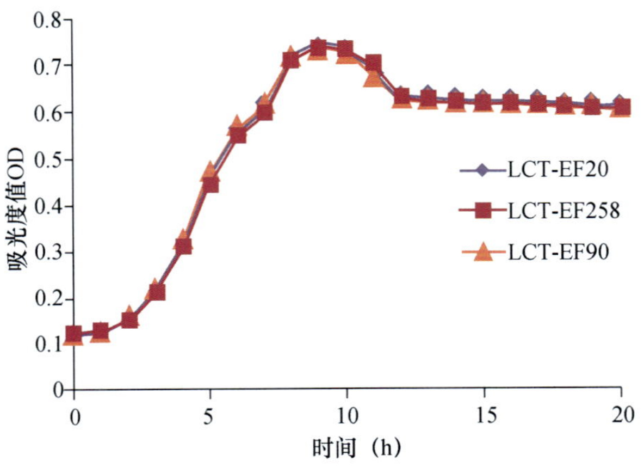

图 12-3 三株屎肠球菌生长曲线对比

第二条 cDNA 链，在经过 QiaQuick PCR 试剂盒纯化并加 EB 缓冲液洗脱之后做末端修复、加 polyA 并连接测序接头，然后用琼脂糖凝胶电泳进行片段大小选择，最后进行 PCR 扩增，建好的测序文库用 Illumina HiSeq™ 2000 进行测序。测序得到的原始图像数据经碱基识别转化为序列数据，我们称之为原始数据或原始测序序列，某些原始序列带有接头序列，或含有少量低质量序列。首先经过一系列数据处理以去除杂质数据，得到纯净测序序列。去除含接头的测序序列，去除 N 的比例大于 5％的测序序列，去除低质量测序序列（质量值 Q≤5 的碱基数占整个测序序列的 50％以上），获得纯净测序序列（原始序列数据经过去除杂质后得到的数据），后续分析都基于纯净测序序列。

分析的首要步骤是进行测序评估，包括对比统计、rRNA 统计和测序随机性评价。比对统计中，使用短测序序列比对软件 SOAPaligner/soap2 将纯净测序序列（Clean Reads）分别比对到参考基因组和参考基因序列，然后统计出比对结果；rRNA 统计中，用过滤得到的纯净测序序列与参考 rRNA 序列比对，比对上的测序序列认为是 rRNA 序列，在后续新转录本分析前会将这部分测序序列去掉；测序随机性评价时，在转录组试验过程中，通过物理或化学方法将转录本打断成短片段，然后上机测序。如果打断随机性差，测序序列偏向于来自基因特定区域，将会直接影响转录组的各项分析结果。利用测序序列在基因上的分布来评价打断随机性。由于不同参考基因有不同长度，把测序序列在基因上的位置标

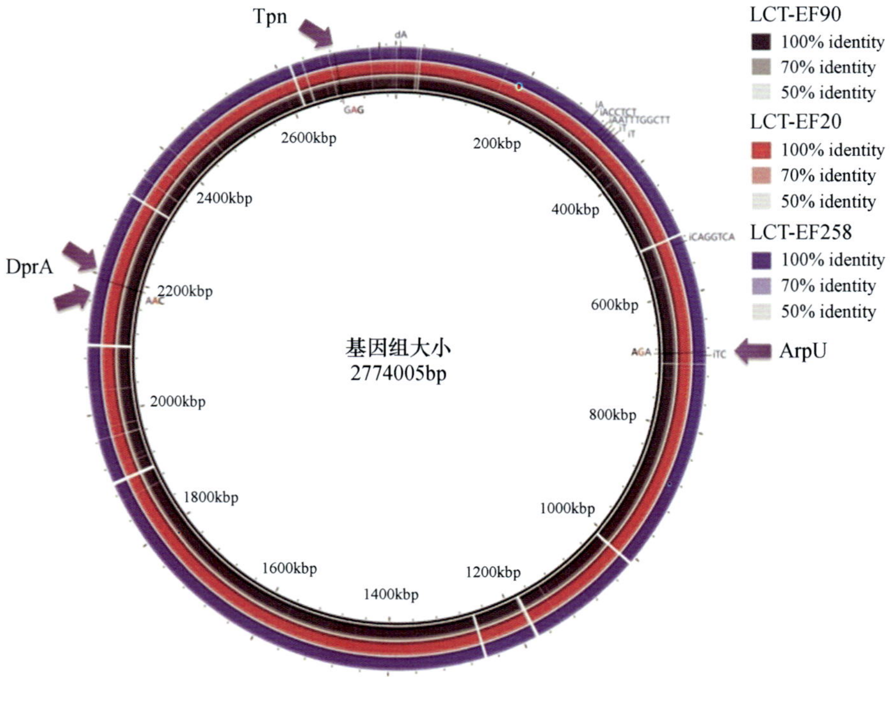

图 12-4 对比基因组学分析结果示意图

准化到相对位置（测序序列在基因上的位置与基因长度的比值），然后统计基因的不同位置比对上的测序序列数。如果打断随机性好，测序序列在基因各部位应分布得比较均匀。

基因覆盖度、表达量和表达差异，首先进行基因覆盖度（Coverage）统计，即每个基因被测序序列覆盖的百分比，其值等于基因中只有 1 个位置匹配的序列（Unique Mapping Reads）覆盖的碱基数与基因编码区所有碱基数的比值；在计算基因表达量，使用 RPKM 法（Reads Per Kb per Million reads）[30]；基因差异表达分析是找出表达量在不同样本间存在差异的基因，参照 Audic S 等人发表在 Genome Research 上的基于测序的差异基因检测方法[31]，使用严格的算法筛选两样本间的差异表达基因，主要采用 FDR（False Discovery Rate）方法，即多重检验校正中一种校正 P-value 的统计学方法。在实际中，FDR 是错误发现率的期望。假设挑选了 R 个差异表达基因，其中 S 个是真正有差异表达的基因，另外 V 个是其实没有差异表达的基因，为假阳性结果，FDR＝E（V/R）。假如当我们希望平均错误比例 FDR 不能超过 1%时，就在统计时预先设定 FDR 不能超过 0.01。在得到差异检验的 FDR 值同时，根据基因的表达量（RPKM 值）计算该基因在不同样本间的差异表达倍数。FDR 值越小，差异倍数越大，则表明表达差异越显著。在我们的分析中，差异表达基因定义为 FDR≤0.001 且倍数差异在 2 倍以上的基因。空间环境诱导的屎肠球菌突变株 LCT-EF258 有 1036 个基因表达上调，123 个基因表达下调，LCT-EF20 突变株有 999 个基因表达下调，128 个基因表达下调。

功能分析包括 COG（Cluster of Orthologous Groups of Proteins，蛋白相邻类的聚簇）功能分析、GO 功能分析和 KEGG Pathway 分析。COG 是对蛋白质进行直系同源分类的数据库。构成每个 COG 的蛋白都是被假定为来自于一个祖先蛋白，并且因此要么是直系同源，要么是旁系同源。直系同源是指来自于不同物种的由垂直家系（物种形成）进化而来的蛋白，并且典型地保留与原始蛋白有相同的功能。旁系同源是那些在一定物种中的来源于基因复制的蛋白，可能会进化出新的与原来有关的功能。将鉴定出的和 COG 数据库进行比对，预测这些蛋白可能的功能并对其做功能分类统计。将转录组测序差异表达的基因进行分类后的功能富集，两株突变菌株差异表达的基因主要同翻译、核糖体结构和生物合成功能相关。

GO 分析（Gene Ontology，简称 GO）是一个国际标准化的基因功能分类体系，提供了一套动态更新的标准词汇表（Controlled Vocabulary）来全面描述生物体中基因和基因产物的属性。GO 总共有 3 个本体（Ontology），分别描述基因的分子功能（Molecular Function）、所处的细胞位置（Cellular Component）、参与的生物过程（Biological Process）。详细信息见网站：http://www.geneontology.org。针对鉴定出的所有蛋白进行 GO 功能注释分析，针对上述本体中所涉及的 GO 条目进行富集分析。GO 功能分析一方面给出差异表达基因的 GO 功能分类注释；另一方面给出差异表达基因的 GO 功能显著性富集分析。GO 功能分类注释给出具有某个 GO 功能的基因列表及基因数目统计。GO 功能显著性富集分析给出与基因组背景相比，在差异表达基因中显著富集的 GO 功能条目，从而给出差异表达基因与哪些生物学功能显著相关。空间环境诱导的屎肠球菌突变株 LCT-EF258 和 LCT-EF20 的差异表达基因的 GO 功能分析，分别归为基因所处的细胞位置、分子功能和参与的生物过程三个大类，其中 LCT-EF258 突变株包含 601 个基因，LCT-EF20 包含 583 个基因。

KEGG 显著性富集分析以 KEGG Pathway 为单位，应用超几何检验，找出与整个基因组背景相比，在差异表达基因中显著性富集的 Pathway。经过多重检验校正之后，选择 Qvalue≤0.05 的 Pathway 定义为在差异表达基因中显著富集的 Pathway。Qvalue 和 FDR 类似，都是对

P-value 的一种校正。某一个假设检验的 Qvalue 就是 FDR 的最小值，在该 FDR 下该假设检验可以被认为是显著的。LCT-EF258 突变株的差异表达基因的 Pathway 显著性富集在嘌呤代谢、嘧啶代谢和核糖体相关通路，LCT-EF20 突变株的差异表达基因 Pathway 分析集中在核糖体和氨酰 tRNA 合成相关通路。

4. 空间环境诱变屎肠球菌突变株的差异蛋白质组学分析

空间环境诱导的屎肠球菌突变株 LCT-EF258 和 LCT-EF20 的差异蛋白质组学分析主要通过同位素标记相对和绝对定量（iTRAQ）技术[32]，提取总蛋白后经过蛋白酶切后形成多肽，用 iTRAQ 同位素试剂标记多肽 N 末端或赖氨酸侧链基团。标记后的肽段经过液相分离，进行一级质谱和二级质谱分析，在二级质谱前，被标记的不同样本中的同一肽段表现为相同的质荷比和其他理化性质。而在二级质谱中，信号离子表现为不同质荷比（114～121）的峰，根据波峰的高度及面积，可以鉴定出蛋白质和分析出同一蛋白质不同处理的定量信息。

通过 iTRAQ 定量分析的一级谱图和二级拼图，分别鉴定肽段和蛋白质的数量，蛋白质的鉴定是通过比对地面对照屎肠球菌的基因组测序注释到的蛋白质，每种样品重复了三次，绘制三次重复之间鉴定出的蛋白质重叠图，并分析肽段序列长度分布、肽段序列覆盖度和肽段数量分布。以三次重复之间有两次或以上重复鉴定到的蛋白质确定为最终鉴定出的蛋白质，并进行下一步的蛋白质定量分析。

当蛋白质定量值满足下面两个条件时，视为单次重复间的差异蛋白，在三次重复中至少两次重复中达到以下要求时，视为最终的差异蛋白。第一是蛋白丰度差异倍数超过 1.2 倍以上时；第二是经统计检验其 P-value 值小于 0.05。同时，分析蛋白质丰度比分布，在相对定量时，如果同一个蛋白质的量在两个样品间没有显著的变化，那么其蛋白质丰度比接近于 1。当蛋白的丰度比即差异倍数达到 1.2 倍以上，且经统计检验其 P-value 值小于 0.05 时，视该蛋白为不同样品间的差异蛋白。对每个蛋白质差异倍数以 2 为底数取对数后作出分布。LCT-EF258 突变株蛋白质组学表达差异分析发现 116 个蛋白表达下调，97 个蛋白上调，LCT-EF20 突变株表达差异的蛋白有 140 个下调，124 个上调。

为确定差异蛋白性行使的主要生物学功能，对所有鉴定到的差异蛋白质进行 COG 注释分析空间环境诱导的两株屎肠球菌突变株差异表达蛋白 COG 功能富集发现，LCT-EF258 突变株差异表达蛋白主要富集在能量生成和代谢，转录、翻译和翻译后修饰，DNA 重组和修复，细胞壁生物合成和信号转导等通路，LCT-EF20 差异表达蛋白同能量生成和代谢，氨基酸、碳水化合物转运和代谢，核糖体结构和生物合成，细胞膜生物合成，蛋白的翻译后修饰和周转等相关。屎肠球菌突变株 LCT-EF258 和 LCT-EF20 差异表达蛋白的 KEGG 信号通路富集分析都涉及微生物对环境的应激代谢通路。GO（Gene Ontology）功能注释分析中，当蛋白质的丰度比即差异倍数达到 1.5 倍以上，且经统计检验其 P-value 值小于 0.05 时，视该蛋白为空间组和地面对照组间的差异蛋白。把所有差异蛋白质向 Gene Ontology 数据库的各个条目映射，计算每个条目的蛋白质数目，然后应用超几何检验，找出与所有蛋白质背景相比，在差异蛋白质中显著富集的 GO 条目。通过对差异表达蛋白参与的生物过程进行分析，发现两株突变株的差异表达蛋白主要同蛋白代谢和小分子代谢过程相关。

5. 空间环境诱变屎肠球菌突变株的贯穿组学分析

高通量技术为我们研究空间环境对屎肠球菌的影响带来了革命性的变化，在这些高通量技术的助力下，可以展开从 DNA、RNA 到蛋白质的多水平研究，进而实现贯穿组学的系统性研究，揭示错综复杂的空间环境和屎肠球菌间生物调控网络。根据中心法则，基因是能够自我复制、永远保存的单位，其生理功能是以蛋白质的形式表达出来的。DNA 核苷酸序列是遗传信息的储存者，通过自主复制得以永存，通过转录生成信使 RNA，进而翻译成蛋白质的过程来控制生命现象，即贮存在核酸中的遗传信息通过转录，翻译成为蛋白质，体现为丰富多彩的生物界。信息流的方向是从 DNA 到 RNA，再到蛋白质。我们进行的空间环境对屎肠球菌的影响和机制研究中，获得了空间环境下屎肠球菌的表型组学、基因组学、转录组学和蛋白质学信息，这些信息数据非常复杂和庞大，如何综合这些数据进行系统性分析，从而揭示屎肠球菌在空间环境下变异的分子规律尤为重要。通过先联合转录和蛋白质组学分析，LCT-EF258 突变株有 102 个基因表达一致，LCT-EF20 有 141 个基因表达一致，通过功能富集分析发现这些基因主要同细菌的应激反应和代谢相关，同比较基因组学发现的 3 个突变基因 DprA、ArpU 和 Tpn 功能一致，见图 12-5 及 12-6，尤其是基因 DprA，在两株空间环境诱导的突变菌株中均有突变。

DprA 是一个广泛分布的细菌蛋白质，317 个完全测序的细菌基因组中 85%存在 DprA 高度保守的 205-残留区域，即 pfam02481。肺炎链球菌和枯草芽胞杆菌的 DprA 蛋白重组体以保留生化特性的可溶形式从 E. *coli* 中被纯化。这两个蛋白质在凝胶过滤试验中均为单体，然而酵母双杂交试验显示它们可以自身相互作用。DprA 是决定细菌自然转化的重组中介蛋白（RMPs）家族的重要一员，最早于 1995 年被 Karudapuram 等关注并命名。这个蛋白质在细菌中广泛分布，是一种非常保守的蛋白质，参与自然转化的同源重组，其在 Ssb-DprA-RecA 天然重组信号通路中起到关键作用。DprA 结合线形和环形 ssDNA，可以保护 ssDNA 免受核酸酶损伤。DprA 既可自身相互作用，也与 RecA 相互作用。DprA 可以减弱 SSB（ssDNA-binding Protein）屏障，利于 RecA 装载到裸露的 ssDNA 及 SSB 覆盖的 ssDNA 这两种基底上。在细胞膜附近，外源 dsDNA 被摄取，随后 RecA 装载到裸露的 ssDNA 上，导致 3′→5′极性 ssDNA 内在化，DprA-RecA 混合核链的形成，催化同源依赖的染色体结合。近年来 DprA 作用机制是自然转化过程中的研究热点[33-34]。我们发现空间环境诱导的屎肠球菌突变菌株出现了 DprA 基因的突变，通过序列比对，发现肺炎链球菌 DprA 结构上需要 L16，I40，

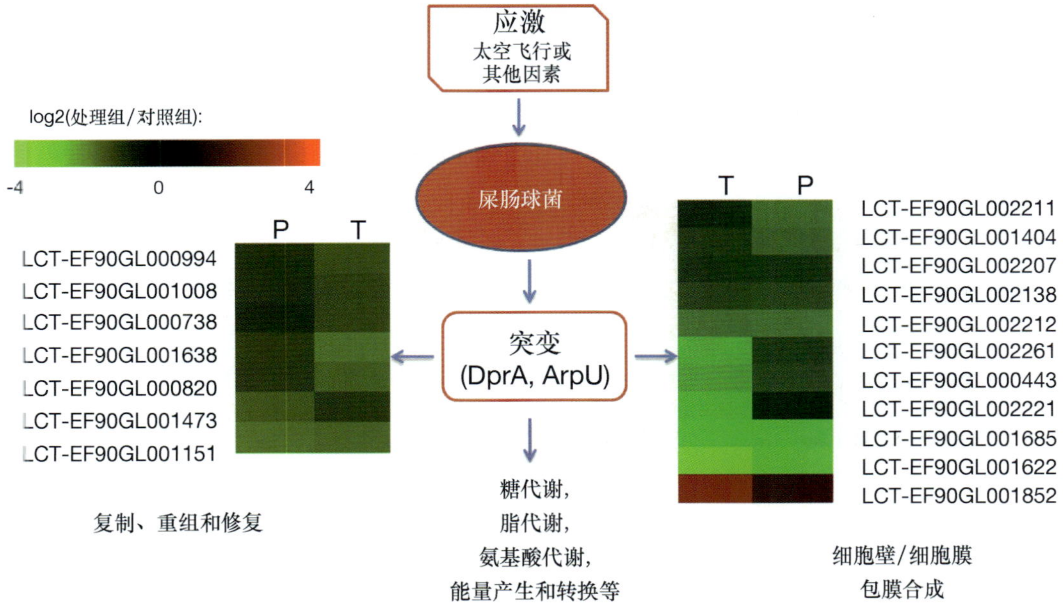

图 12-5 LCT-EF258 突变菌株差异蛋白质组学分析

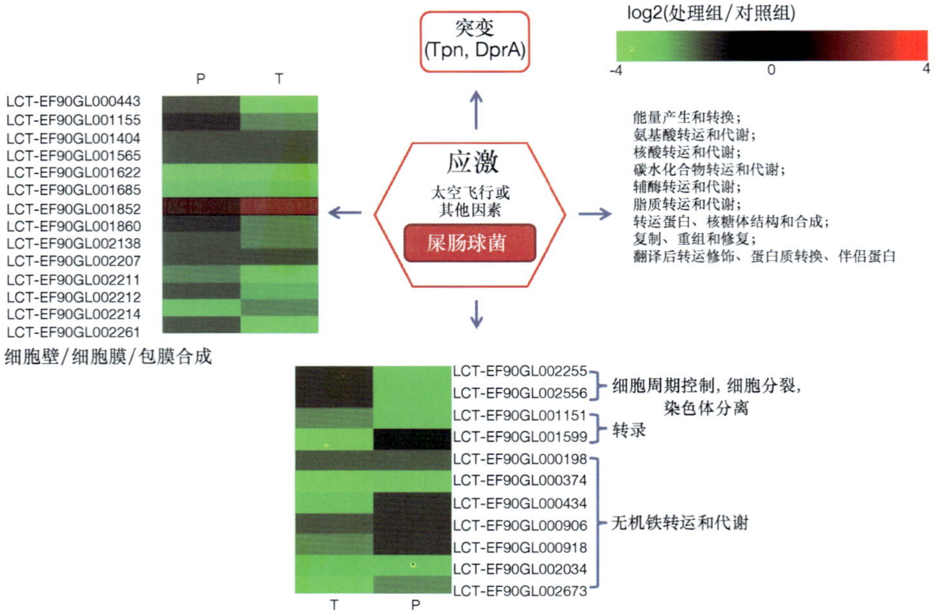

图 12-6 LCT-EF20 突变菌株差异蛋白质组学分析

F51 形成疏水核心，从而稳定结构[35]，见图 12-7。其对应屎肠球菌 Dpra 是 I17，I41 和 L52。在屎肠球菌空间环境诱导的突变体中 S17 突变成 I，有可能使结构更加稳定，从而影响屎肠球菌的功能，是屎肠球菌在空间环境条件下对应激的一种反应过程，这种变化是否对屎肠球菌的致病性和耐药性产生影响，我们将在后续研究中进一步深入。

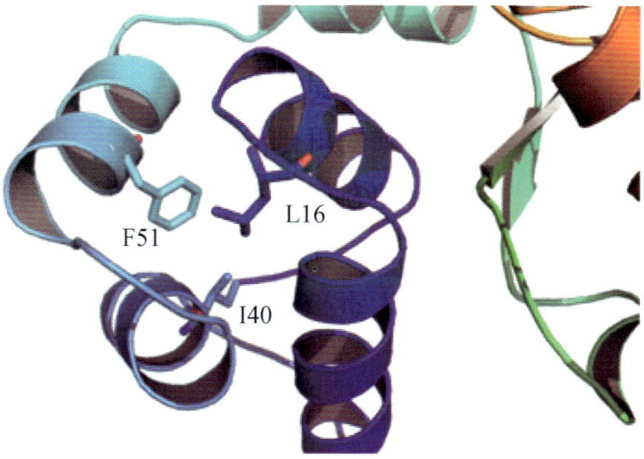

图 12-7 金黄色葡萄球菌 DprA 三维结构

载人航天工程中，人体多个器官生理功能都会受到影响，例如，空间驻留人员的免疫系统功能下降，因而与临床严重基础性疾病患者一样，容易受到病原菌的感染。此外，空间环境具有地面环境中所不存在的一些特殊环境因素，包括微重力、高真空、极度温差、弱磁场和粒子辐射等，这些因素可通过诱导空间环境微生物产生基因突变和调控网络的变化，进而影响微生物的生物学性状和功能。通过对太空飞行后的屎肠球菌这一条件性致病菌的分析，一方面可以为空间生物安全性评估奠定基础，从而保障航天员的安全；另一方面，借助空间高诱变的特殊环境研究屎肠球菌的变化机制，特别是耐药性和致病性的改变，为研究地面难治性屎肠球菌感染奠定基础。我们将对发现的差异蛋白和基因进一步开展研究，并分析相关的屎肠球菌表型，特别是致病性的变化。同时，随着我国航天事业的发展和空间站的建立，屎肠球菌的空间诱变不仅仅是搭载研究，还将实现人工的培养和传代，甚至将其转移至舱外直接暴露于最真实的太空环境。空间环境对屎肠球菌的影响研究为后续的空间微生物学发展提供了参考，并且其基因的变异和相应表型的变化为地面研究屎肠球菌的变异规律奠定了基础。

参考文献

[1] Cyranoski D. China unveils its space station. Nature, 2011 , 473 (7345): 14-15.

[2] Guo SS, Fu L, Ai WD. Progress in development and application of experimental facilities for life sciences on onboard the International Space Station. Space Med MedEng (Beijing), 2003, 16 (6): 459-462.

[3] Yamaguchi N, Roberts M, Castro S, et al. Microbial monitoring of crewed habitats in space-current status and future perspectives. Microbes Environ, 2014, 29 (3): 250-260.

[4] Venkateswaran K, La Duc MT, Horneck G. Microbial existence in controlled habitats and their resistance to space conditions. Microbes Environ, 2014 , 29 (3): 243-249.

[5] 唐晓丹. 肠球菌感染研究现状. 中国感染与化疗杂志, 2007, 7 (3): 221-223.

[6] Di Domenico EG, Toma L, Prignano G, et al. Misidentification of Streptococcus uberis as a human pathogen: a case report and literature review. Int J Infect Dis, 2015 , 33: 79-81.

[7] Van Schaik W. The human gut resistome. Philos Trans R SocLond B Biol Sci, 2015, 370 (1670): 20140087.

[8] Franz CM, Huch M, Abriouel H, et al. Enterococci as probiotics and their implications in food safety. Int J Food Microbiol, 2011, 151 (2): 125-140.

[9] Ramsey M, Hartke A, Huycke M. The Physiology and Metabolism of Enterococci. Boston: Massachusetts Eye and Ear Infirmary, 2014.

[10] 马立艳, 许淑珍, 马纪平. 肠球菌致病机制的研究进展, 中华医院感染学杂志, 2005, 15 (3): 356-360.

[11] Yuen GJ, Ausubel FM. Enterococcus infection biology: lessons from invertebrate host models. J Microbiol, 2014 , 52 (3): 200-210.

[12] Arias CA, Panesso D, Singh KV, et al. Cotransfer of antibiotic resistance genes and a hylEfm-containing virulence plasmid in Enterococcus faecium. Antimicrob Agents Chemother, 2009, 53 (10): 4240-4246.

[13] Zou J, Shankar N. Surface protein Esp enhances pro-inflammatory cytokine expression through NF-κB activation during enterococcal infection. Innate Immun, 2016, 22 (1): 31-39.

[14] Singh KV, Coque TM, Weinstock GM, et al. In vivo testing of an Enterococcus faecalisefaA mutant and use of efaA homologs for species identification. FEMS Immunol Med Microbiol, 1998 Aug; 21 (4): 323-331.

[15] Hällgren A, Claesson C, Saeedi B, et al. Molecular detection of aggregation substance, enterococcal surface protein, and cytolysin genes and in vitro adhesion to urinary catheters of Enterococcus faecalis and E. faecium of clinical origin. Int J Med Microbiol, 2009 , 299 (5): 323-332.

[16] Paganelli FL, Willems RJ, Jansen P, et al. Enterococcus faecium biofilm formation: identification of major autolysin AtlAEfm, associated Acm surface localization, and AtlAEfm-independent extracellular DNA Release. Mbio, 2013 , 4 (2): 49-52.

[17] Nallapareddy SR, Singh KV, Okhuysen PC, et al. A functional collagen adhesin gene, acm, in clinical isolates of Enterococcus faecium correlates with the recent success of this emerging nosocomial pathogen. Infect Immun, 2008, 76 (9): 4110-4119.

[18] Gútiez L, Borrero J, Jiménez JJ, et al. Genetic and biochemical evidence that recombinant Enterococcus spp. strains expressing gelatinase (GelE) produce bovine milk-derived hydrolysates with high angiotensin converting enzyme-inhibitory activity (ACE-IA). J Agric Food Chem, 2014 , 62 (24): 5555-5564.

[19] O'Driscoll T, Crank CW. Vancomycin-resistant enterococcal infections: epidemiology, clinical manifestations, and optimal management. Infect Drug Resist, 2015, 8: 217-230.

[20] Malik RK, Montecalvo MA, Reale MR, et al. Epidemiology and contral of vancomycin-resistant enterococci in a regional neonatal intensive care unit. Pediatr Infect Dis J, 1999, 18 (4): 352.

[21] 侯美荣. 76 例肠球菌耐药菌感染的临床分析，中国社区医师，2004，6（19）：72-73.

[22] 欧阳范献，徐秀华. 耐万古霉素肠球菌的流行现状、治疗及预防对策. 中国热带医学，2002，2（1）：56-59.

[23] MartínezL ，Baquero F. Interactions among strategies associated with bacterial infection：pathogenicity，epidemicity，and antibiotic resistance. Clin Microbiol Rev，2002，15：647- 679.

[24] Chang D，Zhu Y，An L，et al. A multi-omic analysis of an Enterococcus faecium mutant reveals specific genetic mutations and dramatic changes in mRNA and protein expression. BMC Microbiol，2013，13：304. doi：10. 1186/1471-2180-13-304.

[25] An L，Li Y，Chen Z，et al. Genome Sequence of Enterococcus faecium Strain LCT-EF297，Which Has Specific Biochemical Features. Genome Announc，2014，2（1）. pii：e00102-e00114.

[26] Chen Z，Li Y，Chang D，et al. Draft Genome Sequence of Enterococcus faecium Strain LCT-EF301，Which Shows Changes in Biochemical Metabolism following Space Flight. Genome Announc. 2014，2（2）. pii：e00103-e00114.

[27] Chang D，Zhu Y，Chen J，et al. Draft Genome Sequences and Annotation of Enterococcus faecium Strain LCT-EF20. Genome Announc，2013，1（1）：3556-3557.

[28] Chang D，Zhu Y，Fang X，et al. Draft Genome Sequences of the Enterococcus faecium Strain LCT-EF258. Genome Announc，2013，1（1）：3556-3557.

[29] Luo R，Liu B，Xie Y，et al. SOAP denovo 2：an empirically improved memory-efficient short-read de novo assembler. Gigascience，2012，1（1）：18.

[30] Mortazavi A，Williams BA，McCue K，et al. Mapping and quantifying mammalian transcriptomes by RNA-Seq. Nat Methods，2008，5（7）：621-628.

[31] Audic S，Claverie JM. The significance of digital gene expression profiles. Genome Res，1997 ，7（10）：986-95.

[32] Brewis IA，Brennan P. Proteomics technologies for the global identification and quantification of proteins. Adv Protein Chem Struct Biol，2010，80：1-44.

[33] Bergé M，Mortier-Barrière I，Martin B，et al. Transformation of Streptococcus pneumoniae relies on DprA- and RecA-dependent protection of incoming DNA single strands. Mol Microbiol，2003，50（2）：527-536.

[34] Mortier-Barrière，Velten M，Dupaigne P，et al. A key presynaptic role in transformation for a widespread bacterial protein：DprA conveys incoming ssDNA to RecA. Cell，2007，130（5）：824-836.

[35] Quevillon-Cheruel S，Campo N，Mirouze N，et al. Structure-function analysis of pneumococcal DprA protein reveals that dimerization is crucial for loading RecA recombinase onto DNA during transformation. Proc Natl Acad Sci USA，2012，109（37）：E2466-E2475.

（常　德　余　映）

第十三章　空间环境对肠道菌群的影响

随着航天事业的蓬勃发展，载人航天工程和空间站建设的脚步也不断加快，为人类在太空中长期生存提供了条件。空间环境十分复杂，微重力、太空辐射、负荷工作、精神紧张、睡眠剥夺、封闭环境、特殊饮食、低运动量等多种应激环境，可导致航天员心肺功能下降、内分泌紊乱、免疫功能低下等反应[1]。人肠道内栖息着大约上千种微生物，具有消化食物、营养吸收、生物拮抗等作用，是人体生命活动的必需组成部分。肠道菌群与宿主、肠道微生物之间相互依存、相互协调、动态平衡。肠道菌群平衡不仅受到空间环境（如微重力）的直接影响，又受到宿主处于空间环境应激的影响，这些作用互相叠加，严重威胁着航天员的健康。因此，确切了解空间环境尤其是微重力对肠道菌群的影响有着重要的意义，并亟须探索防治其失衡的方法。

一、肠道菌群的概念和分类

健康人的胃肠道内寄居着种类繁多的微生物，这些微生物称为肠道菌群。人体肠道微生物总量约 10^{14} 个，重量有 1～2kg，约 330 万个特异基因，是人类基因组编码数的 150 多倍[2]，被称为人类‘第二基因组”。尽管个体间菌群组成不同，但构成肠道菌群的各个细菌成员保持着种类和数量的动态平衡[3]。它们能影响体重和消化能力、抵御感染和自体免疫疾病的患病风险，还能控制人体对癌症治疗药物的反应。

这些数目庞大的细菌按照对人体的作用，大致可以分为三个大类：共生菌、条件致病菌和病原菌。

（1）共生菌，也称之为益生菌，主要是各种双歧杆菌、乳酸杆菌等，是人体健康不可缺少的要素，可以合成各种维生素，参与食物的消化，促进肠道蠕动，抑制致病菌群的生长，分解有害、有毒物质等。

（2）条件致病菌，也称为中性菌，即具有双重作用的细菌。在正常情况下对健康有益，一旦增殖失控，或从肠道转移到身体其他部位，就可能引发许多问题。主要包括大肠埃希菌、肠杆菌、拟杆菌等。

（3）病原菌，也成为致病菌，数量一旦失控大量生长，就会引发多种疾病，产生致癌物等有害物质，或者影响免疫系统的功能。包括沙门菌、葡萄球菌、铜绿假单胞菌、肺炎克雷伯菌、艰难梭菌等。

人体的健康与肠道内的益生菌群结构息息相关。肠道菌群在长期的进化过程中，通过个体的适应和自然选择，菌群中不同种类之间，菌群与宿主之间，菌群、宿主与环境之间，始终处于动态平衡状态中，形成一个互相依存、相互制约的系统。因此，人体在正常情况下，菌群结构相对稳定，对宿主表现为不致病。

在肠道菌群中，目前可以培养到的细菌大约有 400 余种，依据其数量多少又可以分为主要（优势）菌群（Predominant Microflora）和次要菌群（Sub-dominant Microflora）。

（1）主要（优势）菌群：指肠道菌群中数量大或种群密集度大的细菌，包括类杆菌属、优杆菌属、双歧杆菌属、瘤胃球菌属和梭菌属等专性厌氧菌，通常属于原籍菌群。优势菌群是对宿主发挥生理功能的菌群，在很大程度上影响着整个菌群的功能，决定着菌群对宿主的生理病理意义。

（2）次要菌群：主要为需氧菌或兼性厌氧菌，如大肠埃希菌和链球菌等，流动性大，有潜在致病性，大部分属于外籍菌群或过路菌群。

优势菌群和次要菌群只是一种相对的概念，比如乳酸杆菌在数量上归为次要菌群，在回肠中含量较高，但是其具有较为重要的功能，因此在功能上归属于优势菌群。有研究指出，体魄强健的人肠道内有益菌的比例达到70%，普通人则是25%，便秘人群减少到15%，而癌症患者肠道内的益生菌的比例甚至只有10%。

二、肠道细菌分布情况

从口腔进入胃的细菌绝大多数被胃酸杀灭，剩下的主要是革兰氏阳性需氧菌。小肠微生物的构成介于胃和结肠的微生物结构之间。近端小肠的菌丛与胃内相近，但常能分离出大肠埃希菌和厌氧菌。远段回肠，厌氧菌的数量开始超过需氧菌，其中大肠埃希菌恒定存在，厌氧菌如类杆菌属、双歧杆菌属、梭状芽胞杆菌属，都有相当数量。在回盲瓣的远侧，细菌浓度急剧上升，结肠细菌浓度高达 10^{10}～10^{12} 菌落形成单位（CFU）/ml，细菌总量几乎占粪便干重的1/3。其中厌氧菌达需氧菌的 10^{3}～10^{4} 倍。主要菌种为粪杆菌属、双歧杆菌属和真杆菌属。表13-1大致显示了人类肠道菌群的菌株组成，当然因个体差异而有所不同。

表 13-1　人类肠道菌群的菌株组成

菌株	胃	空肠	回肠	结肠
细菌总数（/ml）	0～10	0～10^{4}	10^{4}～10^{7}	10^{10}～10^{12}
需氧或兼性需氧菌				
肠杆菌	0～10^{2}	0～10^{3}	10^{2}～10^{5}	10^{10}～10^{12}
链球菌（含消化链球菌）	0～10^{3}	0～10^{4}	10^{2}～10^{5}	10^{6}～10^{10}
葡萄球菌	0～10^{2}	0～10^{3}	10^{2}～10^{5}	10^{5}～10^{7}
乳酸杆菌	0～10^{3}	0～10^{4}	10^{2}～10^{5}	10^{5}～10^{10}
真菌	0～10^{2}	0～10^{2}	10^{2}～10^{4}	10^{2}～10^{6}
厌氧菌				
拟杆菌	罕见	0～10^{2}	10^{4}～10^{7}	10^{10}～10^{12}
双歧杆菌	罕见	0～10^{3}	10^{4}～10^{5}	10^{8}～10^{12}
革兰氏阳性球菌	罕见	0～10^{4}	10^{2}～10^{4}	10^{8}～10^{11}
梭状芽胞杆菌	罕见	罕见	10^{2}～10^{4}	10^{6}～10^{11}
真细菌	罕见	罕见	罕见	10^{9}～10^{12}

三、肠道菌群的生理功能

肠道菌群对人体健康至关重要，参与人体的物质代谢、营养转化和生物合成并通过分泌代谢产物（如乳酸、脂肪酸、细菌素、抗生素）抑制病原菌的入侵和定植。例如，双歧杆菌、大肠埃希菌、乳酸杆菌等能合成B族维生素、维生素K，参与糖类和蛋白质代谢，协助人体消化吸收营养物质和生长发育。肠道菌的酸性代谢产物可维持肠道蠕动收缩、促进各种毒素、致癌物等排泄[4]。肠道菌还可以刺激人体产生相应抗体，利于免疫系统的激活[5-6]，通过多种途径调节免疫细胞的活性[7]。

四、微生态平衡和影响因素

人类与微生物之间的动态平衡称为微生态平衡，影响其微生态平衡的因素有外环境因素，也有宿主因素。外环境主要是通过改变宿主的生理功能而产生影响的，如有益菌菌群通过产生细菌素、抗生素和其代谢产物，以及营养争夺、空间争夺以阻止过路菌群入侵，保持自身的稳定性。生态平衡时，可以保持宿主的正常生理功能，如营养、免疫、消化等。生态失调可因慢性病、癌症、手术、辐射感染、抗生素不合理应用等引起。

影响肠道菌群微生态平衡的主要因素有4个方面：①人体自身的因素（肠道的酸碱性，胆汁及消化酶的分泌，肠道的蠕动，肠道黏液的分泌，肠道表皮的脱离等）以及人所处的环境因素（压力、出差等）；②人体摄入的饮食（可消化的食物与不可消化的纤维、药物等）；③细菌自身因素（细菌的黏附能力，繁殖能力，营养需求量，抗消化酶能力等）；④细菌之间的相互作用（营养竞争，相互抑制作用，协同作用等）。

肠道菌群微生态处于健康的平衡状态（大肠内的益生菌数量是有害菌的 1 千倍到 1 万倍），致病菌或者条件致病菌以很少的数目存在，它们产生的有毒代谢物不足以对宿主的健康产生危害。但当上述所说的四方面的因素急剧变化时，肠道内有益菌数量大量减少，有害菌数量疯狂增长，肠道菌群平衡被打破，人体就会出现腹泻、便秘、消化不良等症状。肠道菌群平衡被打破的结果就是健康的受损。

五、空间环境导致的人体应激对肠道菌群的影响

外界环境变化可引起胃肠道应激、影响肠道功能、改变肠道微生态[8]，极端、复杂的空间环境更是如此。严重应激可改变胃肠蠕动节律、削弱肠道黏膜屏障、干扰共生菌的黏附定植，导致菌群的“三定”（定位、定性、定量）发生变化，乳酸杆菌等益生菌丰度降低，即菌群失衡[9]。头低位模拟失重试验显示失重条件下食物体内潴留[10]，加之食物摄入量减少，将导致空间运动病[11]。空间运动病表现为胃排空、肠蠕动、消化液分泌、上皮细胞通透性改变，肠道炎性标志物钙卫蛋白升高[12]，这些都能影响肠道菌群，而菌群的失衡又反过来影响肠道功能[9]，形成一种恶性循环。

空间环境也会对人体的免疫系统产生影响。在应激条件下，血循环中细胞因子白细胞介素（IL)-6 和单核细胞趋化蛋白-1（MCP-1）的水平将会增加，并且这种改变同盲肠中的粪肠球菌属、假丁酸弧菌属、多瑞亚梭菌等三个菌属的丰度改变高度相关；反之，如事先给予抗生素破坏肠道微生态，同样的应激条件下 IL-6 和 MCP-1 并不增高，由此提示应激介导的细胞因子的改变与肠道微生态的改变密切相关。在空间环境下，航天员体内儿茶酚胺、皮质醇等激素水平升高，影响肠道功能同时也加速了大肠埃希菌、肺炎克雷伯菌、铜绿假单胞菌等肠道条件性致病菌或病原菌的生长，引发肠道感染[1]。

六、空间环境对肠道菌生长的影响

研究发现空间环境能够影响细菌的生长速度。如大肠埃希菌和枯草芽胞杆菌在空间微重力环境下呈现出生长迟缓期缩短、生长对数期增速并最终增加细菌总量[14]。也有研究显示地面模拟微重力对大肠埃希菌的生长速度并无明显影响，这种差异可能同培养基的选择有关[15]，液体培养基更有利于细菌摄取营养物质及清除代谢产物[16]。微重力可导致大肠埃希菌菌体变长、体积增大[17]。经“神舟十号”飞船搭载的肺炎克雷伯菌 NDM-1 生长曲线虽然没有变化，但也表现为菌体变长并相互附着，推测这种压力响应变化可能增加其生存力及耐药性[18]。而蜡样芽胞杆菌经“神舟八号”飞船搭载后，生长速度明显降低[19]。大量研究显示，微重力可对调控细菌生长、DNA 复制、核酸代谢等功能的基因产生干扰[20-22]。可以预见微重力对不同菌种、菌株的生长影响不同，这种差异可能最终导致肠道菌群失衡，影响航天员在太空甚至返回地球后的健康。

七、空间环境对肠道菌代谢的影响

空间环境，尤其是微重力，可对细菌正常代谢产生多种影响。在模拟微重力下，大肠埃希菌 O157：H7 虽然糖代谢能力没有发生变化，但是体积增大、代谢旺盛，产生更多的酸性代谢产物，进而导致培养基 pH 值降低，同时细菌耐酸能力和存活力增强[17]。此类变化可以改变肠道蠕动节律、导致肠道炎症等多种疾病[23-24]；若伴随航天员之间肠道菌的相互影响及传播，可能具有肠道菌感染在太空播散的风险[25]。

空间环境还可以引起细菌基因突变继而影响细菌正常代谢。“神舟八号”屎肠球菌搭载试验显示，参与细菌代谢、细胞壁形成、DNA 重组

等功能发挥的 *dprA* 和 *arpU* 基因发生突变[20]。在微重力条件下，大肠埃希菌 K12MG1655 数百个基因发生突变：压力适应相关基因（*sufE*、*ssrA*）、DNA 复制相关基因（*srmB*）上调，膜转运基因（*ompC*、*exbB*、*actP*、*mgtA*、*cysW*、*nikB*）、糖分解代谢基因（*ldcC*、*ptsA*、*rhaD*、*rhaS*）、核酸代谢的基因（*dfp*、*pyrD*、*spoT*）下调[21]。在微重力条件下，大肠埃希菌 ZK650 产生多肽菌素 B17 的能力显著降低[26]，吸水链霉菌、棒状链霉菌产生雷帕霉素和β-内酰胺类抗生素的能力也显著减弱[27-28]。一项历时 72d 的国际空间站试验显示，链霉菌产生放线菌素 D 的能力在第 8d、第 12d 增强，随后下降[29]。"神舟八号"飞船搭载的天蓝链霉菌（广泛用于抗生素代谢调控研究的模式菌株）的试验显示，调控形态分化的 *whi* 基因族表达上调，编码放线菌紫素（ACT）、十一烷基灵菌红素（RED）、次甲霉素（MMY）等抑菌素的基因表达也发生了改变[30]。"神舟八号"飞船搭载的一株工程菌产干扰素 α1b 的能力较原始菌株显著增加[31]。从空间环境对于模式菌和工程菌代谢的显著影响推测，空间环境对肠道菌代谢的影响亦不容忽视，可通过改变肠道菌代谢水平引发疾病。

八、空间环境的管控措施对肠道菌群的影响

为了保障航天员的健康，减少病原菌暴露，各航天中心都制订了严格的管控措施。如升空之前，严格限制航天员外出，对进入太空的所有物品执行严格的消毒灭菌措施。在空间站，空气供应管道都加装了高效的紫外消毒细菌过滤装置，以尽可能地减少细菌和真菌的水平。一项早期的研究显示，3 周的严格管控措施可以减少航天员体内 50%的分离菌株，但是管控措施的副作用不容忽视。太空飞行 2 周后，随着分离出的细菌数量大大减少，白念珠菌增加[32-33]。在太空飞行甚至准备阶段，人体正常菌群即可发生改变[34]，益生菌（如双歧杆菌、乳酸杆菌）数量减少，而大肠埃希菌、肠杆菌属、梭菌属等条件致病菌则可能增加[35-36]。地面志愿者进食无菌、脱水食物后也表现出相似的结果：双歧杆菌、乳酸杆菌等益生菌下降明显[37]。可见现有的航天保障措施存在诱发肠道菌群失衡、利于病原菌的繁殖及长期定植的风险[36,38-39]。减少人和自然环境微生物的接触会影响共生菌群和其免疫调节的能力[40]，甚至引起心理和精神系统疾病[13-41]。因此，如何实现在减少病原菌暴露的同时，保障航天员肠道菌群健康稳态，是空间环境管控所需要面对的新难题。

九、应对空间环境所致肠道菌群失衡的措施

目前，益生菌和益生元对维持肠道菌群平衡的作用逐渐得到科学界的肯定。摄入乳酸杆菌或其减毒活菌可以增强外周血中单核细胞分泌 IFN-γ 的能力，增加人体对食物的黏膜免疫（外周）和中枢免疫应答。摄入干酪乳酸杆菌可以增加 IgA^+ 细胞和产 IL-6 细胞的数量[42]。添加乳酸杆菌可以刺激肠道免疫细胞释放 α 肿瘤坏死因子（TNF-α）、γ 干扰素（IFN-γ）、IL-12 等炎症因子以及 IL-4、IL-10 等调节因子，并且呈剂量相关性[43]。益生菌还可以改善内脏高敏感性，提高内脏感觉阈值，缓解痛觉过敏和异常疼痛[44]。已有资料证实，食用含有乳酸杆菌的食品，可以预防长时间太空生活带来的健康问题[45]。服用益生元也可以通过增强肠道 IgA 的免疫应答和炎症反应来改善胃肠道的免疫屏障[46]，通过益生元来调节肠道免疫也是目前研究的热点[47-50]。一项模拟失重 24h 的研究显示，口咽部应用由乳酸杆菌产生的益生元，可以减少局部条件致病菌，增加共生菌[51]。为期 7d 的人体模拟失重试验显示，服用益生元可以预防肠道菌群异位，但对口咽部条件致病菌增长无效；而口咽局部应用益生元，则仅能抑制口咽部条件致病菌，无法预防肠道菌群失调[52]。因此，预防性补充益生菌或益生元将是一种对抗菌群失调的有效手段。

十、宏基因组技术在研究空间环境对肠道菌群影响中的应用

宏基因组（Metagenome，也称为元基因组）或微生物环境基因组（Microbial Environmental Genome）是由 Handelsman 等于 1998 年提出的新名词。其定义为生境中全部微小生物遗传物质的总和。它包含了可培养的和尚不可培养的微生物的基因，目前主要指环境样品中细菌和真菌的基因组总和。宏基因组学（Metagenomics）又称为元基因组学、微生物环境基因组学。它通过直接从环境样品中提取全部微生物的 DNA 来构建宏基因组文库，利用基因组学的研究策略研究环境样品所包含的全部微生物的遗传组成及其群落功能。它是在微生物基因组学的基础上发展起来的一种研究微生物多样性、开发新的生理活性物质（或获得新基因）的新理念和新方法。其主要含义是：对特定环境中全部微生物的总 DNA 进行克隆，并通过构建宏基因组文库和筛选等手段获得新的生理活性物质；或者根据核糖体 DNA（rDNA）数据库设计引物，通过系统学分析获得该环境中微生物的遗传多样性和分子生态学信息。

特定生物种基因组研究使人们的认识单元实现了从单一基因到基因集合的转变，宏基因组研究将使人们摆脱物种界限，揭示更高更复杂层次上的生命运动规律。在目前的基因结构功能认识和基因操作技术背景下，细菌宏基因组成为人们研究和开发的主要对象。细菌宏基因组细菌人工染色体文库筛选和基因系统学分析使研究者能更有效地开发细菌基因资源、更深入地洞察细菌多样性。

采用宏基因组技术及基因组测序等手段，可发现难培养或不可培养微生物中的天然产物以及处于“沉默”状态的天然产物。宏基因组研究不依赖于微生物的分离与培养，因而避开了传统方式的瓶颈。

随着新一代测序技术的迅猛发展，研究宏基因组的方法也已经发生了翻天覆地的变化：传统的方法是测定微生物基因组上的 16S 核糖体 RNA（rRNA）基因，这些基因的长度通常在 1500 个碱基左右，广泛分布于原核生物，既能提供足够的信息，而且具有相对缓慢的进化过程；由于其保守性与特异性并存，通过保守区和特异区的认读可区别微生物的种属。基于这些特性，科学家们通过选择这些基因区域，虽然能方便地研究环境中物种的组成多样性，但是还不能全面分析环境中的基因功能。而现在，新一代高通量低成本测序技术的广泛应用，科学家们可以对环境中的全基因组进行测序，在获得海量的数据后，能够全面地分析微生物群落结构以及基因功能组成等。

新一代的高通量测序技术的应用，让人类深入了解空间环境对肠道菌群的影响成为可能。我们曾采集两名模拟空间封闭生活的志愿者的粪便标本，并对标本进行宏基因组学测序，发现约一月左右的模拟空间封闭生活可以导致肠道菌群的丰度发生较大改变（如图 13-1 所示）。

为了考察模拟空间封闭生活前后肠道菌群的基因数目差异情况，可通过绘制组间基因数目箱图进行了解。结果发现肠道菌群的总基因数目也发生了较大的改变（图 13-2，分别为模拟空间封闭生活前后两组肠道菌群；纵坐标为基因数目）。

通过新一代高通量测序及宏基因组学分析手段，我们不但可以发现肠道菌群的组成发生了改变，而且可以发现肠道菌群的功能发生了哪些变化，这就是所谓的基因功能注释。目前常用的功能注释文库包括目前提供注释的数据库主要有 KEGG（Kyoto Encyclopedia of Genes and Genomes）、eggNOG（Evolutionary Genealogy of Genes：Non-supervised Orthologous Groups）、CAZy（Carbohydrate-Active Enzymes Database）等。KEGG 数据库于 1995 年由 Kanehisa Laboratories 推出 0.1 版，目前发展为一个综合性数据库，其中最核心的为 KEGG Pathway 和 KEGG 直系同源数据库。在 KEGG 直系同源数据库中，

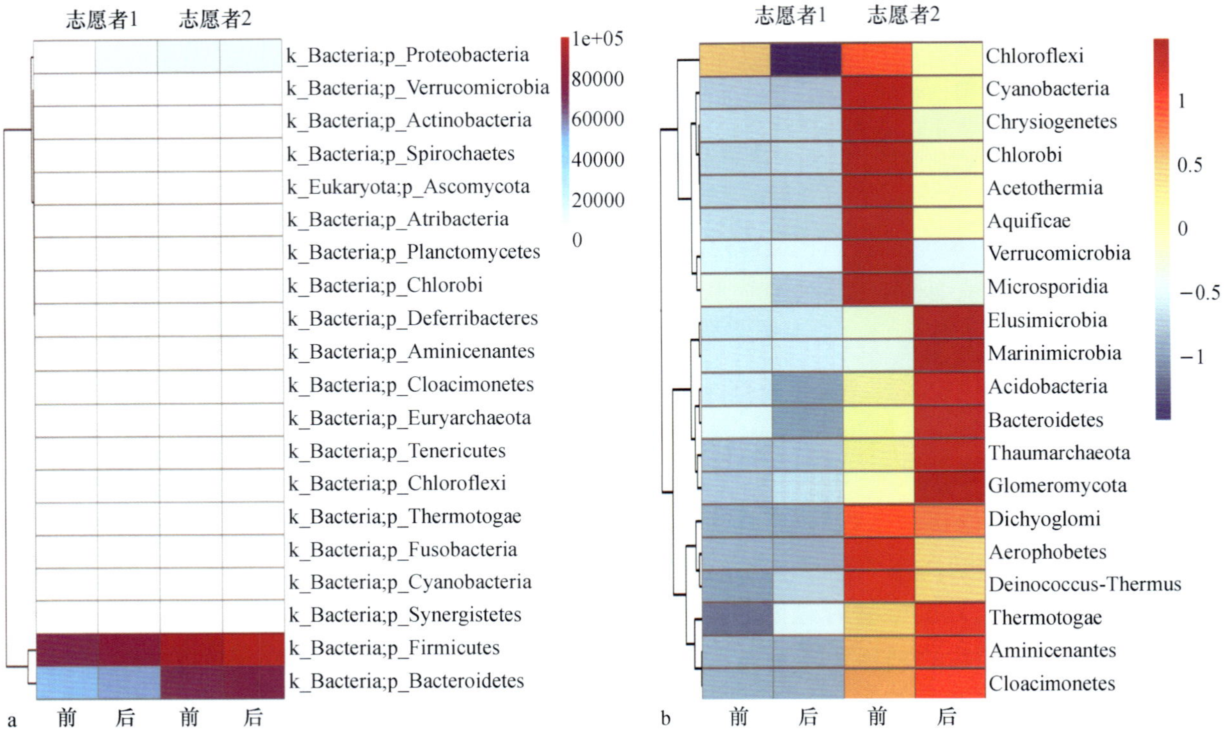

图 13-1 模拟空间封闭生活前后肠道菌群门水平基因数目及丰度聚类热图

a. Unigenes 注释数目统计热图：横轴为样品名称，纵轴为物种信息；不同颜色代表 Unigenes 数目的高低；b. 门水平相对丰度聚类热图：横向为样品信息，纵向为物种信息；图中左侧的聚类树为物种聚类树；中间热图对应的值为每一行物种相对丰度经过标准化处理后得到的 Z 值，即一个样品在某个分类上的 Z 值为样品在该分类上的相对丰度和所有样品在该分类的平均相对丰度的差除以所有样品在该分类上的标准差所得到的值

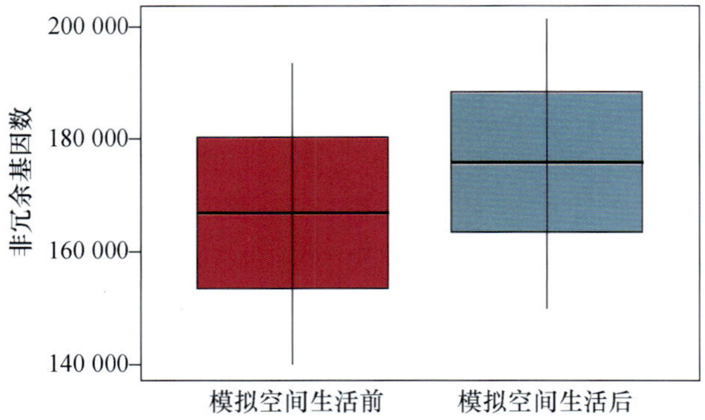

图 13-2 模拟空间封闭生活前后肠道菌群基因数目箱图

将行使相同功能的基因聚在一起，称为直系同源簇（KO），每个 KO 包含多个基因信息，并在一至多个 Pathway 中发挥作用。而在 KEGG Pathway 数据库中，将生物代谢通路划分为 6 类，分别为：细胞过程（Cellular Processes）、环境信息处理（Environmental Information Processing）、遗传信息处理（Genetic Information Processing）、人类疾病（Human Diseases）、新陈代谢（Metabolism）、生物体系统（Organismal Systems），其中每类又被系统分类为二、三、四层。第二层目前包括有 43 种子 Pathway；第三层即为其代谢通路图；第四层为每个代谢通路图的具体注释信息。eggNOG 数据库是利用 Smith-Waterman 比对算法对构建的基因直系同源簇进行功能注释，eggNOG V4.1 涵盖了 2031 个物种的基因，构建了约 19 万个直系同源簇。CAZy 数据库是研究碳水化合物酶的专业级数据库，主要涵盖 6 大功能类：糖苷水解酶（Glycoside Hydrolases，GHs），糖基转移酶（Glycosyl Transferases，GTs），多糖裂合酶（Polysaccharide Lyases，PLs），碳水化合物酯酶（Carbohydrate Esterases，CEs），辅助氧化还原酶（Auxiliary Activities，AAs）和碳水化合物结合模块（Carbohydrate-Binding Modules，CBMs）。

从各数据库 level1 的相对丰度表出发，绘制出各个数据库中模拟空间封闭生活前后的肠道菌群对应的在 level1 层级上的丰度统计图。以 KEGG Pathway 数据库的注释为例，可以看出模拟空间封闭生活前后肠道菌群的功能也发生了不同程度的改变（图 13-3）。

宏基因组技术在肠道菌群广泛应用的另一大优势是可以进行代谢通路分析。依据 KEGG Pathway 数据库中 9 大旁路代谢通路图，可以展示试验前后（如空间生活前后）两组肠道菌群样品代谢通路中的差异，了解两个分组（或两个样品）共有及特有的代谢通路信息，可以直观地标示出两个分组（或两个样品）共有或特有的酶类反应。在旁路代谢通路图中，节点代表各种化合物，方框代表酶类信息，不同颜色的方框代表注释为该酶类的不同 Unigenes 数目。通过不同背景颜色的酶类代表在分组间具有显著差异的酶类，还可以显示差异酶类在不同分组间的丰度分布箱图。如在模拟空间封闭生活前后的试验中发现一名志愿者的氨基酸生物合成通路发生了改变，3-己酮糖-6-磷酸合酶的活性降低，造成 *D*-核酮糖-5-磷酸＋甲醛生成 *D*-阿拉伯糖-3-甲醛-6-磷酸的双向反应能力丢失，而甲醛作为中间产物对人体的危害早已为科学界证实。因此，该宏基因组学分析结果提示了空间封闭环境可能会通过干扰相关代谢通路、降低人体重要酶类的活性，从而危害人体健康。同时也为防治相关疾病提供了一定的思路和线索。

十一、空间环境和肠道菌群关系研究的前景与展望

载人航天工程为研究空间生命科学带来了契机与挑战，保障航天员的生命安全、身体健康是重中之重。如何保障人体最大的细菌库——肠道菌群的平衡也成为需要迫切解决的难题。美国国立卫生研究院（NIH）在 2007 年和 2013 年先后启动了人类微生物组计划（HMP）和人类微生物组综合项目（iHMP），欧盟也在 2008 年和 2014 年启动了人类肠道宏基因组计划（MetaHIT）和 MetaGenoPolis 计划。人类“第二基因组”计划作为人类基因组计划的延伸已成为科学界的热点，越来越多的证据表明，肠道微生态与多种疾病密切相关。高通量测序技术（如宏基因组学、宏转录组学等）的应用，为人类认识太空环境下肠道菌群的变化规律和机制提供了有力工具。同时应该看到，虽然空间环境（如微重力等）对细菌生长代谢的影响已经得到科学界的重视，但是空间生命科学的研究仅仅限于部分航天技术发达的国家，如美国、俄罗斯（前苏联）等；并且缺乏系统、全面的关于细菌生长表型、代谢和基因型关系的研究。同时，目前的数据多

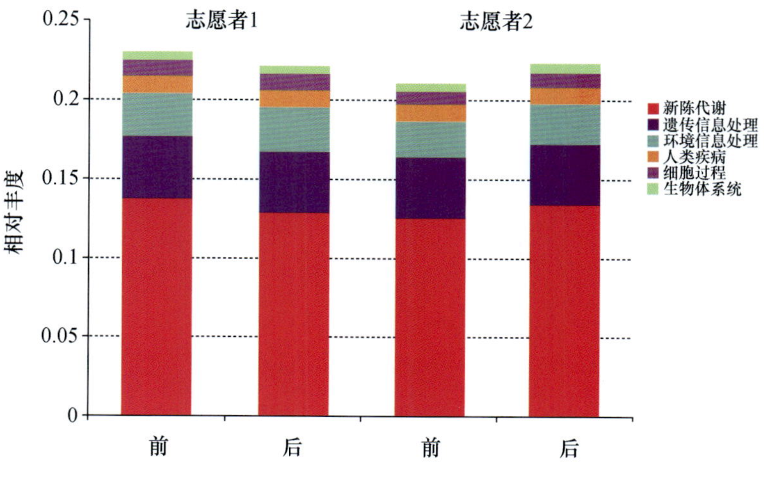

图 13-3 功能注释在 KEGG Pathway 数据库 level1 上的相对丰度柱形结果展示

来自小样本、单菌株、短期模拟微重力的研究，这同复杂的人体菌群、真实的空间环境差别巨大，因此很多结论尚需进一步的验证。从益生菌/益生元在改善肠道菌群平衡和人体免疫功能等方面的巨大作用，可以预见针对性的添加益生菌/益生元在空间应用领域的广阔前景。但是适宜航天员的益生菌/益生元的种类、单一菌种和多菌种的选择、最佳剂量和疗程等问题仍需进一步的探索。发展载人航天工程是国家重大战略决策，“神舟”系列飞船及“天宫一号”等航天器的成功发射加之未来空间站建设，将为我国在该领域的研究提供了有力的技术保障，我们应该抓住有利的历史时机，大力发展空间生命科学并为进一步探索太空做好医学保障。

参考文献

[1] Gueguinou N, Huin-Schohn C, Bascove M, et al. Could spaceflight-associated immune system weakening preclude the expansion of human presence beyond Earth's orbit? Journal of leukocyte biology, 2009, 86 (5): 1027-1038.

[2] Qin J, Li R, Raes J, et al. A human gut microbial gene catalogue established by metagenomic sequencing. Nature, 2010, 464 (7285): 59-65.

[3] Bonfrate L, Tack J, Grattagliano I, Cuomo R, Portincasa P. Microbiota in health and irritable bowel syndrome: current knowledge, perspectives and therapeutic options. Scandinavian journal of gastroenterology, 2013, 48 (9): 995-1009.

[4] Bar F, Von Koschitzky H, Roblick U, et al. Cell-free supernatants of Escherichia coli Nissle 1917 modulate human colonic motility: evidence from an in vitro organ bath study. Neurogastroenterology and motility: the official journal of the European Gastrointestinal Motility Society, 2009, 21 (5): 559-566, e516-557.

[5] Tojo R, Suarez A, Clemente MG, et al. Intestinal microbiota in health and disease: role of bifidobacteria in gut homeostasis. World journal of gastroenterology: WJG, 2014, 20 (41): 15163-15176.

[6] Biedermann L, Rogler G. The intestinal microbiota: its role in health and disease. European journal of pediatrics, 2015, 174 (2): 151-167.

[7] Diaz Heijtz R, Wang S, Anuar F, et al. Normal gut microbiota modulates brain development and behavior. Proc Natl Acad Sci U S A, 2011, 108 (7): 3047-3052.

[8] Ananthakrishnan AN. Environmental risk factors for inflammatory bowel diseases: a review. Digestive diseases and sciences, 2015, 60 (2): 290-298.

[9] Bailey MT. Influence of stressor-induced nervous system activation on the intestinal microbiota and the importance for immunomodulation. Advances in experimental medicine and biology, 2014, 817: 255-276.

[10] Afonin BV, Goncharova NP. Secretory activity of the stomach during modeling of increased filling of abdominal veins. Human physiology, 2011, 37 (7): 832-835.

[11] Lackner JR, Dizio P. Space motion sickness. Experimental brain research, 2006, 175 (3): 377-399.

[12] Roda A, Mirasoli M, Guardigli M, et al. Non-invasive panel tests for gastrointestinal motility monitoring within the MARS-500 Project. World journal of gastroenterology: WJG, 2013, 19 (14): 2208-2216.

[13] Bailey MT, Dowd SE, Galley JD, et al. Exposure to a social stressor alters the structure of the intestinal microbiota: Implications for stressor-induced immunomodulation. Brain Behav Immun, 2011, 25 (3): 397-407.

[14] Kacena MA, Merrell GA, Manfredi B, et al. Bacterial growth in space flight: logistic growth curve parameters for Escherichia coli and Bacillus subtilis. Applied microbiology and biotechnology, 1999, 51 (2): 229-234.

[15] Vukanti R, Model MA, Leff LG. Effect of modeled reduced gravity conditions on bacterial morphology and physiology. Bmc Microbiol, 2012, 12: 4.

[16] Kacena MA, Manfredi B, Todd P. Effects of space flight and mixing on bacterial growth in low volume cultures. Microgravity science and technology,

1999，12（2）：74-77.

[17] Kim HW，Matin A，Rhee MS. Microgravity alters the physiological characteristics of Escherichia coli O157：H7 ATCC 35150，ATCC 43889，and ATCC 43895 under different nutrient conditions. Applied and environmental microbiology，2014，80（7）：2270-2278.

[18] Li J，Liu F，Wang Q，et al. Genomic and transcriptomic analysis of NDM-1 Klebsiella pneumoniae in spaceflight reveal mechanisms underlying environmental adaptability. Scientific reports，2014，4：6216.

[19] Su LX，Zhou LS，Liu JW，et al. Phenotypic，genomic，transcriptomic and proteomic changes in Bacillus cereus after a short-term space flight. Adv Space Res，2014，53（1）：18-29.

[20] Chang D，Zhu YF，An L，et al. A multi-omic analysis of an Enterococcus faecium mutant reveals specific genetic mutations and dramatic changes in mRNA and protein expression. Bmc Microbiol，2013，13：304.

[21] Arunasri K，Adil M，Venu Charan K，et al. Shivaji S. Effect of simulated microgravity on E. coli K12 MG1655 growth and gene expression. PloS one，2013，8（3）：e57860.

[22] Tucker DL，Ott CM，Huff S，et al. Characterization of Escherichia coli MG1655 grown in a low-shear modeled microgravity environment. Bmc Microbiol，2007，7：15.

[23] Fava F，Danese S. Intestinal microbiota in inflammatory bowel disease：Friend of foe? World J Gastroentero，2011，17（5）：557-566.

[24] West CE，Renz H，Jenmalm MC，et al. The gut microbiota and inflammatory noncommunicable diseases：Associations and potentials for gut microbiota therapies. J Allergy Clin Immun，2015，135（1）：3-14.

[25] Kanjee U，Houry WA. Mechanisms of acid resistance in Escherichia coli. Annual review of microbiology，2013，67：65-81.

[26] Fang A，Pierson DL，Koenig DW，et al. Effect of simulated microgravity and shear stress on microcin B17 production by Escherichia coli and on its excretion into the medium. Applied and environmental microbiology，1997，63（10）：4090-4092.

[27] Fang A，Pierson DL，Mishra SK，et al. Secondary metabolism in simulated microgravity：beta-lactam production by Streptomyces clavuligerus. Journal of industrial microbiology & biotechnology，1997，18（1）：22-25.

[28] Fang A，Pierson DL，Mishra SK，et al Growth of Steptomyces hygroscopicus in rotating-wall bioreactor under simulated microgravity inhibits rapamycin production. Applied microbiology and biotechnology，2000，54（1）：33-36.

[29] Benoit MR，Li W，Stodieck LS，et al. Microbial antibiotic production aboard the International Space Station. Applied microbiology and biotechnology，2006，70（4）：403-411.

[30] Huang B，Liu N，Rong X，et al. Effects of simulated microgravity and spaceflight on morphological differentiation and secondary metabolism of Streptomyces coelicolor A3（2）. Applied microbiology and biotechnology，2015，99（10）：4409-4422.

[31] Wang J，Liu C，Liu J，et al. Space mutagenesis of genetically engineered bacteria expressing recombinant human interferon alpha1b and screening of higher yielding strains. World journal of microbiology & biotechnology，2014，30（3）：943-949.

[32] Taylor GR，Henney MR，Ellis WL. Changes in the fungal autoflora of Apollo astronauts. Applied microbiology，1973，26（5）：804-813.

[33] Taylor GR. Space microbiology. Annual review of microbiology，1974，28（0）：121-137.

[34] Lencner AA，Lencner CP，Mikelsaar ME，et al. The quantitative composition of the intestinal lactoflora before and after space flights of different lengths. Die Nahrung，1984，28（6-7）：607-613.

[35] Hales NW，Yamauchi K，Alicea A，et al. A countermeasure to ameliorate immune dysfunction in in vitro simulated microgravity environment：Role of cellular nucleotide nutrition. In Vitro Cell Dev-An，2002，38（4）：213-217.

[36] Lizko NN，Silov VM，Syrych GD. Events in he

development of dysbacteriosis of the intestines in man under extreme conditions. Die Nahrung，1984，28（6-7）：599-605.

[37] Taylor PW，Sommer AP. Towards rational treatment of bacterial infections during extended space travel. Int J Antimicrob Ag，2005，26（3）：183-187.

[38] Ilyin VK. Microbiological status of cosmonauts during orbital spaceflights on Salyut and Mir orbital stations. Acta astronautica，2005，56（9-12）：839-850.

[39] Lizko NN. Problems of microbial ecology in man space mission. Acta astronautica，1991，23：163-169.

[40] Hanski I，von Hertzen L，Fyhrquist N，et al. Environmental biodiversity，human microbiota，and allergy are interrelated. P Natl Acad Sci USA，2012，109（21）：8334-8339.

[41] Cryan JF，Dinan TG. Mind-altering microorganisms：the impact of the gut microbiota on brain and behaviour. Nat Rev Neurosci，2012，13（10）：701-712.

[42] Galdeano CM，Perdigon G. The probiotic bacterium Lactobacillus casei induces activation of the gut mucosal immune system through innate immunity. Clinical and vaccine immunology：CVI，2006，13（2）：219-226.

[43] Perdigon G，Maldonado Galdeano C，Valdez JC，et al. Interaction of lactic acid bacteria with the gut immune system. European journal of clinical nutrition，2002，56 Suppl 4：S21-26.

[44] Distrutti E，Cipriani S，Mencarelli A，et al. Probiotics VSL＃3 protect against development of visceral pain in murine model of irritable bowel syndrome. PloS one，2013，8（5）：e63893.

[45] Buckley ND，Champagne CP，Masotti AI，et al. Harnessing functional food strategies for the health challenges of space travel-Fermented soy for astronaut nutrition. Acta astronautica，2011，68（7-8）：731-738.

[46] Madsen K. Probiotics and the immune response. J Clin Gastroenterol，2006，40（3）：232-234.

[47] Matsuzaki T，Chin J. Modulating immune responses with probiotic bacteria. Immunology and cell biology，2000，78（1）：67-73.

[48] Lomax AR，Calder PC. Probiotics，Immune Function，Infection and Inflammation：A Review of the Evidence from Studies Conducted in Humans. Curr Pharm Design，2009，15（13）：1428-1518.

[49] Lopez-Varela S，Gonzalez-Gross M，Marcos A. Functional foods and the immune system：a review. European journal of clinical nutrition，2002，56：S29-S33.

[50] Orel R，Trop TK. Intestinal microbiota，probiotics and prebiotics in inflammatory bowel disease. World J Gastroentero，2014，20（33）：11505-11524.

[51] Kriukov AI，Il'in VK，Istranov LP，et al. Effect of short-term application of a lactate-containing probiotic on the pharyngeal microflora in healthy subjects. Vestnik otorinolaringologii，2008（5）：51-53.

[52] Kriukov AI，Il'in VK，Volozhin AI，et al. Experimental grounds for administration of probiotic drugs in conditions of hydroweightlessness. Vestnik otorinolaringologii，2007（4）：30-33.

（徐　绸）

第三篇

空间腐蚀微生物学

第十四章　空间微生物腐蚀研究概况

一、空间微生物腐蚀研究的意义

载人航天是人类认识宇宙、拓展生存空间和开发太空资源的伟大实践。载人航天技术是现代科学技术革命的重要领域之一，它的发展对人类的社会生产生活产生了深远影响。空间站是一种在近地轨道长时间运行，可供多名航天员巡访、长期工作和生活的载人航天器，是人类科学研究和开发太空资源、建立太空基地迈出的第一步，可以为人类提供一个长期在太空轨道上进行空间观测、地球遥感、天文观测和生物医学实验的机会。

到目前为止，全世界已发射了 11 个空间站。其中前苏联共发射 8 座［“礼炮”系列 1 号（1971 年 4 月发射）～7 号（运行起止年份 1982—1986）、“和平号”（Mir，运行起止年份 1986—2001）］，美国发射 1 座［“Skylab”（运行起止年份 1973—1979）］。1994 年开始，美国、俄罗斯、欧洲等太空机构联合推进国际太空合作计划——国际空间站（International Space Station，ISS），这个由 13 个空间舱组成的太空轨道实验室，耗资 1500 亿美元、用时 13 年，于 2011 年在轨道里全面建成，总质量达 454t，长 108m，设计寿命为 10～15 年。2012 年 5 月，美国首次向国际空间站发射商业飞船。

1992 年中国政府批准载人航天工程（“921 工程”），确定了载人航天“三步走”的发展战略。目前正在实施第二步第二阶段的任务，于 2011 年 9 月开始发射“天宫”系列目标飞行器和空间实验室，完成与“神舟”系列飞船的交会对接等一系列任务。系列任务的完成为第三步于 2022 年左右建立一个 20t 级的永久性空间实验室做好准备，以建成中国的空间工程系统，航天员和科学家可以来往于地球与空间站，进行较大规模的空间科学实验和解决长期有人照料的空间站应用技术问题，并为“嫦娥”探月工程，逐步开展深空探测研究做好准备。届时国际空间站可能退役，中国空间站将成为唯一在轨运行的空间站。

因此，有效保障航天器的长期安全运行、延长在轨使用寿命，是我国载人航天事业实现跨越式发展的重大课题。其中，环境控制与生命保障系统是载人航天器和航天员的安全保障。但是，国外载人航天器在轨经验和国内地面研究的初步结果表明，微生物会严重威胁航天员健康和平台设备安全。我国在该领域的研究尚处于初级阶段，亟待开展空间环境下微生物腐蚀机制研究，深化对微生物风险的认识和加强对专业技术的储备，探索更加有效的载人航天器微生物综合控制措施，为载人航天器的研制和运营提供技术支撑。

（一）环境控制与生命保障系统是载人航天器和航天员的安全保障

载人航天器的环境控制与生命保障系统，不但是载人航天器上最具载人特色的一个重要系统，而且直接关系到航天员的身体健康、工作效率、生命安全，以及各种仪器设备的安全有效运行。航天器飞行的空间环境还存在许多亟待改善和解决的安全保障问题，如：对太空中来自宇宙射线、太阳辐射、空中核爆炸等强辐射安全的防护，对防火安全阻燃以及一旦失火后对烟尘的过滤材料和对有毒有害气体的催化分解材料，对太空舱室中微生物腐蚀安全的防护，对太空舱运行轨道环境中的原子氧、紫外线侵蚀安全防护的需求，对太空舱室中的 O_2 和 CO_2 的安全保障，对太空舱室湿度（H_2O）调节控制的安全保障等，见图 14-1。

（二）实践证明微生物（腐蚀）严重威胁航天员健康和平台设备安全

航天器内的微生物安全的防护主要是针对由微生物污染造成的微生物腐蚀（Microbiologically influenced corrosion，MIC）的问题。在地面上微生物几乎是无处不在的，一般健康人体携带有至少 10 亿个微生物（如细菌、真菌、病毒等），大多数正常存在于人类皮肤、口腔、鼻咽部和胃肠道。尽管载人飞船、航天服、装船产品等经过非常严格的真空消毒，微生物还是不可避免会随着航天员的身体、人体分泌物或航空部件等途径进入航天器。“和平号”运行十余年来空间站内检测到 234 种微生物。载人航天器密闭环境条件下容易滋生细菌和真菌等微生物，这些微生物能在密闭舱室内的金属或合金材料器件、高分子复合材料、无机非金属等电路板和仪表盘以及宇航服装等材料上形成生物膜，它们的生长繁殖和代谢会腐蚀这些材料，严重威胁空间站的长期在轨运行安全，缩短空间站的服役时间（图 14-2）。总之，国外载人航天器在轨经验表明，微生物（腐蚀）会严重威胁航天员健康和平台设备安全。

（三）我国亟待开展长期空间环境下微生物腐蚀机制和抗菌材料的预先研究

空间环境具有地面环境中所不存在的一些特殊环境因素，包括离子辐射、原子氧、电磁辐射、微重力、高真空和极度温差等，这些因素在影响航天器材料、器件和舱室环境的同时，也会通过诱导空间环境微生物产生基因突变和调控机制的变化，进而影响微生物的生物学性状和功能。在航天器这样无地面选择压力的高致变环境中，某些微生物的变异过程会加速，其中金属、

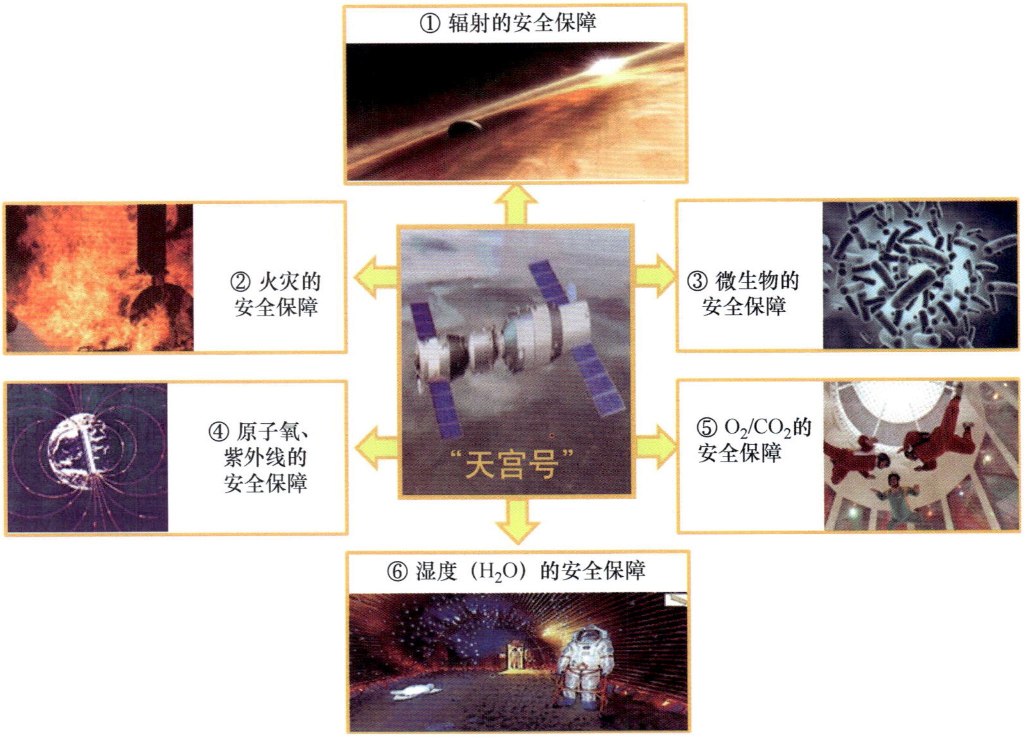

图 14-1 载人航天器存在的安全保障问题

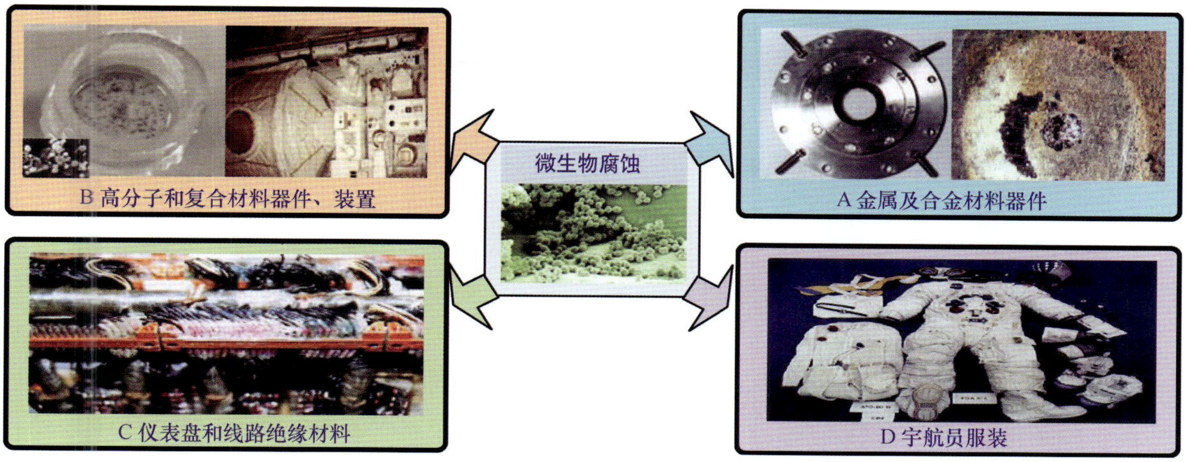

图 14-2 “和平号”的实践证明微生物（腐蚀）严重威胁航天员健康和平台设备安全

①微生物容易在铝镁合金器件表面形成生物膜并产生明显腐蚀；②微生物腐蚀聚酰亚胺高分子材料和复合材料表面；③微生物腐蚀仪表盘和电路板的绝缘材料，容易引起电路故障；④微生物可能会滋长在宇航服装上，宇航服的侵蚀可能导致气体泄漏等事故，威胁宇航员生命安全

高分子材料等腐蚀性微生物的大量繁殖与空间变异，加上航天器密闭舱室内的温湿度、O_2 与 CO_2 等气体组分和作为微生物基质利用的有机污染物等因素，如果控制不当，则会促进微生物的繁殖（图 14-3）。因此，这些综合因素的共同作用，就会促进微生物对各种航天材料逐渐产生腐蚀，加速航天器件的降解耗损，将可能导致空间站内的设备运行失灵，影响航天器的长期正常运行及其在轨使用寿命，甚至对飞行安全和航天员也会造成很大威胁。航天器服役条件恶劣，在轨时间长，而维修条件相对不足，一旦发生微生物腐蚀设备故障，损失不可估量。航天飞机与空间站的航天员们也一直在竭力与侵入航天器的微生物作斗争。他们每周都要使用吸尘器或者特制的布巾进行卫生大扫除，对于微生物最密集的地方还要使用药剂进行消毒处理。美国国家航空航天局采取了许多措施防止微生物大量繁殖，其中包括对航天站的特定部位进行补充加热等。

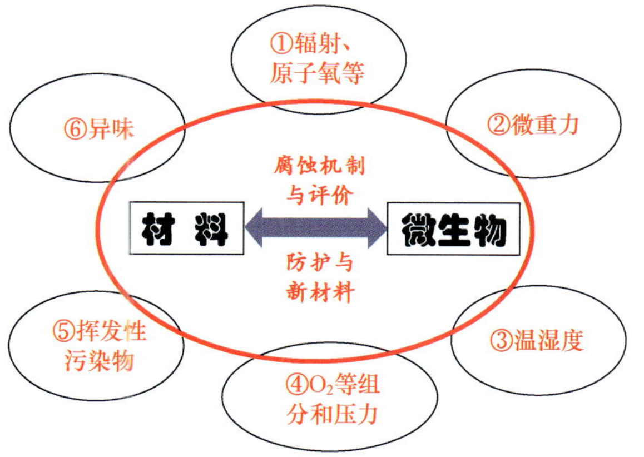

图 14-3 长期空间环境下微生物腐蚀材料的影响因子、作用机制和材料抗菌性能评价

①离子辐射、原子氧、电磁辐射等可能导致微生物遗传变异；②微重力影响微生物遗传变异；③温湿度影响微生物生长繁殖；④O_2 和 CO_2 等气体组分和舱室压力影响微生物种群及其生长；⑤挥发性有机污染物等作为基质促进微生物生长；⑥舱内异味（硫醇等）等污染物作为基质影响微生物生长。材料特性在一定程度上决定微生物腐蚀的机制和控制途径

然而，空间环境下微生物腐蚀机制迄今仍不完全清楚，缺乏有效的检测和控制方法。俄罗斯依据“和平号”和美国等国家利用国际空间站已经开展了近 30 年的微生物腐蚀机制与评价和抗菌材料研究，取得了重要的研究成果，并已经应用于后续空间站的研制和运行保障。现在距离我国空间站的建立仅有大约 7 年时间，而我国在该领域的研究尚处于初级阶段，因此亟待开展长期空间环境下微生物种群分布、变异规律、腐蚀机

制、干预机制和抗菌材料研究，深化对微生物风险的认识和评价，尽早进行载人航天器所用材料及新型抗菌涂层材料抗腐蚀性能评估等方面的专业技术储备。

（四）提出航天器微生物控制技术的解决方案，技术支撑载人航天器的研制和运营

依据国际空间站医学操作需求文件，ISS乘员舱内的大气微生物安全要求是微生物污染低于以下最大容许值：细菌和真菌分别为1000和100CFU/m³。对于设备和舱内表面的容许值是：细菌和真菌分别为10000和100CFU/100cm²。

因此，根据航天器微生物产生、传播和腐蚀作用等三个特点不同但又相互密切关联的区间或者阶段，确定微生物源控制、舱内环境流动相控制和结构表面固定相控制等三个控制模式，分别提出针对性的控制技术，进而构建航天器微生物综合控制技术的整体解决方案：针对微生物源，使用抗菌清洁用品、粪便消毒处理、高效水净化、废弃物真空密封等方式控制微生物源；针对流动相，采用 O_2/CO_2 分子筛过滤调配技术、挥发性有机物光催化分解、循环过滤除尘灭菌系统等技术完成对舱内环境的灭菌功能；针对结构表面固定相，通过材料体相抗菌技术、表面抗菌及洗消技术控制结构表面微生物，最终实现流动相和固定相的协同控制（图 14-4）。这些整体方案可以保障航天器的平台设备安全，特别是长期运行空间站，以及航天员健康，为载人航天器的研制和运营提供技术支撑。

针对微生物源，使用消毒、净化、真空密封等方式控制微生物源；针对流动相，采用分子筛、光催化、循环过滤灭菌系统等技术完成对舱内环境的灭菌功能；针对结构表面固定相，通过体相抗菌技术、表面抗菌及洗消技术控制结构表面固定相，最终实现流动相和固定相协同控制。

二、国内外研究状况

早在 1891 年，Garrett 等发现细菌代谢产物引起铅电缆腐蚀，提出了微生物腐蚀的概念[1]。目前，将由微生物生命活动引起或促进的材料腐蚀现象统称为微生物腐蚀。微生物吸附在材料表面形成生物膜，可使不锈钢、碳钢、铜、铝及其合金、混凝土、高分子材料等遭受严重的腐蚀。这个过程也通常需要营养、水和氧气等多因素参与，为维持微生物存活提供能量、碳源、电子供体、受体和水。

地面研究发现，单一或混合菌形成的生物膜

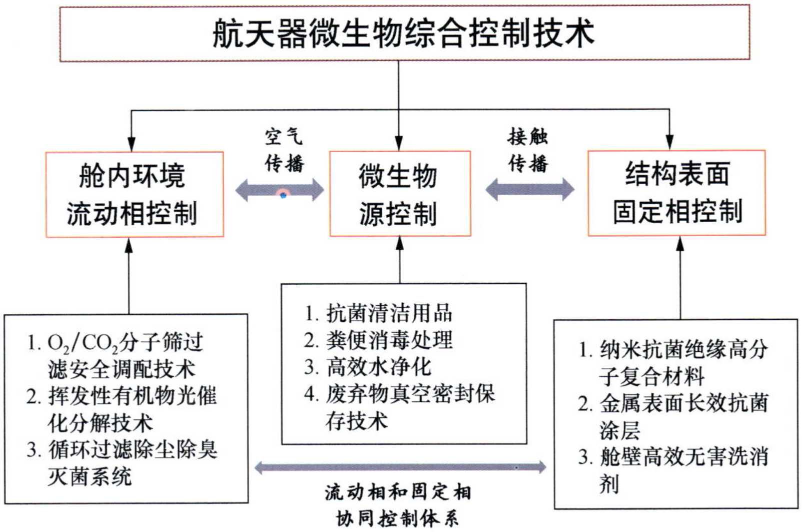

图 14-4 航天器微生物综合控制技术

微生物源通过空气和接触传播分别污染流动相和固定相表面

对铁、镍、铝及其合金会造成破坏，但这种细菌生物膜参与的腐蚀机制尚不清楚。最近有证据显示：抑制呼吸链和氧化还原有关的酶类（过氧化氢酶、过氧化物酶、超氧化物歧化酶），可减慢生物膜的腐蚀进程。目前已经完成一种典型腐蚀菌普通脱硫弧菌的基因组测定工作，获得了多种氧化还原酶的基因编码序列，为进一步揭示这些酶如何参与材料腐蚀奠定基础[2]。微生物的胞外和胞内解聚酶可破坏高分子材料，产生小短链或更小的分子（如单体、二聚体和低聚物）以至于能通过细菌的半透膜，被细菌作为碳源和能源加以利用。高分子的结构越接近天然分子，就越容易被降解和矿化[3]。

在空间载人密闭舱室中，虽然航天服、装船产品等都要经过严格的消毒，微生物仍会随航天员的身体、人体分泌物或航空部件等途径进入。载人太空舱的密闭环境为大量微生物的生长创造了适宜条件。此外，空间环境具有地面环境中所不具备的一些特殊环境因素，包括微重力、高真空、极度温差、弱磁场和粒子辐射等。在空间特殊环境中，微生物还会产生变异，导致它们对生存环境的要求很低，更加容易生长和繁殖[4-5]。美国和俄罗斯等国家已经对在“和平号”空间站和国际空间站的微生物污染和微生物腐蚀问题开展了一系列的研究。

20 世纪 70 年代起，前苏联科学院生物医学问题研究所（IBMP，RAS）的 Novikova 领导的研究团队就开始对中长期运行的太空密闭舱中的微生物污染和材料微生物腐蚀问题开展了系统的研究。到 2001 年为止，他们已从“礼炮 6 号”“礼炮 7 号”和“和平号”空间站等中长期载人密闭舱室内采取了空气、冷凝水和材料表面上的数千个生物样品，总共鉴定出 108 种细菌和 126 种真菌[6]。取样过程中发现这些细菌和真菌对密闭舱中使用的聚酰亚胺、聚氯乙烯、聚乙烯、合成树脂、有机玻璃、聚丙烯、橡胶等高分子材料和铝镁合金等金属材料（包括管道、仪表盒、循环水仪、热控器、空调、氧气点解器、电绝缘套、开关连接器和取景窗）产生了明显可见的腐蚀现象[7]。1998—2005 年间，Novikova 团队又从国际空间站内连续采得 419 个生物样品，从空气样品中鉴定出 15 种细菌和 5 种真菌，从材料表面样品中鉴定出 36 种细菌和 32 种真菌，其中，3 株细菌和 4 株真菌与材料腐蚀直接有关[8]。2002 年 1—5 月，莫斯科国立大学的 Grigoryan 团队完成一项名为“Scorpion”的项目，研究了国际空间站俄罗斯舱段内不同位置的高能带电粒子、中子、γ 射线和低频电磁波的吸收剂量和微生物生长情况，发现暴露剂量大的位置的材料更容易被微生物腐蚀，首次提出空间环境可能导致微生物突变，加速微生物腐蚀速率的观点[9]。

1970 年代，美国国家航空航天局（NASA）“空间实验室”——美国第一个空间站的操作模块表面发现了细菌和真菌[10]。2004 年，NASA 的约翰逊航天中心的 Casteo 团队在运行初期的国际空间站内发现了 9 株细菌和 2 株真菌。由于运行时间较短，并没有发现明显的腐蚀现象[11]。该中心的 Otto 研究团队从“和平号”空间站密闭舱室内的面板上采集了多个冷凝水样品，鉴定出 46 种细菌和 21 种真菌，还发现了原生动物、尘螨和螺旋藻等[12]。2005 年，美国肯特州立大学的 Song 和 Leff 从“和平号”空间站中的不同水的样品中分离了 20 株细菌，其中 4 株菌呈现明显的疏水性，容易在材料表面形成生物膜，对材料产生腐蚀[13]。2008 年，美国国家暴露研究实验室（NERL）的 Vesper 等人从国际空间站美国舱段的空气过滤器灰尘中鉴定了 39 株真菌[14]。2009 年，BAE 系统公司开发一种便携式的芯片微生物检测装置（Lab on chip）搭载到国际空间站，对舱室内壁的革兰氏阴性微生物污染进行实时监测[15]。微生物对材料的腐蚀会引起设备故障，严重威胁在轨载人航天器的安全运行和在轨运行寿命。因此，NASA 和俄罗斯宇航局规定在空间飞行任务中使用的材料应评估其生物膜形成和生物腐蚀的敏感性后才能被采用。

1998 年，美国哈佛大学和 NASA 的研究人员，在没有获得太空舱菌株的情况下，在地面普通微生物培养环境中，利用自来水中的微生物作为试验菌株，对空间站材料如纤维增强复合材料、粘接密封胶、聚酰亚胺绝缘泡沫、聚四氟乙烯绝缘电缆和脂肪族聚氨酯涂料的微生物腐蚀安全性进行评价。发现大多数材料都容易形成生物膜进而被腐蚀且温度和湿度影响生物膜的形成[16]。1999 年，德国戴姆勒-奔驰宇航中心的 Klintworth 等人提出建立一种地面评估空间飞行任务中使用的材料的生物腐蚀安全性评价方法概念，主要包括两个关键技术和条件：①获得典型的菌株，如从长期运行的太空舱腐蚀材料表面分离获得的有效材料腐蚀菌株或者是搭载上天飞行的地面已知材料腐蚀菌株；②模拟载人密闭舱室的微气候环境，如温度、湿度和气体化学组成等[7]。2005 年，由于热交换介质水体中 pH 下降和银抗菌剂的失效，国际空间站内部镍基锌铜合金材料制造的主动热控系统被微生物严重腐蚀。NASA 马歇尔航天中心的 Roman 等人[17] 按照 Klintworth 等人提出的概念，设计了一套模拟国际空间站环境的微生物腐蚀加速测试系统（Microbiologically Influenced Corrosion Accelerated test System，MAT），其中忽略微重力等因素对过程的影响，并且以从国际空间站主动热控系统中分离的硫酸盐还原菌等 8 株混合细菌作接种微生物。采用该系统，对 2 种空间站备选的改进镍基热控系统材料进行 6 个月的生物腐蚀安全性测试，没有发现微生物侵蚀现象[18]。

从 2004 年，莫斯科国立大学 Alekhova 等人从太空飞行了 13 年的"和平号"空间站分离获得 12 株真菌、4 株酵母和 4 株细菌，从国际空间站俄罗斯舱段密闭舱室内分离获得 8 株真菌、1 株酵母和 9 株细菌。利用这些微生物作为地面评估的典型菌株，在地面常规培养环境中进行微生物腐蚀加速实验，利用电镜观察到对聚酰亚胺、尼龙、聚乙烯醇、聚乙烯、橡胶、聚酯、聚氯乙烯、棉织物和铝镁合金（AMG-6）等材料产生明显的腐蚀（如图 14-5 所示）[18]。2007—2010 年，Alekhova 等人又利用从"和平号"空间站和国际空间站俄罗斯舱段的设备材料表面分离的 28 株真菌，对 180 种太空设备使用的铝镁合金（AMG-6）进行地面微生物腐蚀评价。模拟加速载荷条件是根据 GOST 9.913-90、9.048-89、9.049-91 和 ISO 合金腐蚀评价标准设置的。电镜观察结果发现机械、阳极化和化学抛光防腐处理后的 AGM-6 样品均被真菌腐蚀（见图 14-5），其中机械处理表面最容易被腐蚀[19-21]。

我国学者于 20 世纪 50 年代开始涉猎微生物腐蚀领域，围绕微生物腐蚀尤其是硫酸盐还原菌腐蚀机制开展了大量的工作。从 20 世纪 80 年代前期开始，在国家科技委、国家自然科学基金委、中国科学院和各有关部门的支持下，在全国范围内建立了各类腐蚀实验站，并且积累了大量

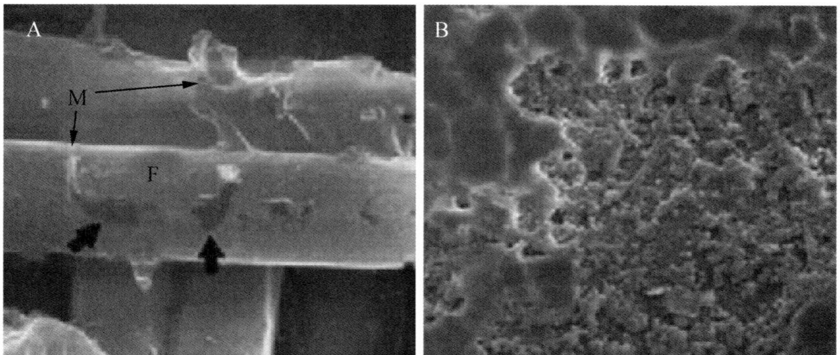

图 14-5 利用"和平号"和国际空间站分离菌株对复合纤维（A）和铝镁合金材料（B）的严重腐蚀的电镜照片

的腐蚀数据，这些数据在为腐蚀与防护工作者们进行腐蚀基础性研究、工程设计和选材上起到了非常重要的作用[22-24]。北京航空航天大学的刘建华和李松梅等[25]，中国科学院海洋所侯宝龙等[26]，中国科学院金属研究所柯伟和孙成等[27]，北京科技大学腐蚀与防护中心的邹士文和肖葵等[28]，大连理工大学袁斌等研究人员主要开展了大量海洋和地面等环境使用金属和合金、线路板等材料的微生物腐蚀评价和防护的研究[29]。

与美国和俄罗斯相比，我国空间微生物领域的研究起步较晚。中科院微生物研究所刘志恒课题组自1980年代开始就一直从事航天育种以及受控生态生命保障系统中微生物研究[30]。2000年开始，中国航天员科研训练中心（原总装备部航天医学工程研究所）谢琼课题组开展了密闭环境中悬浮颗粒物上附着微生物的检测，飞船搭载微生物对航天器材的霉腐实验基于滤膜法的空气微生物样品采集和元基因组DNA提取方法研究，取得了一些载人航天器微生物污染和霉菌腐蚀材料的实验结果[31-32]。此外，该课题组还概述了空间环境对微生物生理生化性状的影响及机制方面的研究进展[32-33]。该所的唐永康课题组综述了载人航天器座舱内生物空气过滤器的研究进展[34]。

三、空间微生物腐蚀的研究目标

空间微生物腐蚀的研究需紧密围绕“空间环境下的微生物腐蚀机制及控制方法研究”这一重大科学问题，利用航天器内微生物采集、“神舟”系列飞船搭载微生物，并结合地面模拟研究，明确载人航天器内微生物的分布和种类，并提出适合航天器内的采样方法；针对空间环境胁迫后的微生物，综合运用空间微生物学、材料科学与系统生物学的研究思路与方法，利用核酸分析、经典基因功能研究和生物信息学分析等技术手段，揭示微生物在空间环境作用下的菌种演化变异特性；通过对航天器所用材料进行菌种腐蚀试验等，阐明空间环境影响下微生物的腐蚀机制；获取材料对空间环境下微生物的抗腐蚀性能，设计、改良和构建新的抗腐蚀材料；从物理、化学和生物学角度初步建立空间站材料表面的微生物控制体系。

一方面，利用我国“神舟十号”载人飞船与“天宫一号”目标飞行器交会对接任务的契机，在轨采集目标飞行器舱内的材料表面微生物样本和冷凝水样本，下行后进行菌种鉴定分析。借助“神舟十号”平台，以空间搭载的腐蚀性微生物为研究对象，研究空间环境对腐蚀菌的作用，特别是观察太空环境下腐蚀菌形态学和腐蚀相关特性的变化；通过地基微重力模拟对照和空间实验相结合，采取基因组学的研究策略，探讨空间环境诱导微生物遗传改变的生物学意义，同时对下行微生物进行腐蚀特性研究。

另一方面，需建立地面模拟空间环境微生物腐蚀加速测试平台，考察包括温度、湿度、空气组分、风速和微重力等因素对材料微生物腐蚀速率的影响，获得模拟舱内环境参数。参考相关实验内容的国标和国军标选择模式微生物及其对应的实验材料，针对空间站舱内环境条件，建立符合空间环境条件下的材料微生物腐蚀评价方法。基于以上测试平台和评价方法，利用模式微生物以及下行、搭载微生物等，开展微生物腐蚀实验研究，通过腐蚀失重、电化学、表面形貌和成分分析等方法，测试材料腐蚀速率、材料机械性能变化和材料多尺度结构表征与微生物腐蚀之间的关系，揭示微生物腐蚀材料的机制，总结材料与微生物对应的腐蚀规律。

利用以上测试平台和评价方法，测定评价目前载人航天器所用材料的抗微生物腐蚀性能。设计合成有机/无机纳米复合抗腐蚀涂层材料，以及高分子体相抗菌材料，利用以上测试平台和评价方法，测定评价其抗微生物腐蚀性能。按照航天器微生物源通过空气和接触传播分别污染流动相和固定相表面，从微生物源、流动相和固定相等协同控制的方式进行。基于以上微生物腐蚀研究结果、前期研究成果和我国空间站未来运行期间的实际工况，对航天材料选用、产品研制、运输、试验、在轨运行等环节进行分析，提出整体微生物控制策略和关键环节微生物控制的技术和方法。

参考文献

[1] Gu JD, Mitchell R. Biodeterioration. In: Rosenberg E, Delong EF, Thompson F, *et al*. The prokaryotes-Applied bacteriology and biotechnology. New York: Springer-Verlag Berlin Heidelberg: 2005.

[2] 蒋波，杜翠薇，李晓刚，等. 典型微生物腐蚀的研究进展. 石油化工腐蚀与防护，2008，25（4）：1-4.

[3] Gu JD. Microbial colonization of polymeric materials for space applications and mechanisms of biodeterioration: A review. International Biodeterioration & Biodegradation, 2007 (59): 170-179.

[4] 刘长庭. 空间环境对微生物的影响及意义. 军医进修学院学报，2012，(5)：433-434.

[5] Kim W, Tengra FK, Young Z, et al. Spaceflight promotes biofilm formation by pseudomonas aeruginosa. PLoS One, 2013 (8): e62437.

[6] Novikova ND Review of the knowledge of microbial contamination of the Russian manned spacecraft. Microbial Ecology, 2004 (47): 127-132.

[7] Klintworth R, Reher HJ, Viktorov AN, et al. Biological induced corrosion of materials II: new test methods and experiences from Mir station. Acta Astronautica, 1999 (44): 569-578.

[8] Novikova N, De Boever P, Poddubkos, et al. Survey of the environmental biocontamination aboard the International Space Station. Research in Microbiology, 2006 (157): 5-12.

[9] Grigoryan G, Kim YH, Acharya R, et al. Computational design of virus-like protein assemblies on carbon nanotube surfaces, 2011 (332): 1071-1076.

[10] Taylor GR, Graves RC, Ferguson JK, et al. Skylab environmental and crew microbiological studies. //Johnston RS,Dietlein LF. Biomedical Results from Skylab. Scientific and Technical Information Office, National Aeronautics and Space Administration Washington DC: U. S. Government printng office, 1977.

[11] Castro VA, Thrasher AN, Healy M, et al. Microbial characterization during the early habitation of the International Space Station. Microbial Ecology. 2004 (47): 119-126.

[12] Otto VI, Schürpf T, Folkers G, et al. Sialylated Complex-type N-Glycans Enhance the Signaling Activity of Soluble Intercellular Adhesion Molecule-1 in Mouse Astrocytes. The Journal of Biological Chemistry, 2004 (297): 35201-35209.

[13] Cummings RD. Song S, Sjöström PJ, et al. Highly Nonrandom Features of Synaptic Connectivity in Local Cortical Circuits. PLoS Biol, 3 (3): e68.

[14] Vesper S, McKinstry C, Hartmann C, et al. Quantifying fungal viability in air and water samples using quantitative PCR after treatment with propidium monoazide (PMA). J Microbiol Meth, 2005 (72): 180-184.

[15] Maule CF, Purucker ME, Olsen N, et al. Heat Flux Anomalies in Antarctica Revealed by Satellite Magnetic Data. Science, 2005 (309): 464-467.

[16] Gu JD, Roman M, Esselman T, et al. The role of microbial biofilms in deterioration of space station candidate materials. International Biodeterioration & Biodegradation 1998 (41): 25-33.

[17] Roman MC, Macuch P, Mckrell T, et al. Assessment of microbiologically influenced corrosion potential in the international space station internal active thermal control system heat exchanger materials: A 6-mo study. NASA. 2005.

[18] Alekhova TA, Aleksandrova AA, Novozhilova TIu, et al. Monitoring of microbial degraders in manned space stations. Applied Biochemistry and Microbiology, 2005 (41): 382-389.

[19] Alekhova TA, Zagustina NA, Aleksandrova AV, et al. Monitoring of initial stages of the biodamage of construction materials used in aerospace equipment using electron microscopy. Journal of Surface Investigation. X-ray, Synchrotron and Neutron Techniques, 2007 (1): 411-416.

[20] Alekhova TA, Aleksandrova AV, Novozhilova

TY, et al. The experiment "Initial stages of biological damage and deterioration in space. Moscow University Biological Science Bulletin, 2008 (63): 163-169.

[21] Alekhova TA, Shklover VY, Zagustina NA, et al. Electron microscopy investigation of AlMg6 aluminum alloy surface defects caused by microorganisms extracted in space stations. Journal of Surface Investigation. X-ray, Synchrotron and Neutron Techniques, 2010 (4): 747-753.

[22] 赖春尧. 金属材料的微生物腐蚀研究进展. 腐蚀与防护 1989, 11 (3): 74-91.

[23] 柯伟 中国腐蚀调查报告. 北京: 化学工业出版社, 2003

[24] 曾荣昌, 韩恩厚. 材料的腐蚀与防护. 北京: 化学工业出版社, 2006.

[25] 刘建华, 杨应广, 李松梅. A3 钢在厌氧环境中的微生物腐蚀电化学特性研究. 材料保护, 2000, 33 (11): 32.

[26] 侯宝荣. 航洋腐蚀与防护. 北京: 科学出版社, 1997: 7-28.

[27] 张志明, 王俭秋, 韩恩厚. 表面状态对 690TT 合金腐蚀及应力腐蚀行为的影响. 中国腐蚀与防护学报. 2011 (6): 441-445.

[28] 李慧艳, 董超芳, 邹士文, 等. 超高强钢在不同单一霉菌环境中的 腐蚀行为研究. 2013, 33 (2): 129-135.

[29] 袁宾, 刘贵昌, 陈野. 材料微生物腐蚀的研究概况. 材料保护. 2005, 38 (4): 38-41.

[30] 贾士芳, 许怡, 郭兴华, 等. 航天医学与医学工程. 1995 (1): 138-142.

[31] 于芳, 何新星, 谢琼, 等. 密闭环境中悬浮颗粒物上附着微生物的检测. 航天医学与医学工程. 2000 (3): 236-244.

[32] 谢琼, 李勇枝, 石宏志, 等. 航天医学与医学工程. 2005 (2): 278-281.

[33] 王伟, 薛小平, 杨慧, 等. 模拟微重力环境对大肠埃希菌形态与表面超微结构的影响研究. 化学与生物工程. 2011 (2): 321-327.

[34] 唐永康, 郭双生, 艾为党. 载人航天器座舱内生物空气过滤器研究进展. 航天医学与医学工程. 2005 (3): 310-333.

(刘长庭 张学林)

第十五章　空间微生物腐蚀的研究现状及进展

早在1891年，Garrett等就发现细菌代谢产物引起铅电缆腐蚀，提出了微生物腐蚀的概念。目前，将由于微生物生命活动引起或促进的材料腐蚀现象统称为微生物腐蚀。微生物吸附在材料表面形成生物膜，可使不锈钢、碳钢、铜、铝及其合金、混凝土、高分子材料等遭受严重的腐蚀。这个过程也通常需要营养、水和氧气等参与，为维持微生物存活提供能量、碳源、电子供体、受体和水[1-3]。

地面研究发现，单一或混合菌形成的生物膜对铁、铜、铝及其合金会造成破坏，但这种细菌生物膜参与的腐蚀机制尚不清楚。最近有证据显示：抑制呼吸链和氧化还原有关的酶类（过氧化氢酶、过氧化物酶、超氧化物歧化酶），可减慢生物膜的腐蚀进程。目前已经完成典型腐蚀菌-普通脱硫弧菌基因组测定工作，获得了多种氧化还原酶的基因编码序列，为进一步揭示这些酶如何参与材料腐蚀奠定基础。微生物的胞外和胞内解聚酶可破坏高分子材料，产生小短链或更小的分子（如单体、二聚体和低聚物）。足够小的物质能通过细菌的半透膜，被细菌作为碳源和能源加以利用。高分子的结构越接近天然分子，就越容易被降解和矿化[2-3]。

在空间载人密闭舱室中，虽然航天服、装船产品等都要经过严格的消毒，微生物仍会随航天员的身体、人体分泌物或航空部件等途径进入。载人太空舱的密闭环境为大量微生物的生长创造了适宜条件。此外，空间环境具有地面环境中所不具备的一些特殊环境因素，包括微重力、高真空、极度温差、弱磁场和粒子辐射等。在空间特殊环境中，微生物还会产生变异，导致它们对生存环境的要求很低，更加容易生长和繁殖[4]。美国和俄罗斯等国家已经对在“和平号”空间站和国际空间站的微生物污染和微生物腐蚀问题开展了一系列的研究。关于国外相关进展内容已在前面章节有所阐述，为避免重复，本章节不再赘述，主要介绍我国学者最新研究进展。

中国人民解放军总医院刘长庭教授团队在国内最早开展了空间微生物相关系列的研究，并取得一定成果。最近与北京航空航天大学、中国人民解放军军事医学科学院微生物流行病研究所、中国航天员科研训练中心等联合开展了“921”载人航天领域预先研究项目——长期空间环境下微生物腐蚀机制研究。借助“神舟”系列飞船平台，以空间搭载的腐蚀性微生物为研究对象，研究了空间环境对腐蚀菌的作用，特别是观察了太空环境下腐蚀菌形态学和腐蚀相关特性的变化；通过地基微重力模拟对照和空间实验相结合，采取基因组学的研究策略，对下行微生物进行了腐蚀特性研究。建立了地面模拟空间环境微生物腐蚀加速测试平台，考察温度、湿度、空气组分、风速和微重力等因素对材料微生物腐蚀速率的影响，获得模拟舱内环境参数。针对空间站舱内环境条件，建立了符合空间环境条件下的材料微生物腐蚀评价方法。基于以上测试平台和评价方法，利用模式微生物以及下行、搭载微生物等，开展了微生物腐蚀实验研究，通过腐蚀失重、电化学、表面形貌和成分分析等方法，测试了材料腐蚀速率、材料机械性能变化和材料多尺度结构表征与微生物腐蚀之间的关系，揭示了微生物腐蚀材料的机制，总结了材料与微生物对应的腐蚀初步规律。利用以上测试平台和评价方法，测定评价了目前载人航天器所用材料的抗微生物腐蚀性能。设计合成了有机/无机纳米复合抗腐蚀涂层材料，高分子体相抗菌材料，利用以上测试平台和评价方法，测定评价了其抗微生物腐蚀性能。

基于以上微生物腐蚀研究结果、前期研究成果和我国空间站未来运行期间的实际工况，对航天材料选用、产品研制、运输、试验、在轨运行等环节进行分析，提出整体微生物控制策略和关键环节微生物控制的技术和方法。考虑到该研究是国内首次开展的空间环境下微生物腐蚀相关研究，故简单汇总如下：

一、首先对“神舟”系列飞船样品进行初筛所得到9种细菌（表15-1）进行鉴定

冷凝水中可培养菌株分离与纯化得到细菌菌落（图15-1）及真菌（图15-2和图15-3）形态如下：

表 15-1 冷凝水中可培养微生物鉴定结果

编号	菌株名称	英文名	菌株特征
H1	少动鞘氨醇单胞菌	*Sphingomonas paucimobilis*	好氧细菌
H2	微杆菌属	*Microbacterium* sp.	好氧细菌
H3	不动杆菌属	*Acinetobacter*sp.	好氧细菌
H4	葡萄球菌属	*Staphylococcus* sp.	好氧细菌
H5	克氏库克菌	*Kocuria kristinae*	好氧细菌
H6	氧化微杆菌	*Microbacterium oxydans*	好氧细菌
S10-1	鞘氨醇单胞菌	*Sphingomonas* sp.	好氧细菌
S10-2	甲基杆菌属	*Methylobacterium* sp.	好氧细菌
H7	直立枝顶孢霉	*Acremonium strictum*	好氧真菌

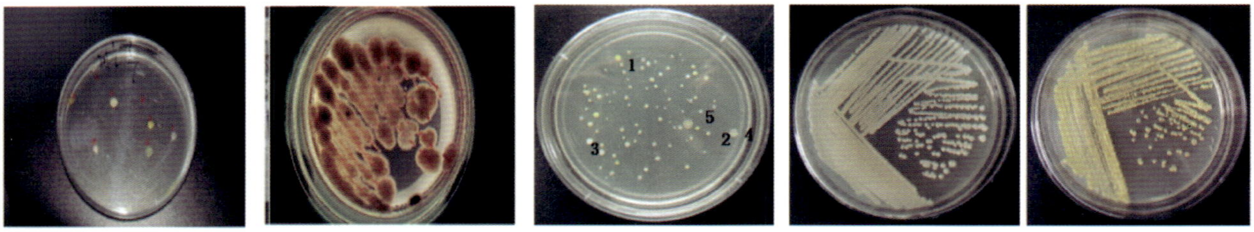

图 15-1 冷凝水及返回舱内表面菌落形态

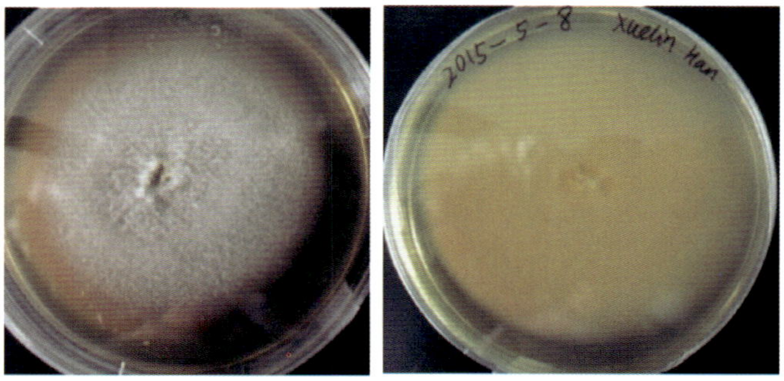

图 15-2 真菌菌落形态观察

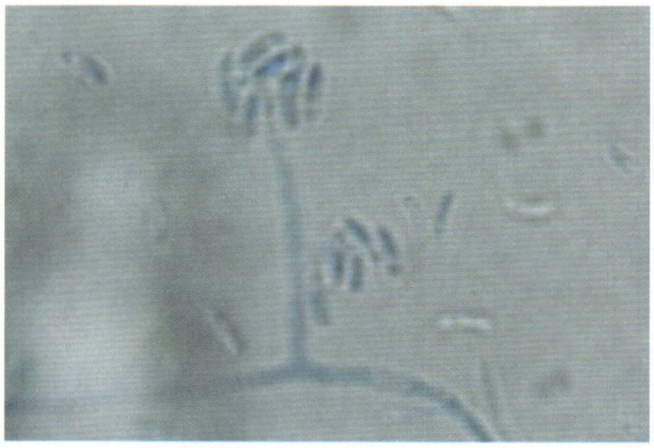

图 15-3 真菌的光学显微镜形态观察（1×1000）

二、对少动鞘氨醇单胞菌（H1）的深入研究

将该菌基因组提交到美国国家生物技术信息中心（NCBI）数据库，命名该菌为 *Sphingomonas paucimobilis* 菌组 LCT-SP1（少动鞘氨醇单胞菌株 LCT-SP1，后简称为 LCT-SP1），LCT-SP1 为棒状的革兰氏阴性菌，可利用葡萄糖、岩藻糖、苹果酸、乙酸和吐温-40 等多种碳源。对该菌进行了全基因组测序，发现该菌基因组大小为 4.3Mbp，包括 3864 个编码序列和 50 个 RNA 基因，COG 数据库比对共注释到 21 组 COG 功能分类。从它的序列中获得的基因信息可

能有助于揭示该菌参与材料腐蚀的潜在机制[5]。

1. LCT-SP1 菌种鉴定及系统发育树构建

LCT-SP1 接种至 BHI 液体培养基，37℃，180r/min 过夜培养，6000r/min 离心 5min 收集菌体，弃上清。利用 Qiagen 公司的基因组 DNA 提取试剂盒提取收集的菌体的基因组 DNA。以 LCT-SP1 的基因组 DNA 为模板，利用细菌 16S rRNA 通用测序引物 27F（5'-AGAGTTTGATCCTGGCTCAG-3'）和 1492R（5'-TACGGCTACCTTGTTACG ACTT-3'）扩增其 16S rRNA 片段并测序，得到其碱基序列。用 CLUSTALW（http://www.ebi.ac.uk/Tools/msa/clustalw2/）进行多序列比对，并用 MEGA 5.0 构建 NJ 系统发育树[6]（图 15-4）。

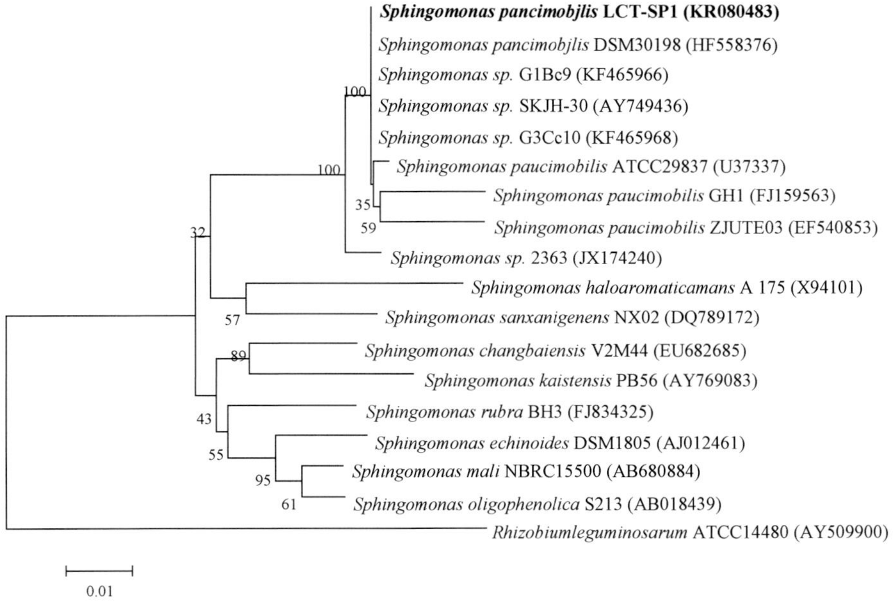

图 15-4 LCT-SP1 系统发育树

2. 菌株 LCT-SP1 的基因组测序、组装及注释

基因组 DNA 提取后进行质量鉴定，在浓度和纯度达到测序要求后进行全基因组测序。利用 Covaris 进行基因组 DNA 片段化，构建插入片段约 300～500bp 的基因组测序文库，通过桥式 PCR 扩增得到 DNA 簇，然后采用 Illumina Hiseq2000 测序技术完成该菌株的基因组扫描测序，获得原始测序数据。Illumina HiSeq2000 测序得到的原始图像数据经过碱基识别转化为序列数据，结果以 FASTQ 文件格式来存储，包含测序序列的序列信息以及测序质量信息；原始数据经过预处理去除接头、引物及低质量数据后，利用 SOAPdenovo（http://soap.genomics.org.cn/）拼接软件对优化序列进行多个 Kmer 参数的拼接，得到最优的组装结果，并运用 GapCloser 软件对组装结果进行局部内洞填充和碱基校正；分别利用 RNAmmer 和 tRNAscan-SE 软件对基因组中包含的 rRNA 和 tRNA 进行预测；利用 Glimmer3.0（http://www.cbcb.umd.edu/software/glimmer/）软件进行基因预测；利用各种数据库进行基因功能注释和分类。

采用 Illumina HiSeq2000 测序技术对样品的 DNA 进行 paired-end（PE）测序[7]，构建 300bp 文库，由于 Illumina HiSeq2000 的原始测序数据会存在一些质量比较低的数据，具体步骤如下：①去除测序序列中的 adapter 序列；②剪切前去除 5'端含有非 A、G、C、T 的碱基；③修剪测序质量较低的序列末端（测序质量值小于 20）；④去除含 N 的比例达到 10%的序列；⑤舍弃去 adapter 及质量修剪后长度小于 25bp 的小片段。

利用 SOAPdenovo（http://soap.genomics.org.cn/，版本号：v1.05）拼接软件对优化序列进行多个 Kmer 参数的拼接，得到最优的组装结果[8]。其次，运用 GapCloser 软件对组装结果进行局部内洞填充和碱基校正。最终组装结果的统计如表 15-2 所示：

表 15-2 LCT-SP1 的最终组装结果

No. of all scaffolds	91
Bases in all scaffolds	4 302 226bp
No. of large scaffords (>1000bp)	63
Bases in large scaffolds	4 287 861bp
Largest length	436 410bp
Scaffold N50	219 623bp
Scaffold N90	49 484bp
G+C content	65.66%
N rate	0.08%
No. of all contigs	118
Bases in all contigs	4 298 985bp
No. of large contigs (>1000bp)	69
Bases in large contigs	4 286 192bp
Largest length	436 410bp
Contig N50	219 623bp
Contig N90	47 997bp
No. of ORFs	3934

基因组草图大小估计约为 4.30Mbp，GC 含量为 65.7%，3864 个蛋白编码基因和 50 个 RNA 基因，根据提供的参考基因组使用 mavue 对细菌草图 contig 进行排序，再采用 genomeviz 绘制圈图，基本信息见表 15-3。获得基因组序列后，通过生物信息学方法进行 COG（Clusters of Orthologous Groups of Proteins，同源蛋白簇）和 GO（Gene Ontology）注释等分析。利用 COG 分类可对蛋白进行注解、绘制种系发生图谱和确定保守序列残基和分析成员蛋白的进化关系。基因组序列工程通常会根据序列的相似性，推测基因与已注释的基因功能类似。现在最常用的手段是在 SWISS-PROT 序列中设定一个相似性的域值，使用计算机化的方法来判断[9]。因此，根据这一原理，也可得到新的 GO 注释。

表 15-3 LCT-SP1 菌株基因特征

项目	数值	所占比例（%）
Genome size (bp)	4 302 226	100.00
DNA coding (bp)	3 772 440	87.69
DNA G+C (bp)	2 824 842	65.66
DNA scaffolds	91	100.00
Total genes	3 934	100.00
Protein coding genes	3 884	98.73
RNA genes	50	1.27
Pseudo genes	0	0.00
Genes in internal clusters	1 610	40.93
Genes with function prediction	3 911	99.42
Genes assigned to COGs	1 906	48.45
Genes with Pfam domains	2 571	65.35
Genes with signal peptides	367	9.33
Genes with transmembrane helices	846	21.50
CRISPR repeats	6	-

COG 功能分析：COG 是 Clusters of Ortho-logous Groups of proteins 的缩写（http://www.ncbi.nlm.nih.gov/COG/）。COG 是在对已完成基因组测序的物种的蛋白质序列进行相互比较的基础上构建的，COG 数据库选取的物种包括各个主要的系统进化谱系[10]。每个 COG 家族至少由来自 3 个系统进化谱系的物种的蛋白质所组成，所以一个 COG 对应于一个古老的保守结构域。构成每个 COG 的蛋白质被假定来自于同一个祖先蛋白质。进行 COG 数据库比对可以对预测蛋白进行功能注释、归类以及蛋白质进化分析。其中，1906 个蛋白质被分类注释为 25 类 COG 家族，包含蛋白质数目最多的 COG 为“一般功能预测（General Function Prediction Only）”，共 211 个蛋白质，然后是“氨基酸转运和代谢（Amino Acid Transport and Metabolism）”包含 171 个蛋白质，“翻译（Translation)”包含 141 个蛋白质，“能量产生和转化（Energy Production and Conversion）”包含 140 个蛋白质，“复制、重组和修复（Replication，Recombination and Repair）”包含 130 个蛋白质，“未知功能（Function unknown）”包含 124 个蛋白质，“无机盐离子转运和代谢（Inorganic Ion Transport and Metabolism）”包含 114 个蛋白质以及其他。

GO 是基因本体（Gene Ontology）的缩写（详情请见：http://www.geneontology.org/）。由于不同物种、不同数据库中的关于基因和基因产物等生物学术语的描述存在差异，当查询某个研究领域的相关信息时，生物学家需要花费大量的时间和精力去分析生物学术语之间的联系，而 GO 项目的目的就是标准化这些生物学术语、方便生物学家之间的相互交流。通过 blast2go 软件对 blast 结果进行了 GO 注释分析，结果见图 15-5。

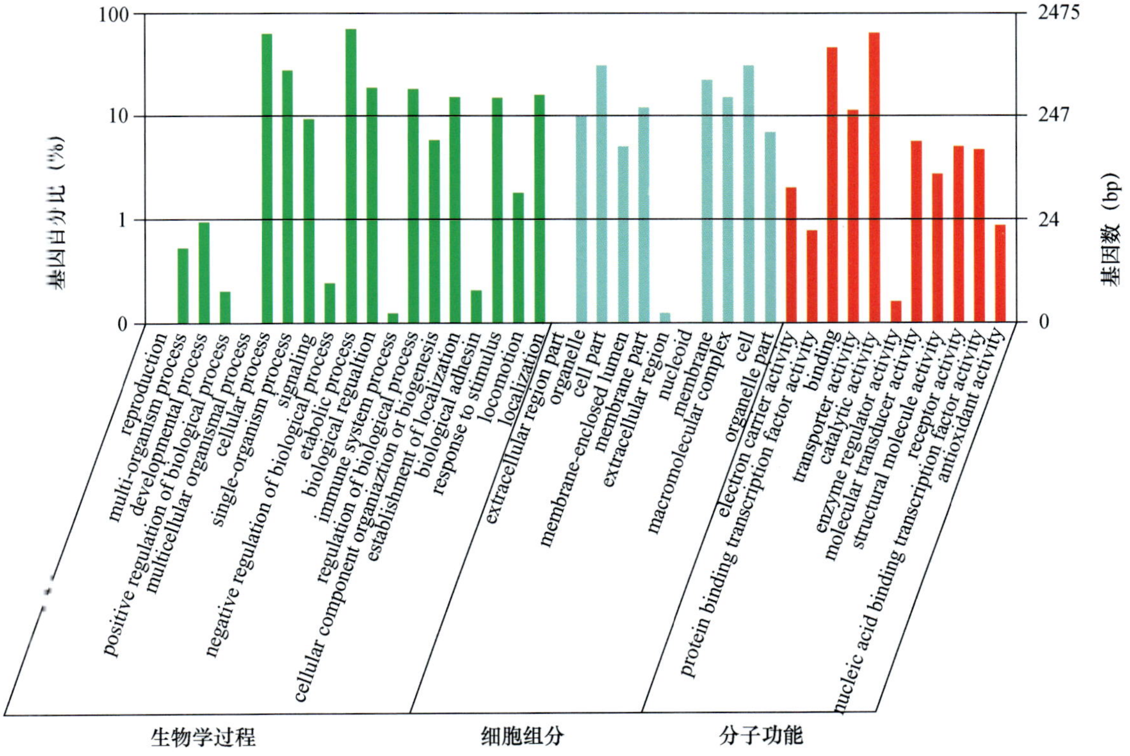

图 15-5 LCT-SP1 基因组 GO 功能注释

3. LCT-SP1 的 16S rRNA 基因序列以及全基因组序列提交 NCBI 数据库

将该菌的 16S rRNA 向 NCBI 已提交序列，并命名该菌为 *Sphingomonas paucimobilis* strain LCT-SP1（http://www.ncbi.nlm.nih.gov/nuccore/816020114/）（图 15-6）。另外，向 NCBI 已提交 LCT-SP1 全基因组序列，详细信息参见下列网址：http://www.ncbi.nlm.nih.gov/genome/14703?genome_assembly_id=232713 以及 http://www.ncbi.nlm.nih.gov/nuccore/LDUA00000000。

4. 对 LCT-SP1 进行材料腐蚀相关研究结果

LCT-SP1 可利用环氧树脂作为碳源增长。如图 15-7 所示，LCT-SP1 在 6 周内能在环氧树脂膜面形成较稀疏的微生物膜，10 周时，形成了致密的生物膜。SEM 观察到 LCT-SP1 能在环氧树脂表面形成了明显的生物膜，说明菌株 LCT-SP1 具有较强的腐蚀环氧树脂的能力。

LCT-SP1 可利用酯类聚氨酯作为碳源增长。如图 15-8 所示，LCT-SP1 在 1～10 周内能在酯类聚氨酯表面形成致密的微生物膜，说明菌株 LCT-SP1 有腐蚀酯类聚氨酯的潜力。

Sphingomonas paucimobilis strain LCT-SP1 16S ribosomal RNA gene, partial sequence

GenBank: KR080483.1

FASTA Graphics

Go to

```
LOCUS       KR080483                1486 bp    DNA     linear   BCT 04-MAY-2015
DEFINITION  Sphingomonas paucimobilis strain LCT-SP1 16S ribosomal RNA gene,
            partial sequence.
ACCESSION   KR080483
VERSION     KR080483.1  GI:816020114
KEYWORDS    .
SOURCE      Sphingomonas paucimobilis
  ORGANISM  Sphingomonas paucimobilis
            Bacteria; Proteobacteria; Alphaproteobacteria; Sphingomonadales;
            Sphingomonadaceae; Sphingomonas.
```

图 15-6 LCT-SP1 的 16S rRNA 基因序列

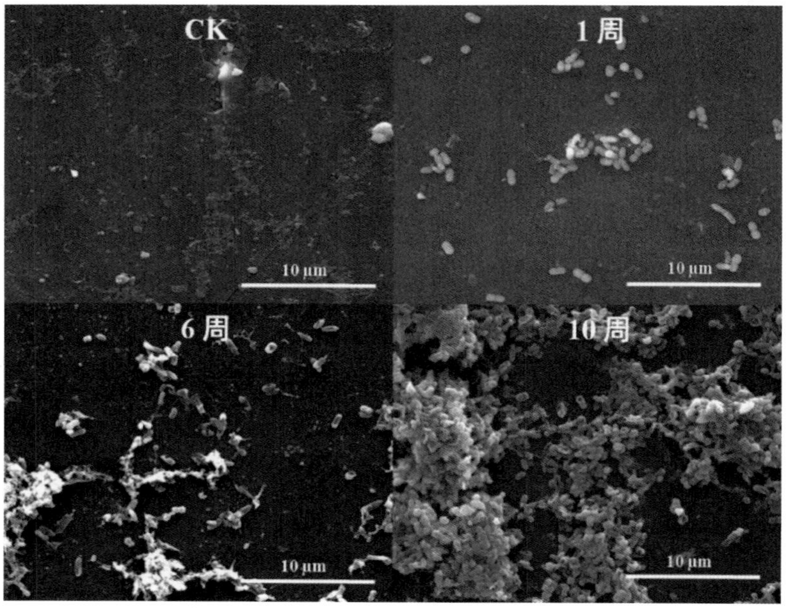

图 15-7 下行菌株 LCT-SP1 对环氧树脂腐蚀扫描电镜观察

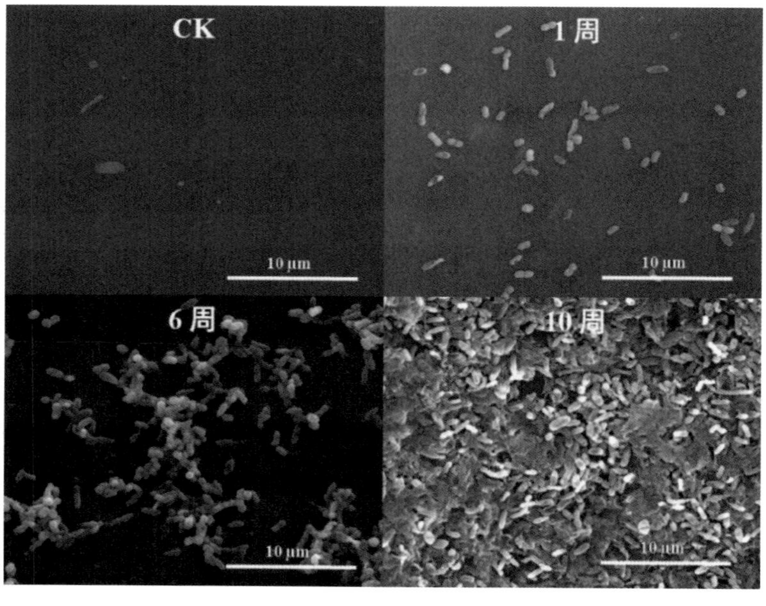

图 15-8 下行菌株 LCT-SP1 对酯类聚氨酯腐蚀的扫描电镜观察

LCT-SP1 可利用醚类聚氨酯作为碳源增长。如图 15-9 所示，LCT-SP1 在 1～10 周内能在醚类聚氨酯表面形成致密的微生物膜，说明 LCT-SP1 有腐蚀醚类聚氨酯的潜力。

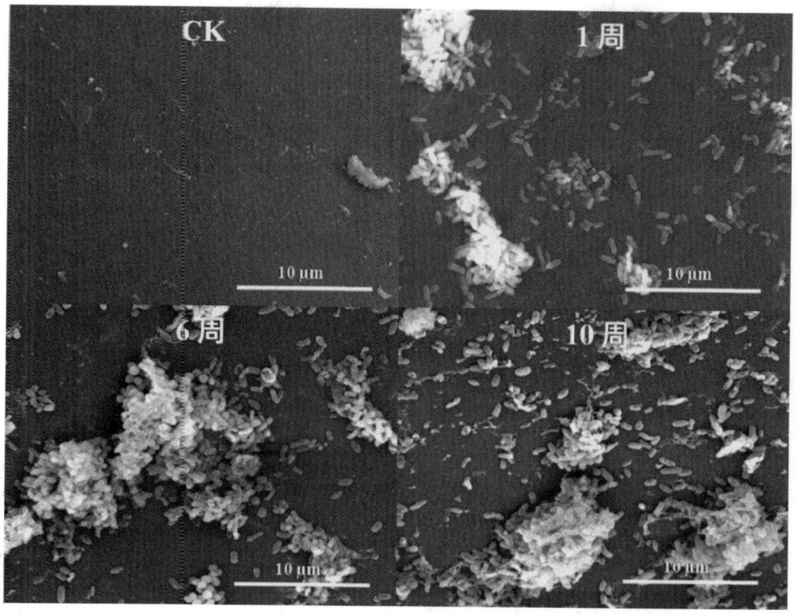

图 15-9　下行菌株 LCT-SP1 对醚类聚氨酯腐蚀的扫描电镜观察

上述相关腐蚀材料方面的研究成果是由协作单位北京航空航天大学的高龙成副教授等领衔主持进行的。发现在 1～10 周内，LCT-SP1 可利用环氧树脂、酯类聚氨酯、醚类聚氨酯作为碳源增长，肉眼可见培养基中因为腐蚀而产生的颜色变化，扫描电镜（SEM）观察发现在三种材料表面形成了明显的生物膜，具有较为明显的腐蚀能力。

5. 对 LCT-SP1 相关结果的分析讨论

国外一些研究表明，少动鞘氨醇单胞菌可降解许多化合物或材料，如阿魏酸[11]、木质素[12]和联苯基[13]。Arens 等认为铜冷水管的局部腐蚀源自于少动鞘氨醇单胞菌的基因，导致管的内表面糜烂，覆盖结节和贯通壁针孔凹坑[14]。LCT-SP1 会腐蚀多种材料，包括环氧树脂、酯类聚氨酯和醚类聚氨酯（未公布数据）。LCT-SP1 从中国“神舟”飞船中冷凝水分离得到，LCT-SP1 是一种可望用于研究涉及航天相关材料的微生物腐蚀相关研究的合适的模式菌株。

我们研究发现，EC1. 14. 11. 2、*gloA* 和 *arsC* 基因存在于 LCT-SP1 中，这些基因被证实与 *Sphingomonas* sp. S17 中的类似基因相似度达 100%[15]。EC 1. 14. 11. 2 被归类为前胶原脯氨酸催化酶[16]。*gloA* 基因编码的乙二醛可以减少甲基乙二醛对细胞的毒性[17]。此外，*arsC* 基因产生砷酸还原酶，可以将砷酸转换成砷，这与从细胞中通过能量依赖性流出过程相呼应[18]。因此，上面提到的这些基因是 LCT-SP1 能降解各种顽抗的芳族化合物和多糖类的原因所在。

LCT-SP1 的基因组中还包含一个 NhaA 型的编码区序列（CDS），编码 Na^+/H^+ 反向转运蛋白和多亚基阳离子逆向转运的一些亚基（Na^+/H^+）[19]，这表明该菌株应与其碱性和高盐环境相兼容，并可以通过改变它们表面的 pH 值平衡来腐蚀的金属材料。此外，由于细菌产生生物膜可以去除腐蚀剂且可以产生一个保护层，因此，生物膜对控制腐蚀是有益的[20]。LCT-SP1 包括编码生物膜降解蛋白 BdlA 和生物膜生长相关抑制剂的基因，它们可以抑制生物膜的形成，这可以解释材料的微生物腐蚀机制。然而，需要进一步的研究来证实这些基因编码序列与腐蚀相关，进而揭示 LCT-SP1 在微生物腐蚀材料中的作用机制。

因此，从 LCT-SP1 的序列中获得的与腐蚀相关基因信息可能有助于揭示菌株 LCT-SP1 参与材料腐蚀的潜在机制。LCT-SP1 会腐蚀多种材料，包括环氧树脂、酯类聚氨酯和醚类聚氨酯等，然而需要进一步的研究来证实这些基因编码序列与腐蚀相关，进而揭示 LCT-SP1 在微生物腐蚀材料中的作用机制，因此，LCT-SP1 是一种可望用于研究涉及航天相关材料的微生物腐蚀相关研究的合适的模式菌株。

三、总结与展望

空间微生物腐蚀存在复杂的机制，目前尚未研究清楚。因此，加强其机制研究，在根本上发现问题解决问题，对因治疗方为防治腐蚀的根本；另外，模拟太空环境下微生物腐蚀材料相关研究，建立空间微生物腐蚀检测平台以及相应系统，用它作为防治措施有效性的最终验证。总而言之，关于空间腐蚀微生物的相关研究现方兴未艾，随着航天事业的大力发展，未来关于这一领域的研究进展将得到国内外学者们的更大关注；我们也期待我国相关部门针对该领域的研究投入可持续增加，并加强其转化应用，真正服务于我国的航天事业。

参考文献

[1] Gu JD，Li J，Wang Y. Biochemical pathway and degradation of phthalate ester isomers by bacteria. Water Sci Technol，2005，52 (8)：241-248.

[2] Gu JD，Roman M，Esselman T，et al. The role of microbial biofilms in deterioration of space station candidate materials. Int Biodeterior Biodegradation，1998，41 (1)：25-33.

[3] Gu JD. Microbial colonization of polymeric materials for space applications and mechanisms of biodeterioration：A review. Int Biodeterior Biodegradation，2007，59 (3)：170-179.

[4] Kim W，Tengra FK，Young Z，et al. Spaceflight promotes biofilm formation by Pseudomonas aeruginosa. PLoS One，2013，8 (4)：e62437.

[5] Pan L，Zhou H，Li J，et al. Draft genome sequence of Sphingomonas paucimobilis strain LCT-SP1 isolated from the Shenzhou X spacecraft of China. Stand Genomic Sci，2016 (1)：1-7.

[6] Tamura K，Peterson D，Peterson N，et al. MEGA5：molecular evolutionary genetics analysis using maximum likelihood，evolutionary distance，and maximum parsimony methods. Mol Biol Evol，2011，28 (10)：2731-2739.

[7] Bentley DR，Balasubramanian S，Swerdlow HP，et al. Accurate whole human genome sequencing using reversible terminator chemistry. Nature，2008，456 (7218)：53-59.

[8] Li R，Zhu H，Ruan J，et al. De novo assembly of human genomes with massively parallel short read sequencing. Genome Res，2010，20 (2)：265-272.

[9] Carver T，Thomson N，Bleasby A，et al. DNAPlotter：circular and linear interactive genome visualization . Bioinformatics，2009，25 (1)：119-120.

[10] Tatusov RL，Galperin MY，Natale DA，et al. The COG database：a tool for genome-scale analysis of protein functions and evolution. Nucleic Acids Res，2000，28 (1)：33-36.

[11] Masai E，Harada K，Peng X，et al. Cloning and characterization of the ferulic acid catabolic genes of Sphingomonas paucimobilis SYK-6. Appl Environ Microbiol，2002，68 (9)：4416-4424.

[12] Nishikawa S，Sonoki T，Kasahara T，et al. Cloning and sequencing of the Sphingomonas (Pseudomonas) paucimobilis gene essential for the O demethylation of vanillate and syringate. Appl Environ Microbiol，1998，64 (3)：836-842.

[13] Peng X，Masai E，Kitayama H，et al. Characterization of the 5-carboxyvanillate decarboxylase gene and its role in lignin-related biphenyl catabolism in Sphingomonas paucimobilis SYK-6. Appl Environ Microbiol，2002，68 (9)：4407-4415.

[14] Arens P，Tuschewitzki GJ，Wollmann M，et al. Indicators for microbiologically induced corrosion of

copper pipes in a cold-water plumbing system. Zentralbl Hyg Umweltmed, 1995, 196 (5): 444-454.

[15] Farias ME, Revale S, Mancini E, et al. Genome sequence of Sphingomonas sp. S17, isolated from an alkaline, hyperarsenic, and hypersaline volcano-associated lake at high altitude in the Argentinean Puna. J Bacteriol, 2011, 193 (14): 3686-3687.

[16] Berg RA, Prockop DJ. Affinity column purification of protocollagen proline hydroxylase from chick embryos and further characterization of the enzyme. J Biol Chem, 1973, 248 (4): 1175-1182.

[17] Ng J, Kidd SP. The concentration of intracellular nickel in Haemophilus influenzae is linked to its surface properties and cell-cell aggregation and biofilm formation. Int J Med Microbiol, 2013, 303 (3): 150-157.

[18] Ji G, Silver S. Reduction of arsenate to arsenite by the ArsC protein of the arsenic resistance operon of Staphylococcus aureus plasmid pI258. Proc Natl Acad Sci USA, 1992, 89 (20): 9474-9478.

[19] Padan E, Tzubery T, Herz K, et al. NhaA of Escherichia coli, as a model of a pH-regulated Na^+/H^+ antiporter. Biochim Biophys Acta, 2004, 1658 (1-2): 2-13.

[20] Zuo R. Biofilms: strategies for metal corrosion inhibition employing microorganisms. Appl Microbiol Biotechnol, 2007, 76 (6): 1245-1253.

（潘　磊　高龙成）

第十六章　空间微生物腐蚀的研究意义及方法

空间站的地球轨道高度一般在240～450km。处于微重力、高真空和温度交变的空间环境，受到太阳射线、原子氧等侵蚀以及微流星和空间碎片的碰撞。由于空间环境要求苛刻，因而对所用材料的要求也较高。具体包括：高的比刚度和比强度、低的热膨胀系数、优良的导热性、耐火性好、放气少、和原子氧反应小、抗微流星体和空间碎片的性能好、耐辐射性能好等[1]。现在的航空航天领域多采用铝合金、钛合金、不锈钢、工程塑料等材料，具有一定的抗菌性，但是不能抵御长期的微生物侵蚀。目前，主要有两种方法使材料具备微生物抗性。一种是在材料表面做抗性处理，使消毒剂掺入材料，使其具有抗菌性；一种则是在其表面加载具有抗菌特性的膜[2]。

一、空间密闭舱环境的微生物来源

航天员的活动，以及航天器组成和地面建造发射过程的复杂性，导致了空间微生物的来源途径多样，且控制难度大。空间微生物污染主要来源于以下三个方面：①人体内和体表。2006年，Novikova等人在国际空间站环境生物污染调查中指出[3]，最主要的微生物污染源就是宇航员本身，因为他们的身体携带着大量微生物，包括细菌、真菌、原生动物和病毒等[4]。人体内和体表的微生物会随着各项生命活动进入周围空气中，其中大多数微生物在脱离人体之后不能存活很长时间。②航天器系统生产过程。航天器的材料在进行加工、制作和保存时都会滋生一些微生物，如果不加防范和处理，这些微生物会随着设备一起进入太空。并且，航天器在组装和等待发射的过程中也有机会被微生物污染[3]。③货运飞船。空间站建成之后，运送补给物资的货运飞船及其补给饮用水、食品以及设备都是微生物污染的主要来源[5]。许多环境微生物的生命力非常顽强，特别是一些细菌的芽胞及真菌的孢子，一般的消毒灭菌措施很难完全将其消除，这些未被杀死且进入太空舱的微生物和它们的芽胞、孢子等，遇到适宜的条件，就会继续生长繁殖，并扩散到舱内的各个角落[6]。

研究人员发现几乎所有的空间站和空间飞行器上都长有多种微生物，并快速繁殖、生长、变异，它们腐蚀材料表面及涂覆层，表16-1～16-3为国际空间站水处理系统、尿处理系统和电解制氧系统中发现的微生物污染的种类。此外，空间站冷却系统被微生物腐蚀的情况最为严重。

表16-1　ISS美国舱段尿处理子系统分离鉴定出的微生物种类

编号	细菌	真菌
1		*Chaetomium brasiliensis*
2	*Pseudomonas aeruginosa*	
13	*Staphylococcus hominis*	
5	*Enterococcus faecalis*，*Eubacterium consortium*	
6	*Clostridium sporosphaeroides*，*Tissierella praeacuta*，*Enterococcus faecalis*	*Penicillium* sp.

表 16-1 ISS 美国舱段尿处理子系统分离鉴定出的微生物种类（续）

编号	细菌	真菌
49	*Citrobacterkoseri*, *Lysinibacillusfusiformis*, *Proteus mirabilis*	*Paecilomyces lilacinus*
50	*Enterococcus gallinarum*, *Lactococcus garvieae*	
51	*Lysinibacillusfusiformis*, *Enterococcus gallinarum*, *L. garvieae*	
52	*Citrobacter koseri*, *Pseudomonas veronii*, *Lactococcus garvieae*	*Debaryomyces hansenii*
53	*Citrobacter koseri*, *Cupriavidus metallidurans*, *Lactococcus garvieae*	*Debaryomyce shansenii*
58	*Burkholderiace pacia*, *Moraxella* sp.	*Lecythophora mutablis*, *Rhodotorula mucilaginosa*
59		*Bulleromyces albus*, *Candida* sp., *Lecythophora mutablis*, *Rhodotorula mucilaginosa*, *Wingearobertsiae*
60	*Burkholde riacepacia*, *Citrobacter koseri*, *Moraxella* sp.	*Candida sake*, *Wingearobertsiae*
61	*Burkholderiace pacia*	*Candida sake*, *Wingearobertsiae*, *Bulleromyces albus*
62	*Burkholderiace pacia*, *Moraxella* sp.	*Lecythophora mutablis*, *Candida sake*, *Wingearobertsiae*, *Bulleromyces albus*
63	*Citrobacter koseri*, *Burkholderia cepacia*	*Lecythophora mutablis*, *Candida* sp., *Cladosporium* sp., *Wingearobertsiae*
64	*Citrobacter koseri*, *Burkholderia cepacia*, *Moraxella* sp.	
65	*Burkholderiace pacia*, *Moraxella* sp.	*Lecythophor amutablis*, *Pichia guilliermondii*
20		*Paecilomyces lilacimus*
21		*Aspergillus aculeatus*
22	*Alkalibacillus haloalkaliphilus*	*Aspergillus aculeatus*, *Paecilomyces lilacimus*
23		*Lecythophora mutablis*
25		*Paecilomyces lilacimus*
26		*Paecilomyces lilacimus*
54	*Lactococcus garvieae*	
55		*Rhodotorula mucilaginosa*, *Geotrichum terrestre*
56		*Rhodotorula mucilaginosa*, *Geotrichum terrestre*
57		*Rhodotorula mucilaginosa*, *Geotrichum terrestre*

表 16-2　ISS 美国舱段水处理子系统分离鉴定出的微生物种类

编号	细菌	真菌
10	*Cupriavidus metallidurans*，*Bacillus thuringiensis*	*Lecythophora mutablis*
9	*Methylobacterium radiotolerans*	*Lecythophora mutablis*
11	*Cupriavidus metallidurans*，*Bacillus thuringiensis*	*Lecythophora mutablis*
12	*Bacillus thuringiensis*，*Cupriavidus metallidurans*	*Cryptococcus curvatus*
29	*Cupriavidus metallidurans*	*Lecythophora mutablis*，*Paecilomyces lilacimus*
32	*Cupriavidus metallidurans*，*Microbacterium laevaniformans*	*Candidaincommunts*
33	*Cupriavidus metallidurans*，*Microbacterium laevaniformans*	
34	*Cupriavidus basilensis*，*Microbacterium laevaniformans*	
31	*Cupriavidus basilensis*	*Lecythophora mutablis*
30	*Cupriavidus basilensis*，*Microbacterium laevaniformans*	*Lecythophora mutablis*，*Paecilomyces lilacimus*
41		*Lecythophora mutablis*
42		*Lecythophora mutablis*
43		*Lecythophora mutablis*
44		*Lecythophora mutablis*
45		*Lecythophora mutablis*
46		*Paecilomyces lilacimus*
47		*Paecilomyces lilacimus*
48		*Paecilomyces lilacimus*

表 16-3　ISS 美国舱段电解制氧子系统分离鉴定出的微生物种类

编号	细菌	真菌
36		*Rhodotorula mucilaginosa*
37		*Rhodotorula mucilaginosa*
39		*Rhodotorula mucilaginosa*
40		*Rhodotorula mucilaginosa*

二、材料的微生物腐蚀机制

由于各种微生物的生命活动而造成的材料腐蚀过程统称为微生物腐蚀（Microbiologically Influencec Corrosion，MIC）[7]。微生物腐蚀现象很早便被人们发现并加以描述，到 20 世纪 80 年代，研究方法的发展和多样化使得微生物腐蚀机制的研究日益深入。根据材料的不同，可以将微生物腐蚀分为三大类，分别是对金属和合金材料的腐蚀、对有机材料的腐蚀，以及对无机材料的腐蚀。除水泥和石料等无机材料之外，不锈钢、铝和铝合金等金属材料，工程塑料等有机高分子材料，均在航空航天领域有很广泛的应用。

习惯上常根据是否有氧气参与了腐蚀过程，将细菌对金属的腐蚀分为厌氧腐蚀和好氧腐蚀。实际上，在生物膜与细菌群体之中，多种菌类是共处一起的，好氧腐蚀、厌氧腐蚀往往同时存在、协同作用。

（一）好氧菌腐蚀机制

1. 产酸腐蚀：微生物在新陈代谢过程中会产生一些酸性代谢产物，包括各种无机酸和有机酸。在两类酸中尤以无机酸的影响最为显著，这些代谢产物造成了材料表面恶劣的腐蚀环境，从而加剧了金属材料的腐蚀。常见的产酸菌有醋酸梭菌，能代谢产生醋酸；有硫氧化菌，能氧化环境中的元素硫、硫代硫酸盐和亚硫酸盐等，产生硫酸，使周围环境的 pH 值降低；还有氧化铁杆菌，它可以加速金属电化学，使 Fe^{2+} 氧化成 Fe^{3+} 形成氧化物沉淀，从而加速钢铁腐蚀的阳极过程[8]。

2. 形成氧浓差电池：好氧菌腐蚀的重要途径之一，在金属表面产生氧浓差电池。微生物附着处表面的氧相对缺乏而成为阳极，附近表面的氧含量相对较高而成为阴极。胞外高聚物（EPS）可以阻止腐蚀性阴离子向阳极区扩散，此时，如果微生物呼吸耗氧的速率大于氧气向金属表面扩散的速率，阴极反应的机制就会发生改变，而氧浓度差的存在恰好满足了局部腐蚀的初始条件，使得腐蚀得以发生和发展[9]。

（二）厌氧菌腐蚀机制

硫酸盐还原菌（Sulfate-Reducing Bacteria，SRB）是微生物腐蚀中最重要的一类细菌，在自然界分布很广。SRB 为典型的专性厌氧菌，无氧状态下可将 SO_4^{2-} 还原为 S^{2-}，从而自身获得能量并繁殖。SRB 的腐蚀机制主要有以下 4 种理论：阴极去极化理论、硫化物诱导阳极溶解、Fe/FeS 微电池作用和阳极区固定理论等。

1. 阴极去极化理论：Kühr 于 1934 年首先提出了硫酸盐还原菌阴极去极化作用，随后 Booth 等证实了 SRB 细胞中氢化酶的存在[10]。理论认为氢化酶能够利用金属表面产生的氢使 SO_4^{2-} 还原为 H_2S，从而在腐蚀过程中起到阴极去极化的作用，加速腐蚀，如图 16-1 所示。该理论有一定的局限性，目前的研究证明腐蚀过程主要由速率步骤控制，且反应具有不可逆性，氢化酶的具体作用机制受到质疑[11]。在后续的研究中又陆续发现了不少新的去极化作用机制，如 H_2S、FeS 和磷化物等，使去极化剂理论得到发展，不断被充实。

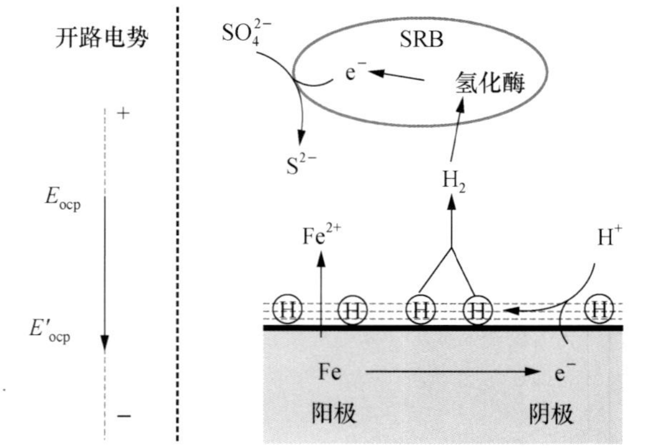

图 16-1 硫酸盐还原菌（SRB）氢化酶阴极去极化机制（Kühr V，Corrosion Science）

2. 硫化物诱导阳极溶解：硫酸盐还原菌在代谢过程中生成大量的硫化物，恶化腐蚀环境，增加了腐蚀电池的电动势和金属腐蚀的敏感性，腐蚀加速。King 等[12]发现，在一定范围内，溶液中浓度较高的 Fe^{2+} 能提高 SRB 的活性，促进其对低碳钢的腐蚀。Kuang 等[13]的研究也表明，SRB 在对数期和稳定期产生多种含硫化合物，加速了碳钢的阳极溶解，对腐蚀过程起主导作用。

3. Fe/FeS 微电池作用：SRB 代谢产生的 S^{2-} 与铁作用生成 FeS 吸附在其表面作为阴极，与铁阳极形成腐蚀电池，同时，阴极去极化的析氢反应也能在 FeS 表面进行，使腐蚀发生。

4. 阳极区固定理论：Pope 等[14]认为大部分微生物都固定在由细菌引起的腐蚀坑周围，这使得腐蚀电池的阳极区得以固定，从而解释为何微生物腐蚀主要以孔蚀为特征。

（三）几种金属的微生物腐蚀

不锈钢、铜及其合金、铝及其合金、镍及其合金均在空间密闭飞行器中较为常用，对这些金属材料腐蚀的地面研究目前已较为成熟。

1. 铁和低碳钢

铁细菌可以将二价铁氧化成三价铁，以鞘的形式沉淀下来，并与产生的黏液形成铁瘤。由于铁细菌好氧，生成的铁瘤阻碍氧的扩散，铁瘤下的金属经常处于缺氧状态，构成氧浓差电池，从而引起钢铁的腐蚀。此外，铁细菌也可使腐蚀性物质（如 $FeCl_3$ 与 $MnCl_4$）富集而导致腐蚀。

好氧菌对氧的消耗可间接为硫酸盐还原菌提供厌氧条件，而硫酸盐还原菌可使碳钢与低碳钢发生点蚀，并生成黑色硫化铁沉积物。硫氧化菌可把单质硫和其他还原态硫化物氧化成硫酸，从而降低介质的 pH 值。排硫杆菌和氧化硫硫杆菌能分别将介质的 pH 降到 4.73 与 1.35 左右，因而具有很强的腐蚀性。其他好氧菌如能产生有机酸，也会产生不同程度的腐蚀作用。

2. 不锈钢

微生物引起的不锈钢腐蚀是非常严重的，即使含钼量达到 4.5%的奥氏体钢（20%Cr，25%Ni，4.5%Mo，1.5%Cu，0.02%C，其余为 Fe）也会发生微生物腐蚀。

好氧微生物生长过程消耗氧，释放二氧化碳，从而形成氧浓差电池与碳酸，造成不锈钢腐蚀。有些微生物在生物膜下产生的有机酸对不锈钢具有腐蚀性。其他一些微生物能把亚铁离子氧化成高铁离子，把二价锰离子氧化成四价锰离子，并使 Cl^- 富集而形成酸性的 $FeCl_3$ 和 $MnCl_4$ 溶液，使不锈钢产生点蚀或缝隙腐蚀，蚀孔一般产生在铁瘤下面或者几个铁瘤的连接处。

研究发现，微生物引起的不锈钢腐蚀的特征是点蚀，点蚀最常发生在不锈钢的焊件上。微生物有时能使不锈钢的腐蚀从晶间腐蚀开始，并最终由于氯化物的应力腐蚀而破裂。蚀孔与裂痕主要发生在焊缝的热影响区与应力区，靠近腐蚀位置常有不连续的局部沉积物。焊缝处易发生微生物腐蚀是因为表面粗糙度和化学成分的差异促进微生物繁殖。

3. 铜与铜合金

铜腐蚀产生的铜离子与铜盐具有一定的生物毒性，因而能够一定程度上抑制微生物生长。然而研究发现也存在耐铜离子的微生物，例如氧化硫硫杆菌可在浓度达 2%的铜离子溶液里生长。此外还有一些微生物能够逐渐对铜离子产生免疫力。

假单胞菌能够将铜合金在海水里的腐蚀速度提高大约 20 倍。那些能使细菌黏附于金属表面的细胞分泌物对液相中的铜离子具有饱和键合作用。能够分泌高活性分泌物的菌落能够与低活性的邻近区域形成浓差电池。铜与铜合金也可被硫酸盐还原菌腐蚀，海水管道中铜镍合金的焊缝区以及热影响区可发生硫酸盐还原菌引起的点蚀和选择性腐蚀。

目前有以下几种解释铜合金腐蚀机制的理论：①微生物生成的腐蚀性代谢产物（如二氧化硫）可作为腐蚀反应的去极化剂、催化剂；②某些微生物产生的腐蚀性物质能腐蚀铜，例如 H_2S、NH_3、有机或无机酸；③微生物分泌大分子物质能捕获金属阳离子并形成离子浓差电池；④微生物产生的黏泥，形成氧浓差电池。

4. 铝和铝合金

在航空油箱与含盐量不同的水溶液热交换管中，经常发生铝及铝合金的微生物腐蚀。在这些事例中，均发现了微生物引起的点蚀。目前发现细菌中的铜绿假单胞菌、芽胞梭菌、产气杆菌以及黄曲霉菌、枝孢菌等，其中腐蚀性较强的是枝孢菌，其次为铜绿假单胞菌。此类微生物的代谢活动能够产生多种有机酸，可使介质 pH 值显著降低，氧化还原电位升高，铝合金的点蚀电位也随之降低。

研究认为含铜铝合金有时还会发生晶间腐蚀，原因在于贫铜区与富铜区的更迭能够促进晶界上缝隙状的腐蚀产生。此外，硫酸盐还原菌的生长也能促使铝表面阴极去极化，进而加速铝的腐蚀。微生物造成铝合金腐蚀的几条主要途径：生成腐蚀性化合物，消耗水中的缓蚀剂，形成浓差电池，微生物细胞外酶的活性，阴极去极化作用。

5. 镍和镍合金

尽管镍合金具有较强的耐微生物腐蚀能力，但仍存在发生严重孔蚀的可能性。某些嗜热菌可使镍化合物发生严重腐蚀。在 20～80℃ 范围内，随着温度的升高，微生物腐蚀会加重。

（四）高分子材料的微生物腐蚀机制

微生物在自然界中无处不在，包括物体表面，但是物体附着表面的微生物明显不同于其他浮游态微生物。在适宜的条件下，如微生物的自身性质（种类、培养条件、浓度、活性等）、载体表面性质（表面亲水性、表面负荷、表面化学组成、表面粗糙度等）以及环境条件（pH 值、离子强度、水流剪切力、温度等），大量微生物附着在材料表面形成一层菌膜，并进一步形成微型生物黏膜，即微生物膜，这种生物膜污染不仅影响材料腐蚀过程，同时也在很大程度上影响了设备的使用性能。

对于高分子而言，膜生物污染过程一般可分为两个阶段：第一阶段是微生物（包括各种细菌和真菌）通过向膜面的传递（可以通过扩散、重力沉降、主体对流）而能动地积累在膜面上形成生物膜。当生物膜积累到一定程度引起膜通量的明显下降时便是第二阶段——生物污染，几乎所有的天然和合成高分子材料都易于被细菌吸附并在上面生长繁殖，即使是表面自由能很低的憎水性材料也会被大量的细菌所吸附。形成生物膜的细菌由于自身代谢和聚合作用会产生大量的细胞外聚物，它们将黏附在膜面上，形成黏度很高的水合凝胶层，进一步增强了污垢与膜的结合力[15]。

高分子材料的微生物腐蚀或降解主要取决于聚合物分子的大小和结构、微生物的种类以及微生物的生活环境条件[16]。对高分子材料而言，一般微生物腐蚀的化学结构顺序为：脂肪族酯键、肽键＞氨基甲酸酯＞脂肪族醚键＞亚甲基。另外，相对分子质量大、分子结构排列有规则、疏水性大的聚合物，不利于微生物的生长和定植。高分子材料微生物腐蚀的优势菌群和降解途径通常由环境温度和湿度等条件决定的，腐蚀性微生物一般可分为好氧型和厌氧型[17]，在有氧条件下，好氧微生物是破坏复杂材料的主要因素，最终产物为微生物生物量、CO_2、H_2O 等；相反，在缺氧条件下，厌氧共生菌对高分子物质的腐蚀起了关键作用，无氧呼吸的最终电子受体不是氧，其最终产物为微生物生物量、CO_2、CH_4 和 H_2O（在有甲烷生成条件下）或 H_2S、CO_2 和 H_2O（在硫酸还原条件下）。相比厌氧条件下，有氧过程能产生大量能量，可以供微生物生长，并且好氧条件在自然环境很常见，在实验室中也易模拟。目前已知有两类细胞酶参加了高分子材料的腐蚀降解：胞外和胞内解聚酶。在降解/腐蚀过程中，微生物胞外酶破坏高分子，产生小短链或更小的分子（如单体、二聚体和低聚物）以至于能通过细菌的半透膜，被细菌作为碳源和能源加以利用，这种就叫解聚作用，当分解产物为无机物质（如 CO_2、H_2O 或 CH_4）则叫矿化作用。高分子的结构越接近天然分子，就越容易被降解和矿化，如纤维素、几丁质和聚 β-羟基丁酸酯（PHB），可以完全迅速地被抑氧微生物在自然条件下降解。对于化学合成高分子物质，虽然降解速率极低，但是在特定环境或特殊用途中，由于对微生物敏感性增加从而加速了高分子的微生物 FDSD 腐蚀。

（五）几种高分子材料的微生物腐蚀

1. 航空航天结构复合材料

纤维增强复合材料（FRPCM）因其高强、轻质等特性，成为航空航天领域中的新宠，开拓应用于军用飞机、无人战斗机及导弹、火箭、人造卫星等航天航空结构材料中。然而出于航天航空飞行及其安全的考虑，迫切需要对其抗生物降解性能作出评价。研究表明，FRPCM 对微生物污染是非常敏感的[18-19]，从腐蚀的聚合材料中分离出的混合真菌，能够在 FRPCM 表面形成生物膜，致使材料对环境变化的抵抗力减少；久而久之就会导致材料的腐蚀。研究发现，有两类微生物可以腐蚀 FRPCM：一类混合细菌包括硫酸还原细菌[20]，另一种是从被腐蚀的高分子材料中分离的真菌聚生体。真菌聚生体包括杂色曲霉（*Aspergillus versicolor*）、毛壳霉（*Chaetomium* sp.）等。虽然细菌和真菌均能够在 FRPCM 的石墨纤维中生长，但是仅真菌能够导致腐蚀（接种实验350d以上）。此外，许多真菌能够利用聚合材料生产过程添加的增塑剂、表面活性剂等物质作为营养物，这也是聚合材料可被生物腐蚀的一个重要原因。

运用微生物学方法可以检测到FRCPM拥有足够的有机碳源以供微生物生长繁殖[18,20]，但是电化学阻抗谱法（EIS）却更灵敏且检测范围广泛，具有降解特性的活性真菌接种于FRCPM表面，运用EIS法检测，发现其电阻率明显下降。

2. 电绝缘聚酰亚胺

聚酰亚胺是一种耐热性极好的聚合物，耐辐射、抗降解、力学性能和电性能突出，广泛用于航空航天、军事、电子等领域，其稳定性的问题已经引起了广泛关注。将从被腐蚀绝缘材料表面分离的真菌接种于聚酰亚胺薄膜和绝缘硅晶片表面，运用EIS方法检测薄膜表面的变化，结果显示它们对真菌腐蚀很敏感，并且聚酰亚胺的介电性能可以由于微生物在其上面的生长而彻底改变。聚酰亚胺腐蚀过程可分为两步骤：部分高分子基质中进入了水分和离子导致了涂层抗性的降低，接着由于真菌的活性而导致高分子物质的进一步腐蚀，电阻率大幅度下降。这些真菌包括杂色曲霉（*A. versicolor*），芽枝状枝孢（*Cladosporium cladosporioides*）和毛壳霉（*Chaetomium* sp.）[20]。虽然从被腐蚀的聚酰亚胺中能够分离到某些细菌，但是没有进一步研究证明这些细菌能够腐蚀高分子聚酰亚胺。而聚酰亚胺的介电性能可以被生长的微生物膜彻底改变。

3. 苯二甲酸二甲酯及其异构体

三种苯二甲酸二甲酯异构体——邻、间和对苯二甲酸二甲酯类（DMP、DMI、DMT）化合物是世界上生产量大、应用面广的人工合成化合物，主要应用于化学工业增塑剂和聚酯生产的原材料。Vega等[21]研究了一个由节杆菌（*Arthrobacter* sp.）和少动鞘氨醇单胞菌（*Sphingomonas paucimobilis*）两种细菌构建的菌群对邻苯二甲酸二甲酯（DMP）的降解能力，发现*Arthrobacter* sp. 能够将DMP转化为邻苯二甲酸单甲酯（MMP），但不能将MMP进一步转化为邻苯二甲酸（PA），但是这个菌株却有PA的降解能力。而另一个菌株少动鞘氨醇单胞菌（*S. paucimobilis*）能够将MMP转化为PA，并且能完全降解PA，但是却不能完成DMP到MMP的转化。因此，利用由这两个菌株构建成的菌群能够很好地完全矿化DMP。所以由于结构上的差异，在特定的环境条件下，对苯二甲酸二甲酯和间苯二甲酸二甲酯的完全矿化可能需要两种或者两种以上的菌株合作才能完成，或者是需要添加另外的碳源，依靠细菌特有的共代谢过程进行完全矿化[22]，这种菌株间的协作以及共代谢作用不但能矿化有机物，同时对自然界中细菌的生物多样性及代谢多样性具有重要意义。另外，不同菌源对苯二甲酸酯的降解性能也不同，少动鞘氨醇单胞菌（*S. paucimobilis*）是能够降解苯二甲酸的一类非常重要的菌种[23]。

刘长庭等在神舟飞船的返回舱冷凝水中分离到少动鞘氨醇单胞菌（*S. paucimobilis*），并完成了菌株的基因组测试分析。空间环境中少动鞘氨醇单胞菌（*S. paucimobilis*）可能也作为一类重要腐蚀菌对密闭飞行器使用的高分子材料等产生腐蚀作用。

三、腐蚀微生物的研究方法

进入20世纪90年代，各种表面分析技术（EDAX，XPS，XRD）、电化学技术（EIS，EMPA）、微观成像技术（AFM，ESEM，SECM，SVM）和生物技术（PCR，16S rRNA）等都被应用到微生物腐蚀领域，在腐蚀界掀起了一股研究热潮。

（一）现代生物学技术

细菌在微生物腐蚀过程中具有极其重要的作用，有关微生物腐蚀的机制研究、腐蚀监控和杀菌剂效果的评定等都需要能及时对影响腐蚀过程的微生物进行检测。多年来，对微生物的检测仍广泛采用传统的培养法，如SRB计数的MPN法等。尽管其使用可靠性高，但操作繁琐、耗时长、工作量大，不易被推广使用。目前已报道了多种用于微生物快速检测的新技术，主要包括气相色谱技术、放射测量法、阻抗测量法、微量量热法和生物发光法等物理化学方法，以及放射免疫测定法和酶联免疫吸附测定法等免疫学方法，并将这些技术与计算机结合而发展了多种微生物自动化检测仪器和简易检测系统。这些技术主要应用于微生物分类学、临床医学、食品科学和环境检测等领域。SRB的检测技术从原理上可分为显微镜直接计数法、细菌构成物定量法和代谢物的检测等，这些方法快速、高效，但仍存在一些不足，如显微镜直接计数法无法分辨细菌的死活、ATP测试仪受到检测范围的限制等等[24]。

（二）现代表面分析技术

结合表面原位或非原位的观察来实证表面的腐蚀形貌和腐蚀特征，称为腐蚀图像学。由于具有直观性和实证性，甚至具有获取信息的唯一性，腐蚀图像学使生物膜的观察及厚度测量等成为可能，对腐蚀研究也是极其重要的，并且变得越来越重要。用于腐蚀表观形貌分析的方法包括金相分析、扫描电镜或环境扫描电镜（SEM或ESEM）、原子力显微镜（AFM）、透射电镜（TEM）等，用于腐蚀产物和表面膜特征分析的有X-射线衍射（X-Ray）、X-射线光电子能谱（XPS）、拉曼光谱（Raman）、傅里叶变换红外光谱（FTIR）等，而荧光显微镜、扫描共聚焦显微镜（CSLM）在微生物研究中发挥着重要作用。

（三）电化学方法

微生物腐蚀本质上是电化学过程，微生物的附着可以改变金属表面的电化学状态，因此可用电化学方法研究微生物腐蚀的详细过程及其腐蚀机制、监测微生物腐蚀的发生和发展。电化学测量方法的目的在于分析研究金属电极在各瞬间表面状况下的电化学行为及其与腐蚀的相互关系。当金属电极表面吸附有微生物时，由于附着不均匀或微生物生命活动（如呼吸、新陈代谢、胞外分泌物等）引起金属表面状况的变化，必然引起电化学行为的变化。从腐蚀电化学的角度来研究、记录各种腐蚀参数的变化，包括通过电位（自然腐蚀电位、孔蚀电位、电化学噪声电位等）、电流（腐蚀电流密度、稳态与亚稳态孔蚀电流、电化学噪声电流、氢渗透电流等）、电阻（极化电阻等）等信号的变化来反映材料、环境的相互作用机制和特征，统称为腐蚀信号学。

在微生物腐蚀研究中，极化曲线的方法可以：①判断微生物附着对腐蚀速率的影响。在其他条件完全相同的情况下，初始电位差越大，其腐蚀电流也越大。也就是说，如金属的阳极极化较小，当阴极反应及其极化曲线相同时，即金属的平衡电位越负，腐蚀电流越大。②判断微生物腐蚀的控制因素[25]。把腐蚀金属电极的阳极反应和阴极反应的理想极化曲线画在一个坐标系上得到的Evans腐蚀极化图，可用于确定影响腐蚀的控制因素[25]。阻抗谱的方法可以判断微生物附着对腐蚀速率的影响，也判断微生物膜的情况。采用交流阻抗谱方法测试获得一系列数据后，为了便于量化分析，通常需根据一定的物理意义建立相应的等效电路模型，如等效电路模型与测量数据拟合结果能很好地地吻合，则可利用电路模型中各电路元件的参数值的变化分析腐蚀的动力学及其机制。在考察微生物对腐蚀的影响机制时，通常采用对比的方法进行，即分别测试研究对象在一定种类微生物溶液中和不含微生物的溶液中的阻抗谱，比较它们的差异，分析微生物对腐蚀的影响[25]。

（四）模拟微生物膜的方法

为了很好地理解微生物膜的特性和微生物的活动对材料腐蚀的影响规律，学者们在实验室通过制备特种凝胶建立模拟微生物膜，利用人工生物培养方法增加电极表面细菌数量，开展了各种研究。Roe[26]在低碳钢上沉积细胞外生物高分子（藻酸钙Ca-Alg和琼脂糖）来模拟微生物腐蚀，研究了溶解氧、pH值及电极电位在电极表面的分布情况。王庆飞[27]以含羧酸官能团的β-D-甘露糖醛酸单元等构成的天然高分子多糖凝胶沉积于电极表面而建立模拟生物膜环境，探讨了模拟海水 NaCl 溶液中生物膜对 10CrMoAl、E2 低合金钢和 18-8 不锈钢腐蚀行为的影响。

参考文献

[1] 胡波，薛金星，闫大庆．空间站结构材料及设计研究．纤维复合材料，2004，21（2）：60-64．

[2] Sawin CF，Hanson SI，House NG，et al. Microbiology of the International Space Station//Arnauld EN，Stanley RM，OlegG，et al. U. S. and Russian Copperation in Space Biology and Medicine. US：American Institute of Astronautics and Nauka Press. 2005.

[3] Novikova N，De Boever P，Poddubko S，et al. Survey of environmental biocontamination on board the International Space Station. Research in microbiology，2006，157（1）：5-12.

[4] Novikova ND. Review of the knowledge of microbial contamination of the Russian manned spacecraft. Microbial ecology，2004，47（2）：127-132.

[5] Castro VA，Thrasher AN，Healy M，et al. Microbial characterization during the early habitation of the International Space Station. Microbial ecology，2004，47（2）：119-126.

[6] 宋富强．微生物生态学．北京：化学工业出版社，2008．

[7] Beech IB，Sunner J. Biocorrosion：towards understanding interactions between biofilms and metals. Current Opinion in Biotechnology，2004，15（3）：181-186.

[8] David S，Robert A，Josef Y，et al. Pitting Corrosion of Carbon Steel Caused by Iron Bacteria. International Biodeterioration & Biodegradation，2001，47（2）：79-87.

[9] 杨家东，许凤玲，侯健，等．金属材料的微生物腐蚀与防护研究进展．装备环境工程，2015，12（1）：59-65．

[10] Kuhr V. Study of electrochemical interaction of SRB. Corrosion Science，1984，18（9）：147-155.

[11] Landoulsi J，Kirat KE，Richard C. Enzymatic Approach in Microbial-Influenced Corrosion：A Review Basedon Stainless Steels in Natural Waters. Environmental science & technology，2008，42（7）：2233-2242.

[12] King RA，Miller JDA，Smith JS. Corrosion of Mild Steel by Iron Sulfides. British Corrosion Journal，1973，8（3）：137-141.

[13] Kuang F，Wang J，Yan L，et al. Effects of Sulfate-reducing Bacteria on the Corrosion Behavior of Carbon Steel. Electrochimica Acta，2007，52（20）：6084-6088.

[14] Pope DH，Morris EA. Some Experiences with Microbiologically Influenced Corrosion of Pipelines. Materials Performance，1995，34（5）：23-28.

[15] 疏秀林，施庆珊，欧阳友生，等．几种高分子材料微生物腐蚀的研究进展．塑料工业，2009；37（10）：1-4．

[16] Lugauskas A，Levinskaite L，Peciulyte D. Micromycetes as deterioration agents of polymeric materials. Int Biodeterior Biodegrad，2003，52（4）：233-242.

[17] Gu JD. Microbiological deterioration and degradation of synthetic polymeric materials：recent research advances. Int Biodeterior Biodegrad，2003，52（2）：69-91.

[18] Gu J，Mityon DB，Ford TE，et al. Microbial degradation of polymeric coatings measured by electrochemical impedance spectroscopy. Biodegradation，1998，9（1）：39-45.

[19] Gu JG，Gu JD. Methods currently used in testing microbiological degradation and deterioration of a wide range of polymeric materials with various degree of degradability：a review. J Polym Environ，2005，13（1）：65-74.

[20] Wagner P，Ray R，Hart K，et al. Microbiological degradation of stressed fiber-reinforced polymeric composites. Mater Perform，1996，35（2）：79-82.

[21] Vega D，Bastide J. Dimethyl phthalate hydrolysis by specific microbial esterase. Chemosphere，2003，51（8）：663-668.

[22] Xu XR，Li HB，Gu JD. Degradation of n-butyl

benzylphthalate by Pseudomonas fluorescecs B-1 isolated from man rovesediment. J Microbiol Biotechnol，2005，15（5）：946-951.

［23］FanY，Wang Y，Qian P，et al. Optimization ofphthalic acid batch biodegradation and the use of modified Richards model for modeling degradation. Int Biodeterior Biodegrad，2004，53（1）：57-63.

［24］杨慧，薛小平，傅增祥，等. 海洋环境中微生物腐蚀及其防护研究进展. 化学与生物工程，2010，27（1）：1-5.

［25］金鑫，范春华. 电化学方法在微生物腐蚀研究中的应用分析. 材料开发与应用，2015，30（4）：98-102.

［26］Roe FL. Simulating microbiologically influenced corrosion by depositing extracetlular biopolymers on mild steel surfaces. Corrosion，1996，52（10）：744-752.

［27］王庆飞. 模拟生物膜方法研究钢在海水中的腐蚀行为. 电化学，1999，5（1）：55-58.

（周　宏）

第十七章　细菌生物膜与空间微生物腐蚀

细菌生物膜是自然环境中细菌对抗外界营养匮乏或应激的重要生存策略，由吸附于固体表面的同质或异质性细菌群体分泌的胞外多聚物构成，为细菌的定植和繁殖提供生存环境[1]。生物膜广泛存在，且不易清除，目前已发现不少慢性感染的急性发作与生物膜形成密切相关。与此同时，生物膜的形成能力也很大程度上决定了微生物腐蚀发生的进程。生物膜形成增加了细菌在空间，特别是长期空间环境这一独特环境中的生存能力。在空间密闭环境中，水汽易于凝结在材料表面，造成细菌的附着，进而在材料表面定居和繁殖，而几乎所有的天然和合成高分子材料都易于被细菌吸附，细菌则利用材料及其周围环境中的碳源和能量，在空间站中各类材料或涂层表面形成生物膜[2]。生物膜的形成进一步造成细菌的滋生，一旦对饮水或空气循环系统造成污染，必将严重威胁宇航员健康。此外，细菌生物膜的形成将加速空间站和航天器材料的腐蚀，缩短服役材料的寿命，对空间站运行造成危害[3]。由于胞外基质的存在，生物膜内的细菌对外界环境抵抗力，以及对抗生素和消毒剂抗性增强，给宇航员的长期健康维护和材料表面的微生物控制带来了巨大挑战[4]。

一、空间密闭环境中细菌生物膜的发现

在空间载人密闭舱室中，虽然航天服、装船产品等都要经过严格的消毒，但微生物仍会随航天员的身体、人体分泌物或航空部件等途径进入。载人太空舱的密闭环境为大量微生物的生长创造了适宜条件。前苏联“和平号”空间站内曾检测到 108 种细菌[5]。自 1985 年来，多次发现很多细菌甚至包括能引起严重感染的病原菌，在水循环系统中发现了大量生物膜的存在，给宇航员健康带来严重威胁，并严重危害与空气和水直接接触的空间材料完整性[6-8]。从过去多个 NASA 任务中都检测到铜绿假单胞菌、金黄色葡萄球菌、大肠埃希菌等[9]。铜绿假单胞菌可能参与了“和平号”空间站多聚材料的腐蚀降解[10-11]。在多次太空飞行任务中，空间环境加速铜绿假单胞菌生物膜的形成，与地面对照相比，形成厚厚的伞状生物膜。经过太空飞行后，沙门菌可能通过细胞外基质形成增加致使毒力增强。大量地面研究也同样支持此结果，大肠埃希菌等多种细菌在模拟微重力条件下生物膜形成能力增加[12-13]。因此，细菌生物膜的存在将是长期太空任务无可争议的事实。研究人员将从空间站带回的小块聚合纤维板观察后发现，细菌等微生物对它的破坏已经相当严重。NASA 和俄罗斯宇航局规定：在空间飞行任务中使用的材料应评估其生物膜形成情况才能被采用[14]。因此，深入了解细菌生物膜形成机制，对于制订针对性的空间微生物防控策略至关重要。

二、细菌生物膜的组成及特性

最早列文·霍克等人用普通光学显微镜在牙齿上发现了细菌生物膜的存在。过去三十几年间，人们已经利用先进的显微技术和微生物培养技术，在工业、生态和医学领域取得了巨大进展，如细菌生物膜超微结构的解析和黏附与生物膜相关基因的发现。在适当条件下，细菌都易于黏附于活组织、内置医疗器件、工业/饮用水管道或自然水系统等各种类型的表面，形成细菌生

物膜。根据周围环境的不同，细菌生物膜的非细胞成分还可能包括矿物结晶、腐蚀颗粒、黏土/泥沙颗粒或血液成分等。与浮游细菌相比，生物膜内的细菌生长速度减慢，某些特定基因发生表达变化。

（一）生物膜的组成

微生物腐蚀本质上是一个界面过程，其进程由界面的生理生化微环境决定，如氧气、盐、pH 值、氧化还原电位和导电性等，而所有这些参数都与界面上的微生物有关。体外培养条件下，细菌多呈均匀、悬浮生长，单个细菌以浮游状态存在。然而，在某种特殊条件下，细菌引发特异的机制黏附并聚集于固体表面，分泌基质成分形成微菌落，逐渐形成一个具有结构性、协调性和功能性的高度组织群体，即成熟的细菌生物膜，可以是单层或多层。在合适条件下，部分细菌从生物膜上脱落，释放出浮游细菌，在新的部位定植形成新群落，引起下一轮定植或感染。生物膜还为基因水平交换提供了一个理想的环境，充分的基因交换有利于生物膜结构维持和稳定。与浮游细菌不同的是，生物膜中的细菌环境适应能力更强。细菌生物膜主要是由细菌和其聚集产生的胞外聚合物（EPS）基质组成，提供最适环境用于细胞间信息交换[15]。胞外基质是生物膜的主要成分，包括胞外多糖、蛋白质、DNA、RNA、脂类等生物分子，其中以胞外多糖和蛋白质研究居多。生物膜内部不同部位的营养摄取需求和方式不同，如生物膜中心或底部的细菌由于处于静止状态，对营养的需求降低；生物膜存在水流通道，可增加生物膜的表面积和对流转运能力；生物膜通过外层的小块生物膜释放和单个细胞脱离，从而获得更多的营养。因此，细菌生物膜的特点是内部细菌的异质性（Heterogeneity），即生物膜内不同部位的细菌呈现不同的基因表达模式，发挥不同的功能。细菌生物膜的结构按从外到内依次分为：生物膜主体层（Bulk of Biofilm）、连接层（Linking Film）、调节层（Conditioning Film）、基质层（Substratum）。形成生物膜的细菌由于自身代谢和聚合作用会产生大量的细胞外多糖，它们将黏附在膜面上，形成黏度很高的水合凝胶层，进一步增强细菌与膜的结合能力，是一个高度自发的过程[16]。

（二）生物膜的类型

依据固体表面与细菌细胞间的作用特点，将生物膜分为单层和多层生物膜两种。单层生物膜更为突出地表现为细菌与表面的直接相互作用，参与这类生物膜形成的主要是细菌黏附相关的结构（如鞭毛、菌毛）和黏附素。多层生物膜除了细菌与表面的相互作用外，增加了细菌间的相互作用。然而，细菌表面在多数情况下是互斥的。例如，革兰氏阴性菌表面的化学特性是由表面的 O 抗原决定的，通常带负电荷。为形成生物膜，需要将负电中和，如下调或失活 O 抗原表达、加入二价离子或合成胞外多聚物等。

三、细菌生物膜形成的调控机制

经过长期的进化，细菌细胞已经发展出了一套精密的调节系统，在感应外界环境变化时，能通过调节基因的表达，迅速适应环境的变化。在合适条件下，细胞的环境信号应答系统首先被激活，调控蛋白的表达发生改变，进而影响胞外多糖、鞭毛、菌毛以及淀粉样蛋白纤维组成蛋白的合成，细胞表面的结构改变，促进细菌在固体表面的黏附。一旦黏附成功，且细菌达到一定的数量，诱发细胞产生并分泌信号分子，避免细菌因过度生长而造成空间和营养物质缺乏，更重要的是可以控制并协调整个细菌群体行为，对周围环境刺激做出协同反应，极大增强了整个细菌群体的生存能力。

（一）生物膜的基本形成过程

在固体表面形成生物膜主要包括细菌的初始附着（可逆）、生物膜早期结构形成（不可逆）、生物膜成熟和生物膜细菌脱落为游离状态四个步骤（图 17-1A）[17]。细菌可以黏附有生命和无生命的固体材料表面。无生命的材料包括金属、玻璃、塑料和医疗内置器械等；有生命的材料包括

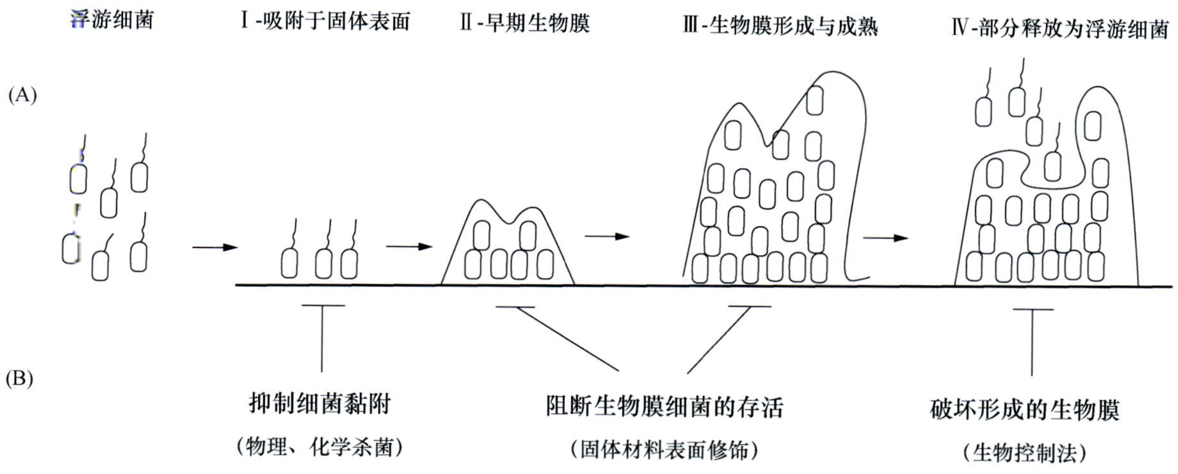

图 17-1 细菌生物膜的形成与基本防控策略

上皮细胞、人类皮肤和动物组织表面等。尽管材料表面温度、pH 值、离子环境、静电斥力和水动力微环境不利于生物膜形成，然而细菌已经进化出鞭毛动力装置，主动克服这些阻力，形成了细胞初始黏附的动力。当然，除了有动力的细菌，目前也发现，有些无动力的细菌也能通过黏附因子的表达实现细菌的初始黏附，该过程是可逆的。在经过初始黏附之后，鞭毛动力装置被抑制，细菌被固定在固体表面，逐渐形成早期的生物膜。此时，第二信使分子环化双鸟苷酸（c-di-GMP）产生，在转录后水平调节多糖的合成，细菌由原有的游离状态变为静止状态。此外，菌毛也在细菌的初始黏附和早期生物膜形成中发挥重要作用[15]。一旦早期生物膜牢固地附着于固体表面，细菌则通过细胞间相互作用聚集在一起，分泌胞外基质成分，形成具有三维结构的成熟生物膜。细菌的自转运系统和胞外多聚物在生物膜成熟过程中不可或缺。自转运系统能辅助细菌间的黏附、促进细菌聚集和三维结构形成。胞外多聚物是生物膜区别于游离细菌的主要特征，有利于细菌间和细菌-材料表面的相互作用，作为细菌生物膜的支撑物，起到保护三维结构的作用。分泌到基质的胞外多糖维持生物膜的形状和结构，主要包括 β-1，6-N-乙酰-D-葡萄糖胺多聚体（PGA）、纤维素和克拉酸三种多糖。脂多糖和荚膜是形成成熟生物膜的重要因子。生物膜成熟后，发生基质的酶解或密度感应效应，部分细菌解离，形成游离细菌，鞭毛蛋白上调，定植到其他部位，形成新的生物膜。

（二）参与生物膜调控的信号感应系统

研究中发现铜绿假单胞菌Ⅳ型菌毛介导的蹭行运动（Twitching Motility）参与了生物膜形成，当蹭行运动丧失，铜绿假单胞菌就不能形成生物膜。细菌形成生物膜是一个复杂的多因素调控过程，主要由信号感应系统负责传递外界环境信号，引起应答反应。信号感应系统包括：二元调控系统（TCS）、胞质外信号感应通路（ECF）和密度感应系统（QS）[18]。

1. 二元调控系统与生物膜形成

二元调控系统主要组分包括组氨酸激酶（HK）和反应调节蛋白（RR）。组氨酸激酶能感应外界信号，包括 N 端的配体结合域、C 端激酶结构域，通过将腺苷三磷酸（ATP）的磷酸基团转移到激酶特定的组氨酸残基上，实现信号的传导。接下来，组氨酸激酶再将获得的磷酸基团转移到调节蛋白的天冬氨酸残基上，激活转录因子。下面分别以革兰氏阴性菌铜绿假单胞菌和阳性菌金黄色葡萄球菌为例简要介绍二元调控系统在细菌生物膜形成中的作用。GacS（HK）/GacA

（RR）参与铜绿假单胞菌生物膜形成，该系统诱导 RsmY 和 RsmZ 的表达，使浮游细菌向静止聚集状态过渡。此外，还有两个组氨酸激酶 RetS、LadS 与 Gac 系统相关，分别抑制或激活生物膜形成相关基因。革兰氏阳性菌则感应修饰的寡肽，实现二元系统的激活。金黄色葡萄球菌二元调控系统 GraS（HK）/GraR（RR）促进生物膜的形成，增加对万古霉素的抗性。金黄色葡萄球菌可产生多聚糖胞间黏附素（PIA）依赖或非依赖的多层生物膜。PIA 由 *ica* 操纵子编码，其中，*icaADBC* 编码基因负责生物膜合成，*icaR* 则负调控生物膜形成[18-19]。

2. 胞质外信号感应通路与生物膜形成

胞质外信号感应通路也在生物膜形成过程中发挥重要作用，参与该通路主要成分是细胞膜上的 σ（Sigma）因子和抗 σ 因子。此外，有些外膜和周质蛋白也参与该过程。周质蛋白感应外界信号后，抗 σ 因子降解，释放 σ 因子，生物膜相关基因转录。铜绿假单胞菌中，AlgU 属于 σ 因子，负责胞外多糖中褐藻糖的生物合成，进而影响到生物膜形成。感应某种未知信号，抗 σ 因子 MucA 的 C 末端周质结构被蛋白酶 AlgW 切割，从而解除对 AlgU 抑制。AlgU 激活 *algUmucAB-CD* 操纵子，促进褐藻糖合成和Ⅳ型菌毛的组装，进而形成生物膜[19]。

3. 密度感应系统与生物膜形成

密度感应系统中，信号分子由单个细胞产生，并释放到细胞外环境中。随着细菌密度的不断累积上升，信号分子积累到一定的浓度，即超过细胞所能承受的阈值，这些信号分子就会结合到细菌的转录激活因子上，进而引起细胞内一系列相关应答反应，如分泌毒力因子、调节宿主免疫反应和增加遗传物质交换频率等。在革兰氏阴性菌中，群体感应信号分子主要是 N-乙酰化的高丝氨酸内酯（AHL）的衍生物。例如，铜绿假单胞菌存在两个级联 QS 信号系统，即控制细胞外毒力因子表达的 LasR-LasI 系统和控制几种二级代谢所需产物的 RlhR-RlhI 系统，前者对后者有调控作用[20]。铜绿假单胞菌野生株形成的生物膜高度结构化、较厚且抗性强，而 LasI 变异株形成的生物膜结构简单、相对较薄且对杀菌剂敏感。革兰氏阳性菌则利用自身分泌修饰后的寡肽类物质作为信号分子，其调控方式不同于革兰氏阴性菌，通过磷酸化及去磷酸化的双组分感应蛋白来调控基因的表达。还有一种信号分子呋喃酰硼酸二酯（AI-2 型信号分子），由 *luxS* 基因编码合成，该基因在革兰氏阳性及阴性细菌中普遍存在且有较强的保守性，多数种类的 *luxS* 同源序列与 Al-2 合成相关，表明 Al-2 可能是广泛存在的细菌种间信号分子，负责种间细菌的信号传导[16]。此外，调控基因自身也受到周围微环境的调节，如锰、铁、碳源、氧浓度和代谢产物等。

四、细菌生物膜改变材料的降解或腐蚀

腐蚀是使材料破坏的主要形式之一，主要作用于界面上。腐蚀程度由界面的理化因素所决定，如氧气、盐、pH 值、氧化还原电位和电阻等，而所有这些参数都受生长于界面上的微生物影响[21]。微生物腐蚀是指微生物引起的腐蚀或受微生物影响的腐蚀。微生物之所以参与腐蚀过程，是由微生物自身的特点决定的。微生物的生长需要水、电子供体和受体、能量和碳源等。对于金属材料而言，由于细菌新陈代谢，改变了金属表面膜电阻，创造了生物膜内腐蚀环境，属于电化学性质。根据呼吸底物和电子受体的不同，可将腐蚀金属的微生物进行分类，如硫酸还原细菌、硫酸氧化细菌、铁氧化还原细菌、锰氧化细菌和产生有机物和胞外多聚物/薄膜的细菌。这些细菌常常共存于自然发生的细菌生物膜中，协同启动并影响到电化学过程。细菌生物膜的胞外基质成分含有 95%～97%的水，提供细菌群落稳定的生存环境，在生态环境中占优势地位。因此，微生物腐蚀实际上是一个生物膜作用的问题。

目前航天器内常采用高分子材料。在一定的时间和一定的条件下，高分子材料被微生物产生

的分泌物或酶降解为低分子化合物，最终分解为二氧化碳和水等无机物。即便对于难以发生生物降解的化学合成高分子材料，如果长期置于某种环境中，也存在着微生物腐蚀的风险。因为微生物具有极强的变异性，在特定条件下，也可能产生能利用这些高聚物的酶类，使之能作为碳源或能源生长。尽管这种降解速率极低，但仍存在这种可能。然而，几乎所有天然和合成高分子材料，即使是表面自由能很低的疏水性材料，都易被细菌所吸附，并在表面生长繁殖。由于自身代谢和聚合作用会产生大量的胞外多聚物，形成黏度很高的水合凝胶层。除了材料本身特性外，微生物腐蚀主要取决于微生物的种类及环境条件。微生物腐蚀的优势菌群一般可分为好氧型和厌氧型两种[10-21]。

五、材料表面生物膜形成的影响因素

生物膜的形成包括细菌附着、细菌间的吸附与增殖、生物膜的成熟和细菌的解聚四个阶段。形成细菌生物膜首要的步骤就是黏附，影响黏附的因素除了细菌自身特性外，还包括固体界面的理化特性（硬度和疏水性）和周围微环境（水流体动力学、介质特性）[5-6]。

影响细菌生物膜形成的细菌自身特性包括细菌细胞表面疏水性、特殊菌体结构和胞外多糖聚合物。尽管细菌大多带负电荷，但细胞表面也会含有疏水成分，这种疏水特性对细菌黏附于固体表面十分重要。研究发现，大多数细菌菌毛就含有大量的疏水性氨基酸，克服了界面的静电斥力，有利于形成细胞表面的疏水性和细菌的黏附。鞭毛是细菌的动力装置，在细菌黏附早期也起到与菌毛类似的作用。与此相一致的是，有动力的细菌较无动力的细菌更加容易黏附于固体表面。然而，脂多糖（LPS）的O抗原则增加了革兰氏阴性菌的亲水性。因此，去除了O抗原的生物细菌膜形成能力增加。此外，胞外多糖聚合物在细菌黏附过程中也起重要作用。

影响细菌生物膜形成的固体界面的自身理化特性包括材料的质地/硬度、疏水性和条件层。然而，影响细菌生物膜形成的微环境则包括温度、湿度、pH值、营养、离子、气体、流体动力学及有无抗菌剂等[17]。

六、细菌生物膜的主要检测与风险评价方法

细菌生物膜的检测方法主要包括直接观察法、原位杂交分子生物学检测、报告基因检测和聚合酶链式反应（PCR）检测[22]。直接观察法主要是利用上位荧光、激光共聚焦等显微镜和电镜技术，进行表面和内部的形态、超微结构和数量的观察。直接观察法结果准确、可靠，是检测细菌生物被膜形成能力的“金标准”。激光共聚焦扫描显微镜法是近年来发展起来的一项新技术，可以对细菌生物进行分层扫描拍摄，观察其立体结构形态。此外，结晶紫染色、刚果红以及试管法都可用于细菌生物膜的定性和定量观察。结晶紫染色法通常是利用微孔板进行生物膜检测的一种传统方法，可进行半定量的检测。刚果红特异性地结合细菌胞外多糖，可作为快速定性检测生物膜的方法。玻璃管法则广泛运用于细菌生物膜初步定性的检测方法，适用于大批量细菌生物膜的初筛。

原位杂交检测与共聚焦显微镜配合使用，在维持细胞形态的基础上可检测鉴定生物膜的细菌种类、立体结构和分布情况，操作简单、快速。报告基因融合技术用于了解生物膜基因的表达情况，该方法容易定量，便于样品的大量分析。PCR法是检测生物膜相关基因非常有效的诊断技术，可以大大提高细菌生物膜检出率[22]。

材料表面典型的细菌生物膜通常薄层、黏液状、柔软湿润、散发有机物味道和色泽变深等特征。然而，有时与腐蚀产物、碳水化合物及抗腐蚀物质吸附在一起，这种典型的特征就很难辨认了。因此，是否存在细菌生物膜的可能性对于微生物腐蚀风险评估就很重要了。存在以下条件基本上可以排除细菌生物膜存在的可能性：①材料

表面工作温度超过 80℃；②表面干燥，不产生任何水汽；③不存在有机/无机营养物；④定期采用有效防污措施的部位。细菌生物膜的风险评价方法包括采用碳水化合物（多糖）和蛋白质的测定，都使用分光光度计法[23]。

七、细菌生物膜的防控策略

对于空间环境中细菌生物膜的防控措施从细菌和材料两个角度进行，包括物理化学杀菌、改变介质环境和生物控制法（图 17-1B）[24-25]。黏附是细菌形成生物膜的第一步。因此，抑制细菌在材料表面的黏附可有效地控制生物膜可能带来的损害。物理方法包括紫外线和电磁场杀菌方法。利用短波紫外线的杀菌作用，可以在一定程度上抑制细菌的生长繁衍，减少微生物腐蚀的发生。脉冲高压电场和磁场同样可以杀灭细菌。化学杀菌剂降低微生物的活性，破坏微生物中的酶，从而抑制微生物的繁殖，是种简单、有效的方法。使用杀菌剂是目前常用的材料表面消毒方法，然而，若杀毒不彻底，存活的细菌或后期定植的细菌形成生物膜，会产生对杀菌剂更强的耐受性，给将来的杀菌措施带来困难。目前非常有前景的防控措施还利用特殊生物体产生的化学物质，使得细菌不易在表面定植[16,25]。

细菌生长对环境有特定的要求，改变环境介质的 pH 值、温度，可减少细菌的数量。材料表面加入抗生素单体、修饰四乙醚脂可使其具有适当的抗生物膜特性，比传统的方法更加环保、有效。由于生物膜自身特性，完全清除是很困难的，而生物膜达到一定程度才能造成对材料的破坏。因此，有效的办法是控制生物膜的规模，其中一个有效的办法是加入特异的酶，以降解细胞间通信的信号分子。

生物控制法多采用噬菌体方法。噬菌体是一种病毒，可寄生在细菌细胞内，并裂解细菌，达到防止微生物对材料进行腐蚀的目的。某些菌则能选择性抑制其他细菌的感染，如当表皮葡萄球菌定植于皮肤和鼻黏膜，由于其产生胞外丝氨酸蛋白酶，能够选择性抑制金黄色葡萄球菌在鼻黏膜的定植和生物膜形成。同样，摄取乳酸杆菌除了能调节免疫外，还能减轻肠道内需氧肠杆菌的生物负担。因此，可利用上述特性，采取预防接种的方式降低宇航员的感染风险。除了能引起腐蚀和致病，细菌生物膜也可用于生物治理，利用微生物数量多和能固定某些化合物的特点，用于某些顽固化合物的处理，如用于国际空间站废水处理的再生系统[21,26]。

参考文献

[1] Donlan RM. Biofilms：microbial life on surfaces. Emerging infectious diseases，2002，8（9）881-890.

[2] Gu JD，Roman M，Esselman T，et al. The role of microbial biofilms in deterioration of space station candidate materials. International biodeterioration& biodegradation，1998，41（1）：25-33.

[3] Taylor PW. Impact of space flight on bacterial virulence and antibiotic susceptibility. Infection and drug resistance，2015（8）：249-262.

[4] De Voll JR. Biofilms and Aerospace Medicine. Aviation，Space and Environmental Medicine，2009，80（5）：500.

[5] Pierson DL Microbial contamination of spacecraft. Gravitational and space biology bulletin：publication of the American Society for Gravitational and Space Biology，2001，14（2）1-6.

[6] Moissl-Eichinger C，Rettberg P，Pukall，R. The First Collection of Spacecraft-Associated Microorganisms：A Public Source for Extremotolerant Microorganisms from Spacecraft Assembly Clean Rooms. Astrobiology，2012，12（11）：1024-1034.

[7] Yamaguchi N，Roberts M，Castro S，et al. Microbial monitoring of crewed habitats in space-current status and future perspectives. Microbes and environments/JSME，2014，29（3）：250-260.

[8] La Duc MT，Kern R，Venkateswaran K. Microbial monitoring of spacecraft and associated environments. Microbial ecology，2004，47（2）150-158.

[9] Kim W，Tengra FK，Young Z，et al. Spaceflight promotes biofilm formation by *Pseudomonas aerugi-*

nosa. PloS one, 2013, 8 (4): e62437.
[10] Héctor A, Videla LKH. Microbiologically influenced corrosion: looking to the future. International Mircrobiology, 2005 (8): 169-180.
[11] Crabbe A, Schurr MJ, Monsieurs P, et al. Transcriptional and proteomic responses of *Pseudomonas aeruginosa* PAO1 to spaceflight conditions involve Hfq regulation and reveal a role for oxygen. Applied and environmental microbiology, 2011, 77 (4): 1221-1230.
[12] Lynch SV, Mukundakrishnan K, Benoit MR, et al. Escherichia coli biofilms formed under low-shear modeled microgravity in a ground-based system. Applied and environmental microbiology, 2006, 72 (12) 7701-7710.
[13] Vogt SL, Raivio TL. Hfq reduces envelope stress by controlling expression of envelope-localized proteins and protein complexes in enteropathogenic *Escherichia coli*. Molecular microbiology, 2014, 92 (4): 681-697.
[14] Horneck G, Klaus DM, Mancinelli RL. Space microbiology. Microbiology and molecular biology reviews: MMBR, 2010, 74 (1): 121-156.
[15] Gupta P, Sarkar S, Das B, et al. Biofilm, pathogenesis and prevention-a journey to break the wall: a review. Archives of microbiology, 2016, 198, 1-15.
[16] Sharma G, Sharma S, Sharma P. *Escherichia coli* biofilm: development and therapeutic strategies. Journal of applied microbiology, 2016. doi: 10.1111/jam.13078.
[17] 胡金树，赵建宏．细菌生物膜的形成及影响因素．中华医院感染学杂志，2009，19，2519-2520.
[18] 张永帅，孙俊良，梁新红．调控生物膜形成机制的研究进展．轻工科技，2014（5）：9-11.
[19] 唐佩，刘敏，林允照，等．铜绿假单胞菌生物膜形成调控机制的研究进展．浙江预防医学，2015，27（1）：48-51.
[20] 李建华，宋丰贵．细菌生物膜形成与细菌耐药机制研究进展．中国新药与临床杂志，2008，27（1）：70-74.
[21] Cappitelli F, Principi P, Sorlini C. Biodeterioration of modern materials in contemporary collections: can biotechnology help? Trends in biotechnology, 2006, 24 (8): 350-354.
[22] 聂鑫，高原．细菌生物被膜检测方法研究进展．黑龙江畜牧兽医，2012（11）：24-26.
[23] Kanematsu H, Ikigai H, Yoshitake M. Evaluation of various metallic coatings on steel to mitigate biofilm formation. International journal of molecular sciences, 2009, 10 (2): 559-571.
[24] 胡福泉，贾胡．细菌生物被膜的耐药机制及控制策略．生命的化学，2008，28（3）：315-317.
[25] Mermel LA. Infection prevention and control during prolonged human space travel. Clinical infectious diseases: an official publication of the Infectious Diseases Society of America, 2013, 56 (1): 123-130.
[26] Singh R, Paul D, Jain RK. Biofilms: implications in bioremediation. Trends in microbiology, 2006, 14 (19): 389-397.

（韩延平）

第十八章　空间载人密闭舱内的微生物腐蚀

空间载人密闭舱环境条件下，滋生的细菌和真菌等微生物能在密闭舱室内的金属或合金材料器件、高分子复合材料、无机非金属等电路板和仪表盘以及宇航服装等材料上形成微生物膜，它们的生长繁殖和代谢会腐蚀这些材料，产生微生物腐蚀（Microbiologically Influenced Corrosion，MIC）问题，这会严重威胁空间站的长期在轨运行安全，缩短空间站的服役时间[1]。

“和平号”空间站在长达 15 年的运行期间曾发生多次由微生物导致的设备故障[2]。例如，其第 3 批航天员曾发现一扇舷窗因为霉菌的生长造成能见度降低、光学性能下降。第 5 批航天员进驻期间氧气电解装置因真菌的繁殖而出现堵塞。第 14 批、第 15 批宇航员在轨期间其温控系统曾发生故障，经调查发现是被真菌繁殖形成的胶状物质堵塞了管道。第 24 批宇航员进驻期间曾发生由于真菌腐蚀造成的电子通讯设备故障。

此外，发现细菌和真菌对密闭舱中使用的聚酰亚胺、聚氯乙烯、聚乙烯、合成树脂、有机玻璃、聚丙烯、橡胶和聚四氟乙烯等高分子材料，以及铝镁合金等金属材料产生了明显可见的腐蚀现象，它们用于管道、仪表盒、循环水仪、热控器、空调、氧气点解器、电绝缘套、开关连接器和取景窗等（图 18-1）[3]。

图 18-1A 所示为“和平号”空间站带回的一个观察窗中的聚四氟乙烯的密封圈被微生物腐蚀，结构金属材料也被腐蚀形成了一个 2mm 的凹陷。这些微生物腐蚀会导致密封性能降低和结构强度下降，最终影响空间站的可靠运行，缩短空间站的使用寿命。图 18-1B 所示为“和平号”空间站上拍摄的冷凝水塑料水管中的微生物膜。冷凝水中含有丰富的有机物和微生物，非常适合微生物的生长。微生物分泌的酸等二次代谢产物会腐蚀冷凝干燥器的中的金属材料材料，造成换热器泄漏。图 18-1C 所示为“和平号”空间站的电缆、半导体器件和电路板上都滋生了大量的微生物。这些微生物会加速电缆绝缘皮、铜线和线路板材料的腐蚀，导致出现短路、断路。国际空间站上曾经有过一台通信设备发生故障后反复查找原因均无果，最后打开设备机盖，发现设备内部电路板、电缆及接插件长满霉菌，使得绝缘遭到破坏。此外，如图 18-1D 所示，滋长在宇航服上的微生物，会加速某些材料的老化。微生物腐蚀一些有机材料的过程中还可能伴随有害气体的释放，导致密封舱内有害气体超标，危害航天员的生命安全。

国际空间站运行期间也曾多次报道发生微生物腐蚀事件（图 18-2）。如图 18-2A 所示，不锈钢门板背面因为经常悬挂湿毛巾的缘故，导致了大量的微生物滋生，这些微生物会对门板产生严重的腐蚀[4]。图 18-2B 所示为国际空间站的空气分散器，通过专门测试真菌的试片检测，上面滋长了大量的真菌。微生物可以利用空气冷凝水中丰富的有机物生长，分泌出的酸等二次代谢产物会腐蚀金属材料材料[5]。图 18-2C 所示为国际空间站上的空气过滤器里面滋长了大量的细菌。这些细菌可能会造成堵塞和机器的故障[5]。

微生物对各种航天材料逐渐产生腐蚀，加速航天器件的降解耗损，将可能导致空间站内的设

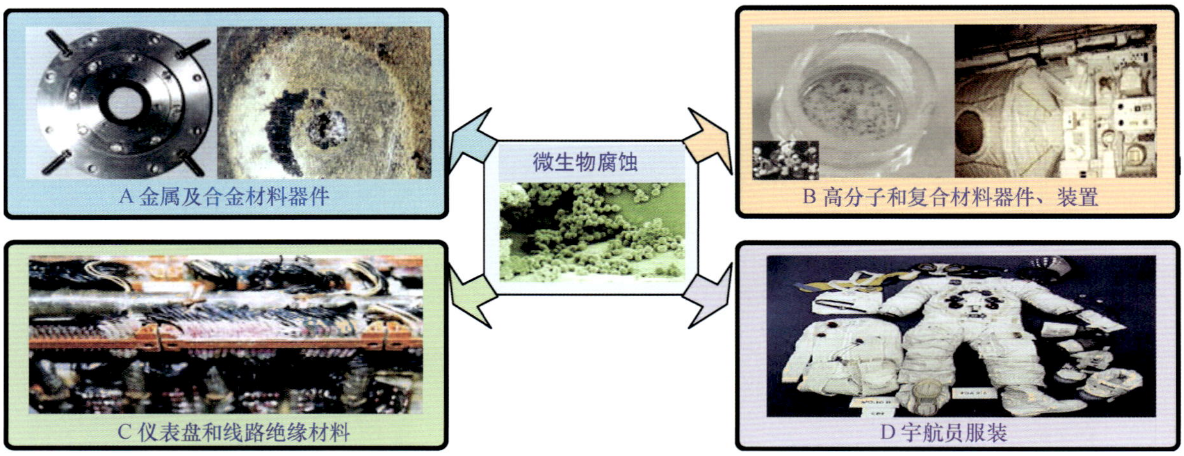

图 18-1 “和平号”空间站的实践证明微生物（腐蚀）严重威胁平台设备安全和航天员健康

A. 微生物容易在铝镁合金器件表面形成微生物膜并产生明显腐蚀；B. 微生物腐蚀聚酰亚胺高分子材料和复合材料表面；C. 微生物腐蚀仪表盘和电路板的绝缘材料，容易引起电路故障；D. 微生物可能会滋长在宇航服装上，宇航服的侵蚀可能导致气体泄漏等事故，威胁宇航员生命安全

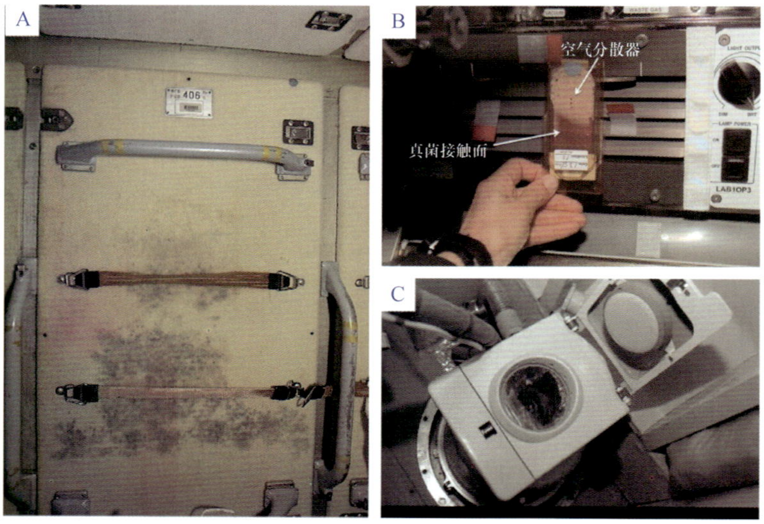

图 18-2 国际空间站的实践证明微生物（腐蚀）严重威胁平台设备安全

A. 微生物容易在铝镁合金门板背面形成微生物膜并产生明显腐蚀；B. 微生物容易在空气分散器形成微生物膜并产生明显腐蚀；C. 微生物腐蚀堵塞空气过滤器

备运行失灵，影响航天器的长期正常运行及其在轨使用寿命，甚至对飞行安全和航天员也会造成很大威胁。航天器服役条件恶劣，在轨时间长，而维修条件相对不足，一旦发生微生物腐蚀设备故障，损失不可估量。

一、空间载人密闭舱环境微生物的来源

在人类不断地开展太空探索和进行太空飞行的同时，微生物也伴随着人类的脚步进入太空。在体积有限的空间载人密闭舱室内，环境条件一

般会保持总压力 100kPa，氧分压 21kPa，温度 23℃和相对湿度 30%～70%。这种环境条件能保证航天员在密闭舱内生存和工作，但同样也为微生物的生长和繁殖提供了有利条件[1]。

一般认为，空间载人密闭舱的微生物主要来源于三种途径[6]：①在发射之前，空间站使用的设备和材料在生产、存放、使用、装配过程中，装配厂房环境中的空气和机器、装配人员及其工具等会将微生物引入设备表面和内部。在地面总装、测试和发射准备过程中，操作人员及物件在进出舱体时也会将携带的微生物直接扩散至舱内。②在航天员进入空间密闭舱，航天员的人体微生物也随之进入并通过舱内气体和其他接触途径播散到空间站各个角落。正常成年人个体身体内部或体表一般活跃着超过 500 多万种微生物，总质量约占人体的 1%～2%，其种类涵盖细菌、真菌、病毒、支原体、衣原体等。这些细菌成为了空间密闭舱不可避免的来源。③在空间站建成后，货运飞船在运送航天员和补充货物时，通过人员、货物的转移，搭乘的新航天员及货物携带微生物也会进入舱内，并随气体的流通而传递到空间站的舱内。

特别之处是，空间环境具有地面环境中所不存在的一些特殊环境因素，包括离子辐射、原子氧、电磁辐射、微重力、高真空和极度温差等。这些因素会通过诱导进入空间密闭舱室的环境微生物产生基因突变和调控机制的变化，进而影响微生物的生物学性状和功能。在航天器这样无地面选择压力的高致变环境中，某些微生物的变异过程可能会促进微生物的生长繁殖[7-8]。

二、空间密闭舱环境微生物的多样性

前苏联和俄罗斯建设的“和平号”空间站（Mir）1986 年开始运行至今，为研究长期载人飞行环境下微生物组成规律提供了宝贵机会。1986—2001 年，苏联和俄罗斯的航天员开展了微生物的采样和鉴定工作（图 18-3A 和 18-3B）。他们设计了专门针对空间密闭舱中特殊环境的微生物采样装置，比如采集舱壁和设备表面微生物的拭子，以及接触培养表面微生物的工具包“Pipette Kit”[6]与采集空气微生物的撞击式采样器“Ecosphere Kit”（图 18-3E 和 18-3F）[9]。

“Pipette Kit”（图 18-3E）包括的采样棉签是一支在端头处缠有棉花的空心棒，其棒心内则被注入了防腐剂。防腐剂的浓度低于杀灭微生物的浓度，但是足以抑制微生物的繁殖。取样之后将棉签装入套筒内，在室温条件下可以保存 7d。然后，随联盟号或航天飞机返回地面，在地面实验室进行分离培养和鉴定[6]。

“Ecosphere Kit”（图 18-3F）是为采集空气中微生物样品专门设计的设备。该设备使用的无菌培养平板是在发射之前由地面工作人员准备的。针对细菌和真菌分别配制不同的培养基和制备平板，用塑料袋封装，抽真空后经伽马射线灭菌处理。在使用时，航天员将培养皿从袋内取出，安装到装置右端的圆筒内，航天员手持此设备，从目标区域抽取 90L 的空气取样，之后将培养皿取下，进行分离鉴定[9]。

手持式微生物检测设备“LOCAD-PTS”（图 18-3G），是由美国国家航空航天局（NASA）的 Marshall 空间飞行中心联合相关研究机构将一种便携式内毒素检测系统“Endosafe-PTS”改进而来[5]。“LOCAD-PTS”于 2006 年 12 月由“发现号”航天飞机送往国际空间站，并于 2007 年 3 月开始第一次使用，之后，被广泛地用于空间站内微生物污染的监测。该检测器自身重 2.2lb（约 1kg），集成了分光光度计、加热器、微泵等功能器件，可与多种测试卡配合使用，用于检测多种微生物的标记分子。目前，在国际空间站上有三种不同的 LOCAD-PTS 测试卡，分别用于检测内毒素、葡聚糖和脂磷壁酸，依次对应革兰氏阴性细菌、真菌和革兰氏阳性细菌的水平。此外，“LOCAD-PTS”系统还附加有与之相配合的表面采样、样品处理工具。宇航员可以利用这些工具进行表面采样和样品处理，然后在轨利用“LOCAD-PTS”对其定量分析，整个过程 15 min

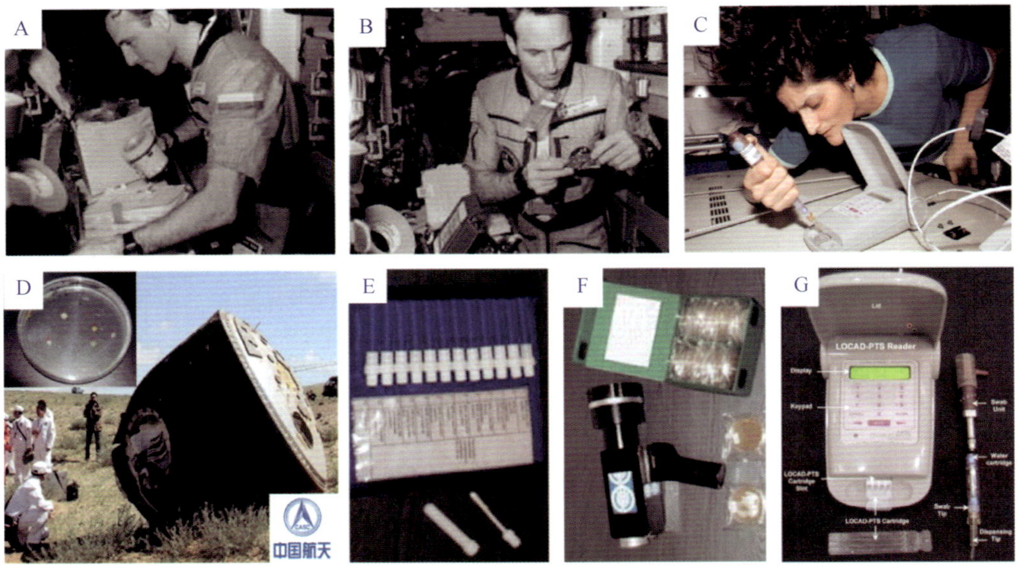

图 18-3 空间载人密闭舱室内微生物采样和取样装置

A，B. 俄罗斯航天员 Jerry Linenger 在“和平号”空间站采集空气样品和舱内表面样品；C. 美国女航天员 Sunita Williams 在国际空间站上做微生物检测；D. 中国“神舟”飞船开展的舱内微生物采样培养；E. 俄罗斯研发的“Pipette Kit”舱壁和设备表面微生物采样工具包；F. 俄罗斯研发的“Ecosphere Kit”空气微生物采样工具包；G. 美国研发的手持式微生物检测设备“LOCAD-PTS”

内即可完成。

俄罗斯生物医学研究中心先后从“和平号”空间站采集的约 1000 余份样品中分离和鉴定出 234 株微生物，表 18-1 为不同样品中主要包括的 40 个属细菌和 25 个属的真菌[2]。

1998—2005 年，美俄合作开展了“国际空间站”（ISS）在轨飞行发射前、在轨和返回后的微生物采样分析工作。航天员采用不同的工具对各舱段的空气、水和表面进行采样，然后将采集的样品返回，在地面实验室中进行分离和鉴定。到目前为止，国际空间站上已经进行了 88 次取样检测。其中从空气中取了 26 个区域样本，从舱室表面取了 62 个区域样本。经地面分离培养，鉴定了 84 种微生物，分别属于 12 个属细菌和 11 个属的真菌（表 18-1）[6]。

我国航天员也已经从“天宫一号”空间站中采去了冷凝水和表面样品，利用“神舟八号”和“神舟九号”载人飞船的返回舱将样品带回地面，并分离鉴定了 10 个属的细菌（表 18-1）。从 2000 年开始，总装备部航天医学工程研究所（507 所）谢琼课题组开展了密闭环境中悬浮颗粒物上附着微生物的检测，基于滤膜法的空气微生物样品采集和元基因组 DNA 提取方法研究，取得了一些实验结果[10-11]。

当前的研究经验表明，基于传统培养方法的在轨微生物检测技术简单实用、稳定可靠，可以为分析空间环境微生物的种类和分布提供重要数据。但是，由于这些方法主要基于微生物在培养基上的生长能力，所以存在一些不足。由于大多数（>95%）的微生物种类的生长环境和营养需求还不清楚，不能在传统的培养基上生长而无法被分离鉴定。此外，采用培养分离的方法也比较耗时耗力。因此，开发出能在空间密闭舱环境下操作的 DNA 提取技术和快速分子鉴定技术将有利于扩大空间样品中微生物种类检出。

三、空间载人密闭舱已发现的腐蚀性微生物种类

（一）前苏联和俄罗斯对空间腐蚀微生物的研究

早在 1970 年代，前苏联和俄罗斯科学院生物

表 18-1　从“和平号”空间站、“国际空间站”和“神舟”飞船上鉴定的主要细菌和真菌属

来源（种数）		菌株名称
“和平号”空间站	细菌（40）	*Staphylococcus*、*Corynebacterium*、*Bacillus*、*Micrococcus*、*Acinetobacter*、*Streptococcus*、*Serratia*、*Alcaligenes*、*Chryseomonas*、*Comamonas*、*Flavobacterium*、*Hydrogenophaga*、*Kingella*、*Moraxella*、*Methylobacterium*、*Neisseria*、*Pseudomonas*、*Psychrobacter*、*Sphingobacterium*、*Xanthomonas*、*Enterobacter*、*Escherichia*、*Hafnia*、*Klebsiella*、*Kluyvera*、*Pantoea*、*Proteus*、*Aeromonas*、*Vibrio*、*Pasteurella*、*Actinobacillus*、*Haemophilus*、*Aerococcus*、*Enterococcus*、*Sarcina*、*Actinomyces*、*Arthrobacter*、*Clavibacter*、*Streptomyces*、*Streptoverticillium*
	真菌（25）	*Penicillium*、*Aspergillus*、*Cladosporium*、*Saccharomyces*、*Acremonium*、*Yarrowia*、*Candida*、*Paecilomyces*、*Scopulariopsis*、*Mucor*、*Rhodotorula*、*Trichosporon*、*Alternaria*、*Geotrichum*、*Stemphylium*、*Chaetomium*、*Fusarium*、*Ulocladium*、*Cryptococcus*、*Sporobolomyces*、*Lipomyces*、*Arthrobotrys*、*Aureobasidium*、*Botryotrichum*、*Botrytis*
国际空间站	细菌（12）	*Acinetobacter*、*Aerococcus*、*Bacillus*、*Brevibacterium*、*Corynebacterium*、*Eikenella*、*Flavobacterium*、*Gemella*、*Micrococcus*、*Pseudomonas*、*Streptococcus*、*Xanthomonas*
	真菌（11）	*Aspergillus*、*Candida*、*Cladosporium*、*Cryptococcus*、*Geotrichum*、*Lipomyces*、*Penicillium*、*Phoma*、*Rhodotorula*、*Saccharomyce*、*Ulocladium*
“神舟”飞船	细菌（10）	*Sphingomonas*、*Microbacterium*、*Acinetobacter*、*Staphylococcus*、*kocuria*、*Microbacterium*、*Sphingomonas*、*Methylobacterium*、*Acremonium*

医学问题研究所（IBMP，RAS）和莫斯科国立大学研究团队就开始对中长期运行的太空密闭舱中采集的微生物的腐蚀性能开展了系统的研究[3]。莫斯科国立大学的 Alekhova 等[12]从太空飞行了 13 年的“和平号”空间站中分离得到 12 株真菌。“国际空间站”俄罗斯分部密闭舱室内分离得到 8 株真菌，发现其中 71%以上的真菌属于青霉菌属（*Penicillium* sp.）。因此选择了一株青霉菌属单菌 *Penicilliumchrisogenum* 在地面进行微生物腐蚀加速实验。如图 18-4 所示，在无机盐培养基中，这株真菌可以利用聚对苯二甲酸乙二醇酯（polyethylene terephthalate，PET）作为唯一碳源生长。利用电镜分别放大 740 倍观察可知，真菌降解 28d 后的 PET 纤维受到严重腐蚀。

图 18-4　“和平号”空间站分离的真菌严重腐蚀聚对苯二甲酸乙二醇酯（PET）纤维

Alekhova 等选择了一株青霉菌属单菌 *Penicillium* sp.，在地面进行铝镁合金（AMG-6）微生物腐蚀加速实验[13]。如图 18-5 所示，电镜观察可知，与无菌对照相比，真菌降解 1 个月和 2 个月后的铝镁合金受到严重腐蚀，说明这株真菌可以加速铝镁合金腐蚀。Alekhova 等还利用从“和平号”空间站和“国际空间站”分离的 28 株真菌进行对 180 种太空设备使用的铝镁合金进行

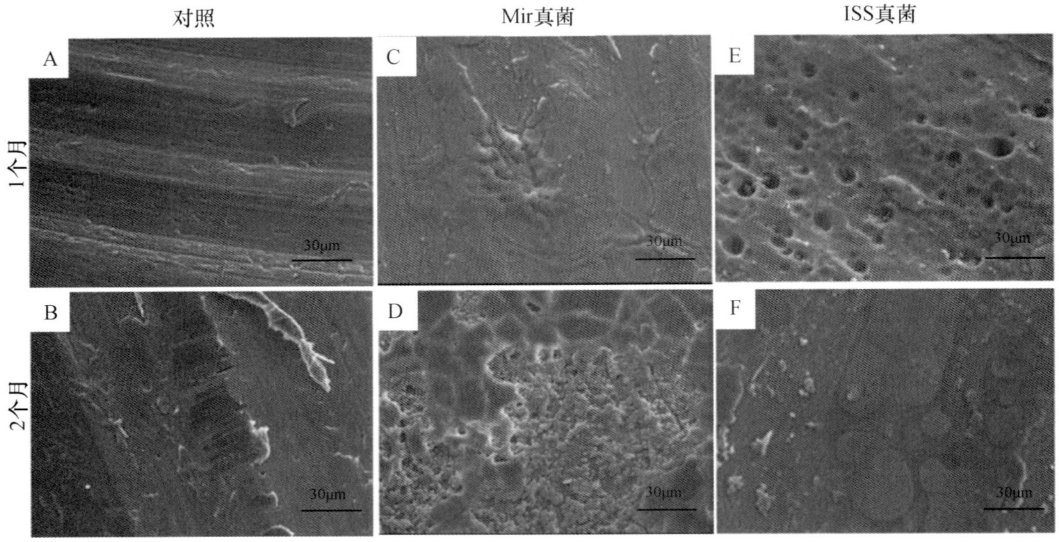

图 18-5 “和平号”空间站分离的真菌严重腐蚀铝镁合金（AMG-6）

地面微生物腐蚀评价。结果确认机械、阳极化和化学抛光防腐处理后的铝镁合金样品均可被真菌腐蚀[13-15]。

（二）美国对空间腐蚀微生物的研究

美国NASA联合其他大学的研究人员，利用从模拟空间密闭舱中的微生物对常用的空间密闭材料如聚酰亚胺（Poyamide）和尼龙（Nylon）等进行了模拟微生物腐蚀加速实验[16]。实验确定枝顶孢属 *Acremonium obclavatum* 能够腐蚀聚酰亚胺纤维，曲霉属 *Aspergillus* spp. 可以腐蚀尼龙纤维纺布（图 18-6）。

在没有获得太空舱滋生的菌株样品情况下，美国哈佛大学顾继东等和NASA的研究人员利用自来水中的常见微生物作为实验菌株，对备选的

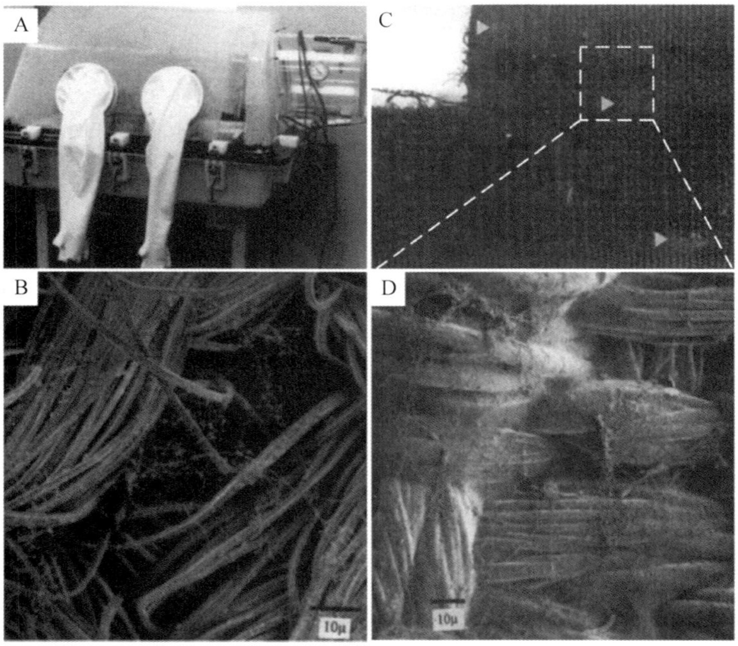

图 18-6 国际空间站分离的真菌在模拟试验箱中（A），严重腐蚀聚酰亚胺纤维（B）和尼龙纤维织物（C-D）

空间站使用的材料，如纤维增强复合材料、粘接密封胶、聚酰亚胺绝缘泡沫、聚四氟乙烯绝缘电缆和脂肪族聚氨酯涂料等生物膜形成敏感性进行了研究，确定大多数材料都容易形成微生物膜进而被腐蚀。使用电化学阻抗谱（EIS）定量表征了微生物腐蚀过程中材料特性的变化，并发现温度和湿度是影响形成微生物膜的重要因素[17]。

2005年，由于热交换介质的水流体中pH值下降和银抗菌剂的失效，“国际空间站”内部镍基锌铜合金材料制造的主动热控系统被微生物严重腐蚀。NASA马歇尔航天中心的Roman等人设计了一套模拟主动热控系统所处的“国际空间站”环境的微生物腐蚀加速测试系统，包括模拟pH值、温度、流速、可获得营养、微生物浓度条件，并且以从“国际空间站”主动热控系统中分离的硫酸还原菌等8株混合细菌作为微生物接种液，其中认为微重力等因素对过程影响较小，故忽略、不予考虑。对2种准备在空间站使用的改进镍基热控系统材料进行6个月的生物腐蚀安全性测试，没有发现微生物侵蚀现象[18]。

（三）中国对空间腐蚀微生物的研究

与俄罗斯和美国相比，我国空间微生物领域的研究起步较晚。2000年开始，总装备部航天医学工程研究所（507所）谢琼研究组开展了飞船搭载微生物对航天器材的霉腐实验，取得了一些载人航天器微生物污染和霉菌腐蚀材料的实验结果。确定微生物在空间条件下繁殖能力增强，搭载后生长加快，形态分化提前，但是对材料的霉腐能力有所下降[19]。

北京航空航天大学杨军研究组，采用从“神舟八号”和“神舟九号”的载人飞船返回舱中冷凝水和表面采取的生物样品中分离的细菌和通过“神舟八号”载人飞船搭载的地面微生物，开展腐蚀性实验研究。在地面环境下，通过选用2株地面模式菌、2株对应空间搭载菌和8株空间下行菌对5种高分子材料（环氧树脂、酯类聚氨酯、醚类聚氨酯、硫化天然橡胶和聚乙烯醇聚缩醛）开展微生物物腐蚀实验；选用3株空间下行菌对2种金属材料铜合金（H6）和铝合金（Ly12）开展微生物物腐蚀实验；选用1株地面模式菌和1株对应空间搭载菌对2种金属材料钛合金（TC4）和不锈钢（304）开展微生物物腐蚀实验；半定量的腐蚀等级归纳见表18-2。从表中可以看出，腐蚀微生物经过空间诱变后，腐蚀能力有变强的趋势。

表18-2 测试14株地面模式菌、空间搭载菌和下行菌对航天器高分子材料和金属材料的腐蚀等级（0～5，数值越大，代表腐蚀能力越强）

菌株编号	环氧树脂	酯类聚氨酯	醚类聚氨酯	硫化天然橡胶	聚乙烯醇缩甲醛	铜合金H6	铝合金Ly12	钛合金TC4	不锈钢304
Pseudomonas	0	**5**	1	2	0				
Pseudomonas-搭载	0	**5**	0	**5**	0				
Alcaligenes-搭载	1	0	2	3	1				
Alcaligenes	1	**5**	1	3	1				
Sphingomonas	4	**5**	3	3	1	**5**	0		
Microbacterium	1	**5**	1	**3**	0				
Acinetobacter	1	**5**	3	**5**	1	**5**	0		
Staphylococcus	1	**5**	1	**5**	1				

表 18-2 测试 14 株地面模式菌、空间搭载菌和下行菌对航天器高分子材料和金属材料的腐蚀等级（0～5，数值越大，代表腐蚀能力越强）（续）

菌株编号	环氧树脂	酯类聚氨酯	醚类聚氨酯	硫化天然橡胶	聚乙烯醇缩甲醛	铜合金 H6	铝合金 Ly12	钛合金 TC4	不锈钢 304
Kocuria	4	0	3	3	1				
Microbacterium	1	3	1	**5**	0				
Sphingomonas	4	0	1	3	1	**5**	0		
Methylobacterium	4	0	0	3	0				
Lactobacillus-搭载								4	4
Lactobacillus								4	4

以空间下行菌甲基杆菌属 *Methylobacterium* 降解硫化天然橡胶为例，如图 18-7 所示，微生物在橡胶表面附着，能够利用天然橡胶而繁殖。材料表面发生了严重的腐蚀，从图中可以看到橡胶发生了断裂。对材料的力学测试也发现其强度大大下降。

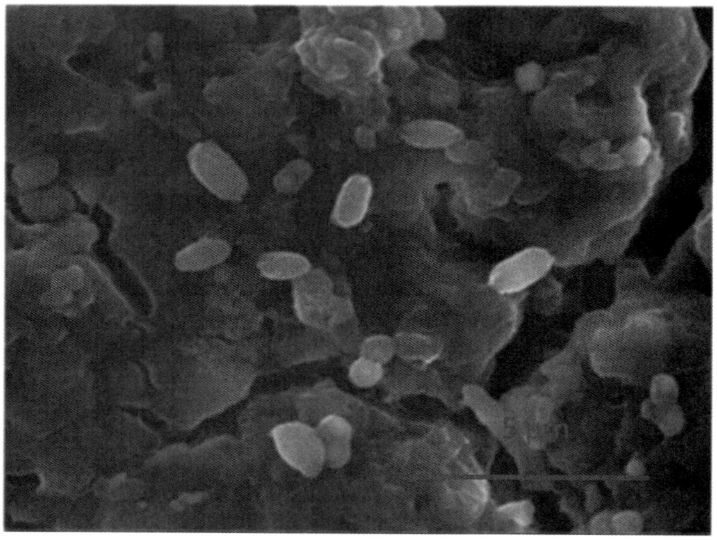

图 18-7 神舟飞船下行菌 *Methylobacterium* sp. 降解硫化天然橡胶的扫描电子显微镜图

总之，从国内外的载人航天实践发现，空间密闭环境条件下，滋生的细菌和真菌等微生物能够对金属或合金材料器件、高分子复合材料等产生微生物腐蚀，继而严重威胁空间站的长期在轨运行安全[20]，缩短空间站的服役时间。因此，对空间微生物的综合防控以及对材料和空间人员的保护显得尤为重要。

参考文献

[1] 刘长庭. 空间环境对微生物的影响及意义. 军医进修学院学报，2012（5）：433-434.

[2] Novikova ND. Review of the knowledge of microbial contamination of the Russian manned spacecraft. Microbial Ecology，2004（47）：127-132.

[3] Klintworth R，Viktorov AN，Bohle D. Biological induced corrosion of materials II：new test methods and

experiences from Mir station. ActaAstronautica, 1999 (44): 569-578.

[4] Vesper SJ, Wong W, Kuo M, et al. Mold species in dust from the International Space Station identified and quantified by mold-specific quantitative PCR. Research in Microbiology, 2008 (159): 432-435.

[5] Maule J, Wainwright N, Steele A, et al. Rapid culture-independent microbial analysis aboard the International Space Station (ISS). Astrobiology, 2009 (9): 759-775.

[6] Novikova N, Boever PD, Poddubko S, et al. Survey of the environmental biocontamination aboard the International Space Station. Research in Microbiology, 2006 (157): 5-12.

[7] Su L, Chang D, Liu CT. The development of space microbiology in the future: the value and significance of space microbiology research. Future Microbiol, 2013 (8): 5-8.

[8] Kim W, Tengra FK, Young Z, et al. Spaceflight promotes biofilm formation by pseudomonas aeruginosa. PLoS One, 2013 (8): e62437.

[9] Pierson DL. Microbial contamination of spacecraft. Gravitational and Space Biology Bulletin, 2001 (14): 1-6.

[10] 于芳，何新星，谢琼，等. 密闭环境中悬浮颗粒物上附着微生物的检测. 载人航天，2000 (3): 210-214.

[11] 谢琼，辛冰牧，王景，等. 基于滤膜法的空气微生物样品采集和元基因组 DNA 提取方法研究. 载人航天，2012 (18): 51-54.

[12] Alkhova TA, Aleksandrova AA, Novozhilova T Yu. Monitoring of microbial degraders in manned space stations. Applied Biochemistry and microbiology, 2005 (41): 382-389.

[13] Alkhova TA, Zagustina NA, Aleksandrova AV, et al. Monitoring of initial stages of the biodamage of construction materials used in aerospace equipment using electron microscopy. Journal of Surface Investigation. X-ray, Synchrotron and Neutron Techniques, 2007 (1): 411-416.

[14] Alkhova TA, Aleksandrova AV, Novozhilova T Yu, et al. The experiment "Initial stages of biologicaldamage and deterioration in space. Moscow University Biological Science Bulletin, 2008 (63): 163-169.

[15] Alkhova TA, Shklover VY, Zagustina NA, et al. Electron microscopy investigation of AlMg6 aluminum alloy surface defects caused by microorganisms extracted in space stations. Journal of Surface Investigation. X-ray, Synchrotron and Neutron Techniques, 2010 (4): 747-753.

[16] Ahearn DG, Simmons RB, Price DL, et al. Fungal colonization of synthetic substrates for use in space craft. Journal of Industrial Microbiology, 1995 (14): 26-30.

[17] GuJD, Roman M, Esselman T, et al. The role of microbial biofilms in deterioration of space station candidate materials. International Biodeterioration& Biodegradation, 1998 (41): 25-33.

[18] Roman MC, Macuch P, McKrell T, et al. Assessment of microbiologically influenced corrosion potential in the international space station internal active thermal control system heat exchanger materials: A 6-mo study. SAE Technical Paper, 2005, No. 2005-01-3077.

[19] 谢琼，石宏志，李勇枝，等. 飞船搭载微生物对航天器材的霉腐实验. 航天医学与医学工程，2005 (5): 339-343.

[20] 杨宏，侯永青，张兰涛. 微生物控制——我国空间站面临的新挑战. 载人航天，2013 (19): 38-45.

（杨 军 杨 宇）

第十九章　空间微生物腐蚀的综合控制策略

国内外载人航天实践表明，空间微生物会严重威胁航天员健康和平台设备安全。因此，在航天器设计、建造和飞行过程中需要采取一系列的微生物监测、控制、防护措施，控制航天器密闭环境中的微生物水平，防范微生物可能对航天员、仪器设备造成的潜在风险，有效保障航天器的长期安全运行、延长在轨使用寿命。

依据国际空间站医学操作需求文件，国际空间站乘员舱内的大气微生物安全要求是微生物污染低于以下最大容许值：细菌和真菌分别为1000CFU/m^3 和 100CFU/m^3。对于设备和舱内表面的容许值是：细菌和真菌分别为10000CFU/m^2和100CFU/100m^2。对于饮用水中的细菌限量（飞行前）是 50CFU/100ml。由此可以看出，航天活动对微生物控制的要求高。然而，航天员的活动，以及航天器组成和地面建造发射过程的复杂性，造成空间微生物的来源途径多样，控制难度大。因此，空间微生物控制是航天工程不可逃避的一个重大挑战。

如图 19-1 所示，根据航天器微生物产生、传播和腐蚀作用等三个特点不同但又相互密切关联的区间或者阶段，分别对微生物进行源控制、舱内环境流动相控制和结构表面固定相控制，进行针对性的控制，构建起航天器微生物综合控制技术的整体解决方案。针对微生物源，使用抗菌清洁用品、粪便消毒处理、高效水净化、废弃物真空密封等方式控制微生物源；针对流动相，采用

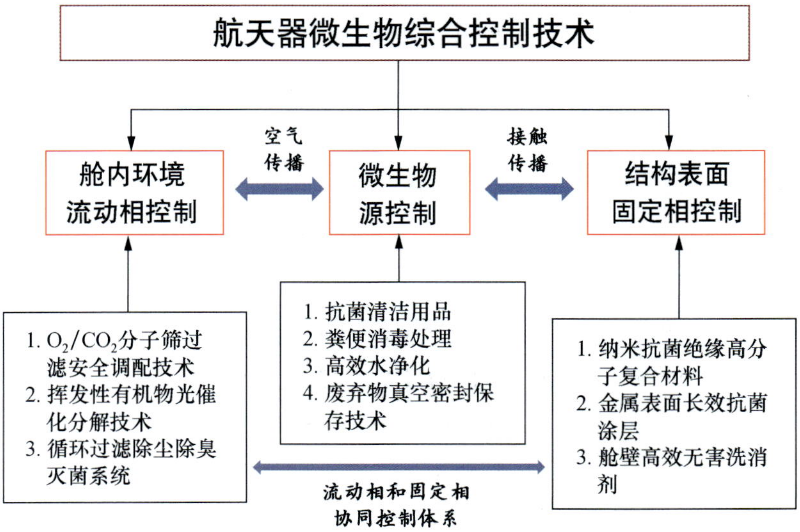

图 19-1　航天器微生物综合控制技术

微生物源通过空气和接触传播分别污染流动相和固定相表面；针对微生物源，使用消毒、净化、真空密封等方式控制微生物源；针对流动相，采用分子筛、光催化、循环过滤灭菌系统等技术完成对舱内环境的灭菌功能；针对结构表面固定相，通过体相抗菌技术、表面抗菌及洗消技术控制结构表面固定相，最终实现流动相和固定相协同控制

O_2/CO_2 分子筛过滤调配术、挥发性有机物光催化分解、循环过滤除尘灭菌系统等技术完成对舱内环境的灭菌功能；针对结构表面固定相，通过材料体相抗菌技术、表面抗菌及洗消技术控制结构表面微生物，最终实现流动相和固定相的协同控制。这些整体方案可以保障航天器、特别是长期运行空间站的平台设备安全和航天员健康，为载人航天器的研制和运营提供技术支撑。

第一节 空间微生物的源控制

Pierson 等[1] 在美国国家航空航天局（National Aeronautics and Space Administration，NASA）报告中指出："……经验告诉我们，通过源控制防止微生物腐蚀比在飞行过程中进行杀菌更容易。例如，我们在空气再生系统中加入高效空气粒子过滤（High Efficiency Particulate Air filter，HEPA）去除空气中的颗粒物和微生物；控制湿度、设计合适的材料降低微生物带来的危害。飞行前的环境分析（如水、食物、材料表面），已经成为空间站一项新加的安保措施……"。由此可以看出，微生物的源控制已经成为一种共识和常态。在题为《下一代微生物需求》的报告中指出："……宇航员是关键传染源之一，在发射前要对人员采取严格的消毒措施。"人员主要包括在轨乘员和地面试验人员，地面试验人员涉及产品研制设计师、性能测试人员、整机装配人员、发射场联调人员等。这些人员在产品研制和在轨飞行过程中通过接触产品表面或环境，将自身所携带的微生物传播到产品上，最终带入在轨飞船环境中。因此，需要对污染源进行综合控制。目前，国际空间站上的微生物状况仍不令人满意，按照国际空间站的工程人员和科学家的话说，"一直在与微生物做斗争"。微生物控制要求地面生产和总装车间环境要达到生物净化的标准，远远超出了现有载人航天器的地面保障条件。各环节对航天器消毒和操作人员消毒等控制措施使得现有的总装测试和发射场流程更为复杂。可见，空间站工程需要在微生物控制方面花费巨大的人力、物力和财力，这是空间站面临的挑战之一。

一、水系统中微生物的控制

人的生命活动离不开水，空间密闭舱中的饮用水系统是宇航员生存最基本的保障之一，饮用水中的微生物有可能进入人体，给宇航员的身体健康带来损害。因而，水的闭路循环控制是最为关键的内容之一。发射前，水处理系统要进行彻底的消毒，对其零部件、装配工具等用双氧水进行擦拭消毒，装配车间达到生物净化标准，操作人员进入车间前必须消毒以达到清洁卫生的要求，同时发射过程中也要维持水的无菌状态。

（一）臭氧杀菌

臭氧是由 3 个氧原子组成的氧的同素异构体。在常态下是淡蓝色气体，具有特殊气味。臭氧在水中的溶解度很高，大约是氧气的 10 倍。臭氧具有极强的氧化能力，在水中还能形成具有强氧化作用的 HO·，具有广谱杀菌作用，其杀菌速度较氯快 300～600 倍。近年来发展起来的臭氧消毒技术，不但可除去因蛋白质、氨基酸、腐败性物质导致的臭味，氧化分解水中污染物，而且对细菌、霉菌也具有较好的杀菌效果。

臭氧杀菌的机制主要是靠其分解后产生的活性氧的氧化能力。臭氧首先与细胞壁的脂类的双键起反应，穿破胞壁进入细胞内，作用于外壳脂蛋白和内面的脂多糖，分解脱氧核糖核酸（DNA）、核糖核酸（RNA）、蛋白质、脂类和多糖等大分子聚合物，使细菌的物质代谢和繁殖过程遭到破坏，最后导致细胞溶解、死亡。并且将死亡菌体内的遗传基因、寄生菌种、寄生病毒粒子、噬菌体、支原体及细菌病毒代谢产物等溶解变性死亡，从而起到杀菌作用。臭氧杀菌灭藻受臭氧浓度、水温、pH 值、水的浊度等因素影响。一般来说，臭氧浓度越高，杀菌作用越强。随着水温的增加，臭氧的杀菌效果也加强。和其他消毒剂相比，臭氧的消毒效果受温度影响较小。

臭氧作为一种化学杀菌剂，虽然其半衰期短，稳定性差，有一定腐蚀性与毒性，受有机物影响较大，但具有使用方便、刺激性小、作用快速、无残留污染等突出的优点，可与其他杀菌方式结合使用。在空间密闭舱室具有良好的应用前景。

（二）碘、银杀菌

在轨运行期间，需要时刻对水进行杀菌处理。国际空间站美国舱段水循环处理系统主要负责处理由航天员尿液和生活用水组成的废水，使用碘作为杀菌剂。美国航天飞机中的饮用水由燃料电池制备，通过碘化树脂（树脂产生 2～4mg/L 的碘用于杀菌），细菌含量会降到很低的水平，经过处理系统后几乎没有大肠埃希菌，总异养菌含量不超过 100CFU/100ml 水。俄罗斯和平号空间站的饮用水用浓度为 500μg/L 的银进行消毒，消毒之后，水中的菌含量远低于上限 10 000CFU/100ml水。国际空间站俄罗斯舱段水循环处理系统主要位于服务模块，将机舱空气中的水蒸气冷凝为饮用水，并使用银离子作为饮用水中的杀菌剂。研究表明 0.4mg/L 的银离子就足以杀死大部分细菌。同时，在管道表面镀银能够提供更多的保护。银基杀菌剂对人体是安全的（<0.40mg/L），在系统中与潮湿的表面材料接触稳定性也很好，因此能够抑制水中的细菌生长。

由于碘离子作为消毒剂与国际空间站的银离子消毒系统不兼容，所以，航天飞机燃料电池产生的水在输送至国际空间站之前，需要通过离子交换去除碘离子。此外，碘离子会使饮用水产生一种不好的味道，并可在甲状腺中积累，导致有机化合物卤化形成细胞毒性物质，对长期飞行的航天员健康造成风险。因此，NASA 已决定以氟化银替代碘离子作为下一代航天器饮用水系统的消毒剂。但是，氟化银会在溶液或湿润金属表面发生离子相互作用，银离子会快速从溶液中析出，并逐渐失去抗菌作用。由于当前国际空间站使用的饮用水消毒剂（银离子、碘离子）[2-3]存在的缺点，如：对人的毒性限量低，杀菌持效时间短，需要再补充，具有不好的味道等。对于非饮用水中的微生物，可以通过一定时间的加热进行灭菌。有些细菌的生长是在一定 pH 范围内，通过改变环境的 pH 值来抑制细菌的生长和繁殖。在水中加入 NaCl，通过渗透压的变化影响细菌物质运输的过程，也可引起微生物细胞的脱水死亡。利用超声波可以抑制细菌的生长，当声波频率在 9～20kHz/s 以上的超声波段时，就可以使细菌受到剧烈振荡而被破坏。“和平号”空气中的水蒸气回收先通过凝结，再经过一个水处理系统（最后一步是加热）实现，其中的细菌含量很低。

NASA 正在研究新一代的饮用水系统抗菌技术，如：使用具有杀菌作用的紫外（波段 200～275nm）发光二极管作为点端消毒装置；联合使用紫外（波段 320～400nm）发光二极管与光催化材料（TiO_2 等）对饮用水系统进行消毒；采用多种抗菌或具有表面拓扑结构的材料，杀死水中微生物，阻止生物膜的形成；保持银离子的溶解性，延长其杀菌持效时间等。

二、人自体微生物的控制

Novikova 博士在国际空间站环境生物污染调查中指出，最主要的微生物污染源就是宇航员本身，因为在航天员体表和体内生活着大量微生物，它们是人体微生态平衡系统的重要组成，在正常情况下，微生物对人体健康是有益的。宇航员身体携带的微生物，包括细菌、真菌、原生动物和病毒，在轨期间，这些微生物会通过呼吸或其他途径源源不断地传播到舱内环境，其中大多数微生物在脱离人体之后不能存活很长时间。

因此，航天员在飞行之前要经过严格的体检，对体内外微生物进行系统的处理，重点检查其体内寄生的条件致病微生物，针对检查结果为每位乘员预备药物。在发射前的一段时间，需要与周围环境和人隔离一段时间，要对航天员的生活制度进行严格的控制，发射前要对其体表进行处理。在轨运行期间，航天员生命活动所需的食品、产生的废弃物都需要进行严格的杀菌处理，使用抗菌清洁用品、粪便消毒处理、废弃物真空密封等方式控制微生物源。定期对乘员的唾液和血液取样，带回地面检测，制订针对性的治疗方案。

三、来访航天器微生物的控制

来访航天器在地面阶段同样需要进行上述控制，并达到发射前的微生物指标要求，即舱内气体中细菌 300CFU/m^3，真菌 50CFU/m^3；表面细菌 500CFU/100m^2，真菌 10CFU/100m^2。在到达空间站后，航天员先部分打开舱门进行微生物和有害气体的检测，若发现微生物超标，则首先进行消毒处理，达到要求后才完全打开舱门进行货物、人员的转移。

第二节 空间微生物的流动相控制

空气是宇航员生存的又一基本保障之一，也是微生物生存的环境和传播的媒介。微生物一旦从源头进入空气中，主要附着在悬浮颗粒物上，漂浮在舱室内，会在短时间内到达舱室的各个角落。因此进行过滤净化是控制舱内气体中微生物数量的有效手段。在舱内气体净化系统中设置初级和高效过滤装置等过滤气体中的悬浮颗粒物，初效过滤装置清除大部分悬浮颗粒物，高效过滤器对 0.3μm 或者更大尺寸微粒的去除率可达 99.97%。目前，可接受的空气中细菌和真菌的上限是 10 000CFU/m^3 和 100CFU/m^3。另外，空气中的气体组分如挥发性有机物（Volatile Organic Compound，VOC）不但对人体有害，而且还可能成为微生物生长的食物来源，因此，对 VOC 的有效去除就变得更加重要。

一、空气中微生物的控制

（一）臭氧杀菌

臭氧杀菌是较为熟知的空气杀菌方法。前面提到，臭氧是一种强氧化剂，可以氧化分解细菌内部生命活动所必需的酶，也可以直接与细菌作用，破坏细胞，分解核酸、蛋白质、脂质类和多糖等大分子，以破坏细菌的代谢和繁殖过程。臭氧具有高效杀菌消毒作用，将臭氧直接通入室内空气即可起到杀菌作用。

但同时，臭氧又是一种有毒的强氧化剂，其质量浓度达 0.1～1mg/L 时就会使人出现头痛、咽干、呼吸道黏膜受损等状况，其质量浓度达 1000mg/L 即可致命；在臭氧使用过程中，常常由于其泄露造成空气污染，影响人体健康。因此，这种副作用限制了臭氧在空间密闭舱室中空气杀菌的应用前景。

（二）紫外线杀菌

紫外线杀菌技术已经被广泛应用于空气中的杀菌[4]。紫外线是一种低能量的电磁辐射，波长范围是 100～400nm。紫外线杀菌的机制是因为波长范围的不同而不同。紫外线照射基于破坏细菌的蛋白质、核酸以及被吸收后的热效应等原理，使微生物细菌内的蛋白质、脱氧核糖核酸和酶发生化学变化而死亡。波长在 200～280nm 的紫外线具有灭菌作用，但是不同波长的紫外线灭菌效果也不同，其中以 254～257nm 灭菌效果最好。如果以 254～257nm 波长的紫外线灭菌能力为 100%，再同其他波长的紫外线相比较所得到的灭菌能力见表 19-1。

紫外线消毒杀菌技术作为物理消毒方式之一，具有广谱杀菌能力、运行成本低、消毒效果好、无二次污染等优点。紫外线杀菌是控制病原微生物通过空气传播的重要方法。在地面上，医

表 19-1 不同波长紫外线灭菌能力

波长（nm）	220	230	240	250	254	257	260
相对灭菌率	0.25	0.40	063	0.91	1.0	1.0	0.99
波长（nm）	27	280	290	300	310	360	400
相对灭菌率	0.87	0.60	0.50	0.06	0.013	0.0003	0.001

院隔离病房普遍采用紫外线空气消毒。将紫外线灯泡安装在空调系统的通风管道中，可以有效地杀灭其中的微生物。紫外线直接照射人体皮肤会造成伤害，对眼睛也产生刺激。一般将紫外灯设置在风管内，对空气进行循环消毒，能够有效地避免紫外线对人体的辐射伤害。风管内照法紫外线杀菌系统对室内空气中的微生物有很好的抑制作用，此外，在风管内紫外线可以与其他消毒方法，如过滤器、光催化等结合使用。

利用紫外线灭菌需要考虑到环境温度，杀菌效果与环境温度有密切的关系。当温度低于−20℃时，热阴极低压汞灯不产生 254nm 的紫外线辐射，紫外灯无灭菌作用。当环境温度很高时，影响低压汞灯的散热，使灯内压强增加，紫外灯的灭菌效果也会下降，如图 19-2 所示。利用紫外线灭菌还要考虑到环境湿度，空气中含有水蒸气，水分子能够吸收紫外线，空气湿度比较大时，紫外线的穿透力会有所减弱，从而降低紫外线灯的消毒效果。一般而言，空气的相对湿度保持在 50%左右，紫外线杀菌消毒效果最好。

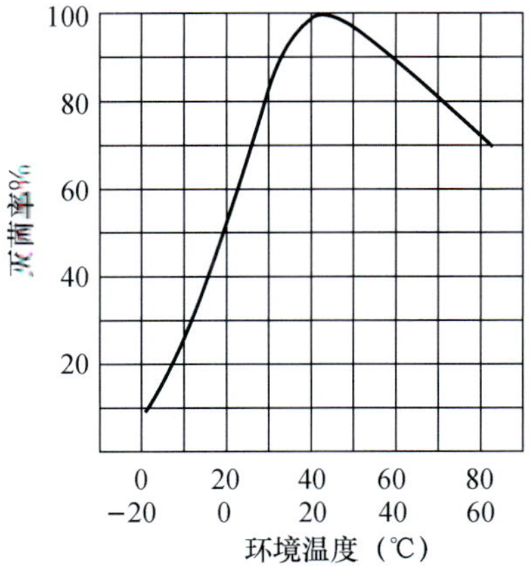

图 19-2 环境温度对灭菌率的影响

在国际空间站中应用的就是紫外线杀菌，被称作“阿尔法”的杀菌系统，“阿尔法”系统能够发出 200～400nm 的紫外线，杀菌效率接近 100%，微生物难以从这个系统中逃生。

（三）低温等离子体杀菌

等离子体（Plasma）是一种以自由电子和带电离子为主要成分的物质形态，广泛存在于宇宙中，常被视为是物质的第四态，被称为等离子态。等离子体是具有较高位能和动能的气体团，其总带电量呈中性，借助电场或磁场将外层的电子击出，使电子不再被束缚于原子核，而成为高位能、高动能的自由电子。

等离子体灭菌技术是消毒学领域近年来发展迅速的物理灭菌技术，这种技术的起源可以追溯到 20 世纪 60 年代——在 1968 年，等离子体消毒设备被成功研制。近年来等离子体杀菌技术迅速发展，不仅无残留、无损伤，而且低温、高效，能快速杀菌，可同时对自然环境及人工杂菌环境进行杀菌。等离子体杀菌的原理是活性粒子与细菌的蛋白质、核酸等物质发生氧化反应，使其变性死亡，且高能的粒子也可直接击穿细菌。

二、挥发性有机物的控制

除了空气中的微生物，空气中的 VOC 及其他有毒气体也对人体有害，可引起咳嗽、哮喘和各种过敏的反应，严重影响宇航员的身体健康，甚至会成为细菌生长的食物来源。VOC 的定义是沸点低于 260℃、室温下饱和蒸气压超过 133.32Pa 的易挥发性化合物。在空间密闭环境下，VOC 的来源广泛，成分复杂，主要是从密闭容器逸出的物质、燃烧产物、有毒推进剂、大量应用的功能物质（如润滑剂）和人的代谢物等。从阿波罗时代人们就已经注意到空间密闭环境中 VOC 的问题，进行了针对性的去除[5-6]。

（一）低温等离子体技术

低温等离子体技术是指在一定条件下使气体分子离解和电离。因为等离子体内富含大量活性粒子如离子、电子、激发态的原子和分子及自由基等，所以它们具有较强的反应活性，能够与 VOC 分子发生一系列的物理化学反应，使有害的 VOC 转化成无害的物质，被高能电子裂解、激化的分子在臭氧和氧等离子体的作用下，被氧化成 CO_2、CO 和水。低温等离子体技术是一种能耗低、效率高、无二次污染的新型处理技术，流程图如图 19-3 所示。

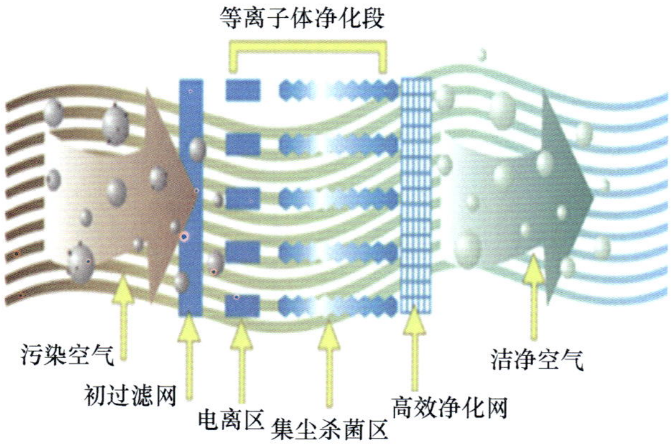

图 19-3 低温等离子体净化流程图

（二）光催化氧化法

光催化氧化法是指在光（通常是紫外光）的作用下，进行的光化学反应，能够去除 VOC。分子吸收特定波长的电磁辐射，受激产生分子激发态，然后高反应活性的激发态与 VOC 分子发生化学反应，转化为 CO_2，水及无机小分子等无害物。常用光催化剂是金属氧化物 TiO_2，TiO_2 光催化氧化 VOC 的原理如图 19-4 所示。TiO_2 光催化具有多方面的优点：①稳定性高，催化活性高；②能使有机物质完全分解而不产生二次污染；③可以在常压下操作，减少了操作困难；④不需要大量消耗除光以外的其他物质，可以降低能耗和原材料的消耗。随着纳米技术的发展，将 TiO_2 加工成纳米尺寸，即粒径介于 1～100nm，则可提高其比表面积，能够进一步提高催化活性。

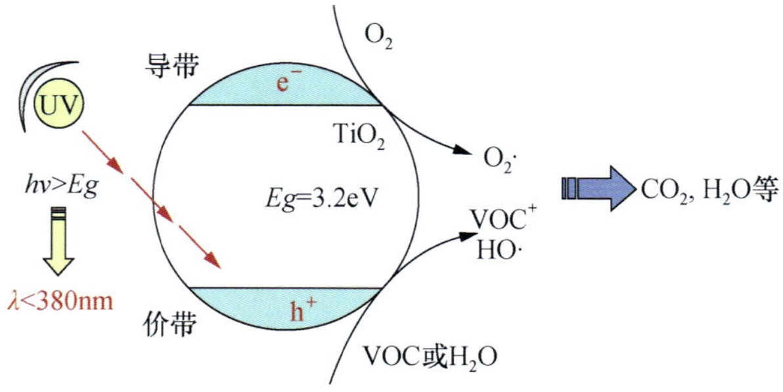

图 19-4 光催化氧化降解 VOC 原理图

（三）吸附法

吸附是一种固体表面现象，将含有 VOC 的气体与多孔性固体吸附剂接触，使其中的一种或几种组分，在分子引力或化学键力的作用下，积聚或凝缩在固体表面，从而达到分离的目的。吸附法去除 VOC 过程如图 19-5 所示。吸附法是去除 VOC 及其他有害气体所应用最为广泛的方法。具有效率高、无污染、能耗低、富集功能强、适用气体广泛等优点。常用的吸附剂有活性炭颗粒、活性炭纤维、炭纳米管、沸石、多孔黏土矿石、多孔分子筛、硅胶及活性氧化铝等。其中以活性炭颗粒及活性炭纤维最常用。吸附法对 VOC 种类具有选择性，光催化法过程中易产生有害的中间产物，沉积在催化剂表面降低催化效率。因此，若将吸附剂上负载光催化剂，比如纳米 TiO_2，不但大大提高 VOC 的净化效率，而且还使得活性炭在使用过程中实现原位再生，两者相互促进，实现 VOC 降解的良性循环。

在国际空间站中，通过主动（挥发有机物分

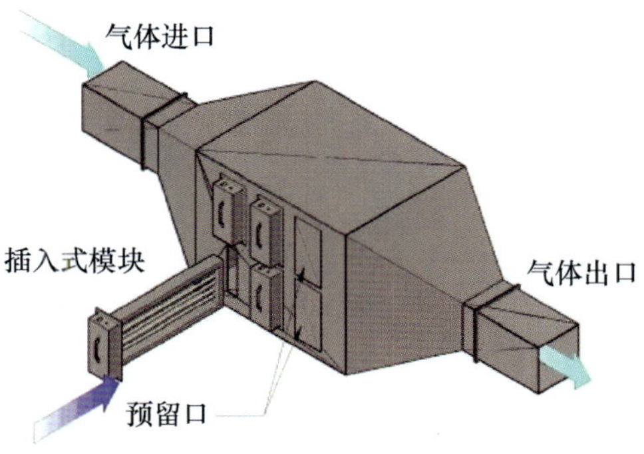

图 19-5 吸附法除 VOC 示意图

析器）和被动（HEPA 过滤）控制能够有效地控制空间站里的 VOC。利用活性炭、高温/常温催化氧化、化学吸附来去除舱室中痕量的污染物。“命运号”实验舱在痕量污染物控制单元（Trace Contaminant Control Subassembly，TCCS）启动后不仅使舱室中的甲烷含量＜10mg/m^3，远低于飞船最高容许浓度（3800mg/m^3），VOC 其他成分如醇、有机硅烷、酮、碳卤化合物、氢气、一氧化碳等，也能达到标准[7]。

第三节　空间微生物的固定相控制

空间微生物对空间材料和设备造成严重危害。研究表明，在微重力作用下材料表面黏附的细菌数有所降低，但没有材料能够完全去除细菌。微生物几乎能够附着在所有的材料表面，使之成为生长繁殖的场所，尤其是一些表面附着冷凝水的部位，以及湿度较大且通风不畅的设备。微生物可能会分解有机聚合材料，破坏金属材料，腐蚀管路，加速一些设备和元件的腐蚀，严重威胁着仪器平台的安全远行。

航天员要定期对空间站内部表面进行消毒，擦拭空间站内部金属表面，并每周大扫除一次。所有这些消毒清扫措施将能够很好地清理空间站内部有限的生存空间，创造良好的工作和生活环境，保证宇航员身体健康，保证空间站飞行安全。

一、物理控制

在微生物的源控制、流动相控制中提到了很多物理方法，在固定相也同样适用。比如利用电离射线（包括紫外线、γ 射线和 X 射线）或超声波处理。一般紫外线在 260nm 波长附近有很强的辐射，而这个波长恰好能为核酸所吸收，因而延长照射时间就能杀死细菌；γ 和 X 射线则能使细菌细胞的 DNA 链中两个相连的胸腺嘧啶发生共价连接，使其复制发生错误，从而致死。其原理这里就不再赘述。另外，用超声波或放射线处理也可杀死细菌。

二、化学药剂控制

常用的化学抗菌剂分为天然抗菌剂、有机抗菌剂和无机抗菌剂三大类。有机抗菌剂是应用最广泛的抗菌剂，品种较多，其最主要的优点就是作用速度快。但是有机抗菌剂对微生物的抑制作用具有一定的特异性，抗菌谱窄，而且耐热性差，不利于抗菌产品的加工。天然抗菌剂是人类使用最早的抗菌剂，主要来自天然植物的提取，其热稳定性不好。传统的有机抗菌剂和天然抗菌剂在耐热性、抗菌持久性、抗菌广谱性等方面存在不足，而无机抗菌剂在抗菌持久性、抗菌广谱性、化学稳定性、耐热性、安全性和抗耐药性等多个方面都有了极大改善，具有广阔的应用前景[8]。

（一）天然抗菌剂

天然抗菌剂具有对人体无毒、对环境友好、来源丰富等特点，根据来源可分为植物源类、动物源类、微生物源类及矿物源类。植物源类天然抗菌剂有桧柏油、芦荟、石榴皮、甘草、艾蒿、大蒜、金银花等；动物源类天然抗菌剂主要有天然肽类、大分子糖类及蛋白质类；微生物源类天然抗菌剂主要有细菌素、抗生素；矿物源类天然抗菌剂有胆矾、雄黄等。

（二）有机抗菌剂

有机抗菌剂种类繁多，目前，常用的主要有季铵盐类抗菌剂、卤代胺类抗菌剂、胍类抗菌剂[9-13]。

1. 季铵（磷）盐类抗菌剂

季铵盐类抗菌剂具有高效、低成本等特点，从化学结构来看有单季铵盐类、双季铵盐类、可聚合及聚合物类的季铵盐等。季铵盐类抗菌剂的抗菌机制研究相对成熟，抗菌剂与微生物的细胞膜中的负电荷存在静电相互作用而黏附在一起，侵入细胞膜从而溶解细胞膜。此外，季铵盐中的抗衡离子能够释放细胞内部的阳离子（如 K^+），即达到抗菌目的。

季磷盐类抗菌剂与季铵盐类抗菌剂的机制类似，核心元素 N、P 位于元素表的同一主族。从结构分析，氮原子比磷原子的离子半径小，磷原子极化作用更强，使得带负电荷的细胞膜与季磷盐更易结合。由于 P 的电负性比 N 弱，相比于季铵盐类抗菌剂，季磷盐类具有更稳定的结构，适用范围更广。

2. 卤代胺类抗菌剂

卤代胺类化合物及其材料具有持久的稳定性、无毒、广谱抗菌以及可循环使用的特点。卤代胺杀菌过程中，卤代胺基团中的卤素正离子被氢原子取代而消耗掉，抗菌活性消失，但是可以利用漂白粉活化后循环使用。

3. 胍类抗菌剂

胍及其衍生物均有优异的抗菌性能，是一类水溶性良好的阳离子聚合物，对于革兰氏阴、阳性菌种均有高抗菌性，且对环境友好。胍类抗菌化合物的抗菌机制是胍类抗菌基团破坏了细菌的细胞膜，引起细菌细胞质的泄漏，达到灭菌的效果。

4. 有机金属类抗菌剂

主要指有机锡类化合物，有机锡化合物对生物体及环境的毒副作用比较大，其使用受到一定限制。其抗菌机制一般认为，有机锡在能量传送、溶质的运输保留及氧化底物等生理过程均有具有抑制作用，使细菌中的酶及辅酶因子丧失作用，破坏了细菌等微生物的正常新陈代谢，达到抗菌效果[14-15]。

5. 喹喏酮类抗菌化合物

具有广谱抗菌、高效抗菌、耐受性好、低毒及药物动力学性能好等特点。喹喏酮类抗菌剂的作用机制可从分子水平解释，细菌体内存在的拓扑异构酶Ⅱ、拓扑异构酶Ⅳ均是氟喹喏酮类抗菌剂的作用靶位。喹喏酮类药物与拓扑异构酶及 DNA 三者相互作用构成三元复合物，从而改变拓扑异构酶的构型，抑制 DNA 的发挥正常的复制及转录作用，导致细菌死亡[16]。

（三）无机抗菌剂

无机抗菌剂主要是指具有抗菌性金属（Ag，Hg，Cu，Zn 等）及其化合物与载体结合形成的一类抗菌剂，最常用的载体包括活性炭、蒙脱土、沸石、硅胶、棉织物及陶瓷等。金属类抗菌剂的抗菌机制主要认为是抗菌剂与细菌接触后，带正电荷的金属离子凭借库仑力牢牢地吸附在含负电荷的细胞膜上，金属离子进一步穿透细胞壁后，与含有巯基（-SH）、氨基（$-NH_2$）等官能团的酶、核酸发生反应，导致酶丧失活性、蛋白质凝固而使细胞死亡，进而发挥了其抗菌性能。重金属对微生物的毒性大小有如下顺序：Ag＞Hg＞Cu＞Cd＞Cr＞Ni＞Pb＞Co＞Zn。

尽管人们对于抗菌剂的研究非常广泛，种类繁多，但由于空间环境的限制，能够进行空间应用的选择是比较有限的。目前应用于太空舱内物体表面杀菌的方法主要采用化学药剂消毒法，如：美国采用碘酊，而俄罗斯采用过氧化氢消毒。早在 1996 年，NASA 的 Verostko 等人利用电化学反应在水溶液中原位制得过氧化氢，其浓度达到了 6500mg/L，并研究了它的抗菌性能，结果显示它能够高效杀菌性和无化学残留，故备受人们的青睐[17]。

三、材料改性控制

尽管空间环境限制了抗菌剂的选择和直接应

用，但将抗菌剂或者官能团与材料通过物理共混或共价键方式引入到材料内部或表面，均可得到抗菌材料，提高材料的抗菌性能。实验表明聚合材料上微生物的菌落数是金属材料上的10倍，而聚合材料在空间站上的使用是不可避免的。因此，在尽可能减少其用量的同时，还需要对其进行抗菌防霉处理[18]。

Morgan Alexander 等人认为细菌黏附和生物膜形成是细菌感染的关键步骤[19]。他们试验了上百种高分子材料，发现含有酯基和环烷基基团的物质能够降低致病菌的黏附。这种"不黏菌"高分子材料的表面细菌覆盖面积比商业化的含银水凝胶层表面少30倍，在老鼠体内也同样能有效地降低细菌黏附。

Holtsnider 等人利用共价键连接将抗菌试剂与基体进行连接，其中成功被固定的抗菌试剂有抗生素、酶、细菌素、细菌杀剂、真菌杀剂；基体材料有铝、玻璃、防腐镍合金、钛、聚四氟乙烯，中间运用了多种化学连接方式，使得材料具有高的抗菌活性[20]。2011年，肯尼迪中心的Barrios 等人试验了在聚二甲基硅氧烷和丙烯酸高分子中加入抗菌剂，并通过压印得到表面粗糙的拓扑结构来仿生自然界中的抗菌性质——这是一种"新的抗菌方案"。有机抗菌剂具有快速杀菌的效果，但是通过简单的物理共混非常容易造成杀菌剂的流失。通过化学接枝聚合[21-22]等方式将杀菌剂共价连接在有机高分子表面，得到的抗菌材料，大大提升了材料的杀菌性能稳定性。

对空间材料进行涂层保护又是一种操作性很强的做法，大体上分为非金属涂层和金属涂层：金属涂层一般涂覆具有抗菌能力的金属或金属氧化物，非金属涂层一般为对材料表面进行喷涂高分子涂料[13,17-18]。研究表明，纳米银、氧化锌等对细菌等微生物有抑制和杀灭作用。北京航空航天大学的高龙成等人针对金属腐蚀提出了利用纳米银复合含氟高分子涂层进行抗腐蚀杀菌的策略。针对硅橡胶的腐蚀，利用纳米银，提高其杀菌性能，得到体相抗菌材料。以具有强烈腐蚀性的鞘氨醇单胞菌和少动鞘氨醇单胞菌两株空间下行菌作为抗菌对象，测试银纳米复合材料的杀菌性能，发现复合材料涂层及硅橡胶对两株菌具有优异的杀菌效果。

总之，微生物是空间长期在轨运行过程中的重要污染因素之一。它不但危害在轨航天员的生命健康，而且能够腐蚀材料表面，导致舱内设备的功能失效。开展微生物控制工作对于保障空间密闭舱室正常运行和功能发挥至关重要。对微生物污染危害和微生物传播途径的充分了解，有助于对微生物进行源控制、流动相控制和固定相控制的制订综合控制策略。

微生物是地球生态环境中种类最多、环境适应性最强的生物。在国内外载人飞行器环境中，均发现了大量微生物的存在。尽管这些处于空间环境中的微生物对载人飞行任务带来了一定的危害，但要完全隔离微生物，使空间环境处于无菌环境状态是很难实现的。因此，微生物的防控不是微生物越少越好，而是要结合飞行环境的特点，考虑飞行任务的时间周期，产品使用工况，在轨运行环境等诸多因素，从以下角度出发：①微生物数量在允许范围内；②不会影响产品的功能和结构；③不会对液体工质造成污染。

因此在实际操作过程中，需要采取预防措施。特别是在设计阶段制定微生物控制的总体方案，并制定相应的技术要求和控制标准；在研制过程中提出分系统中各产品相应的微生物防护方案和措施，包括产品的使用模式设计，材料选用，生产、运输、试验环境和人员控制等。在轨运行过程中，需要采取在轨微生物监测和必要的微生物控制措施防止在轨环境中的微生物大量繁殖，主要包括改善舱内温湿度环境和通风流场，表面消毒灭菌，工质水的微生物过滤和灭菌，空气环境中的微生物去除等。通过这些措施，达到控制在轨舱内微生物水平在要求范围之内的工作目标。

参考文献

[1] Pierson DL. Microbial contamination of spacecraft.

Gravit Space Biol Bull，2001；14（2）：1-6.
[2] Ott CM，Oubre CM，Elliott TF，et al. Next Generation Microbiology Requirements. NASA/JSC-CN-25555.
[3] Birmele MN，McCoy LE，Roberts MS. Disinfection of spacecraft potable water systems by passivation with ionic silver. NASA/KSC-2011-153.
[4] Xu P，Kujundzic E，Peccia J，et al. Impact of environmental factors on efficacy of upper-room air ultraviolet germicidal irradiation for inactivating airborne mycobacteria. Environ Sci Technol，2005，39（24）：9656-9664.
[5] James JT. Managing Toxicological Risks：The Legacy of Shuttle Operations. NASA/JSC-CN-24743.
[6] 许仲麟. 空气洁净技术原理. 第3版. 北京：科学出版社，2004.
[7] Perry JL，Peterson BV. Cabin Air Quality Dynamics On Board the International Space Station. NASA/SAE-2003-01-2650.
[8] 李炜罡，吕维平，王海滨，等. 抗菌材料进展. 化工新型材料，2003，31（3）：7-10.
[9] Son YA，Kim BS，Ravikumar K，et al. Imparting durable antimicrobial properties to cotton fabrics using quaternary ammonium salts through 4-aminobenzenesulfonic acid-chloro-triazine adduct. Eur Polym J，2006，42（11）：3059-3067.
[10] Hook AL，Chang CY，Yang J，et al. Combinatorial discovery of polymers resistant to bacterial attachment. Nature Biotechnol，2012，30（9）：868-875.
[11] Kocer HB，Cerkez I，Worley SD，et al. N-Halamine copolymer S for use in antimicrobial paints. ACS Appl MaterInterfaces，2011，3（8）：3189-3194.
[12] Kocer HB，Cerkez I，Worley SD，et al. Polymeric antimicrobial N-halamine epoxides. ACS Appl MaterInterfaces，2011，3（8）：2845-2850.
[13] 亢真真，焦玉超，张冰，等. 卤胺抗菌材料的研究和应用. 上海师范大学学报，2012，41（5）：540-550.
[14] Bharathi NP，Alam M，Shreaz S，et al. Synthesis，characterization and biological studies of oil based tin polymer. J Inorg Organomet Polym Mater，2009，19（4）：459-465.
[15] Cooney JJ，Wuertz S. Toxic effects of tin compounds on microorganisms. J IndMicrobiol，1989，4（5）：375-402.
[16] 林东，王明贵. 喹诺酮类抗菌药的研究进展. 新医学，2007，38（1）：49-50.
[17] Akse JR，Atwater JE，Schussel LJ，et al. In situ hydrogen peroxide generation for use as a disinfectant and as an oxidant for water recovery by aqueous phase catalytic oxidation. 26th International conference on environmental systems，Monterey，California，July 8-11，1996.
[18] 孙伊，刘红. 密闭舱室内微生物污染问题及其防控体系. 载人航天，2014，20（6）：543-549.
[19] Novikova N，De Boever P，Poddubko S，et al. Survey of environmental biocontamination on board the International Space Station. Research Microbiol，2006，157（1）：5-12.
[20] Johnson LB. Methods of Antimicrobial Coating of Diverse Materials. NASA/MSC-23467-1.
[21] Guan Y，Xiao HN，Sullivan H，et al. Antimicrobial-modified sulfite pulps prepared by in situ copolymerization. Carbohydr Polym，2007，69（4）：688-696.
[22] Qian L，Xiao H，Zhao G，et al. Synthesis of modified guanidine-based polymers and their antimicrobial activities revealed by AFM and CLSM. ACS Appl MaterInterfaces，2011，3（6）：1895-1901.

（高龙成　谢琼）

第四篇

空间制药微生物学

第二十章　空间微生物制药研究概况

一、空间微生物制药的定义与研究意义

1. 空间微生物制药的定义

外层空间，又称外太空、宇宙空间，简称空间、外空或太空，指的是地球大气层及其他天体之外的虚空区域。与真空有所不同的是，外层空间含有密度很低的物质，以等离子态的氢为主。其中还有电磁辐射、磁场等。理论上，外层空间可能还包含暗物质和暗能量。国际航空联合会定义在 100km 的高度为卡门线，为现行大气层和太空的界线定义。目前的载人航天活动主要集中在距地面 500km 以内的近地球轨道上[1]。空间环境十分复杂，具有地面环境中所不具备的一些特殊环境因素，包括微重力、高真空、强辐射、弱磁场、极端温差等特点[2]。空间微生物制药是将代谢物可用于制药工艺的微生物搭乘宇宙飞船、返回式卫星或高空气球送到太空，利用太空特殊的环境诱变作用，使微生物产生变异，并在其返回地面后进行培育、筛选，最终获得生产性能优良的微生物菌种的育种新技术。

2. 空间微生物制药研究的意义

随着我国载人航天事业的发展，2022 年左右完成空间站建设。空间站体现了多学科交叉和整合，对国家安全、空间防御和空间生命科学研究起着至关重要的作用，其最终目标是利用太空资源服务于全人类。太空环境异常复杂，包括高真空、极端温度、弱磁场和粒子辐射等。这些复杂的综合环境给人类提供了一个在地面上根本无法模拟的条件，预示着太空实验特别是生物实验将出现地面上无法实现的成果。

近年来，我国的空间生命科学在制药领域、特别是在生物制药领域迈出了一大步。空间生物制药是航天科技与制药技术相结合的一门高新技术，成为航天技术应用于制药行业的重要课题。其主要特点是利用空间环境的高辐射、微重力、高真空、弱磁场、高洁净及对流等资源，对搭乘太空飞行器的植物、微生物和细胞等进行太空诱变育种，提高某些基因的突变频率，最终获得性状更优良的新品种。生物药物发展很快，全世界的医药制品已有一半是生物合成的，特别是合成分子结构复杂的药物时，它不但比化学合成简便，而且有更高的产量和活性。生物药物主要有蛋白质、核酸、糖类、脂类等。这些物质的组成单元分别为氨基酸、核苷酸、单糖、脂肪酸等。

由于太空的特殊环境，太空育种具有明显的优势和重要的意义。采用返回式空间飞行器，将生物制药菌种或细胞送入太空，在地面难以模拟的空间环境下，促进菌种或细胞的生长和变异，取得地面上无法获得的诱变效果。并且在返回地面后进行培育、筛选，从而得到生产性能优良的工程菌种或细胞，形成规模化生产。也可以利用空间微重力的有利条件，对粗加工的药品进行深加工。有些药物的地面生产能力非常有限，造价昂贵，可利用微生物和动植物细胞的航天搭载技术获得产量更高、性状更好的药物。当前，我国载人航天的蓬勃发展，为空间生物制药提供了难得的实验平台，利用太空特殊的理化环境进行微生物诱变筛选，得到生物制药产量和质量显著提高的工程菌，具有重要的经济和社会意义。

抓住“载人航天和空间站建设”的契机，以空间环境对微生物的作用和机制研究为主线，综合运用空间生命科学、组学、微生物学、物理力

学、药学、生物信息学和医学等交叉学科的科学理论及先进技术，通过对生物菌株空间诱变后的研究筛选，获得分泌水平更高、发酵周期更短的有益变异菌，从而降低生物药物开发成本，改善工艺，提高质量纯度，为生物药物的部分品种开发注入强有力的市场竞争力，降低产品价格，减轻国民消费成本，保障人类健康。

二、空间微生物制药的发展现状

生物技术药物主要有蛋白质、核酸、糖类、脂类等，主要采用生物合成的方法进行生产。生物合成技术发展很快，目前全世界的医药制品很多是生物合成的，特别是合成分子结构复杂的药物时，它不但比化学合成简便，而且有更高的产量和活性。生物合成技术的关键是要获得性能优良的菌种、细胞株或动植物品种。太空环境存在着极端的物理条件，是一种地球上无法比拟的特殊诱变源，它可造成细菌的生长、生物学性状以及遗传代谢等方面发生一系列不可捉摸的变化，具有有益的变异多、变幅大、稳定性好等特点[3]。利用这些地面上难得的环境条件，可进行许多地面上难以进行的科学实验，生产地面上难以生产的特殊材料、昂贵药品和工业产品等。已有不少文献报道通过对各种微生物进行太空诱变及筛选后，得到次级代谢产物产量明显提高且其遗传性保持稳定的高产菌株[4]。

目前在空间制药研究方面国外以美国居多。1984 年，美国航天教育处太阳能辐射研究中心将黑曲霉放置在太空长期飞行器中，于 1990 年取回，进行发酵，发现单宁酸酶产生率及活性大幅度提高。1996 年，美国科研人员将棕黑腐质霉送入太空 10d 后，发现单孢菌素的产量由地面的 8.21 ± 2.2μg/ml 增加到 23.8 ± 3.3μg/ml[5]。2001 年美国航天飞行任务 STS-80 搭载的褶皱链霉菌在天空飞行 17d 后抗生素（放线菌素 D）产量由地面菌株的 0.47μg/ml 提高到 1.02μg/ml[6]。这些菌一旦被应用于药物生物合成工艺生产，有望提高药物的产量。据称，美国已选出 20 种每克价值 140 万～3000 万美元的药物，并准备投入空间生产，预计在不久的将来会形成一个价值约 600 亿美元的空间制药业[7]。

我国的空间生命科学研究在制药领域、特别是在生物制药领域刚刚起步，但也取得了一些成就。如方晓梅等[8]研究发现，弗氏链霉菌经太空搭载后，泰乐菌素的产量提高了 91.5%；中国科学院遗传所搭载的棘孢小单孢菌（*M. echionospora*），其庆大霉素效价增高了 27% ～ 37%[9]。2011 年本研究团队通过“神舟八号”飞船将工程菌大肠埃希菌送入外太空飞行 17d 返回后发现 α1b 干扰素的产量明显提高[3]。在“神舟十号”飞船的微生物搭载实验中，本研究团队发现，经太空诱变育种 15d 后，可分泌赖氨酸肽链内切酶的产酶溶杆菌产量提高了 17.2%～40.2%，发酵周期缩短了 48h，而且得到的高产菌株经传代培育 15 代后，上述表型特征稳定性良好。而赖氨酸肽链内切酶可用于胰岛素的生物合成，将该菌用于放大工艺生产后，在一定程度上可降低胰岛素的费用。2011 年 12 月本团队组织国内 50 多家企业和研究机构召开了首届空间制药战略研讨会（图 20-1），讨论空间制药社会效益、经济效益及未来发展方向。空间生物制药是航天科技与现代生物制药技术结合的一门高新技术。近些年来，我国航天事业喜报频传。首先是 2003 年的“神舟五号”载人航天成功飞行，再后来就是 2007 年的“嫦娥一号”探月工程，直到 2012 年“神舟九号”成功完成与“天宫一号”载人交会对接。空间生物医学的出现与载人航天密切相关，但随着人们认识的不断深入，它所研究的范畴已不仅仅局限于此，而是要比这领域广阔得多。除了载人航天，还有生物搭载、空间制药、生物育种、太空旅游等研究课题，并更加注重研究成果的实际应用。空间生物制药是当代空间技术发展的产物，通过空间诱变引起表型发生改变，产生新的遗传变异，返回后再经地面筛选，培养出高产、优质的生物新品种、新品系和效价高、品质优的生物制剂种子。

图 20-1 首届空间生物制药战略发展研讨会

三、空间微生物制药的机制

通常，在空间环境下，微生物的生存和生长将受到抑制[10-11]。有研究显示，飞船内的微生物较地面生长缓慢[6]。说明太空环境对细菌的生存和生长是一个严峻的考验。面对恶劣的环境，细菌通过不断改变自己的形式来适应环境的变化，在此过程中，细菌的变异过程会加速，变异类型也会更丰富。由于太空环境存在多种极端的物理条件，这些因素均可造成微生物发生变异。空间诱变的机制较为复杂，目前认为在这个过程中主要由空间辐射和微重力发挥作用[12-16]。太空环境中的 X 射线、γ 射线、质子、中子等高能粒子辐射可引起微生物的 DNA 损伤，包括 DNA 单链、双链断裂[17-18]、DNA 与 DNA 或者蛋白质交联[19]、基因突变、染色体畸变等。尽管微生物自身会对 DNA 损伤进行一系列的修复活动[20]，但若出现错误修复，损伤未完全修复，或者未修复，就会表现出表型改变[21]。

在太空环境下，各种物体都处于微重力状态。而微重力引起遗传物质的改变。Chopra 等[22]使用双向凝胶电泳检测方法研究模拟微重力对大肠埃希菌和鼠伤寒沙门菌蛋白表达的影响，他们通过 Northern Blot 方法发现暴露于模拟微重力的产肠毒素大肠埃希菌编码毒力因子 LT-1 的基因发生上调。而 Wilson 等[23]在细菌 mRNA 水平研究发现，与鼠伤寒沙门菌细菌毒力相关的基因（*orgA*，*prgH*，*sipD*，*invI*，*invA*，*pigB*，*sseB*，*ssaL*，*ssaV*，*sseJ*）在微重力环境干预后发生下调，并通过 4 种独立的微点阵分析软件程序去除背景干扰后，更真实地反映模拟微重力暴露的沙门菌基因表达情况，发现有 22 种基因发生变化，其中有 9 种出现上调，13 种出现下调，表达下调的基因也包括多种转录调节和毒力基因。Wilson 等[24]发现伤寒沙门菌暴露于空间微重力环境一段时间后，167 条基因表达发生了改变，如调控因子 Hfq，这些变化导致了该菌对小鼠的半数致死量明显降低，即该菌的毒力发生了明显增强。最近研究人员对暴露在航天飞船中的铜绿假单胞菌进行转录组和蛋白质组学研究后也发现 Hfq 的表达下调，但受其调控的很多基因包括毒力相关基因如 *lecA*，*lecB* 和 *rhlA* 等的表达明显上调[25]。

四、目前空间微生物制药的技术策略

立足于“天宫一号”“天宫二号”及“神舟”系列飞船的搭载平台，以空间环境对微生物的作用和机制研究为主线，综合运用空间生命科学、组学、微生物学、物理力学、药学、生物信息学和医学等交叉学科的科学理论及先进技术，全面检测微生物空间环境改变的现象并明确其变化规律，特别是生物工程菌诱变的分子机制；深入阐明生物工程菌感知空间环境以及在空间环境中变化的分子机制，同时基于空间微生物学研究探索空间生物制药及平台的搭建。获得分泌水平更高、发酵周期更短的有益变异菌，降低生物药物开发成本，改善工艺，提高质量纯度，为生物药物的部分品种开发注入强有力的市场竞争力，降低产品价格，减轻国民消费成本，有益于人类健康。

1. 预实验研究不同培养基状态对菌株存活率的影响

预研究主要对不同的培养基状态、培养基配方、培养基装量、培养条件等进行模拟试验。通过地面进行模拟，模拟结束后，对存活率进行研究，选择最适的培养基及条件，以保证后续空间诱变试验的顺利开展。

2. 空间环境所致存活率及对菌株的菌落和显微形态的影响

研究空间环境诱变的存活率：以地面静置组为对照，通过平板法考察空间环境诱变对菌株的存活率的影响。

观察空间环境诱变后菌株的菌落形态变化情况：以地面静置组为对照，通过平板法考察空间环境诱变后菌株的菌落形态变化，包括菌落形状、大小、色泽、黏度、边缘轮廓等菌落特征观察。

观察空间环境诱变后菌株的显微形态变化情况：以地面静置组为对照，将空间诱变后的菌株稀释至合适的浓度后制备涂片，经染料染色后通过显微镜成像观察其细胞形态与对照组的差异情况。

3. 空间环境对分泌能力及发酵周期及对活疫苗菌株的关键免疫组分表达的影响

考察空间环境诱变对分泌能力及目标产物产量、活性变化的影响；挑选单菌落接种至摇瓶，培养后对分泌的目标产物进行检测达到初步筛选的目的。筛选时以地面静置组为对照，多批次初筛结束后，对所筛选的单菌落进行综合分析判断，考察空间环境诱变对菌株分泌目标产物能力的影响程度，如正向突变、负向突变或等性突变；同时，通过细胞模型分析目标产物的表达量及活性，分析活疫苗菌株的关键免疫组分的表达情况；关键免疫组分表达增强的活疫苗菌株的免疫效果分析。

考察空间环境诱变对发酵周期的影响；挑选单菌落接种至摇瓶，培养过程中不同周期对所分泌的目的产物进行监测。以地面静置组为对照，更快达到分泌稳定期的菌株视为发酵周期缩短的菌株。多批次初筛结束后对所筛选的单菌落进行综合分析，评估空间环境诱变后菌株发酵周期的变化情况。

初步筛选结果的稳定性验证；对前面两步中得到的同一批次和不同批次表现突出的菌株（分泌能力提高或发酵周期缩短，或两者兼具备），再次接种至摇瓶，考察筛选结果是否与初筛时保持一致。

多层次筛选，最终获得有益变异菌株。综合以上摇瓶初筛和复筛的结果，对实验数据进行整理和分析，确定分泌能力提高、发酵周期缩短的有益突变菌株，并进行后续研究。

4. 有益变异菌株的稳定性研究

研究变异菌株的传代稳定性：对所获得的有益变异菌株进行传代，每更换一次培养基视为增加一代，传代次数不低于 10 代。并对有益变异菌株每增加 3～5 代次的菌株分泌能力、发酵周期情况等进行考察，分析其在传代过程中的稳定性，评估其放大生产的适用性。

分析变异菌株的增殖动力学：对分泌产物能

力提高、发酵周期缩短或两者兼具备的有益变异菌株，进行增殖动力学检测，同时，根据实验数据绘制增殖动力学曲线。以地面静置组为对照，考察有益变异菌株的增殖动力学变化情况。

鉴别研究变异菌株的身份：利用生物学相关软件设计菌株特征性 rDNA 相应引物，通过 PCR 扩增特征 rDNA 基因片段。对扩增产物进行电泳鉴定，并对目的条带进行纯化回收。回收产物送至专业 DNA 测序单位进行测序，最后利用基因组学相关数据库资源对测序结果进行分析比对，鉴定变异株身份是否发生变化。

研究有益变异菌的稳定性及基因组学和蛋白质组学：针对从大量克隆中筛选出的有益变异菌，进行基因组学和蛋白质组学分析以揭示稳定有益变异菌的变异特征，解释其表型变化的可能机制。

5. 建立高通量筛选平台

在目前已有的实验基础和条件下，通过配备高通量筛选的先进仪器设备，从培养器皿、培养基配方、培养温度、培养 pH 值、接种量、培养基装量、溶氧等方面着手摸索和开发一系列高通量筛选的实验方法，建立自动化、标准化、先进的高通量筛选平台，提高菌株筛选的准确性，增大筛选的通量，降低筛选的人力、物力成本，加快课题的研发进展，全面提高我国空间生物菌株诱变的筛选水平。

6. 有益变异菌株的保藏与活化

对所获得的有益突变菌株，选择合适的培养基、保护剂、保藏容器以及保种方式进行长期保藏，至少选择两种保藏方式，如－80℃低温保藏或液氮超低温保藏。同时，对菌株的复苏条件和方式进行研究，并对复苏后的菌株活力、分泌目标产物的能力以及发酵周期进行长期持续监控。

7. 有益变异菌株的放大工艺

将以上研究所获得的有益变异菌株，经一系列纯度、生理生化特征鉴定、表型以及基因型等检测合格后，建立两级细胞库，包括主细胞库和工作细胞库。然后，对所建细胞库进行全面检定，检定合格后，考察其放大生产能力。细胞库菌种经扩培后，接种至发酵罐，考察其在罐上放大生产的能力。同时在发酵罐条件下进一步优化培养条件，提高产能。

8. 目标产物的获得

有益变异菌株经发酵罐培养后，收集菌液进行离心。离心后得到的上清液经过初步分离和纯化得到粗产品，再经过进一步的精细纯化工艺进行条件摸索，如填料、分离方法、上样量、pH 值、离子强度、洗脱液等，得到纯度更高的目标产物。最后将纯度较高的目标产物进行冻干和分装，得到能稳定保藏的有活性的目标产物。

9. 目标产物的工艺研究

对所获得的目标产物用于生物制药领域产品的工艺开发，考察其对药物生产工艺的影响及在药物工业化大生产中应用的可行性。在工艺开发过程中，综合考虑目标产物的反应特异性、反应所需的用量及作用的 pH 值范围等，对目标产物最终在生物制药领域的应用进行评估。

10. 中试生产

若以上研究取得突破性进展，获得较为理想的结果，将进一步建立中试车间，对有生物制药应用价值的有益变异菌株进行中试规模的放大。

五、空间微生物制药存在的问题及发展方向

空间微生物制药以其独特的优点，在未来生物制药领域具有广阔的应用前景。目前尽管利用空间环境诱变育种开展微生物制药取得了一些成就，并且对空间诱变的机制有一定的了解，但却无法控制变异的方向，只能是随机发展。如何利用太空资源进行定向甚至定点突变仍是当今世界的科学空白区，等待着科学家们去做进一步的探索。

只有通过样品返回地面后进行大规模筛选才能得到有益突变菌株，而目前这些筛选工作还处于“劳动密集型”阶段，需要耗费大量的人力、物力和财力才能获得部分高产菌株。如何设计突

变菌株高通量筛选平台，甚至实现“集约化”筛选，使有益突变菌株的筛选更便捷、全面，也是摆在我们面前的一个难题。

参考文献

[1] 陈振鸿，刘长庭. 太空环境对细菌的影响及作用机制. 解放军医学院学报，2014，35 (7)：763-765.

[2] Hotchin J，Lorenz P，Hemenway CL. The survival of terrestrial microorganisms in space at orbital altitudes during Gemini satellite experiments. Life Sci Space Res，1968，6：108-114.

[3] Wang J，Liu C，Liu J，et al. Space mutagenesis of genetically engineered bacteria expressing recombinant human interferon α1b and screening of higher yielding strains. World J Microbiol Biotechnol，2014，30 (3)：943-949.

[4] 田兴山，张玲华，郭勇，等. 空间诱变在微生物菌种选育上的研究进展. 生物技术通讯，2005，16 (1)：105-108.

[5] Lam KS，Mamber SW，Pack EJ，et al. The effects of space flight on the production of monorden by Humicola fuscoatra WC5157 in solid-state fermentation. Appl Microbiol Biotechnol，1998，49 (5)：579-83.

[6] Lam KS，Gustavson DR，Pirnik DL，et al. The effect of space flight on the production of actinomycin D by Streptomyces plicatus. J Ind Microbiol Biotechnol，2002，29 (6)：299-302.

[7] Franz CM，Holzapfel WH，Stiles ME. Enterococci at the crossroads of food safety. Int J Food Microbiol，1999，47 (1-2)：1-24.

[8] 方晓梅，赵志甲，顾海利. 泰乐菌素产生菌的空间诱变育种研究. 航天医学与医学工程，2005，18 (2)：121-125.

[9] 蒋兴村. 863-2 空间诱变育种进展及前景. 空间科学学报，1996，16：77-82.

[10] Horneck GL，Bucker H，Reitz G. Long-term survival of bacterial spores in space. Adv Space Res，1994，4 (10)：41-45.

[11] Horneck G，Eschweiler U，Reitz G，et al. Biological responsesto space：results of the experiment “Exobiological Unit” of ERA on EURECAI. Adv Space Res，1995，16 (8)：105-118.

[12] Chatterjee A，Holley WR. Biochemical mechanisms and clusters of damage for high-LET radiation. Adv Space Res，1992，12 (2-3)：33-43.

[13] Anderson RM，Marsden SJ，Wright EG，et al. Complex chromosome aberrations in peripheral blood lymphocytes as a potential biomarker of exposure to high-LET alpha-particles. Int J Radiat Biol，2000，76 (1)：31-42.

[14] Fang A，Pierson DL，Mishra SK，et al. Secondary metabolism in simulated microgravity：beta-lactam production by Streptomyces clavuligerus. J Indust Microbiol Biotechnol，1997，18 (1)：22-25.

[15] Taylor PW，Sommer AP. Towards rational treatment of bacterial infections during extended space travel. Int J Antimicrob Agents，2005，26 (3)：183-187.

[16] Horneck G，Klaus DM，Mancinelli RL. Space microbiology. Microbiol Mol Biol Rev，2010，74 (1)：121-156.

[17] Schafer M，Schmitz C，Bücker H. Heavy ion induced DNA double Strand breaks in cells of E. coli. Adv Space Res，1994，14 (10)：203-206.

[18] Cockell CS，Horneck G. The history of the UV radiation climate of the earth-theoretical and space-based observations. Photochem Photobiol，2001，73 (4)：447-451.

[19] Moeller R，Douki T，Cadet J，et al. UV-radiation-induced formation of DNA bipyrimidine photoproducts in Bacillus subtilis endospores and their repair during germination. Int Microbiol，2007，10 (1)：39-46.

[20] Bowater R，Doherty AJ. Making ends meet：repairing breaks in bacterial DNA by non-homologous end-joining. PLoS Genet，2006，2 (2)：e8.

[21] 顾薇玲，彭惠林，杨蕴刘，等. 微重力和宇宙射线对某些微生物的影响. 植物生理学报，1989，15 (4)：397.

[22] Chopra V，Fadl AA，Sha J，et al. Alterations in the virulence potential of enteric pathogens and bacterial-host cell interactions under simulated microgravity conditions. J Toxicol Environ Health，2006，

69 (14): 1345-1370.

[23] Wilson JW, Ramamurthy R, Porwollik S, et al. Microarray analysis identifies Salmonella genes belonging to the lowshear modeled microgravity regulon. Proc Natl Acad Sci USA, 2002, 99 (21): 13807-13812.

[24] Wilson JW, Ott CM, Honer Zu, et al. Space flight alters bacterial gene expression and virulence and reveals a role for global regulator Hfq. Proc Natl Acad Sci USA, 2007, 104 (41): 16299-16304.

[25] Crabbe A, Schurr MJ, Monsieurs P, et al. Transcriptional and proteomic responses of pseudomonas aeruginosa PAO1 to spaceflight conditions involve Hfq regulation and reveal a role for oxygen. Appl Environ Microb, 2011, 77 (4): 1221-1230.

（刘长庭　张学林）

第二十一章　空间环境诱变产酶溶杆菌研究

产酶溶杆菌（*Lysobacter enzymogenes*）属于溶杆菌属，黄单胞科，1978 年由 Christensen 和 Cook 命名。溶杆菌属细菌广泛存在于水和土壤中，菌落黄色至黄褐色；细胞棒状、不具鞭毛（如图 21-1）；具有滑行能力，表现为菌落边缘轮廓清晰、光滑或啮齿状[1]。在遗传学方面，该属细菌基因组中富含 GC DNA［(G+C) 摩尔百分比为 62%～72%］。有大量数据表明，*Lysobacter* 属细菌能够降解几丁质，具有较强的蛋白质水解作用[2]，对于真菌[3]、革兰氏阴性菌、革兰氏阴性菌和线虫的生长[4]等都有很强的抑制作用。

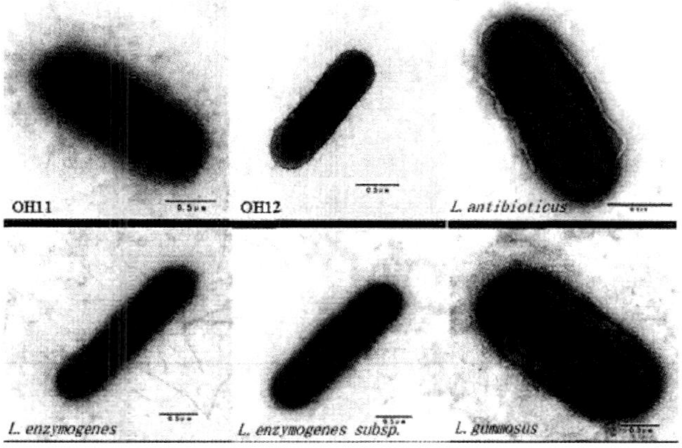

图 21-1　溶杆菌属代表种的细胞形态特征

一、产酶溶杆菌的工业用途及所面临的问题

作为溶杆菌属的一个代表种，产酶溶杆菌能产生多种不同种类的胞外水解酶，如蛋白酶、几丁质酶、葡聚糖酶、醋酶、磷脂酶等，而几乎所有的胞外酶对其他微生物均具有溶解作用[4-5]。同时，该菌还分泌一种胞内蛋白酶 Lys-C（Endoproteinase Lys-C）。Lys-C 是一种碱性蛋白酶，分子量约为 30kD，属于赖氨酸蛋白酶家族成员之一。它能特异性地水解蛋白质或肽链中赖氨酸残基的 C 端，也可用于通过肽质谱指纹印迹或质谱（MS）/MS 光谱匹配进行蛋白鉴定，因此在蛋白质组学分析中有着很好的应用前景[6]。另外，Lys-C 还可用于重组蛋白（如胰岛素及其类似物）工业生产中前体的切割。相比常用的胰蛋白酶，Lys-C 具有几个显著优点：①专一性强，酶活高，显著提高酶切转化率（由 10%提高到约 77%）；②显著提高酶切后的纯度（由 11%提高到约 80%）；③具有广泛的 pH 作用范围（pH 值 8.5～10.5）；④稳定性高，在强变性剂（如 4mol/L 尿素或 0.1% SDS 的溶液中）依然保持大部分酶活性[7-8]。

目前市场上的胞内蛋白酶 Lys-C 大多为天然菌种表达产物，价格极为昂贵，如 Promega 的 Lys-C 市价为每微克约 370 元。重组表达生产胞内蛋白酶 Lys-C 技术不成熟，商业化产品极少。Promega 公司销售的重组 Lys-C，市价为每微克约 130 元，与天然 Lys-C 相比，价格有一定的优势，但仍较为昂贵。国内尚没有胞内蛋白酶的生产企业。目前已知有三种微生物可以合成 Lys-C：铜绿假单胞菌、无色杆菌、产酶溶杆菌。主要由产酶溶杆菌表达生产，其次为从无色杆菌培养液中分离得到[9]。

在工业中，产酶溶杆菌广泛用于 Lys-C 生产，目前市场上该菌主要有原始菌、传代菌，以及各种亚种，但其产酶能力一直较低，且发酵周期长。Chohnan S 等在 10L 罐上对产酶溶杆菌 IB-9374 发酵 9.4d 后得到 10.9mg/L 的 Lys-C[10]。Philip A 利用产酶溶杆菌 ATCC 27796 发酵 4d 得到 5.6mg/L 的 Lys-C[6]。J Schrenk 报道，产酶溶杆菌 DSM 1895（ATCC27796）在 206L 罐上发酵后得到 50～140mg 的目的蛋白，即产量为 0.24～0.68mg/L[11]。这导致了 Lys-C 价格昂贵，更进一步限制了该酶在工业上的应用，因此筛选出稳定高产且发酵周期较短的 Lys-C 产生菌具有重要的研究和应用价值。

二、空间环境诱变对产酶溶杆菌工业生产的潜在意义

太空环境存在着极端的物理条件，是一种地球上无法比拟的特殊诱变源，它可造成生物样本一系列不可捉摸的生物特性变化。利用这些地面上难得的环境条件，可进行许多地面上难以进行的科学实验，生产地面上难以生产的特殊材料、昂贵药品和工业产品等。由此衍生出一种新型的生物生产技术——太空育种。太空育种也称作空间诱变育种，是将生物材料搭乘宇宙飞船、返回式卫星或高空气球送到太空，利用太空特殊的环境诱变作用，使材料产生变异，再返回地面培育生物新品种的新育种技术。利用该技术，有望选育出稳定高产且发酵周期较短的产酶溶杆菌，提高 Lys-C 的产量，对工业生产具有重要的研究和应用价值。

三、太空育种的国内外研究进展

到目前为止太空育种已经取得了不错的成效。如太空诱变蔬菜等太空产品已经推广到普通大众的消费中，并且开始大规模产业化生产。另外，已有不少文献报道对各种微生物进行太空诱变及筛选后，得到次级代谢产物产量明显提高且其遗传性保持稳定的高产菌株[12-13]。1996 年，美国科研人员将棕黑腐质霉送入太空 10d 后，发现其单孢菌素产量由地面的 8.2±2.2μg/ml 增加到 23.8±3.3μg/ml[14]。2011 年我们团队通过“神舟八号”飞船将工程菌大肠埃希菌送入外太空飞行 17d 后发现 α1b 干扰素的产量明显提高[15]。贾士芳等[16]发现产生超氧化物歧化酶（SOD）的枯草芽胞杆菌 314 菌株经过返回式卫星搭载之后，生长速度加快，酶活性提高。搭载后的菌株 SOD 产量（1260U/g）是出发时菌株产量（560U/g）的 2 倍多。杨惠芳等[17]人发现具有有机废水净化功能的紫色非硫光合细菌经卫星搭载后，其存活力、除有机废水中的 BOD5 和水中的亚硝酸盐能力以及对酚的降解、合成染料的脱色作用均有所提高，对药物的遗传抗性也基本稳定。骆爱群等[18]通过空间诱变使 NIKKO 霉素产生菌的抗生素效价提高约 13%～18%。空间飞行搭载红曲霉菌获得高产菌株，突变性状稳定[19]。放线菌属中的庆大霉素产生菌——棘孢小单孢菌（*M. Echinopora*）经搭载后，菌株生长周期发生变异，出现生长周期缩短或延长的超亲类型，经自然分离得到一些稳定的生长周期短的突变体；菌株产抗生素能力变异幅度较大，平均水平提高，高产菌株数增加，产量正突变率为 27.27%，负突变率不高；在卫星搭载后的菌株中，补筛选时最优菌株比对照增产 27.55%，复筛最优菌株效价比对照提高 18%，与对照相比有显著差异；菌株发酵液由棕红色浅化为黄色，在产品脱色时可简化工艺和降低成本；卫星搭载前后的理化处理和卫星搭载在诱变效果上有协同作用[20]。酵母葡萄糖耐量因子（Glucose Tolerance Factor，GTF）是铬和小分子蛋白（肽）的复合物，三价有机铬是其重要活性成分或活性中心，具有增强胰岛素活性、促进糖代谢和脂代谢的功能，对糖尿病、肥胖等有明显防治效果。以 7 株酵母菌种及其 7 株经空间搭载（“实践八号”）诱变后的酵母菌株为研究对象，通过梯度含铬 YEPD 平板培养和液体 YPD 培养基发酵试验，利用氨水提取菌体中的 GTF 和火焰原子吸收光谱法检测其有机铬含量，从中筛选出一株葡萄糖耐量因子的高产酵母（YS-3），有机铬含量达 1296μg/g，总铬含量达 1926μg/g，生物量为 40g/L[21]。1988 年 8 月卫星搭载运行 8d，然后对其诱变探的形态学、生理特性及发酵血粉的营养价值进行了观察和测定。结果，诱变后的菌株生长速度快，孢子成熟早，米曲霉有 10 个菌落较对

照组有明显变化。诱变后，黄曲霉碱性蛋白酶活性平均提高230%[22]，米曲霉平均提高200%，米曲霉中性蛋白酶活性平均提高223%[22]。1996年10月利用我国发射的“961020”返地式卫星搭载的灵芝菌种，经过栽培、形态、生化、发酵、药效等方面的研究。从中筛选出优质高产新菌株卫星灵芝2号。该菌株比对照菌株子实体产量提高75.3%，优级品率达到88.9%。发酵收率平均达到2.57%，纤维素酶活力提高33%，抑瘤作用差异显著。16种氨基酸含量均有显著提高[23]。辅酶Q10（CoQ10）高产菌株，“实践八号”航天育种卫星，发酵生产CoQ10比对照高73.13%[24]。乳酸（Lactic Acid）又名2-羟基丙酸，是食品工业中的重要酸味剂和防腐剂，也是医药、印刷、印染、制革工业的重要化工原料之一，并且可用来生产可生物降解塑料、聚乳酸（PLA），应用前景十分广阔。利用太空诱变育种技术对利用木糖产*L*-乳酸的野生菌株进行了诱变，通过富集、平板筛选、液体发酵筛选、遗传稳定性实验，最终得到一株正向突变菌株Lt-s。该菌株在5L发酵罐水平上，以8%的木糖为底物，于52℃发酵48h，*L*-乳酸产量达到70g/L，糖酸转化率为87%，*L*-乳酸产量较出发菌株提高约12.0%[25]。维生素C（Vitamin C，VC）在医药和临床方面都具有重要的应用价值，也广泛用于食品工业和化妆品工业。目前工业上主要用莱氏法和两步发酵法生产VC，此两种方法均需生黑醋酸杆菌发酵将*D*-山梨醇转化为*L*-山梨糖。新菌株G454的发酵稳定性好，周期均在20h以内，平均周期18.4h；与对照相比，发酵周期缩短2h，山梨糖产率12.34mg/（ml·h），较对照提高7.68%[26]。泰乐菌素是由弗氏链霉菌（*Streptomyces fradiae*）产生的一种动物专用的广谱抗生素，是世界公认的治疗畜禽支原体病的首选药物，弗氏链霉菌9904S-86经过空间搭载（第十八颗返回式科学与技术试验卫星），太空中的特殊复杂条件（高真空、微重力、强辐射、交变磁场等）诱发发生，分离筛选，最终选育出一株高产泰乐菌素菌株T-156-84-23-s67，该菌株摇瓶效价达到15266μ/ml，比出发菌株9904S-86（8742μ/ml）提高74.6%[27]。“神舟”一、三、四号飞船搭载复筛后得到48株效价较出发菌株提高20%以上的菌株，其中总效价最高达到14.950μg/ml，较出发菌株提高91.5%。通过中试、生产实验，最终选定产量较出发生产菌株提高18%的T1-156-84-23菌株投入试生产。

四、本课题组利用空间环境对产酶溶杆菌进行空间育种研究最新进展

为选育出稳定高产、发酵周期较短的产酶溶杆菌，提高Lys-C的产量，我们将购买的产酶溶杆菌（ATCC 27796）通过“神舟十号”飞船送入外太空飞行进行空间诱变。经太空飞行约350h后返回地面。返回后立即进行一系列研究。

1. 空间环境对产酶溶杆菌菌落形态的影响

观察产酶溶杆菌对照组及突变株的平板菌落形态（图21-2），在外观上突变株与对照株并无明显差别。菌落呈圆形，产黄色色素，边缘轮廓清晰、光滑。可看到稀薄扩散的菌落边缘，此为滑行运动，是溶杆菌属区别于其他属的一个重要特征。镜下观察，菌体杆状，两端钝圆，菌体无鞭毛。

2. 空间环境对产酶溶杆菌生长菌落数量的影响

诱变结束后，分别对实验组和对照组菌液进行梯度稀释并涂布平板（单菌落数在50～300CFU/ml），培养2～3d后，进行平板计数，

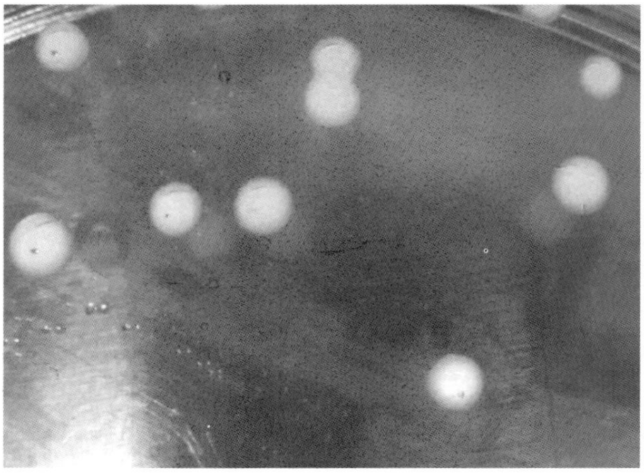

图21-2 太空诱变菌株菌落形态

计算致死率。致死率的计算公式为：（对照组活菌落数－搭载组活菌落数）/对照组活菌落数。太空飞行后产酶溶杆菌的菌落数为（24±3.5）× 10^5 CFU/ml，地面对照组的菌落数为（178±20.5）× 10^5 CFU/ml，太空诱变菌株的致死率为86.52%±1.9%（$P<0.05$）。结果如表21-1所示。说明太空环境明显抑制产酶溶杆菌的生长。

表21-1 太空诱变菌株活菌落数（单位：CFU/ml）致死率考察

	对照组活菌落			均值	搭载组活菌落			均值
10^{-4}	198	157	179	178	22	28	22	24
10^{-5}	20	22	18	20	2	4	3	3
致死率平均值（%）				86.52				

3. 空间环境对产酶溶杆菌Lys-C产量的影响

将实验组和对照组样本通过摇瓶初筛、摇瓶复筛以及酶活力测定后，共获得正突变菌株10株。正突变菌株定义为：以对照组的酶活性为基准，相对酶活性大于110%的菌株。

地面对照组产酶溶杆菌的酶活力为0.087，正突变菌株的酶活力提高13.2%～39.1%。为对正突变株进行发酵周期评价，我们检测了其发酵3d和4d的酶活力（表21-2），越快达到稳定酶活力的菌株，视为发酵周期缩短的菌株。两株菌（T-041，T-105）的发酵周期缩短最为明显（图21-3），在发酵3d后酶活力几乎达到稳定，较地面菌株缩短约2d。综合产量及发酵周期两方面测定的结果，最终将T-041选出进行后续研究，其Lys-C酶活力提高了39.1%（该菌株已提交中国普通微生物菌种保藏管理中心保存，保藏号为CGMCC 8328）。

表21-2 正向菌株复筛部分结果

克隆编号	Lys-C酶活性（U/ml）		
	72h	96h	120h
地面对照	0.058	0.074	0.087（100.0%）
T-009	0.069	0.078	0.102（117.2%）
T-022	0.08	0.108	0.108（124.1%）
T-041	0.12	0.118	0.121（139.1%）
T-054	0.078	0.089	0.11（126.4%）
T-061	0.077	0.1	0.112（128.7%）
T-088	0.109	0.12	0.122（140.2%）
T-099	0.069	0.08	0.109（125.3%）
T-105	0.11	0.112	0.111（127.6%）
T-107	0.08	0.099	0.108（124.1%）
T-149	0.087	0.11	0.117（134.5%）

注：72h，96h和120h表示产酶溶杆菌的发酵时间

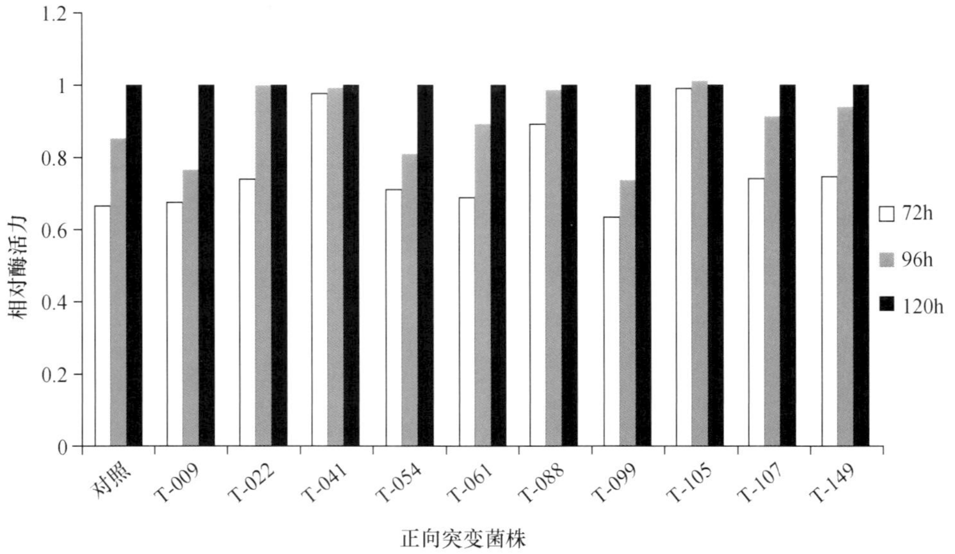

图21-3 正向菌株发酵周期比较结果

为进一步说明太空环境对产酶溶杆菌酶活力的影响，我们对太空诱变菌株产酶溶杆菌 T-041 进行传代，考察其遗传稳定性。发现该菌传代 1、3、5、7、9、11、13 以及 15 代后，菌株的产酶能力和发酵周期同原代结果相似，如表 21-3 所示，显示诱变菌株的稳定性良好。

表 21-3　太空诱变菌株传代稳定性分析

传代次数	Lys-C 活性（U/ml）		
	72h	96h	120h
0	0.118	0.12	0.121
1	0.118	0.121	0.121
3	0.117	0.122	0.12
5	0.115	0.119	0.118
7	0.121	0.119	0.122
9	0.118	0.121	0.12
11	0.116	0.117	0.119
13	0.118	0.119	0.12
15	0.12	0.119	0.119

注：传代次数一列中“0”表示该突变菌株产酶能力基线值

4. 空间环境对 Lys-C 纯度的影响

将一定量的正突变株加入 TSB 培养基中，30±1℃ 于转速 220r/min 的恒温摇床中振荡培养 22h。将培养液按 5% 接种量加入 50L 发酵罐中进行发酵，搅拌转速 150r/min，通气量维持在 3ml/min，发酵温度控制在 30±1℃。发酵结束后，将胞内蛋白酶发酵液经离心，取上清液。加入 XAD1180 至上清液中，并置于水浴振荡器中振荡 3～4h，采用 75% 乙醇洗脱，收集洗脱样品。把收集到的洗脱样品调 pH 值至 4.0～5.0，进行阳离子层析，用 0.2mol/L 氯化钠＋0.01mol/L 醋酸钠（pH 值为 5.0）的洗脱液洗脱，收集洗脱样品。用 8K 滤膜超滤阳离子的收集液，最后冻干，即可得到具有酶活的胞内蛋白酶冻干粉。对分离的 Lys-C 样进行 SDS-PAGE 电泳检测，结果如图 21-4 所示，其且纯度与地面对照样品及标准品无明显差异。

5. 研究结论及展望

空间环境十分复杂，具有地面环境中所不具备的一些特殊环境因素，包括微重力、高真空、强辐射、弱磁场、极端温差等特点，这些因素细菌的生长、生物学性状以及遗传代谢等方面都会产生复杂的影响[28-29]。通常，这些影响都不利于微生物的生存和生长。有研究显示，飞船内的微生物较地面生长缓慢[30]。说明太空环境对细菌的生存和生长是一个严峻的考验。面对恶劣的环境，细菌通过不断改变自己的形式来适应环境变化，在此过程中，细菌的变异过程会加速，变异类型也会更丰富。本研究中发现经太空飞行后，产酶溶杆菌的总体数量为地面对照菌株的 13.5%，但是却获得了 10 株有益突变菌株，其中一株的 Lys-C 酶活力提高了 39.1%，且生产周期缩短了约 48h，进一步研究发现该菌株经传代后这些性状保持，这在很大程度上解决了工业生产中产酶溶杆菌一直以来存在的问题，有望应用于放大生产。

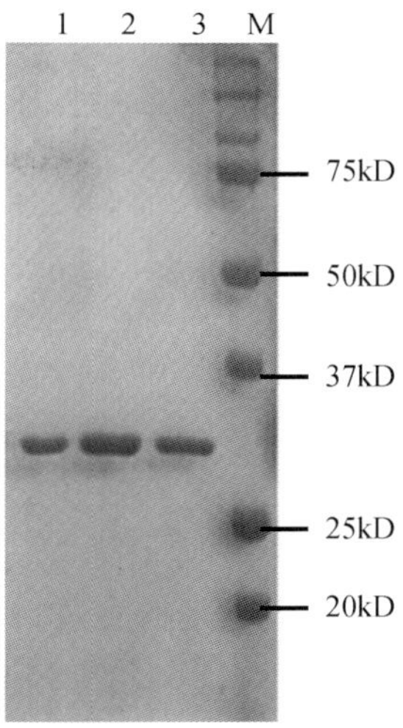

图 21-4　纯化后获得 Lys-C 经 SDS-PAGE 检测图

“1”是 Lys-C 标准品，作为阳性对照；“2”是太空诱变克隆 T-041 产生的 Lys-C；“3”是地面对照产生的 Lys-C；“M”是电泳所用 Marker

尽管目前对空间诱变的机制有一定了解，但却无法控制变异的方向，只能是任其随机变化，并且只有通过样品返回地面后进行大规模筛选才能得到有益突变菌株，如何利用太空资源进行定向甚至定点突变是当今世界的科学空白区，等待着科学家们去做进一步的探索。

参考文献

[1] Christensen P, Cook FD. Lysobacter, a new genus of nonfruiting, gilding bacteria with a high base ratio. International Journal of Systematic Bacteriology, 1978, 28: 367-393.

[2] Zhang Z, Yuen GY. The role of Chitinase production by Stenotrophomonas maltophilia strain C3 in biological control of bipolaris sorokiniana. Phytopathology, 2000, 90 (4): 384-9.

[3] Zhang Z, Yuen GY. Biological control of bipolaris sorokiniana on tall fescue by Stenotrophomonas maltophilia Strain C3. Phytopathology, 1999, 89 (9): 817-22.

[4] Chen J, Moore WH, Yuen GY, et al. EP. Influence of Lysobacter enzymogenes strain C3 on nematodes. J Nematol, 2006, 38 (2): 233-239.

[5] Kilic-Ekici O, Yuen GY. Induced resistance as a mechanism of biological control by Lysobacter enzymogenes strain C3. Phytopathology, 2003, 93 (9): 1103-10.

[6] Kuhlman PA, Chen R, Alcantara J, et al. Rapid purification of Lys-C from Lysobacter enzymogenes cultures. Bio Process International, 2009, 7 (2): 28-38.

[7] Ohara T, Makino K, Shinagawa H, et al. Cloning, nucleotide sequence, and expression of Achromobacter protease I gene. J Biol Chem, 1989, 264 (34): 20625-20631.

[8] Masaki T, Fujihashi T, Nakamura K, et al. Studies on a new proteolytic enzyme from Achromobacter lyticus M497-1. II. specificity and inhibition studies of Achromobacter protease I. Biochim Biophys Acta, 1981, 660 (1): 51-55.

[9] Chohnan S, Shiraki K, Yokota K, et al. A second lysine-specific serine protease from Lysobacter sp. strain IB-9374. J Bacteriol, 2004, 186 (15): 5093-5100.

[10] Chohnan S, Nonaka J, Teramoto K, et al. Lysobacter strain with high lysyl endopeptidase production. FEMS Microbiol Lett, 2002, 213 (1): 13-20.

[11] Schrenk, Jurgen, Wunderwald, Peter. Endoproteinase-Lys-C and process for its preparation thereof. United States Patent 4414332. 1983-11-08.

[12] 方晓梅，赵志甲，顾海利. 泰乐菌素产生菌的空间诱变育种研究. 航天医学与医学工程，2005，18（2）：121-125.

[13] Lam KS, Gustavson DR, Pirnik DL, et al. The effect of space flight on the production of actinomycin D by Streptomyces plicatus. J Ind Microbiol Biotechnol, 2002, 29 (6): 299-302.

[14] Lam KS, Mamber SW, Pack EJ, et al. The effects of space flight on the production of monorden by Humicola fuscoatra WC5157 in solid-state fermentation. Appl Microbiol Biotechnol, 1998, 49 (5): 579-583.

[15] Wang J, Liu C, Liu J, et al. Space mutagenesis of genetically engineered bacteria expressing recombinant human interferon α1b and screening of higher yielding strains. World J Microbiol Biotechnol, 2014, 30 (3): 943-949.

[16] 贾士芳，许怡，郭兴华，等. 空间条件对芽孢杆菌的超氧化物歧化酶和其他性质的影响. 航天医学与医学工程，1995，8（1）：12-14.

[17] 杨惠芳，黄志勇，张德民，等. 紫色非硫光合细菌的空间生物学效应. 航天医学与医学工程，1999，12（1）：46-50.

[18] 骆爱群，高春宵，宋幼新，等. NIKKO 霉素产生菌的空间生物学效应研究. 航天医学与医学工程，1998，11（6）：411-414.

[19] 印红，谢申义，章光明，等. 空间飞行对红曲霉菌产量的影响. 航天医学与医学工程，2003，16（5）：374-376.

[20] 李金国，蒋兴村，段留生. 空间条件对棘孢小单孢菌的诱变效应. 航天医学与医学工程，1995，8（2）：113-116.

[21] 刘鹭，吕加平，高艳红. 空间搭载高产葡萄糖耐量因子（GTF）酵母的选育. 微生物学通报，2009，36（2）：223-230.

[22] 柳增善，陈侠甫. 空间条件对黄曲霉、米曲霉的诱变作用. 中国兽医学报，1990（4）：347-350.

[23] 王振福，孟宪志. 空间诱变灵芝的研究. 中国食用

菌，1998（4）：13-16.
[24] 党磊，印红，靳明慧，等. 类球红细菌空间诱变效应研究. 航天医学与医学工程，2010，23（03）：224-228.
[25] 侯艳梅，江均平，蒋立文. 利用木糖生产L-乳酸高产菌太空诱变育种. 食品工业科技，2008（2）：74-76.
[26] 荆士华，安海英，李春杰，等. 生黑醋酸杆菌的太空诱变选育. 沈阳科学学术年会，2011：76-78.
[27] 魏丽勤，方晓梅，李宁梅，等. 太空搭载泰乐菌素高产菌株的选育. 工业微生物，2007，37（1）：1-7.
[28] Horneck G，Bucker H，Reitz G. Long-term survival of bacterial spores in space. Adv Space Res，1994，14（10）：41-5.
[29] Horneck G，Eschweiler U，Reitz G，et al. Biological responses to space：results of the experiment “Exobiological Unit” of ERA on EURECA I. Adv Space Res，1995，16（8）：105-18.
[30] Lam KS，Gustavson DR，Pirnik DL，et al. The effect of space flight on the production of actinomycin D by Streptomyces plicatus. J Ind Microbiol Biotechnol，2002，29（6）：299-302.

（张学林）

第二十二章　空间环境诱变重组人干扰素 α1b 研究

一、空间环境诱变重组人干扰素 α1b 的研究意义

重组人干扰素是一种常用的药物，在临床上应用十分广泛[1-2]。干扰素（INF）具有广谱抗病毒、抗肿瘤、抑制细胞增殖以及提高免疫功能等作用。它与细胞表面受体结合，诱导细胞产生多种抗病毒蛋白，从而抑制病毒在细胞内的复制；可通过调节免疫功能增强巨噬细胞、淋巴细胞对靶细胞的特异细胞毒作用，有效地遏制病毒侵袭和感染的发生；增强自然杀伤细胞活性，抑制肿瘤细胞生长，清除早期恶变细胞等[3-4]。因此，重组人干扰素可用于治疗某些病毒性疾病，如病毒性肝炎、带状疱疹、尖锐湿疣等。也可以用于治疗某些肿瘤，如毛细胞性白血病、恶性黑色素瘤、肾细胞癌、喉乳头状瘤、卵巢癌等。目前市场上的重组人干扰素价格还相对比较贵，必然增加患者就医的负担，如果提高生物工程菌的产能，其价格也会相应便宜，因此对于增强企业的竞争力和更广泛的惠及患者，有着重要的现实意义。

目前干扰素主要可分为 α1b、α2a、α2b 三大类，三种亚型干扰素的克隆来源不同，α1b 干扰素来源于健康中国人白细胞，α2a 干扰素来源于西方人骨髓瘤细胞，α2b 干扰素来源于西方人白细胞，三种亚型干扰素的氨基酸序列不同，α1b 干扰素具有增加单核细胞 MHCⅡ表达的功能，而 α2a、α2b 干扰素无此功能，α1b 干扰素体外抗病毒活性明显高于 α2a、α2b 干扰素。α1b 干扰素由中国工程院院士侯云德先生最先构建并投入生产。本研究选择人重组干扰素 α1b 作为研究对象。

生物工程菌菌种传统的诱变处理方法主要包括以紫外线、X 射线、γ 射线、激光等作为诱变介质的物理诱变方法和以碱基类似物、烷化剂甲基磺酸乙酸等为诱变介质的化学诱变方法[5-8]，及以噬菌体、转座子为诱变介质的生物诱变方法[5-8]。随着航天技术的发展，空间诱变为菌种改良提供了新的手段，在筛选得到更多高效菌种方面具有独特的优势[9-12]。通过各种诱变手段改变菌体的遗传性状后，如何从数量庞大的菌体族群中筛选到特异性目标菌种，是育种上最重要也是最耗时费力的工作，筛选在一定程度上是决定菌种选育效率的关键步骤[13-16]。在菌种选育中常用的随机筛选法是对经诱变处理后的存活菌株的目标产物产量或其他性状进行逐个检查、测定。为加快筛选速度而会采用诸如平皿快速检测法、形态变异的利用、计算机技术的应用等多种方法，但是这些方法工作量大、周期长、随机性大、成本高。

空间生物制药是当代空间技术发展的产物。其基本原理是利用空间环境使相对呈漂浮伸展状态的生物染色体受到外界因素的冲击，引起碱基的缺失、置换或插入（如引起生物 DNA 大分子断裂，使双螺旋中的氢键断裂，或断裂后再交叉联接，或促使碱基降解），从而改变基因内部原有的碱基及排列顺序，引起表型发生改变，产生新的遗传变异，返回后再经地面筛选，培养出高产、优质的生物新品种、新品系和效价高、品质优的生物制剂种子。

空间生物制药是通过航天搭载来实现的，具体来说，就是利用返回式空间飞行器，将生物制药菌种或细胞送入太空，在地面难以模拟的太空环境下，促进菌种或细胞的生长和变异，取得地面上无法获得的诱变效果，并且在返回地面后进行培育、筛选得到生产性能优良的微生物菌种或细胞，形成规模化生产。而微生物和动植物细胞是目前药品的主要来源，但有些药物的地面生产能力非常有限，造成价格昂贵，于是如何利用微生物和动植物细胞的航天搭载技术来生产出更多、性状更好的药物，成为航天技术应用于制药行业的重要课题。

二、空间环境诱变重组人干扰素 α1b 的研究过程

1. 材料准备

材料准备包括菌种准备和培养基准备，重组人干扰素 α1b 菌种由北京三元基因工程有限公司提供，培养基为 LB（Luria Bertani）培养基，制备过程如下：0.5％酵母提取物（Yeast Extract），1％胰蛋白胨（Tryptone），1％氯化钠（NaCl），双蒸水补足体积。若配制固体培养基，则再加入 1.5％～2％的琼脂，充分搅拌溶解，121℃灭菌 20min。氨苄西林培养基（LB-Amp）：待 LB 培养基冷却到 50～60℃，加入 100mg/ml Amp 0.1％混匀。

2. 菌种实验卫星搭载

重组人干扰素 α1b 菌种搭载“神舟八号”飞船。该飞船于 2011 年 11 月 1 日发射，11 月 17 日返回地面，在轨运行 397h，全程运行 1100 万千米。

3. 搭载后筛选

（1）菌种筛选：首先，进行平板分离。取 250μl IFNα1b-2L1A 菌液接种于装有 750μl 0.9％氯化钠注射液的试管中，混匀；再取 100μl 稀释后的菌液接种于装有 900μl 0.9％氯化钠注射液的试管中，依次稀释至第 5 管，取 100μl 涂布于 LB 平板，37℃静止培养 12～20h。其次，进行抗性平板初筛。用灭菌枪头挑取平板上的不同大小的菌落单克隆，接入含有 LB-Amp 的平板，每板接种 50 个单克隆，共接种 6 板（共计 300 个单克隆）。同时在无抗性培养基上对照接种，37℃静止培养 5～7h。最后，进行试管复筛。用接种针挑取抗性平板上的单菌落，接入含有 5ml 相同抗性的 LB 液体培养基中，37℃、180r/min 振荡 12～16h。

（2）诱导表达：首先测定每管菌液的 OD600，按照 OD600＝1.5 接种 500μl 菌液的比例，将相同数量的菌量接种装有 5ml LB-Amp 培养基的种子试管，37℃、180r/min 振荡培养至 OD600 在 0.6～0.8 之间，记录各个试管中的 OD600。然后加入诱导剂 IPTG，使其终浓度为 1mmol/L，37℃、180r/min 振荡诱导表达 4h。

（3）目的蛋白第一轮 SDS 聚丙烯酰胺凝胶电泳（SDS-PAGE）分析：诱导结束后，取 1ml 菌液离心，留取沉淀。向沉淀中加入 75μl 10％SDS 和 75μl 8mol/L 尿素，混悬均匀后，超声清洗仪内超声 20min，加入 50μl 4 倍还原性样品缓冲液，混匀后沸水浴 10min，离心，取 5μl 上清进行第一轮 SDS-PAGE 检测。电泳结束后进行考马斯亮蓝染色，脱色后用 Line 软件分析目标蛋白的灰度及纯度。分别选择每块胶上目的条带灰度或纯度最大的克隆，总数不超过 30 个克隆。

（4）目的蛋白第二轮 SDS-PAGE 分析：对上一步骤所选择的单克隆集中在两块凝胶上进行 SDS-PAGE 检测，上样量为 4μl。电泳结束后进行考马斯亮蓝染色，脱色后用 Line 软件分析目标蛋白的灰度及纯度。分别选择每块凝胶上目的条带灰度或纯度最大及次大的克隆，总数不超过 8 个。

（5）试管复苏：用接种针挑取抗性平板上的单菌落，接入含有 5ml 相同抗性的试管 LB 液体培养基中；同时取对照菌 25μl 接入含有 5ml 相同抗性的试管 LB 液体培养基中；全部 37℃，180r/min 振荡过夜；无菌取样测定 OD600，根据统一 OD600 量（以 500μl 菌液，按照 OD600

=2.0计算接入5.0ml培养基）再次接种（二级种子液）。同时制备两支甘油菌（500μl菌液+500μl 50%灭菌甘油），对照菌不再制备甘油菌。

（6）诱导表达：首先测定每管菌液的OD600，然后以600μl菌液（按照OD600=1.0计算）接入250ml三角瓶（含LB-Amp培养基120ml）37℃，180r/min摇床培养至OD600在0.6～1.0之间，取样再测定OD值。最后加入诱导剂IPTG至终浓度为1mmol/L，再在无菌条件下，将每瓶培养基均分两瓶，分别置入30℃和37℃，同时180r/min摇床诱导过夜。

（7）检测：取1ml测定菌液的OD600，同时再取4管0.5ml离心取沉淀，2管加入150μl 10%SDS，2管加入75μl 10%SDS和75μl Urea，超声清洗仪内超声20min；裂解方式相同的2管分别加入还原性和非还原性50μl 4倍样品缓冲液，沸水浴10min后高速离心，取上清进行电泳检测，上样量4μl。电泳结束后进行考染法染色，脱色后用Line软件分析目标蛋白质的灰度及纯度。

三、空间环境诱变重组人干扰素α1b的研究数据报告

1. 抗性平板初筛结果

在抗性和非抗性平板均生长的阳性克隆为221株，占73.7%；仅在LB平板生长的阴性克隆数（抗性丢失）79株，占26.3%。

2. 第一轮电泳分析筛选结果

对抗性平板初筛结果阳性克隆中编号在前的144株（克隆号1-194）进行试管复筛和诱导表达后，进行电泳检测和软件分析。根据IFNα1b理论分子量19.4kD以及以往经验，按照M1或者M2的分子量进行计算，以软件分析IFNα1b条带的灰度及纯度，其中以灰度代表目的蛋白的总量，总灰度代表菌体总蛋白的量，纯度代表目的蛋白占菌体总蛋白的比例。选取每次电泳15个克隆中灰度或纯度最高的克隆用于下一轮检测，灰度及纯度最大值与次大值所对应的克隆号中，37、64、93是重复出现，合并后为26个克隆，即5、18、19、25、37、41、49、60、61、62、64、77、87、93、105、112、113、127、139、147、149、159、175、178、191、194。

3. 第二轮电泳分析筛选结果

对选出的26个克隆电泳样品集中进行SDS-PAGE并分析（图22-1）。选出4个克隆中灰度或纯度最高的克隆，灰度及纯度最大值与次大值所对应的克隆号中，60、127是重复出现，合并后为6个克隆，即49、60、87、93、127、191。这6个克隆的两轮检测结果见表22-1。

4. 30℃诱变菌株重组人干扰素α1b的表达与对照菌株比较

在30℃温度条件下诱导，有5株（克隆49、60、87、127和191）空间诱变菌株目的

表22-1 最后筛选到的六个克隆的两轮检测结果

编号	接种前 OD600	诱导前 OD600	第一轮 SDS-PAGE 灰度	第一轮 SDS-PAGE 纯度（%）	第二轮 SDS-PAGE 灰度	第二轮 SDS-PAGE 纯度（%）
49	4.3076	1.1589	492.57	16.26	592.63	18.55
60	3.6240	0.8996	480.83	20.39	608.25	21.97
87	3.1908	0.7978	341.57	18.96	521.28	21.71
93	3.4072	0.8572	533.13	19.27	498.61	19.73
127	3.4436	0.8572	389.24	18.48	370.60	21.64
191	3.8768	0.5406	504.07	13.97	479.50	15.84

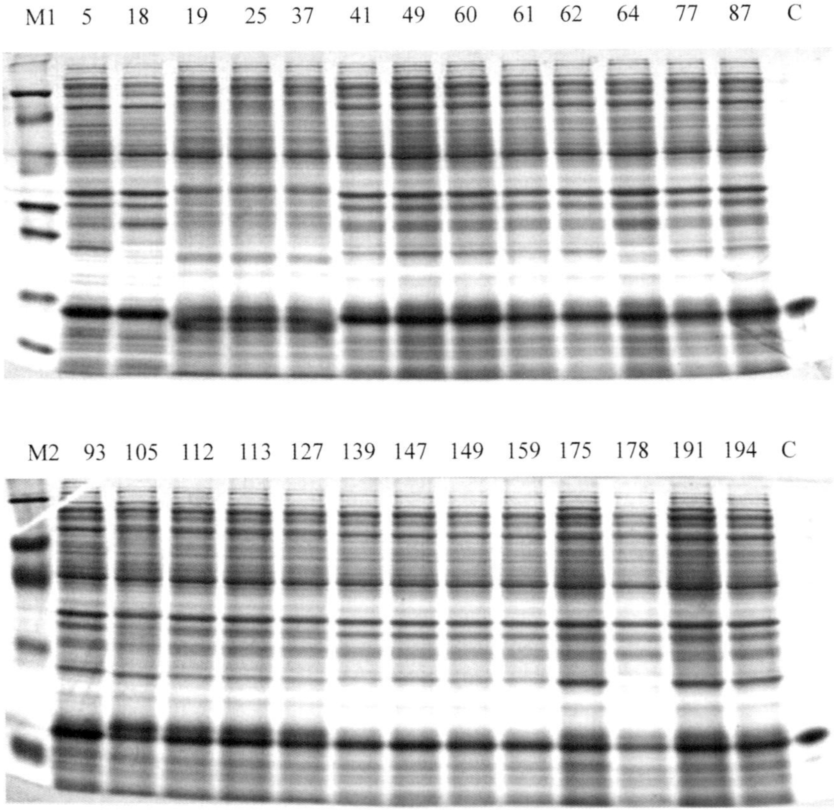

图 22-1 26 个克隆的第二轮电泳图

M1 为蛋白质分子量标准，自上至下分别为：94.0、66.2、45.0、33.0、26.0、20.0 和 14.4kD；M2 为预染蛋白质 MarkⅢ，自上至下为：94、60、45、27、18kD；C 为重组人干扰素 α1b 对照品；图下方最明显的条带为目的蛋白质

蛋白的灰度和纯度与对照菌株相比明显增高，说明重组人干扰素 α1b 的表达量和占菌体总蛋白的比例均较出发菌株有明显提高。同时可以发现，不同的菌体裂解方式和电泳方法会对差别程度产生一定影响。电泳图见图 22-2，灰度（或纯度）比值见表 22-2。

表 22-2 30℃ 诱导诱变菌株目的蛋白的灰度（或纯度）与对照菌株的比值

裂解方式与电泳方法	对照		克隆 49		克隆 60		克隆 87		克隆 127		克隆 191	
	灰度	纯度	灰度	纯度	灰度	纯度	灰度	纯度	灰度	纯度	灰度	纯度
SDS 与非还原	1.00	1.00	1.57	1.96	1.69	1.99	1.91	1.70	1.70	1.46	1.42	1.28
SDS 与还原	1.00	1.00	1.82	1.79	1.51	1.61	1.69	1.53	1.35	1.51	1.35	1.37
SDS＋Urea 与非还原	1.00	1.00	1.05	1.40	1.45	1.83	1.56	1.37	1.17	1.06	1.46	1.35
SDS＋Urea 与还原	1.00	1.00	2.22	1.80	2.65	1.84	2.14	1.58	2.27	1.59	2.38	1.66

注：灰度（纯度）计算方法为诱变菌株目的蛋白的灰度（纯度）绝对值/对照灰度（纯度）绝对值

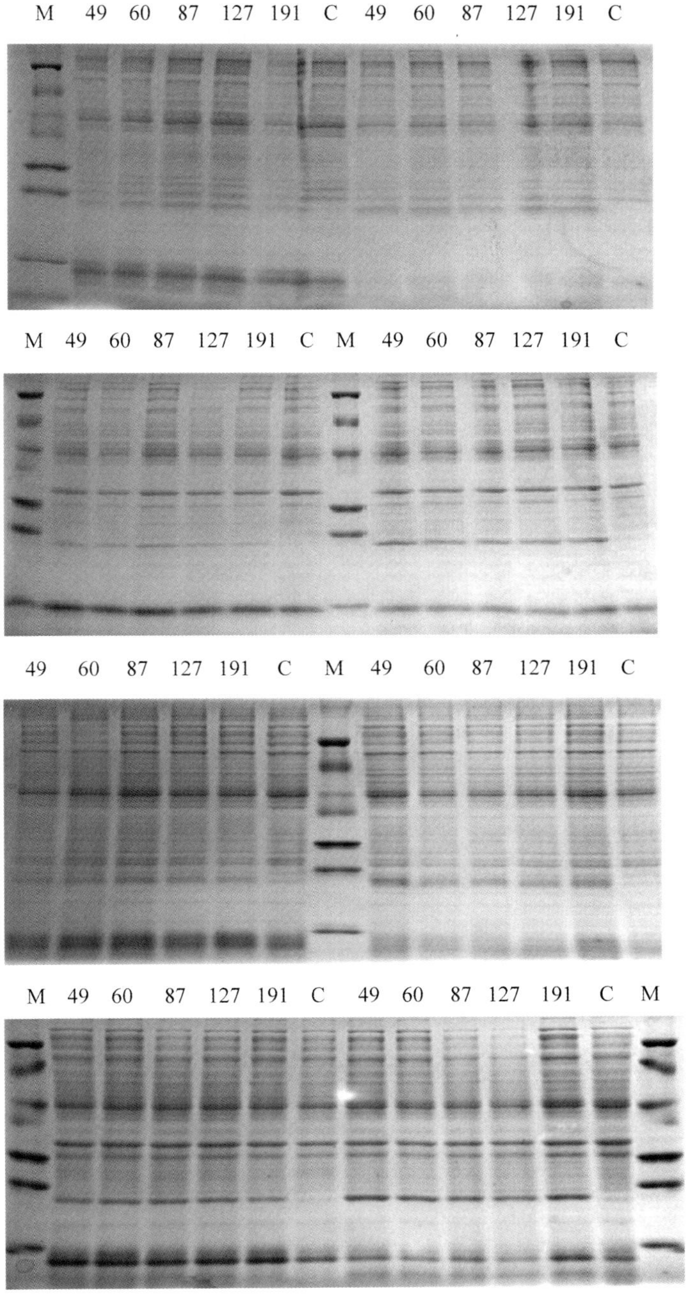

图 22-2 5 株空间诱变菌株与对照菌株电泳图

4 张图的自上而下的顺序为经 SDS 处理并进行非还原电泳、经 SDS 处理并进行还原电泳、经 SDS＋Urea 处理并进行非还原电泳、经 SDS＋Urea 处理并进行还原电泳；每张图的前半部分为 30℃诱导，后半部分为 37℃诱导；M 为预染蛋白质 MarkⅢ，自上至下分别为：94、60、45、27、18kD，C 为重组人干扰素 α1b 对照菌株；每张图下方最明显的条带为目的蛋白

5．37℃诱变菌株重组人干扰素 α1b 的表达与对照菌株比较

在 37℃温度条件下诱导，5 个诱变菌株和对照菌株的总灰度和目的蛋白质的灰度均低于 30℃诱导，说明 37℃诱导总蛋白质表达和重组人干扰素 α1b 表达均降低。5 株空间诱变菌株目的蛋白质的灰度和纯度与对照菌株相比则有所降低，说明重组人干扰素 α1b 的表达量和占菌体总蛋白质的比例较出发菌株没有明显提高。电泳图见图 22-1，灰度（或纯度）比值见表 22-3。

表 22-3　37℃诱导诱变菌株目的蛋白质的灰度（或纯度）与对照菌株的比值

裂解方式与	对照		克隆 49		克隆 60		克隆 87		克隆 127		克隆 191	
电泳方法	灰度	纯度	灰度	纯度	灰度	纯度	灰度	纯度	灰度	纯度	灰度	纯度
SDS 与非还原	1.00	1.00	0.30	0.33	0.51	0.41	0.58	0.46	0.36	0.27	0.73	0.56
SDS 与还原	1.00	1.00	1.01	0.96	0.97	0.99	0.72	0.86	0.76	0.67	1.14	0.97
SDS＋Urea 与非还原	1.00	1.00	1.47	1.11	1.21	1.35	1.04	1.18	1.26	1.19	2.21	1.49
SDS＋Urea 与还原	1.00	1.00	1.00	0.87	0.61	0.69	0.80	1.07	0.54	0.88	1.43	1.22

注：灰度（纯度）计算方法为诱变菌株目的蛋白质的灰度（纯度）绝对值/对照灰度（纯度）绝对值

四、空间环境诱变人重组干扰素 α1b 的研究结果分析

本研究通过对重组人干扰素 α1b 空间搭载菌种进行平板分离、抗性平板初筛和试管复筛，以及进行诱导表达后再通过两轮 SDS-PAGE 分析，获得 6 株空间诱变后较高表达的重组人干扰素 α1b 基因工程菌菌株。然后，将已经筛选到的空间诱变后较高表达的菌株与出发菌株分别在 30℃ 和 37℃温度条件下诱导表达并进行比较，发现在 30℃诱导下 5 个空间诱变菌种目的蛋白质的表达量和占菌体总蛋白质的比例均显著高于对照，不同的菌体裂解方式和电泳方法会对差别的程度产生一定影响；而在 37℃诱导下 5 个克隆和对照的总蛋白质表达和目的蛋白质表达均低于 30℃诱导，与对照相比空间诱变菌种对目的蛋白质的表达的下降更为明显。这样，最终确定在 6 株空间诱变后较高表达的重组人干扰素 α1b 生物工程菌菌株中有 5 株正向突变菌种的产生。

卫星搭载大肠埃希菌结果表明，空间条件有可能显著地提高微生物中某些基因的突变频率，空间诱变可望成为获得微生物优良菌种的有效途径之一。Pross 等[17]提出了一个空间试验的设计方案，分析微重力环境对辐射 DNA 链断裂修复的影响，发现在微重力条件下，可提高微生物的辐射变异率。微重力环境可能干扰 DNA 损伤修复系统的正常动作，即阻延或抑制 DNA 链断裂的修复。Takahashi 等[18]分析了太空环境中微重力对大肠埃希菌和酿酒酵母菌等的作用效果，2 种菌株经过太空飞行后，其 DNA 均出现不同程度的突变和 SOS 效应，暗示微重力诱发了菌株变异及 SOS 效应的产生。

正向突变菌种的筛选获得，一方面验证了空间诱变的重要作用，为空间生物制药提供了有力的理论支持和试验证据，另一方面为重组人干扰素 α1b 的工业生产提供了潜在的优良菌种，对于促进生物制药业的发展有着重要的经济效益和社会效益。至于空间诱变的具体机制尚需进一步研究，对于菌种筛选工艺也尚需进一步完善，而且筛选到的优良菌种尚需得到工业生产的进一步验证，还有菌种优化的机制等许多问题也尚需进一步探讨。

参考文献

[1] 李刚．重组人干扰素 α1b 对小儿轮状病毒腹泻患者外周血 T 淋巴细胞亚群的影响研究．现代预防医学，2012，39（6）：1389-1390.

[2] 孙薇，乔逸，郭丽，等．小儿注射重组人干扰素 α1b 治疗病毒性肺炎的耐受性及安全性．中国新药杂志，2011，20（23）：2340-2344.

[3] Bekisz J，Schmeisser H，Hernandez J，et al. Human interferons alpha，beta and omega. Growth Factors. 2005，22（4）：243-51.

[4] Masci P，Olencki T，Wood L，et al. Gene modulatory effects，pharmacokinetics，and clinical tolerance of interferon-alpha1b：a second member of the interferon-alpha family. Clin Pharmacol Ther，2007，81

(3)：354-361.
[5] 戴剑漉，李瑞芬，武临专，等. 新一代必特螺旋霉素基因工程菌的微波诱变. 中国抗生素杂志，2009，34(7)：406-410.
[6] 李永泉. 微波诱变选育木聚糖酶高产菌. 微波学报，2001，17 (1)：50-53.
[7] 汪杏莉，李宗伟，陈林海，等. 工业微生物物理诱变育种技术的新进展. 生物技术通报，2007，2：114-118.
[8] 金志华，林建平，梅乐和. 工业微生物遗传育种学原理与应用. 北京：化学工业出版社，2010：136-138.
[9] 魏丽勤，方晓梅，李宁梅，等. 太空搭载泰乐菌素高产菌株的选育. 工业微生物，2007，37 (1)：1-7.
[10] 王艳芳，赵彦宏，刘林德，等. 空间诱变微生物研究进展. 安徽农业科学，2009，37 (16)：7335-7336.
[11] 翁曼丽. 大肠埃希菌菌种空间变异的研究. 航天医学与医学工程，1998，11 (4)：245-248.
[12] 王志芬，单成钢，苏学合，等. 丹参种子航天搭载的诱变效应研究. 现代中药研究与实践，2007，21(4)：6-8.
[13] 蒋培霞，张瑞萍，王海胜，等. 紫色杆菌素合成工程菌太空诱变效应及其高产菌株的筛选. 化工学报，2010，61 (2)：455-461.
[14] 廖爱芳，史佳栋，付静，等. 核糖霉素高产菌株核苷链霉菌筛选. 中国抗生素杂志，2010，35 (10)：739-742.
[15] 赵川，罗建军，陈少华，等. 微生物菌种改良筛选新技术研究进展. 生物技术通报，2009，s1：118-121.
[16] 张晓勇，林壁润，高向阳，等. 农用抗生素高产菌株的诱变筛选新技术. 广东农业科学，2006，7(5)：80-91.
[17] Pross HD，Kost M，J Kiefer. Repair of radiation induced genetic damage under microgravity. Adv Space Res，1994，14 (10)：125-130.
[18] Takahashi A，Chnishi K，Takahashi S，et al. The effects of microgravity on induced mutation in Escherichia coli and Saccharomyces cerevisiae. Adv Space Res，2001，28 (4)：555-561.

（王俊锋）

第二十三章　空间微生物诱变育种及空间制药研究

外太空是人类继陆地、海洋、大气层之后的第四个活动领域。以空间站为核心的载人航天系统，能够在空间材料、空间制药等领域开展试验研究，为和平开发利用空间资源打下基础。太空搭载是一种稀缺资源，目前世界上只有中国、俄罗斯和美国三个国家能够利用自主研制的返回式飞行器进行航天诱变育种实验。因航天发射耗资巨大，每年全世界发射的返回式卫星和宇宙飞船更是屈指可数。

空间环境包括太空环境和高空环境。太空环境主要指大气层以上的宇宙空间，其显著特点是高真空、微重力和高能粒子辐射。微生物通过返回式科学探测卫星和航天飞机进行环地球飞行，在宇宙射线和微重力作用下被诱发变异。高空环境主要是指对流层以上大气层，如平流层和电离层等。高空环境的主要特点是宇宙射线、等离子辐射和强烈的紫外线。高空诱变就是利用高空探测气球搭载微生物，经过平流层或电离层的电离辐射而诱发细胞变异。空间诱变育种是将航天高新技术与传统的物理、化学诱变及分子技术等相结合的新育种技术，利用卫星或高空气球携带和搭载微生物等生物体样品，经特殊的空间环境条件（微重力、强宇宙射线、高真空等）作用，引起生物体的染色体畸变，进而导致生物体遗传变异，经地面选育试验后，能快速而有效地育成生物新品种（系），供生产和研究使用[1-3]。

一、空间生物制药发展现状

空间制药是航天科技与现代生物技术结合的一门高新技术。具体来说，就是利用返回式空间飞行器，将生物制药菌株或细胞送入太空，在地面难以模拟的空间环境下，促进菌株或细胞的生长和变异，取得地面上无法获得的诱变效果，并且在返回地面后进行培育、筛选得到生产性能优良的微生物菌株或细胞，形成规模化生产。

正是由于太空中存在着微重力、强辐射、高能粒子、交变磁场等多种独特的作用环境，可以使生物发生一些基因变异。而微生物和动植物细胞是目前药品的主要来源，但地面生产有些药物的能力非常有限，于是利用微生物和动植物细胞的航天搭载技术来生产出更多、性状更好的药物，便成为航天技术应用于制药行业的重要课题。专家预言，人类未来重大医学难题的新医学“革命”将会发生在太空。

运用空间技术进行微生物诱变育种是培育新的生物菌种的一个有效方法，其原理是通过外层空间特殊的物理化学环境，引起菌种 DNA 分子的变异和重组，从而得到更优异的菌种。国外自 20 世纪 60 年代就已开始进行空间植物的研究，我国从 1986 年才开始大力发展空间生命科学。与美国、俄罗斯等国相比，我国在该领域存在不小的差距[4]。

航天技术作为综合性和集成化的尖端技术，其最重要的应用，还是体现在对国家基础研究和基础材料的拉动作用上。1986 年国家高技术“863”计划航天领域开展了空间生命科学研究，通过搭载实验观察到生物在太空环境下会产生变异，并且变异的频率很高，变异的幅度较大，特别是微生物在空间的变异非常广泛，因此开展空间微生物育种研究以及空间生物制药研究，取得了较好的实验结果，而且十分必要。

我国利用卫星搭载来进行“太空药”探索新方法，将制造出更多的名贵药物，同时大大降低药物成本，减轻百姓负担。事实上，太空生物技术已不单纯是科学技术界的事，已成为制药企业关注的热点，如微生物制药、植物制药、动物细胞制药。其中在微生物制药领域，由于微生物的体积小、生长快、易制备、操作简单等特征，已受到空间制药领域的高度重视。

近年来进行的空间生命飞行实验表明：某些具有医学价值的细胞因子和细胞代谢产物在微重力环境下呈现高浓度分泌。这些发现不仅激起各国科学家对微重力环境下细胞的研究兴趣，也展示了空间细胞培养在生物医学及商业等方面的广阔前景。

空间生物制药行业有着研究和开发周期长、投资规模大、专利技术壁垒高、成熟产品竞争小的特点，而我国生物制药行业又恰恰存在产业规模小、企业分散、产品缺乏创新甚至低水平的重复、支撑技术和生产装备落后、科研成果转化环节薄弱等不足问题。因此，生物制药往往是昙花一现。

从美国生物制药业的发展模式来看，技术力量雄厚的专家型小生物技术公司进行技术开发与创新，大制药公司通过与小生物技术公司结成战略联盟而实现生物技术的产业化，风险投资为生物技术开发提供资金支持，三种力量的有机结合是生物制药产业良性发展的成功模式。

作为科技发展的重点和战略目标，作为一个国际性的投资热点，探讨走“产学研”结合之路，多渠道筹集项目开发资金，增加科技风险投资，提高技术改革与创新能力，重视开发有自主知识产权的生物医药新产品，已成为当务之急。生物技术作为我国科技发展的重要领域之一，近年来得到国家的大力支持。从国际上看，目前太空生物制药产业成为一个新兴的、科技含量极高的“朝阳产业”。据美国政策中心预测，2010 年美国太空生物制药收入将高达 270 亿美元。因此，“太空药”的未来市场前景十分广阔，它正在吸引越来越多的企业进入太空生物制药行业。太空生物制药作为一个全新的科技手段，目前社会公众普遍对此尚缺乏深入的了解。医药产品的研究开发在我国有悠久的历史，但过去的研发一直是在地球表面进行，没有延伸到太空领域。

对于“太空药”的可行性及发展前景，我国科学家给予了肯定。中国返回式卫星总设计师、中国空间技术研究院林华宝院士在《返回式卫星》一书中提到：距地面 100km 高度以外的空间是外层空间，简称太空或空间；返回式卫星可以进行空间微重力科学研究，包括新材料、药物的制备和农业空间育种等。我国还能利用微重力资源为空间制药探索新方法，制造出更多的名贵药物，同时大大降低药物成本，减轻百姓负担。发展空间生物加工系统，开拓空间制药工业，已经成为当今空间生命科学的一大主流。随着空间科学技术的发展，应用目的的具体领域和项目越来越明显，空间制药的前景将更趋明朗。

二、微生物诱变育种方法概述

自 1929 年英国细菌学家弗莱明发现青霉素、1943 年瓦克斯曼等发现链霉素以来，人们不断从微生物代谢产物中提取出抗生素，并开发出半合成抗生素，抗生素生产得到了空前的发展。但纵观整个抗生素市场，一些抗生素产生菌产抗生素水平低，生产成本相对较高，从而严重削弱了其市场竞争力，影响了抗生素工业化生产进程。可见微生物的产抗生素水平高低决定抗生素是否具有开发价值。诱变育种技术是最早在抗生素上应用的一种育种技术，通过将物理、化学、生物因素作用于抗生菌，人为使其遗传物质发生变异，从中选育出高产菌株。由于该技术操作简便、速度快、收效大，且诱变手段多样，因此是实验室及生产上最常用的高产菌株的育种方式。目前，常见的诱变方法有物理诱变、化学诱变因素和生物诱变等[5]。

诱变育种是通过诱变剂的处理提高菌种突变

的概率，从中筛选出具有优良特性的变异菌株，也是通过诱发基因突变为手段的微生物育种技术。1927 年发现 X 射线具有增加突变率的效应；1944 年发现氮芥子气的诱变效应；其后，人们陆续发现了许多物理的和化学诱变因素。诱变育种其操作简便，突变率高，突变谱也广，不仅提高产量、改进质量，还可以扩大产品的品种和简化工艺条件，随着新的诱变因子不断发现和筛选体系进一步的完善，微生物的诱变育种有了发展[6]。

1. 物理诱变

（1）紫外照射：是诱发微生物突变的常用的非常有用的物理诱变方法之一，紫外辐射的作用有许多解释，比较确定的作用是能够使 DNA 分子形成嘧啶二聚体，阻碍碱基与碱基之间正常配对。

（2）电离辐射：是有高能量的产生电离作用且应用最广泛的电离射线之一，可直接或间接地改变 DNA 结构。直接效应可以氧化脱氧核糖核酸的碱基，间接效应是使水或有机分子产生自由基。

（3）激光：是一种光量子流，能量密度高、靶点小而且单色性与方向性都好的光微粒。这种辐射通过产生光、热等效应的综合应用，直接、间接影响有机体，从而引起细胞染色体畸变效应和酶的激活与钝化。

（4）微波：是一种有较强生物效应的低能电磁辐射，对生物体有热效应或非热效应。热效应指它能引起生物体局部温度上升，非热效应是在其作用下，生物体产生非温度关系的各种反应。所以，微波也被用作多个领域的诱变育种。

2. 化学诱变

（1）烷化剂：诱发突变中一类相当有效的化学诱变剂，引起 DNA 复制碱基配对的转换而遗传变异。常用的烷化剂都有甲基磺酸乙酯、亚硝基胍或硫酸二乙酯等。甲基磺酸乙酯是最为常用的烷化剂，诱变率也很高。其诱导的突变株绝大多数是点突变，且烷化剂具有强烈致癌性和挥发性。王璋等人研究得到的一株转谷氨酰胺酶酶活性提高的菌体。

（2）碱基类似物：是化学结构与核酸的碱基成分类似的一种化合物。它的分子结构和天然碱基相似，可以掺入到 DNA 分子中从而导致 DNA 复制时产生错配，mRNA 转录紊乱和功能蛋白重组及表型改变。

（3）其他：亚硝酸能使核酸等中的嘌呤和嘧啶的氨基转变为羟基，叠氮化钠是有诱变作用的无机盐，还有一些无机类化合物及中草药的影响。

对诱变剂的选择要注意诱变剂的专一性与适当的方式。诱变作用不仅仅决定于诱变剂，还和出发菌株的遗传背景有一定的关联。对于遗传上不稳定的菌株一般采用温和的诱变剂，相反地，对于稳定的菌株就用强烈的、不常用的或诱变谱广的诱变剂处理。远紫外是所有诱变剂中最合适的。诱变剂的剂量在用于筛选的存活群体中所得到最高比例所需要的突变体。用高单位突变本身测定最适剂量有时不可能实现，不同菌株不同方法采用诱变剂的剂量都有可能改变。

诱变育种这种传统育种方式虽有弊端但具有菌种遗传稳定性好、简便且易行又安全等优点，随着新诱变源的出现，原生质体的诱变技术应用也会有更新的进展。离子束是一种新的诱变源，其特有的作用机制使得离子束诱变有诱变谱广、变异幅度大等优点，它的应用也取得很多重要成果。

诱变育种是微生物育种中一类经典且基础的技术，了解了其基本原理和重要环节对以后开展有关工作十分必要。高产突变株的选育和抗药性突变株、营养缺陷突变株的选育可领会理解诱变育种的实质与方法。诱变育种存在一定的盲目性与随机性，且在实际应用中，研究者也要根据出发菌株和实验室条件等情况来筛选合适的诱变方法。

三、空间微生物诱变育种前景和实践

对照辐射育种的发展速度来说，航天育种发

展的速度应该是比较快的。至今已经显示出它对农业与工业生产的发展隐藏着巨大的潜力。相信借鉴辐射育种发展过程中所积累的有关经验教训，结合航天育种本身发展中的独特优势和特点将会创造出它光辉灿烂的前景，为我国农业与工业现代化做出更大的贡献[7]。

目前，我国航天育种研究工作刚起步，许多工作还带有一定的探索性。在空间搭载的植物材料多数还限于是休眠态种子，但从辐射育种技术研究工作中发现，萌动态种子，甚至植物细胞、原生质体等，对外界环境条件的反应更为敏感，如以此为处理材料，那么在空间条件下就有可能获得更为丰富的遗传变异新品种。

提高诱变频率是辐射育种取得突破性进展的途径之一。20世纪40年代以来，人们发现利用理化因子复合处理能发挥各自的特点，起到相互配合的作用来提高突变频率和诱变效果。航天育种在空间条件下具有高能粒子辐射、空间微重力，交变磁场和超真空等物理因素对植物遗传性状产生了综合的诱变作用。但为了进一步做到定向诱变和扩大诱变效果，摸清不同单独因子和复合因子的诱变规律，需要加强空间诱变遗传育种的机制研究。另外，航天育种也可以对空间条件以外的理化诱变因子进行复合处理。如在辐射育种中常将电离辐射与化学因子结合进行复合处理，因电离辐射能改变植物细胞生物膜的完整性和渗透性，促进后处理的化学物质的渗入，这样可产生累加效应和超累加效应，并获得实际效果。印度的小麦品种 sharbatisonora，保加利亚的大豆品种 boriana，印度的大麦品种 DL-253 等都就是利用理化复合因子处理育成的。

在我国辐射育种发展的过程中，先后多次组织不同区域（地区性，全国性或国际性）、不同作物和不同专题（应用基础或应用开发）的综合性研究大协作。这种形式对共同提高辐射种研究水平和效率，扩大辐射育种的成果和影响，推动辐射育种事业的发展和产业化的实现起到了积极作用。目前，航天育种已在全国23个省市，109个科研和生产单位开展试验和选育。如果能组织一些条件合适的单位对航天育种中的技术难题和热点，进行协作研究攻关，使航天育种不但可以对推动当前农业结构的战略性调整做出贡献，而且可以在未来成为促进21世纪我国农业向纵深发展的强有力的科技储备。

从辐射育种事业的发展过程来看，一支高素质的、稳定的辐射育种专业队伍起了很大作用，因此一项科技事业的发展，从根本上说取决于有批高素质的科技人才队伍，所以航天育种事业也要积极培养一批不同层次的专业科技人员。航天育种本身就立足于航天技术（空间技术）与农业科学中的育种技术相互结合交叉的新技术，所以航天育种的科技工作者结合自身的技术优势和特点，向其他领域渗透，拓宽应用范围，不断创新，不断提高。

20世纪80年代后期，国内开始利用卫星搭载了微生物试验材料，首先考虑的是利用空间微重力条件进行药物的提纯、蛋白质空间结晶和纳米级药品研制，但由于我们没有空间站，某些条件达不到要求，只做了一些研究而没有利用微重力来开展空间制药的工作。

中国科学院（简称中科院）微生物研究所、遗传研究所（现中国科学院遗传与发育生物学研究所）、上海植物生理研究所等单位搭载了10多种微生物材料，不同试验的结果观察到微生物生长有较大差异：类型有明显提高、不变、降低甚至死亡[8]。赤霉素产生菌、双加氧酶产生菌经空间处理后，筛选出效价提高10%以上的菌株。纤维素酶、果胶酶、淀粉酶的产生菌筛选出效价成倍提高的菌株。1988年继续利用卫星搭载微生物菌种，返回后进行突变株系的筛选，从中选出经济性状良好的纤维素菌种，已在生产上发挥良好的作用。1990年10月又成功利用卫星搭载庆大霉素生产菌，获得效价提高27%～37%的高产株系。1992年卫星搭载的莫能霉素菌种，获得2株特大抑菌圈的株系。1994年搭载头孢菌素酰化酶基因工程菌获得酶活性对照提高4.35倍，1996

年又搭载多种微生物，都获得良好的变异。由此可见，空间条件处理菌种是微生物诱变育种的有效方法，已经培育出10多个新菌种应用在生产上。

中国科学院上海植物生理研究所沈镇德先生于1987年、1990年两次将赤霉素产生菌搭载卫星，使效价提高了11.2%。魏中获先生于1994年搭载的头孢菌素工程菌（*E. coli* A56-3/pMR24），从中筛选出酶活性174.8μ/L的株系，比对照株酶活性41μ/L提高4.35倍。妥布霉素生产菌效价提高38%。中国科学院微生物研究所李钦先生两次搭载产邻苯二酚1，2-双加氧酶株假单胞菌No. 40（*Pseudomonas* sp. No. 40），1987年空间处理材料中选出了相对酶活率123（对照为100）。1990年卫星处理从中分离出相对活力139%的菌株，产酶量较稳定。

中科院微生物研究所阮继生、刘志恒等先生于1994年搭载了甘露聚糖酶产生菌，在空间处理后选出的个别菌株比对照提高90%以上，蛋白酶提高50%～70%[9-11]。1996年搭载的尼可霉素产生菌选出抗生素效价提高13%～18%，尼可霉素X组分与Z组分也有所提高。又搭载2株双歧杆菌菌株进行卫星处理，也获得了效价提高，具有耐氧、抗辐射等性状[12]。

中科院遗传研究所于1987年搭载了果胶酶、淀粉酶产生菌进行了空间诱变研究，获得很好的结果，个别突变菌株活性成倍增加。1990年又搭载庆大霉素产生菌，该菌是已在生产上应用20多年的老菌种、遗传学很稳固、很难被诱变的棘孢小单胞菌（*M. echinopora*），处理后获得庆大霉素产量提高27%～37%的菌株[13]。对照效价为1450μ/ml，空间处理的材料选出效价在1800～1900μ/ml的菌系。1992年又搭载了莫能霉素（monensin）产生菌——肉桂地霉素菌，从不到500个单菌落中筛选出2个特大抑菌圈菌株，其直径为18.60mm和20.07mm，而没有变异的和200多个对照单菌落，其抑菌圈的直径6～8mm。

1996年与有关制药厂合作，又利用返回式卫星搭载了10个微生物菌种，其中有6个抗生素菌种和1个糖化酶菌种。①环孢素菌种：初筛18批，共1080个菌株，复筛67个菌株。对照菌株的效价为0.6400g/ml，组分A为46.89%；筛选出突变株1203A，效价为0.8428g/ml，比对照提高10%以上，组分A为45.18%，与对照相同，是一株高产菌株；突变株1119，效价为0.2002g/ml，比对照低很多，但对照组分A为60.32%，比对照提高很多，是一株有效成分高的突变株。另外变异的甲、乙、丙三株菌，效价均比对照低，但有效组分A为56.71%、61.22%、55.45%均比对照46.89%高很多。②螺旋链霉素产生菌：选出2株比对照多10%发酵单位的菌株，仍比生产菌种低，因此不能在生产上应用。③林可霉素产生菌：用培养基斜面搭载的材料，筛选2400个菌落，生长速度比对照提前一天，但效价比对照低10%，孢子悬液搭载的材料筛选4000个菌落，初筛选出1株效价比对照高20%的菌株，复筛时降低到5%。④庆大霉素产生菌：初筛150支斜面，初筛单位比对照提高的约有27%，复筛20株，只有1株比对照提高10%以上，需做进一步试验。⑤小诺米星产生菌：初筛300支斜面，有30支效价单位比对照高，复筛时也只有1支超过对照10%以上。⑥棒酸产生菌：初筛400支斜面，大部分比对照高10%以上。

生产酒精的糖化酶产生菌，初筛出37个空间处理的菌株，只有1个（SP5）比对照高出15%～30%，需要做中试后才能上生产上应用。在香菇的空间诱变育种中，选出了一个优质高产的菌种，已在地面大面积种植。

中科院遗传研究所在微生物变异规律研究方面也开展了研究，创造不同条件搭载3株大肠埃希菌菌种，结果表明：经小生物舱搭载的A3菌株产生的$Lacl^-$突变体频率是地面对照的67倍，铅罐中搭载的CSH108菌株产生Arg^+的回复突变频率是地面对照的10倍左右，而且回复体重中无抑制基因的突变频率明显增加。由此可见，空间条件有可能显著提高微生物中某些基因的突变频率，空间处理可成为获得微生物优良菌种的有效途径。

中国人民解放军兽医大学陈佚甫先生于1988年将纤维素酶产生菌（康氏木霉和黑曲霉菌）搭载卫星后筛选，选出酶活性分别提高28％、82％的菌株。并将酶在麋鹿饲养上作为添加剂应用，饲养量减少5％，而鹿茸产量提高15％；用于喂养奶牛，饲养量减少5％，牛奶产量却提高3％左右，明显具有增产效果。现已经建立了兽用纤维制剂厂，并获得了中国人民解放军科技进步一等奖。

辽宁省微生物所在1996年搭载7种食用菌菌种进行空间诱变育种，其中有6个菌种都选出优质、高产的菌株，特别在灵芝空间处理的材料中，选出高产、优质的灵芝2号新菌株。灵芝2号菌种的子实体产量比对照提高75.3，优级品率达到88.9％，发酵收率平均达到2.58％，纤维素酶活力提高33％，氨基酸总量达到10.315％，比对照提高9.64％，并做了抑制肿瘤作用试验比对照灵芝差异显著。1997年后空间制药与生产密切结合，培育出一批药效高、生产过程无污染或污染易处理菌种，像神舟三号口服液（甘露聚糖肽）、天曲（红曲菌）、东方红宇航员口服液、泰乐菌素等产品是通过空间诱变育种，选育出效价高、品质好、疗效高的菌株投入生产所得的，获得了较好的经济效益，但是在微生物变异的机制和药理等方面还需加强研究。

1957年以来，已经进行了数百次空间生命科学研究，但主要方向偏重生命在太空生命保障系统中的作用。在载人飞行之前，前苏联和美国利用轨道卫星做了少量的微生物实验，结果发现了一种链霉菌的菌落生长速度提高了6倍。美国试验了细菌细胞生长的变化和空间飞行后的细菌原噬菌体的诱导作用，并在地面进行重复实验，发现悬浮生长的微生物细胞在空间与地面以不同的速度繁殖，单一的高能重粒子就能促进噬菌体的繁殖速率及引起其突变率的增加。20世纪70年代德国在D1飞行器上，发现细菌和放线菌在太空中的生物量成倍增加，大肠埃希菌的基因重组率显著增加。在D2飞行中观察到1g枯草芽胞杆菌形成的胞子数比对照增加4倍。瑞典科学家1996年利用国际空间实验室IML-2搭载了研究啤酒酵母微重力效应的生物反应器，发现酵母细胞飞行样品的芽痕无序分布比例（17％）比地面对照（5％）高，然而对细胞结构、体积、乙醇含量、葡萄糖消耗等特性无明显不同。1994年法国科学家Gasset等人报道了微重力条件下大肠埃希菌*E. coli*菌种的生长和分裂。根据细胞生长曲线分析，发现对数期提前，较早进入稳定期。对微生物在空间条件下的稳定性和变异性，国外做了大量的宏观和微观的研究，但未见到有微生物育种上应用及产业化的报道。

我国的航天诱变育种技术起步于20世纪60年代，目前世界上只有中国、俄罗斯和美国三个国家能够利用自主研制的返回式飞行器进行航天诱变育种实验，其中我国进行了较全面的研究和应用，航天育种研究已达到世界先进水平。1986年，中科院遗传研究所所长、中国航天育种第一人蒋兴村教授首次提出航天诱变育种项目，但当时许多科学家提出质疑：航天器飞行过程中巨大的震动和太空中的强辐射和高真空会导致植物种子或菌种死亡。经过航天、生物领域众多科学家的激烈讨论，1987年863专家组最终决定大胆尝试，并对所有搭载生物体进行了严格筛选和检测。中科院植物所、微生物所、遗传所、上海植物生理所、昆明植物所和解放军兽医大学等单位，调来20多种植物材料和植物种子，总重量不足5kg，将其密封在玻璃管中送入太空搭载了7天，从此揭开了中国航天育种的序幕。在此后的10多次航天搭载育种项目中，共搭载了包括粮食作物、经济作物、蔬菜、花卉、微生物菌株等800多个品种，经全国23个省市109个科研和生产单位的农业专家和技术人员的试验选育，取得了可喜成果，培育出了一批高产、优质的粮食、蔬菜新品系，也从中获得了一些对产量有突破性影响的罕见突变菌株。

航天生物技术开辟了有效培育新品种及特异种质资源的新途径，为人类进入航天时代展示了美好的前景，具有十分广阔的市场。开展空间生物技术研究和探索，是发展现代工农业的一项全新尝试，是当今世界工农业领域中最尖端的科学技术课题之一，有着十分诱人的发展前景。随着我国“神舟”系列载人航天飞船的不断发射，以及其他可利用的高空探测手段的应用，我国空间生物搭载的步伐将会不断加快。国家“863”计划（国家高技术研究发展计划）把支持空间搭载技术作为一个重要方向，是目前全球最重视这项技术研究的国家之一。

四、抗生素产生菌的空间诱变育种

随着我国及世界发达国家航天技术的发展，人类进入外层太空中进行各种探索活动的能力逐渐增强，如人类在太空进行各种生命科学实验的次数也越来越频繁。因此，对于一些具有经济价值的微生物来说，其对太空这种极端环境，特别是对微重力环境的应激和响应是具有重大科学研究和应用价值的。

链霉菌作为丝状生长的土壤细菌，产抗生素价值巨大，同时其形态分化较为复杂。在地面上，这种微生物的形态分化和抗生素产生情况已被研究得较为深入，但到了太空这种极端环境，链霉菌的形态分化和抗生素产生是否会发生变化以及会发生怎么的变化，这些问题十分重要，但还未深入研究。由于空间技术的限制，在太空进行生命科学实验是非常复杂和昂贵的，目前国内外科学家对链霉菌的空间生物学效应研究还是初步的。

20 世纪 80 年代我国科学人员开始在返回式科学卫星搭载各种微生物[9-13]，此后进行了多次空间科学卫星搭载实验，对搭载微生物的存活、生长、形态、代谢、遗传等生物学效应进行了研究，获得了一些优良变异株；同时，也探讨了某些空间变异菌株的变异机制。空间搭载主要是对一些有经济应用价值的细菌、放线菌和大型真菌进行诱变育种研究，主要关注搭载后产生的蛋白酶活性以及抗生素产量，同时对微生物的形态和抗生素抗性方面也进行了观察。在酶活性方面，2002 年，中国食品发酵工业研究院利用生产谷氨酰胺酶菌株链霉菌 WZFF. L-M1 的胞子和斜面培养菌体经“神舟四号”飞船搭载后，筛选到 3 株性能优异及遗传性状稳定的突变菌株，其中产酶活力提高了 30%以上[14-15]。2011 年，钞亚鹏等利用回转器检测了链霉菌 AS 4.412 的生长和产酶情况，发现链霉菌菌落在模拟微重力条件下直径较对照大，同时也具备一定的产蛋白酶和淀粉酶能力，所以在航天活动中产生的较难降解蛋白废弃物的处理中仍有一定的用处[16]。

在产抗生素菌株诱变育种方面，国内先后利用返回式卫星取得了一些成果[2,17-19]。1990 年，中国科学院遗传研究所和上海第四制药厂合作通过搭载难诱变的棘孢小单孢菌使庆大霉素（Gentamycin）产量提高 27%～37%。1994 年中国科学院上海植物生理生态研究所从搭载头孢霉素工程菌筛选出活性比对照高 4.35 倍的菌株。北京“东方红”航天生物产业化基地将产他汀类药物成分的红曲霉菌搭载“神舟一号”飞船筛选出产量提高了 7.8 倍的高产菌株。另外，赤霉素产生菌搭载后期赤霉素（Gibberellin）产量比地面对照提高 10%以上；搭载莫能霉素（Monensin）生产菌肉桂地霉素菌，从存活菌落中筛选出抑菌活性明显提高的 2 个菌株；1996 年，通过返回式卫星搭载圈卷产色链霉菌，使尼克霉素（Nikkomycin）效价提高 13%～18%，尼克霉素 X 组分和 Z 组分亦有所提高，这种变化与形态发育分化表征有相关性。2002 年 3 月，地中海诺卡氏菌康乐变种（1747-64）在搭载“神舟三号”飞船后筛选到一个突变株，其免疫抑制剂康乐霉素（Kanglemycin）C 的产量比出发菌株提高 200%。同年 12 月，阿维链霉菌 HY1 经过“神舟四号”飞船搭载后筛选到 24 株高产且遗传性状稳定的菌株，阿维菌素（Avermectin）的总效价比出发菌株 HY1 提高 24%以上，最高的达到了 83%。另外，广东省农业科学院植物保护研究所于 2003

年和2005年2次利用返回式科学技术试验卫星搭载万隆霉素菌株进行空间诱变，获得遗传稳定的高产菌株，其万隆霉素（Wanlongmycin）产量提高1.83倍。这表明空间环境改变了放线菌等微生物的抗生素产生过程。

国外的研究表明，空间环境和模拟微重力环境下一些链霉菌的生理功能和次级代谢发生了正向或负向的改变，产生抗生素的水平和位点也发生相应变化[20-25]。可见，空间微重力及地面模拟微重力条件能够影响链霉菌的次级代谢过程。

在形态分化方面，谢琼等通过搭载实验研究了空间环境中13株可能影响航天员身体健康及降解空间材料的微生物的生物学特性，发现空间条件下菌株的存活增长率均有明显提高，普遍生长较快。多数菌株产生色素，形态特征也有不同程度的变化。另外还发现一些菌株在空间条件下繁殖能力增强，搭载后生长加快，如链霉菌等。其中形态分化比较典型的菌株（如链霉菌）发育分化提前，孢子丝发育及孢子的成熟提前于地面对照情况[8,26-28]。这说明了空间环境因素对一些链霉菌的形态分化和发育产生了促进作用。

参考文献

[1] 陈义光，李铭刚，徐丽华，等. 新型物理诱变方法及其在微生物诱变育种中的应用进展. 长江大学学报，2005，2（5）：46-48.

[2] 田兴山，张玲华，郭勇，等. 空间诱变在微生物菌种选育上的研究进展. 生物技术通讯，2005，16（1）：105-108.

[3] 温贤芳，张龙，戴维序，等. 天地结合开展我国空间诱变育种研究. 核农学报，2004，18（4）：241-246.

[4] 王侠礼. 航天育种的成就与进展. 安徽农业科学，2004，32（4）：781-782.

[5] 李戈，曾会才. 诱变在产抗生素微生物育种中的应用进展. 安徽农业科学. 2007，35（4）：970-971.

[6] 李万云，李韬. 激光诱变育种技术的研究与开发应用前景. 新疆农业科学，2006（43）：57-60.

[7] 刘承宪. 21世纪空间生命科学和空间生物技术发展机遇与挑战. 空间科学学报，2000（20）：37-47.

[8] 谢琼，吴元亮，李勇枝，等. 空间环境对13株微生物生物学特性的影响. 中华医院感染学杂志，2004，14（11）：1221-1224.

[9] 阮继生，石彦林. 微生物搭载返回式卫星试验的初报. 中国微重力科学与空间实验首届学术讨论会论文集，中国科学出版社，1987：184-188.

[10] 刘志恒，何秉旺，宋幼新，等. 几种微生物空间生物学效应研究. 空间科学学报，1997，17：82-89.

[11] 刘志恒，蔡妙英，孙增美，等. 利用我国"90105"科学返回卫星搭载微生物材料的试验观察. 航天医学与医学工程，1994，7（1）：16-21.

[12] 骆爱群，高春宵，宋幼新，等. NIKKO霉素产生菌的空间生物学效应研究. 航天医学与医学工程，1998，11（6）：411-414.

[13] 李金国，蒋兴村，段留生. 空间条件对棘孢小单孢菌的诱变效应. 航天医学与医学程，1995，8（2）：113-116.

[14] 王璋，刘新征，王亮，等. 链霉菌WZFF. L-M1搭载"神舟"四号飞船的空间育种效果. 食品工业科技，2003，24（8）：17-20.

[15] 王璋，王灼维，莫湘筠. 微生物转谷氨酰胺酶的生产菌种诱变和发酵生产分析. 生物加工过程，2003，1（1）：52-59.

[16] 钞亚鹏，杨敬，黄兵，等. 回转条件下微生物产酶表征. 化学与生物工程. 2012，29（11）：13-17.

[17] 田兴山，张玲华，郭勇，等. 木霉的空间诱变效应. 核农学报，2005，19（3）：195-197.

[18] 王世梅. 阿扎霉素B产生菌吸水链霉菌NND-52的诱变筛选. 微生物学通报，2001，28（1）：64-67.

[19] 程世清. 产色素菌T17239的诱变育种试验. 微生物学通报，2001，28（1）：64-67.

[20] Benoit MR，Li W，Stodieck LS，et al. Microbial antibiotic production aboard the International Space Station. Appl Microbiol Biotechnol，2006（70）：403-411.

[21] Fang A，Pierson DL，Koenig DW，et al. Effect of simulated microgravity and shear stress on microcin B17 production by *Escherichia coli* and on its excretion into the medium. Appl Environ Microb，1997（63）：4090-4092.

[22] Fang A，Pierson DL，Mishra SK，et al. Gramicidin S production by *Bacillus brevis* in simulated mi-

crogravity. Curr Microbiol, 1997 (34): 199-204.

[23] Fang A, Pierson DL, Mishra SK, et al. Secondary metabolism in simulated microgravity: beta-lactam production by *Streptomyces clavuligerus*. J Ind Microbiol Biot, 1997 (18): 22-25.

[24] Fang A, Pierson DL, Mishra SK, et al. Growth of *Streptomyces hygroscopicus* in rotating-wall bioreactor under simulated microgravity inhibits rapamycin production. Appl Microbiol Biotechnol, 2000 (54): 33-36.

[25] Lam KS, Gustavson DR, Pirnik DL, et al. The effect of space flight on the production of actinomycin D by *Streptomyces plicatus*. J Ind Microbiol Biot, 2002 (29): 299-302.

[26] 张燕玲，薛小平，谢琼. 空间环境对微生物生理生化性状的影响及机理研究概述. 航天医学与医学工程，2011 (24): 71-74.

[27] 黄兵. 模拟微重力及空间飞行对链霉菌的生物学效应研究. 北京：中国科学院大学博士学位论文，2015.

[28] Huang B, Liu N, Rong XY, et al. Effects of simulated microgravity and spaceflight on morphological differentiation and secondary metabolism of *Streptomyces coelicolor* A3 (2). Appl Microbiol Biotechnol. 2015, 99 (10): 4409-4422.

（黄　兵）

第五篇

展　　望

第二十四章　未来的空间微生物学发展

目前，针对空间环境对微生物影响的研究越来越多也越来越深入。中国继“神舟八号”搭载15株微生物之后，又通过“神舟十号”飞船搭载9株微生物。通过上述两次空间飞行，初步阐述了空间环境对于微生物侵袭力、抗生素敏感性和环境适应性的影响，通过全基因组测序技术和生物信息学分析技术发现了基因组、转录组、蛋白质组和代谢组方面的改变可能是上述表型变化的原因。基于上述发现，我们认识到空间环境对微生物的重大影响，为我们认识、改造并利用微生物提供了前所未有的平台和可能性。

随着空间飞行技术的成熟，对于空间环境的探索也在增加，空间环境已成为人类活动的新领域。在地球上，微生物与人类共同生存了数百万年，广泛存在于空气、水、土壤等生态系统中。那么，随着人类对空间探索的增加，微生物也必然随着人类的各种活动被直接或者间接地带入空间环境中。尽管外太空是非常极端也是非常复杂的环境，但是微生物具有极强的适应性，通过表型和基因改变已经能够适应微重力、强辐射、低温、高压力和低营养的环境。而这些多种适应性的改变可能在太空环境中影响人类的正常活动[1]。微生物在极端环境中通常会改变形状、生长速度和适应性来适应新的环境，而这种性状在空间生物学的研究中扮演了重要的角色。目前，世界范围内空间生物学的发展仍然处于起步阶段。空间环境对于微生物影响的具体机制是研究的前沿并迫切需要更多的关注。

由于受空间飞行时间、空间环境条件和其他不可控因素的制约，基于太空飞船的空间研究开展起来较为困难。为克服这些因素，在地面实验室里可模拟空间环境的部分条件，如旋转壁式生物培养系统、抛物线飞行模拟实验以及反磁力悬浮系统等。但是，上述实验是通过人工模拟的，由于实验仪器的差异，实验结果也各不相同。因此，空间模拟研究亟须统一的研究标准。研究人员已经意识到地面开展的模拟空间微重力、电离辐射对于微生物影响的研究是有限的。这些事实说明了开展以太空为基础的研究的必要性。中国国家航天局目前已相继发射“神舟八号”“神舟十号”等系列航天飞船，在历次空间飞行任务中携带了解淀粉芽胞杆菌、屎肠球菌、地衣芽胞杆菌、金黄色葡萄球菌、嗜麦芽窄食单胞菌、洋葱克雷伯菌、黏质沙雷菌、鲁氏不动杆菌、表皮葡萄球菌、铜绿假单胞菌、肺炎克雷伯菌、蜡状芽胞杆菌、大肠埃希菌、植物乳杆菌、粪产碱菌等菌株，以期探究空间环境对微生物的影响机制。既往国外的研究以及我们目前开展的针对空间微生物的研究主要集中在以下5个方面。

1. 微生物侵袭力的改变

许多基于太空的实验都已证实微生物在太空中的侵袭力会发生改变。Wilson 等发现在2006年美国的STS-115空间实验中，沙门菌有167个基因的表达发生了改变[2]。将此菌株在返回地面后注入小鼠体内，较地面对照株相比，其致死性显著增加。他们还报道这种空间环境下毒力增加的原因是离子化合物的介导。2008年，NASA对肺炎链球菌的空间实验发现，在低剪切力模型中生长的肺炎链球菌对呼吸道上皮的黏附性增加，在动物感染实验中发现，其半数致死量较野生型降低[3]。基因分析证明低剪切力虽然没有影响肺炎链球菌的主要毒力基因，但是影响了其他基因的表达[4-5]。我们前期的实验也发现“神舟八号”飞船搭载的肺炎克雷伯氏菌在空间飞行后发生了罕见的溶血突变，既往未报道过，这很可能是空间环境的作用结果。

2. 微生物抗生素敏感性的改变

多项研究已经证实短期的太空飞行能够使微生物抗生素的敏感性发生可逆性改变[6]。“礼炮7号”飞船的飞行员体内的大肠埃希菌在飞行结束后其最小抑菌浓度（MIC）发生改变，对多黏菌素和卡那霉素的耐药性增加[7-8]。另外，“挑战者号”上的一项研究发现，在空间环境下生长的大肠埃希菌ATCC 25992株能够在具有多黏菌素的培养基中快速生长，而地面研究却未出现此变异[9]。本课题组的研究也发现，在“神舟八号”搭载的微生物中，有4株菌的抗生素耐药性发生了变异：大肠埃希菌和肺炎克雷伯氏菌对头孢唑林、头孢他啶、头孢曲松钠的耐药性增加，而大肠埃希菌还对氨苄西林和阿奇霉素的耐药性增加；屎肠球菌对阿奇霉素、美罗培南的耐药性增加；蜡样芽胞杆菌对阿米卡星的耐药性也增加。“神舟十号”飞船搭载的1株肺炎克雷伯氏菌失去了对二代、三代头孢以及碳青霉烯类抗生素的耐药性，变为敏感菌，而搭载的另一株临床分离的大肠埃希菌获得了多个耐药基因，也使其对二、三代头孢和碳青霉烯类抗生素产生了广泛的耐药性。

3. 微生物对环境适应性的改变

微生物能够通过改变其自身的特性来适应复杂多变的环境。在外太空中，研究人员发现微生物生长曲线的对数期缩短，其生长和繁殖速率的加快能够增加其次级代谢产物的产量[1]。Fang等发现模拟微重力能够显著抑制解淀粉芽胞杆菌产生β-内酰胺酶类抗生素的能力，这可能是影响了该菌的磷酸和*L*-赖氨酸的代谢[10]。表型芯片是一种高通量的表型检测方法，它可分析基因功能带来的相关表型变化[11]。与地面对照株相比，所有空间搭载后的微生物在糖、氨基酸、脂肪代谢以及与抗生素相关的次级代谢产物的产生方面均有显著的改变。例如在肺炎克雷伯氏菌中，空间突变株LCT-KP182在夫西地酸、*D*-丝氨酸、醋竹桃霉素、米诺环素、林可霉素、盐酸胍、异辛醇硫酸钠等的代谢方面与对照株LCT-KP214均有显著不同[12-13]。“神舟八号”携带的大肠埃希菌也在碳源利用方面出现了变异[14]。“神舟十号”搭载的肺炎克雷伯菌ATCC 2146经过太空飞行，失去了对α-*D*-乳糖的利用能力，但是对氧化应激环境的适应力，同时与适应性相关的生物被膜的厚度也显著增加[15]。

4. 微生物对航天器的腐蚀

微生物的广泛分布使其可通过航天设备、航天员以及补给物等进入航天器内，除了对航天员造成影响外，对航天器的腐蚀也是空间微生物主要面临的难题之一。“和平号”空间站在长达15年的运行期间曾发生多次由微生物导致的设备故障[16]。例如，其第3批航天员曾发现一扇舷窗因为霉菌的生长造成能见度降低，光学性能下降。第5批航天员进驻期间氧气电解装置因真菌的繁殖而出现堵塞。第14、15批宇航员在轨期间其温控系统曾发生故障，经调查发现是被真菌繁殖形成的胶状物质堵塞了管道。第24批宇航员进驻期间曾发生由于真菌腐蚀造成的电子通讯设备故障[17]。微生物在空间环境中的变异也会增加其腐蚀能力。通过地面研究发现，“和平号”空间站中分离的青霉菌对聚对苯二甲酸乙二醇酯和铝镁合金的腐蚀性增强[18]。我国也从“神舟八号”“神舟九号”飞船的返回舱表面和冷凝水提取了多株微生物，通过开展腐蚀研究发现这些细菌能够对高分子材料（如环氧树脂、酯类聚氨酯、醚类聚氨酯、硫化天然橡胶和聚乙烯醇聚缩醛）以及金属材料铜合金、铝合金、钛合金和不锈钢等材料进行腐蚀。通过与来自地面的对照菌株进行比较，来自飞船的假单胞菌对天然橡胶和产碱杆菌对醚类聚氨酯的腐蚀性均大于地面对照株，说明太空环境增强了这些菌株的腐蚀能力。

5. 空间微生物制药的发展

空间环境对微生物的影响并不都是对人类有

害的，利用空间环境的极端条件，通过太空飞行器搭载生物制药菌种进行太空诱变，能够筛选出产量更高、性状更好的药物。2001 年美国航天飞行任务 STS-80 搭载的褶皱链霉菌在天空飞行 17d 后抗生素放线菌素 D 的产量由地面菌株的 0.47μg/ml 提高到 1.02μg/ml。我国的空间生命科学研究虽在制药领域特别是生物制药领域刚刚起步，但也取得了一些成就。中国科学院遗传所搭载的棘孢小单孢菌（*M. echionopora*），其庆大霉素效价增高了 27%～37%[19]。2011 年本研究团队通过"神舟八号"飞船将工程菌大肠埃希菌送入外太空飞行 17d 返回后发现 α1b 干扰素的产量明显提高[20]。另外，一株搭载的可分泌赖氨酸肽链内切酶的产酶溶杆菌经太空诱变育种 15d 后，产量提高了 17.2%～40.2%，发酵周期缩短了 48h，而且得到的高产菌株经传代培育 15 代后，上述表型特征稳定性良好[21]。

尽管国内外多项研究已证实多种微生物在空间搭载飞行后会产生显著的表型或者遗传物质的改变，但是这些改变背后的具体机制仍然有待于探究清楚，且仍然受限于空间飞行的搭载量和搭载条件。随着对遗传物质结构的解读以及生物进化方面的知识理论日趋完善，我们可以运用高通量的方法和生物信息学的手段去探究和解释上述改变背后的机制。多种基于基因组、转录组、代谢组和蛋白质组以及贯穿组，还有基于分子、细胞、组织、器官和生物体的方法均可用于对微生物变异机制的阐明。未来空间微生物的研究主要从以下 4 个方面开展：

1. 阐明空间环境作用于微生物的主要机制，建立空间微生物安全评估系统，保障航天员的健康。

空间环境对微生物的影响可能造成对人类新的威胁。例如：在空间环境中，病原微生物毒力和抗生素耐药性的增加可能对航天员的健康造成威胁。随着人类太空活动范围的扩大，变异的微生物可能随着人类的活动被带入太空进而造成污染；随着太空飞船返回地球，变异的微生物回到地面对人类的健康造成极大的威胁。所以，研究空间环境对不同病原微生物的作用机制对于保护航天员以及地球上人类的健康至关重要。

2. 阐明空间环境作用于微生物的主要机制，揭示抗生素敏感性、毒力改变的机制，为地球上感染性疾病的防护提供新策略。

近年来，随着广谱抗生素的广泛应用，多耐药、泛耐药的病原微生物大量增加，使得抗生素的作用变得越来越有限，寻找新的抗感染策略日趋紧迫。太空飞行为空间微生物研究提供了新的平台。一些证据证明微生物暴露于空间环境后侵袭力增加的同时伴随着一些调控因子的变化。多项研究证实 Hfq 蛋白（一种 RNA 结合蛋白）参与了空间环境对于铜绿假单胞菌和沙门菌的作用，未来这一蛋白可能成为抗感染的新靶标[22]。基于空间生物医学的快速发展，一些地面模拟实验已能够较为精准地获得实验结果，对于基因和蛋白功能的识别也为我们在新药以及新治疗策略的提出上提供了方向。

3. 阐明空间环境作用于微生物的生长代谢主要机制，揭示微生物腐蚀机制，为保障航天器安全运行，为维护航天员必需的生保系统提供技术支撑。

微生物不可避免地会进入航天器，那么通过了解其在太空环境下生长代谢的适应机制，揭示微生物腐蚀机制、制订微生物腐蚀的防控措施，是空间微生物研究的热点之一。国际空间站目前一方面通过严格对载人飞船、货运飞船和航天飞机等来访航天器者进行消毒灭菌，尽可能减少从地面携带微生物，通过对航天员的隔离和体内标本的培养来检测有无致病菌携带；另一方面，在空间站内也通过高效的过滤净化措施进行微生物的防控。但是上述措施也不能完全满足长期对抗微生物腐蚀的要求。目前，国内外积极开展的新型抗菌材料的研发为航天器和航天员的安全提供更加有力的保障。如我们课题组利用化学接枝聚合的方式，在空间材料环氧树脂表面接枝具有抗菌性能的聚合物，大大提升了材料的杀菌性能。

基于空间环境研发的抗菌材料不仅可满足太空需求，也能够在地面造福大众。

4. 探索生物工程菌的变异规律，提出基于空间制药的新理论。

太空环境具有强辐射、微重力、高真空、弱磁场、高洁净度、无对流等特征，利用空间环境的这些特征，我们可以将传统的生物制药和空间环境有机结合继而产生一门新的技术——空间制药技术。空间环境可加快微生物的变异速度，在微生物的培养过程中产生更多的突变株，从这些突变株中更容易筛选出高产量的菌株。另外，我们也可以从微生物中获得更多的有用的次级代谢产物，如抗生素、食品、保健品等。对于那些由于产量的限制而价格昂贵的药品，我们也可利用空间搭载技术，在太空中进行改良。这将是空间搭载技术应用于制药的行业的新契机。

尽管多株微生物已经证实在太空飞行后会有显著的变异，但是这些变异背后的深层机制仍然有待于去探索。随着人类开展太空活动的增加和空间搭载技术的成熟，我们已经初步了解了独特的空间环境对于微生物的多种影响。未来，我们更应重视空间微生物学的发展，让空间微生物造福人类。

参考文献

[1] Gerda H, Klaus DM, Mancinelli RL. Space microbiology. Microbiol Mol Biol Rev, 2010, 74 (1): 121-156.

[2] Wilson JW, Ott CM, Höner zu Bentrup K, et al. Space flight alters bacterial gene expression and virulence and reveals a role for global regulator Hfq. Proceedings of the National Academy of Sciences of the United States of America, 2007, 104 (41): 16299-16304.

[3] Wilson JW, Ott CM, Quick L, et al. Media ion composition controls regulatory and virulence response of Salmonella in spaceflight. PloS one, 2008, 3 (12): e3923.

[4] Allen CA. The effects of low-shear modeled microgravity on Streptococcus pneumoniae and adherent-invasive Escherichia coli, 2007.

[5] Allen CA, Galindo CL, Pandya U, et al. Transcription profiles of Streptococcus pneumoniae grown under different conditions of normal gravitation. Acta astronautica, 2007, 60 (4-7): 433-444.

[6] Taylor PW, Sommer AP. Towards rational treatment of bacterial infections during extended space travel. International journal of antimicrobial agents, 2005, 26 (3): 183-187.

[7] Tixador R, Richoilley G, Gasset G. Preliminary results of Cytos 2 experiment. Acta astronautica, 1985, 12 (2): 131-4.

[8] Tixador R, Richoilley G, Gasset G, et al. Study of minimal inhibitory concentration of antibiotics on bacteria cultivated in vitro in space (Cytos 2 experiment). Aviation, space, and environmental medicine, 1985, 56 (8): 748-751.

[9] Lapchine L, Moatti N, Gasset G, et al. Antibiotic activity in space. Drugs under experimental and clinical research, 1986, 12 (12): 933-938.

[10] Su L, Wang T, Zhou L, et al. Genome Sequence of Bacillus cereus Strain LCT-BC235, Carried by the Shenzhou Ⅷ Spacecraft. Genome announcements, 2014, 2 (1):

[11] Guo Y, Li Y, Su L, et al. Comparative genomic analysis of Klebsiella pneumonia (LCT-KP214) and a mutant strain (LCT-KP289) obtained after spaceflight. BMC genomics, 2014 (15): 589.

[12] Fang A, Pierson DL, Mishra SK, et al. Secondary metabolism in simulated microgravity: beta-lactam production by Streptomyces clavuligerus. Journal of industrial microbiology & biotechnology, 1997, 18 (1): 22-25.

[13] Bochner BR, Gadzinski P, Panomitros E. Phenotype microarrays for high-throughput phenotypic testing and assay of gene function. Genome research, 2001, 11 (7): 1246-1255.

[14] Zhang X, Fang X, Liu C. Genomic and Proteomic Analysis of Escherichia coli After Spaceflight Reveals Changes Involving Metabolic Pathways. Archives of medical research, 2015, 46 (3): 181-185.

[15] Li J, Liu F, Wang Q, et al. Genomic and transcriptomic analysis of NDM-1 Klebsiella pneumoniae in spaceflight reveal mechanisms underlying environmental adaptability. Scientific reports, 2014 (4): 6216
[16] Novikova N, De Boever P, Poddubko S, et al. Survey of environmental biocontamination on board the International Space Station. Research in microbiology, 2006, 157 (1): 5-12.
[17] Alekhova TA, Aleksandrova AA, Novozhilova T, et al. Monitoring of microbial degraders in manned space stations. Prikladnaia biokhimiia i mikrobiologiia, 2005, 41 (4): 435-443.
[18] Lan KS, Gustavson DR, Pirnik DL, et al. The effect of space flight on the production of actinomycin D by Streptomyces plicatus. Journal of industrial microbiology & biotechnology, 2002, 29 (6): 299-302.
[19] 蒋兴村. 863-2空间诱变育种进展及前景. 空间科学学报, 1996, 16: 77-82.
[20] Wang J, Liu J, Fang X, et al. Space mutagenesis of genetically engineered bacteria expressing recombinant human interferon a1b and screening of higher yielding strains. 2011, 30 (3): 943-949.
[21] Kyrpides NC. Fifteen years of microbial genomics: meeting the challenges and fulfilling the dream. Nature biotechnology, 2009, 27 (7): 627-632.
[22] Crabbe A, Schurr MJ, Monsieurs P, et al. Transcriptional and proteomic responses of Pseudomonas aeruginosa PAO1 to spaceflight conditions involve Hfq regulation and reveal a role for oxygen. Applied and environmental microbiology, 2011, 77 (4): 1221-1230.

（苏龙翔　李　佳　刘长庭）

索　　引